はじめに

　本書は、過去3年間（2014年11月期～2017年7月期）に出題された学科試験問題を当協会が編纂し、「航空整備士学科試験問題集2018年版」としてまとめたもので「問題編」と「解答編」に分けて発行しています。

　なお、2009年3月期から出題されている新形式問題が掲載され、「解答編」には新形式問題に対応した解説がされています。

　本書はその「解答編」です。

　航空従事者学科試験の合格を目指して勉強をされる方のため、ともすれば解答だけの暗記となりがちな受験勉強にならないように、できるだけ解答を詳細に記述しています。更に本書の解説で物足りない方は問題を理解して頂くために参考テキスト名とサブ名称が解答の横に記載しています。

　航空整備士、航空運航整備士、航空工場整備士を目指す人たちにとって、この学科試験問題集が航空整備士学科試験に合格するための一助となれば幸いです。

平成30年1月

公益社団法人　日本航空技術協会

教育出版部

目　次

航空法規等　（100）ーーーーーーーーーーーーーーーーーーーーーーーーー　1

航空力学　（200）ーーーーーーーーーーーーーーーーーーーーーーーーーー　19

機体関連　（300）ーーーーーーーーーーーーーーーーーーーーーーーーーー　63

発動機　（400）ーーーーーーーーーーーーーーーーーーーーーーーーーーー　113

電子装備品等　（500）ーーーーーーーーーーーーーーーーーーーーーーーー227

目 次

航空法規等

問題番号		解　答

問0001 (2)
『新航空法規解説』1-1「航空法の基本理念及び沿革」
『航空法』第1条「この法律の目的」
(2)×：航空機を製造して営む事業の適正な運営は、航空法第1条「この法律の目的」に該当しない。
（補足）
「この法律の目的」は、以下の通りである。
a.航空機の航行の安全
b.航空機の航行に起因する障害の防止
c.航空機を運航して営む事業の適正かつ合理的な運営を確保
d.利用者の利便の増進
e.航空の発達
f.公共の福祉の増進

問0002 (2)
『新航空法規解説』1-1「航空法の基本理念及び沿革」
『航空法』第1条「この法律の目的」
(2)×：「この法律の目的」は航空法第1条に定めてあり、(2)項は含まれない。
＊問0001の（補足）を参照

問0003 (1)
『新航空法規解説』1-1「航空法の基本理念及び沿革」
『航空法』第1条「この法律の目的」
(1)×：福祉の増進でなく、「利用者の利便の増進」である。
＊問0001の（補足）を参照

問0004 (2)
『新航空法規解説』1-1「航空法の基本理念及び沿革」
『航空法』第1条「この法律の目的」
(2)×：「この法律の目的」は航空法第1条に定められている。但し、「航空機の定時運航を確保」は含まれていない。
＊問0001の（補足）を参照

問0005 (1)
『新航空法規解説』1-1「航空法の基本理念及び沿革」
『航空法』第1条「この法律の目的」
(1)×：「この法律の目的」は航空法第1条に定めてあり、(1)項は含まれない。
＊問0001の（補足）を参照

問0006 (4)
『新航空法規解説』1-1「航空法の基本理念及び沿革」
『航空法』第1条「この法律の目的」
(4)×：「この法律の目的」は航空法第1条に定められている。但し、「航空機の定時運航を確保」は含まれていない。
＊問0001の（補足）を参照

問0007 (4)
『新航空法規解説』1-4-2「定義」
『航空法』第2条「定義」の第3項「航空従事者」
『航空法』第22条「航空従事者技能証明」
(4)○：「航空従事者とは、法第22条の航空従事者技能証明書を受けた者である」と定められている。
(1)(2)(3)×：「航空従事者」の定義ではなく、「航空業務」の定義である。

問0008 (4)
『新航空法規解説』1-4-2「定義」
『航空法』第2条 第2項「航空業務」
(4)○：法第2条「定義」第2項「航空業務」とは、航空機に乗り組んで行うその運航（航空機に乗り込んで行う無線設備の操作を含む）および整備または改造をした航空機について第19条第2項に規定する確認行為をいう。

問0009 (4)
『新航空法規解説』1-4-1「航空法の内容」
『航空法』第2条 第2項「航空業務」
(4)○：「航空業務」とは、航空機に乗り込んで行うその運航および整備又は改造をした航空機について行う航空法第19条第2項に規定する確認をいう。

問0010 (4)
『新航空法規解説』1-4-2「定義」
『航空法』第2条 第2項「航空業務」
(4)○：航空法第2条の2「航空業務」とは、航空機に乗り込んで行うその運航（航空機に乗り込んで行う無線設備の操作を含む）及び整備または改造をした航空機について行う第19条第2項に規定する確認行為をいう。

問0011 (1)
『新航空法規解説』1-4-1「航空法の内容」
『航空法』第2条 第2項「航空業務」
(1)×：空港内での航空機の誘導は「航空業務」に該当しない。
「航空業務」とは、航空機に乗り組んで行うその運航（航空機に乗り組んで行う無線設備の操作を含む）および整備又は改造をした航空機について行う第19条第2項に規定する確認をいう。

問0012 (1)
『新航空法規解説』1-4-2「定義」
『航空法』第2条 第2項「航空業務」
(1)×：修理改造検査は「航空業務」に該当しない。
「航空業務」とは、航空機に乗り組んで行うその運航（航空機に乗り組んで行う無線設備の操作を含む）および整備又は改造をした航空機について行う第19条第2項に規定する確認をいう。

航空法規等

－3－

問題番号	解 答

問0013　(3)
『新航空法規解説』7-1-1「航空運送事業」
『航空法』第2条の第20項「国内定期航空運送事業」
(3)○：航空法に、「本邦内の各地間に路線を定めて一定の日時により航行する航空機により行う航空運送事業をいう」と定められている。

問0014　(2)
『新航空法規解説』7-1-2「航空機使用事業」
『航空法』第2条「定義」第21項
(2)○：「航空機使用事業」とは、他人の需要に応じ、航空機を使用して有償で旅客または貨物の運送以外の行為を請負を行う事業をいう。

問0015　(1)
『新航空法規解説』7-1-2「航空機使用事業」
『航空法』第2条「定義」第21項
(1)：○

問0016　(3)
『新航空法規解説』1-4-2「定義」
『航空法』第2条「定義」
(3)○：航空法でいう航空機の種類として、ヘリコプタやグライダなどの区別をいう。
（補足）
航空機の種類は、下記の通りである。
a.飛行機
b.回転翼航空機（ヘリコプタ）
c.滑空機（グライダ）
d.飛行船

問0017　(1)
『新航空法規解説』1-4-2「定義」
『航空法』第2条「定義」第1項
(1)○：航空法において航空機の種類は「飛行機」、「回転翼航空機」、「滑空機」および「飛行船」の区別をいう。
(2)×：航空機の等級を表す。
(3)×：航空機の型式を表す。
(4)×：耐空類別を表す。
＊問0016の（補足）を参照

問0018　(3)
『新航空法規解説』1-4-2「定義」
『航空法』第2条「定義」第1項
(3)○：航空法において航空機の種類は「飛行機」、「回転翼航空機」、「滑空機」および「飛行船」の区別をいう。
(1)×：主翼が胴体に取り付く位置の違いを表す。
(2)×：航空機の等級を表す。
(4)×：耐空類別を表す。

問0019　(3)
『新航空法規解説』1-4-2「定義」
『航空法』第2条「定義」第1項「航空機」
(3)○：法第2条「定義」第1項に定められている。人が乗って航空の用に供することができる飛行機、回転翼航空機、滑空機及び（　A：飛行船　）その他（　B：政令　）で定める航空の用に供することができる（　C：機器　）をいう。

問0020　(1)
『新航空法規解説』1-4-2「定義」
『航空法』第2条「定義」第1項「航空機」
(1)○：「航空機」とは、人が乗って航空の用に供することができる飛行機、回転翼航空機、滑空機及び飛行船その他政令で定める航空の用に供することができる機器をいう。

問0021　(4)
『新航空法規解説』1-4-2「定義」
『航空法』第2条「定義」第1項「航空機」
(4)○：法第2条「定義」第1項に定められている。人が乗って航空の用に供することができる飛行機、回転翼航空機、滑空機及び飛行船その他政令で定める航空の用に供することができる機器をいう。

問0022　(4)
『新航空法規解説』3-2-6「航空機の用途、運用限界及び飛行規程」
『航空法施行規則』第5条の4「飛行規程」
(4)×：「飛行中の航空機に発生した不具合の是正の方法」は「整備手順書」（規則第5条の5）に記載される。
（補足）
施行規則第5条の4に下記7項目が飛行規程記載事項として定められている。
a.航空機の概要
b.航空機の限界事項
c.非常の場合にとらなければならない各種装置の操作その他の措置
d.通常の場合における各種装置の操作方法
e.航空機の性能
f.航空機の騒音に関する事項
g.発動機の排出物に関する事項

問0023　(2)
『新航空法規解説』3-2-6「航空機の用途、運用限界及び飛行規程」
『航空法施行規則』第5条の4「飛行規程」
(2)×：航空機ではなく、発動機の排出物に関する事項である。
＊問0022の（補足）を参照

問題番号		解 答

問0024 (3)
『新航空法規解説』3-2-6「航空機の用途、運用限界及び飛行規程」
『航空法施行規則』第5条の4「飛行規程」
(3)○
(1)(2)(4)×：航空機に係る記載事項である。
＊問0022の（補足）を参照

問0025 (4)
『新航空法規解説』3-2-6「航空機の用途、運用限界および飛行規程」
『航空法施行規則』第5条の4「飛行規程」
(4)：○
＊問0022の（補足）を参照

問0026 (1)
『新航空法規解説』付録「整備手順書について」
『航空法施行規則』第5条の5「整備手順書」
(1)×：「飛行規程」に係る記載事項である。
（補足）
規則第5条の5「整備手順書」の記載事項は下記の通り。
a.航空機の構造並びに装備品及び系統に関する説明
b.航空機の定期の点検の方法、航空機に発生した不具合の是正方法その他の航空機の整備に関する事項
c.航空機に装備する発動機、プロペラおよび限界使用時間
d.その他必要な書類

問0027 (2)
『新航空法規解説』付録「整備手順書について（サーキュラ No.1-001 付録 I-3）」
『航空法施行規則』第5条の5「整備手順書」
(2)×：航空機の騒音に関する事項は「整備手順書」に記載されていない。「航空法施行規則付属書第2」に
定められている。
＊問0026の（補足）を参照

問0028 (3)
『新航空法規解説』3-4-2「整備及び改造の区分」
『航空法施行規則』第5条の6「整備及び改造」
(3)：○
(1)(2)×：保守は、軽微な保守と一般的な保守に区分されている。
(4)×：整備は、保守と修理に区分される。
(5)(6)×：修理は、軽微な修理、小修理、大修理に区分されている。
（補足）
作業区分は、以下のとおり定められている。
　　整備：保守 － 軽微な保守、一般的保守
　　　　　修理 － 軽微な修理、小修理、大修理
　　改造：小改造、大改造

問0029 (1)
『新航空法規解説』3-4-2「整備及び改造の区分」
『航空法施行規則』5条の6「整備及び改造」
(1)：○
＊問0028の（補足）を参照

問0030 (3)
『新航空法規解説』3-4-2「整備及び改造の区分」
『航空法施行規則』5条の6「整備及び改造」
(3)○：「修理」は 軽微な修理、小修理、大修理作業の区分される。
　＊問0028の（補足）を参照

問0031 (3)
『新航空法規解説』3-4-2「整備及び改造の区分」 表3-4
『航空法施行規則』第5条の6「整備及び改造」
(3)○：「小修理」とは、軽微な修理及び大修理以外の修理作業をいう。

問0032 (4)
『新航空法規解説』3-4-2「整備及び改造の区分」
『航空法施行規則』第5条の6「整備及び改造」
(4)○：「軽微な保守」とは、【簡単な（保守予防）作業で、緊度又は（間隙の調整）及び複雑な結合作業を伴
わない規格装備品又は部品の交換】と定めている。

問0033 (1)
『新航空法規解説』3-4-2「整備及び改造の区分」
『航空法施行規則』第5条の6「整備及び改造」
(1)：○
(2)×：軽微な保守に該当する。
(3)×：一般的な保守に該当する。
(4)×：軽微な保守に該当する。

問0034 (3)
『新航空法規解説』3-4-2「整備および改造の区分」
『航空法施行規則』第5条の6「整備及び改造」
(3)○：（　A：耐空性　）に及ぼす影響が軽微な範囲にとどまり、かつ複雑でない修理作業であって、当該
作業の確認において動力装置の作動点検その他（　B：複雑な点検　）を必要としないもの

航空法規等

－5－

問題番号	解　答

問0035　(4)
『新航空法規解説』2-1-4a「新規登録」
『航空法』第5条「新規登録」
(4)×：航空機の「駐機場」ではなく、「定置場」が正しい（法第5条）。
（補足）
航空法第5条には、新規登録における航空機登録原簿への記載事項は以下の通り定められている。
a.航空機の型式
b.航空機の製造者
c.航空機の番号（製造番号）
d.航空機の定置場
e.所有者の氏名または名称及び住所
f.登録の年月日
g.登録記号

問0036　(5)
『新航空法規解説』2-1-4「登録の種類」
『航空法』第5条「新規登録」
(5)×：航空機の製造年月日は記載不要である。
＊問0035の（補足）を参照

問0037　(5)
『新航空法規解説』2-1-4a「新規登録」
『航空法』第5条「新規登録」
(5)×：航空機の製造年月日は記載事項に該当しない。
＊問0035の（補足）を参照

問0038　(2)
『新航空法規解説』2-1-4「登録の種類」
『航空法』第5条「新規登録」
(2)×：型式証明番号は航空機登録原簿への記載事項には含まれていない。
＊問0035の（補足）を参照

問0039　(2)
『新航空法規解説』2-1-4「登録の種類」
『航空法』第6条「登録証明書の交付」
(2)○：国土交通大臣は新規登録したとき、申請者に対して「航空機登録証明書」を交付しなければならない。

問0040　(3)
『新航空法規解説』2-1-4（c）「変更登録」
『航空法』第7条「変更登録」
(3)○：登録航空機について　航空機の定置場または所有者の氏名または名称および住所に変更があったときは、その所有者は、その事由のあった日から15日以内に変更登録の申請をしなければならない。

問0041　(3)
『新航空法規解説』2-1-4-c「変更登録」
『航空法』第7条「変更登録」
(3)○：登録航空機について　航空機の定置場または所有者の氏名または名称および住所に変更があったときは、その所有者は、その事由のあった日から15日以内に変更登録の申請をしなければならない。

問0042　(1)
『新航空法規解説』2-1-4（c）「変更登録」
『航空法』第7条「変更登録」
(1)○：登録した航空機の所有者の氏名に変更があったときは、その所有者はその事由があった日から15日以内に変更登録の申請をしなければならない。

問0043　(2)
『新航空法規解説』2-1-4c「変更登録」
『航空法』第7条「変更登録」
(2)○：登録航空機について　航空機の定置場または所有者の氏名または名称および住所に変更があったときは、その所有者は、その事由のあった日から15日以内に変更登録の申請をしなければならない。

問0044　(2)
『新航空法規解説』2-1-4c「変更登録」
『航空法』第7条「変更登録」
(2)○：登録航空機について　航空機の定置場または所有者の氏名または名称および住所に変更があったときは、その所有者は、その事由のあった日から15日以内に変更登録の申請をしなければならない。

問0045　(3)
『新航空法規解説』2-1-4-e「まっ消登録」
『航空法』第8条「まっ消登録」
(3)×：整備、改造、輸送または保管のために解体する場合は、まっ消登録の申請は不要である。
（補足）
まっ消登録：登録航空機の所有者は下記の事由があった日から15日以内にまっ消登録の申請をしなければならない。
a.登録航空機が滅失し、又は解体（整備、改造、輸送又は保管のためにする解体を除く）したとき。
b.登録航空機の存否が二箇月以上不明になったとき。
c.登録航空機が、法第4条（登録の要件）の規定により登録することができないものになったとき。

問0046　(4)
『新航空法規解説』2-1-4-b「新規登録後行わなければならない事項」
『航空法』第8条の3「登録記号の打刻」1項
(4)○：国土交通大臣は飛行機または回転翼航空機について新規登録をした時は、遅滞なく当該航空機に登録記号を表示する打刻をしなければならない。

－6－

問題番号		解　答

問0047 （1）
　『新航空法規解説』2-1-4「登録の種類」
　（1）○：打刻は、当該航空機のフレーム、ビーム、その他の構造部材の見やすい位置に、直接登録記号を打刻する方法又は登録記号を打刻した金属板を外れないよう取り付ける方法により行わなければならない。

問0048 （4）
　『新航空法規解説』2-1-4b「新規登録後行なわなければならない事項」
　『航空法』第8条3項「登録記号の打刻」
　（4）○：飛行機又は回転翼航空機ついて新規登録をしたときは、遅滞なく、当該航空機に登録記号を表示する打刻をしなければならない。

問0049 （3）
　『新航空法規解説』2-1-4b「新規登録後行なわなければならない事項」
　『航空法』第8条3項「登録記号の打刻」
　（3）○：飛行機又は回転翼航空機ついて新規登録をしたときは、遅滞なく、当該航空機に登録記号を表示する打刻をしなければならない。

問0050 （1）
　『新航空法規解説』3-2「耐空証明」
　『航空法』第10条「耐空証明」第4項
　（1）○：国土交通大臣は、第一項の申請があったときは、当該航空機が次に掲げる基準に適合するかどうかを（　A：設計　）、（　B：製造過程　）及び（　C：現状　）について検査し、これらの基準に適合すると認めるときは、耐空証明をしなければならない。

問0051 （1）
　『新航空法規解説』3-2「耐空証明」
　『航空法』第10条「耐空証明」第3項
　（1）○：耐空証明においては、その航空機の用途及び運用限界が指定され、耐空証明書とともに運用限界等指定書が交付される。

問0052 （4）
　『新航空法規解説』3-2「耐空証明」
　『航空法』第10条「耐空証明」
　（4）：○
　（1）×：航空の用に供する航空機については、耐空証明を取得しなければならない。
　（2）×：空輸用耐空証明は航空法施行規則に定められていない。
　（3）×：耐空証明においては、その航空機の用途及び運用限界が指定され、耐空証明書とともに運用限界等指定書が交付される。

問0053 （1）
　『新航空法規解説』3-2「耐空証明」
　『航空法』第10条「耐空証明」
　（1）：○
　（2）×：耐空証明においては、その航空機の用途及び運用限界が指定され、耐空証明書とともに運用限界等指定書が交付される。
　（3）×：航空の用に供する航空機については、耐空証明を取得しなければならない。
　（4）×：登録されると国土交通大臣により航空機登録証明書が交付される。

問0054 （3）
　『新航空法規解説』3-2「耐空証明」
　『航空法』第10条「耐空証明」
　（3）：○
　（1）×：航空の用に供する航空機については、耐空証明を取得しなければならない。
　（2）×：空輸用耐空証明は航空法施行規則に定められていない。
　（4）×：耐空証明においては、その航空機の用途及び運用限界が指定され、耐空証明書とともに運用限界等指定書が交付される。

問0055 （1）
　『新航空法規解説』3-2-6「航空機の用途、運用限界及び飛行規程」
　『航空法施行規則』第12条の3 第1項「航空機の用途」
　（1）○：運用限界等指定書の用途を指定する場合は、施行規則の付属書第一に規定する「耐空類別」を明らかにするよう定められている。（例：飛行機　輸送T）

問0056 （3）
　『新航空法規解説』3-2-6「航空機の用途、運用限界及び飛行規程」
　『航空法施行規則』第12条の3 第1項「航空機の用途」
　（3）○：運用限界等指定書の用途を指定する場合は、施行規則の付属書第一に規定する「耐空類別」を明らかにするよう定められている。（例：飛行機　輸送T）

問0057 （1）
　『新航空法規解説』3-2-6-a「航空機の用途及び運用限界」
　『航空法施行規則』第12条の3 第1項「航空機の用途」
　（1）○：航空機の用途を指定する場合は、付属書第一に規定する「耐空類別」を明らかにするよう定められている。

問0058 （4）
　『新航空法規解説』3-2-6「航空機の用途、運用限界及び飛行規程」
　『航空法施行規則』第12条の3 第1項「航空機の用途」
　（4）○：航空機の用途を指定する場合は、付属書第一に規定する「耐空類別」を明らかにするよう定められている。

問0059 （1）
　『新航空法規解説』3-2-5「耐空証明検査の基準」
　『航空法』第10条「耐空証明」第4項第2号
　『航空法施行規則』第14条第2項、附属書第2「航空機の騒音基準」
　（1）：×
　騒音基準の適用を受ける航空機は、プロペラ飛行機、ターボジェット、ターボファン発動機を装備する飛行機、回転翼航空機及び動力滑空機であり、飛行船は含まれない。

問題番号		解　答

問0060　(1)
『新航空法規解説』3-2-5-b「騒音基準」
『航空法施行規則』第14条 第2項 附属書第2「航空機の騒音基準」
(1)○：航空法施行規則の附属書第2「航空機の騒音基準」に航空機の使用目的に応じて騒音値の基準及びその測定方法等が規定されている。

問0061　(3)
『新航空法規解説』3-2-5「耐空証明検査の基準」
『航空法施行規則』第14条3項 付属書第3「航空機の発動機の排出物の基準」
(3)○：航空法規則第14条3項 付属書第3に「航空機の発動機の排出物の基準」が記載されている。

問0062　(1)
『新航空法規解説』3-2-5「耐空証明検査の基準」
『航空法施行規則』第14条3項 付属書第3「航空機の発動機の排出物の基準」
(1)○：規則第14条3項 付属書第3「航空機の発動機の排出物の基準」に排出燃料についてはタービン発動機、排出ガスについてはターボジェット又はターボファン発動機を装備する航空機に適用する」と定められている。

問0063　(3)
『新航空法規解説』1-4-3「航空法施行規則附属書」
『航空法施行規則』第14条第1項、付属書第1「航空機及び装備品の安全性を確保するための強度、構造及び性能」についての基準」の表
(3)○：「航空機及び装備品の安全性を確保するための強度、構造及び性能についての基準」は、航空法施行規則の附属書第一に定められている。

問0064　(4)
『新航空法規解説』1-4-4「耐空類別」
『航空法施行規則』第12条3「付属書第一」
(4)：○
(1)×：「飛行機輸送T」：航空運送事業の用に適する飛行機に摘要する。
(2)×：「回転翼航空機普通N」：最大離陸重量3,175kg以下の回転翼航空機に摘要する。
(3)×：「飛行機輸送C」：最大離陸重量8,618kg以下の多発のプロペラ飛行機であって、航空運送事業の用に適するもの。（客席数が19以下であるものに限る。）

問0065　(2)
『新航空法規解説』1-4-5「耐空類別」
『航空法施行規則』第14条第1項付属書第1
(2)○：航空法施行規則付属書第1に示される耐空類別の摘要欄に用いられる重量は「最大離陸重量」である。

問0066　(3)
『耐空性審査要領』 第Ⅰ部 定義 2-2「重量」
(3)×：設計離陸重量とは、地上滑走及び小さい降下率での着陸に対する荷重を求めるために用いる最大航空機重量をいう。

問0067　(3)
『耐空性審査要領』 第Ⅰ部 定義 2-2「重量」
(3)×：設計離陸重量とは、地上滑走及び小さい降下率での着陸に対する荷重を求めるために用いる最大航空機重量をいう。

問0068　(3)
『新航空法規解説』3-7「型式承認・仕様承認」
『航空法施行規則』第15条「型式承認・仕様承認」
(3)：○
(1)(2)×：型式承認は装備品及び部品単体として基準への適合性を証明する制度である。
(4)×：国産部品はすべて型式承認又は仕様承認を取得しなければならない。

問0069　(2)
『新航空法規解説』3-11「耐空検査員」
　　　　　　　　　3-2-3「耐空証明が受けられる航空機」
『航空法施行規則』第16条の5「耐空検査員」
(2)○：耐空検査員が耐空証明を行うことができる航空機は以下の通りである。
　　　a.中級滑空機
　　　b.上級滑空機
　　　c.動力滑空機
（補足）
法第10条第1項及び規則第12条により、初級滑空機は法第3章「航空機の安全性」が適用されないため耐空証明を受けられないが、耐空証明を持たずに航空の用に供することができる。

問0070　(1)
『新航空法規解説』3-11「耐空検査員」
　　　　　　　　　3-2-3「耐空証明が受けられる航空機」
『航空法施行規則』第16条の5「耐空検査員」
(1)○：耐空検査員が耐空証明を行うことができる航空機は以下の通りである。
　　　a.中級滑空機
　　　b.上級滑空機
　　　c.動力滑空機
＊問0069の（補足）を参照

問0071　(1)
『新航空法規解説』3-11「耐空検査員」
　　　　　　　　　3-2-3「耐空証明が受けられる航空機」
『航空法施行規則』第16条の5「耐空検査員」
(1)○：耐空検査員が耐空証明を行うことができる航空機は以下の通り。
　　　a.中級滑空機
　　　b.上級滑空機
　　　c.動力滑空機
＊問0069の（補足）を参照

問題番号		解　答

問0072　(1)
『新航空法規解説』3-2-3「耐空証明が受けられる航空機」
『航空法』第10条「耐空証明」第2項
(1)○：「日本の国籍を有しない航空機でも、本邦内で修理され、改造され、又は製造されたものは耐空証明を受けることできる」と政令第1条で定められている。

問0073　(1)
『新航空法規解説』3-3-3「型式証明の検査」
『航空法』第12条「型式証明」2項
(1)：○
(2)×：航空機の製造方法についての証明ではない。
(3)×：耐空証明の検査の説明である。
(4)×：航空機の耐空証明において検査の一部が省略される。

問0074　(2)
『新航空法規解説』3-3「型式証明」
『航空法』第12条「型式証明」
(2)○：国土交通大臣は申請により、航空機の型式の設計について型式証明を行う。

問0075　(1)
『新航空法規解説』3-3「型式証明」
『航空法』第12条「型式証明」
(1)○：航空法第12条により、国土交通大臣は航空機の型式ごとの設計について型式証明を行う。

問0076　(5)
『新航空法規解説』3-3「型式証明」
『航空法』第12条「型式証明」
(5)○：国土交通大臣は申請により、航空機の型式の設計について型式証明を行う。

問0077　(2)
『新航空法規解説』3-3「型式証明」
『航空法』航空法第12条「型式証明」
(2)×：耐空証明の記述内容である。
　　　型式証明とは、航空機の型式ごとにその設計が基準に適合していることを証明する行為である。

問0078　(2)
『新航空法規解説』3-3「型式証明」
『航空法』第12条「型式証明」
(2)○：国土交通大臣は申請により、航空機の型式の設計について型式証明を行う。

問0079　(1)
『新航空法規解説』3-2-9「耐空証明の有効期間」
『航空法』第14条「耐空証明の有効期間」
(1)○：耐空証明の有効期間は航空法第14条に定められており、有効期間は1年。ただし、航空運送事業の用に供する航空機については、国土交通大臣が定める期間と定めている。

問0080　(3)
『新航空法規解説』3-2-10「整備改造命令、耐空証明の効力の停止等」
『航空法』第14条の2項「整備改造命令、耐空証明の効力の停止等」
(3)○：国土交通大臣は、耐空証明のある航空機が第10条第4項の基準に適合せず、又は前条の期間を経過する前に同項の基準に適合しなくなるおそれがあると認めるときは、当該航空機の使用者に対し、必要な整備、改造その他の措置をとるべきことを命ずることができる。

問0081　(4)
『新航空法規解説』3-5-1「修理改造検査とは」
『航空法施行規則』第24条「修理改造検査」
(4)○：滑空機の修理改造検査の対象となるのは大修理と大改造である。

問0082　(2)
『新航空法規解説』3-5-1「修理改造検査とは」
『航空法施行規則』第24条「修理改造検査」
(2)○：大修理および改造を行った場合、修理改造検査を受けなければならない。

問0083　(3)
『新航空法規解説』3-5-1「修理改造検査とは」
『航空法施行規則』第24条第1項「修理改造検査」
(3)○：大修理または改造を行った場合、修理改造検査を受けなければならない。

問0084　(2)
『新航空法規解説』3-6「予備品証明」
『航空法』第17条「予備品証明」第3項
『航空法施行規則』第28条「予備品証明申請書」第14様式、第15様式
(2)×：予備品証明には有効期間および装備する航空機の型式限定は付されていない。

問0085　(2)
『新航空法規解説』3-6-3「予備品証明に係るみなし措置」
『航空法』第17条「予備品証明」第3項
(2)×：予備品証明とは航空機に装備される前の装備品単独の状態で行われるもので、航空機に装備されて耐空証明検査に合格したものは、「予備品証明に係るみなし措置」は適用されない。

問0086　(4)
『新航空法規解説』3-6-1「予備品証明とは」
『航空法』第17条「予備品証明」第1項
『航空法施行規則』第27条「予備品証明」
(4)×：予備品証明の対象となる装備品は、発動機、プロペラその他国土交通省令で定める航空機の安全性の確保のため重要な装備品である。航空機の使用者が想定した交換頻度が高い装備品は該当しない。

問0087　(3)
『新航空法規解説』3-5「修理改造検査」
『航空法』第16条「修理改造検査」
(3)○：予備品証明対象部品で証明のない装備品を取り付ける場合、装備する前に修理改造検査を申請する必要がある。

問題番号		解答

問0088 (2)
『新航空法規解説』3-6-1「予備品証明とは」
『航空法施行規則』第27条「予備品証明」
(2)×：機上DMEは航法装置であるが、「電波法の適用を受ける無線局の無線設備」に該当するため、法第17条及び規則第27条に定められた予備品証明対象部品ではない。

問0089 (3)
『新航空法規解説』3-6-1「予備品証明とは」
『航空法施行規則』27条 第4号「予備品証明」
(3)：〇
(1)(2)(4)×：電波法の適用を受ける無線局の無線設備であり、予備品証明対象外である。
(補足)
予備品証明対象の航法装置については、サーキュラー1-004「装備品等型式承認及び仕様承認に係る一般方針」Ⅳ部「型式承認対象部品」別表 4. 航法装置を参照すること。

問0090 (2)
『新航空法規解説』3-8「発動機の整備」
『航空法施行規則』第31条「発動機等の整備」
(2)×：起動機（スタータ）は重要な装備品に該当しない。
(補足)
施行規則第31条で限界使用時間を定めている重要な装備品は以下の通り。
・滑油ポンプ　　・気化器　　　　　　・点火用ディストリビュータ
・磁石発電機　　・排気タービン　　　・発動機駆動式燃料ポンプ
・燃料管制器　　・燃料噴射ポンプ　　・プロペラ調速器

問0091 (1)
『新航空法規解説』3-8「発動機の整備」
『施行規則』第31条「発動機の整備」
(1)〇：国土交通省令で定める時間は、発動機、プロペラおよび重要装備品の構造および性能を考慮して、国土交通大臣が告示で指定する。

問0092 (1)
『新航空法規解説』3-8「発動機等の整備」
『航空法施行規則』第31条「発動機等の整備」
(1)×：起動機は重要な装備品に該当しない。
＊問0090の（補足）を参照

問0093 (1)
『新航空法規解説』3-9「航空整備士の確認」
『航空法施行規則』第32条の2「航空機の整備又は改造についての確認」
(1)：〇
法第19条第2項の確認は、「航空機の整備又は改造の計画及び過程並びにその作業完了後の現状について行うものとし、搭載用航空日誌（滑空機は滑空機用航空日誌）に署名または記名押印することにより行う」と定めてある。

問0094 (4)
『新航空法規解説』3-10「事業場の認定」
『航空法』第20条「事業場の認定」
(4)×：このような種類の認定事業場は存在しない。
(補足)
航空法第20条で定める認定事業場の種類は以下の通り。
a.航空機の設計及び設計後の検査の能力
b.航空機の製造及び完成後の検査の能力
c.航空機の整備及び整備後の検査の能力
d.航空機の整備または改造の能力
e.装備品の設計及び設計後の検査の能力
f.装備品の製造及び完成後の検査の能力
g.装備品の修理または改造の能力

問0095 (3)
『新航空法規解説』3-10「事業場の認定」
『航空法』第20条「事業場の認定」
(3)×：このような種類の認定事業場はない

問0096 (3)
『新航空法規解説』3-10「事業場の認定」
『航空法』第20条「事業場の認定」
(3)×：「航空機の修理及び修理後の検査の能力」という名称の認定事業場は存在しない。
＊問0094の（補足）を参照

問0097 (3)
『新航空法規解説』3-10-3「業務規程」
『航空法施行規則』第33条「業務の範囲及び限定」
(3)×：確認主任者の行う確認の業務に関する事項

問0098 (2)
『新航空法規解説』3-10-5「認定の更新及び限定の変更」
『航空法施行規則』第37条「認定の有効期間」
(2)〇：事業場の認定の有効期間は2年である。

問0099 (1)
『新航空法規解説』3-10-7「確認主任者及び確認の方法」
『航空法施行規則』第40条「法第10条第4項の基準に適合することの確認等の方法」
(1)〇：法第10条第4項の基準に適合した場合、確認主任者は基準適合証又は航空日誌に署名又は記名押印をする。

問題番号		解 答
問0100	(2)	『新航空法規解説』3-6-1「予備品証明とは」 『航空法』第16条「修理改造検査」 (2)○：装備品基準適合証は予備品証明検査合格票と同等の効力があるため、有資格整備士による確認を受けることで航空の用に供することができる。
問0101	(4)	『新航空法規解説』4-1-1「技能証明の限定」 『航空法』第25条「技能証明の限定」 (4)×：発動機の等級は限定されていない。 （補足） 「技能証明の限定」は、下記についてそれぞれ限定されている。 a. 航空機の種類 b. 航空機の等級 c. 航空機の型式 d. 従事することができる業務の種類（航空工場整備士のみに該当）
問0102	(4)	『新航空法規解説』4-1-1「技能証明の限定」 『航空法』第25条「技能証明の限定」 (4)×：発動機の等級は限定に該当しない。 ＊問0101の（補足）を参照
問0103	(4)	『新航空法規解説』4-1-1「技能証明の限定」 『航空法』第25条「技能証明の限定」 (4)○：航空機の種類、等級及び型式並びに業務の種類について限定をすることができる。 （補足） 「技能証明の限定」は以下の通り。 a. 航空機の種類（飛行機、回転翼、滑空機、飛行船） b. 航空機の等級（陸上多発、陸上単発 等） c. 航空機の型式（エアバス式Ａ320型 等） d. 従事することができる業務の種類（航空工場整備士のみに該当）
問0104	(2)	『新航空法規解説』4-1-1「技能証明の限定」 『航空法施行規則』第53条「技能証明の限定」 (2)○：規則第53条に陸上単発ピストン機、水上多発タービン機などの区別が定められている。 (1)×：資格別を表す。 (2)×：航空機の形式を表す。 (4)×：耐空類別を表す。
問0105	(4)	『新航空法規解説』4-1-1「技能証明の限定」 『航空法施行規則』第53条「技能証明の限定」 (4)○：規則第53条に陸上多発タービン機、水上単発ピストン機などの等級が定められている。 (1)×：航空機の種類を表す。 (2)×：航空機の耐空類別を表す。 (3)×：航空機の型式を表す。
問0106	(4)	『新航空法規解説』4-1-1「技能証明の限定」 『航空法施行規則』第53条「技能証明の限定」 (4)○：実地試験に使用される航空機の等級が陸上単発ピストン機である場合、技能証明に付される等級限定は「陸上単発、陸上多発、水上単発及び水上多発のピストン機」である。
問0107	(4)	『新航空法規解説』4-1-1「技能証明の限定」 『航空法施行規則』第53条「技能証明の限定」 (4)○：実地試験に使用される航空機の等級が陸上多発タービン機である場合、技能証明に付される等級限定は「陸上単発、陸上多発、水上単発及び水上多発のタービン機」である。
問0108	(4)	『新航空法規解説』4-3「申請資格」 『航空法』第26条「技能証明の要件」 (4)○：航空機の種類別に国土交通省で定める「年齢及び整備経験」を有する者でなければならない。
問0109	(3)	『新航空法規解説』4-3「申請資格」 『航空法』第26条「技能証明の要件」第1項 (3)○：技能証明は、資格別及び航空機の種類別に国土交通省令で定める年齢及び飛行経歴その他の経歴を有する者でなければ、受けることはできない。
問0110	(3)	『新航空法規解説』4-3「申請資格」 『航空法』第26条「技能証明の要件」 (3)○：航空機の種類別に国土交通省で定める「年齢及び整備経験」を有する者でなければならない。
問0111	(1)	『新航空法規解説』4-4「有資格整備士の確認の範囲」 『航空法』第28条 別表 (1)○：一等航空運航整備士の業務範囲は、整備（「　Ａ：保守　」及び国土交通省令で定める「　Ｂ：軽微な修理　」に限る）をした航空機について第19条2項に規定する「　Ｃ：確認の行為　」を行うこと。

航空法規等

問題番号	解　答

問0112 （2）
『新航空法規解説』4-5「欠格事由」
『航空法』第27条「欠格事由等」
（2）○：技能証明試験において不正の行為があった者について、2年以内の期間に限り技能証明の申請を受理しないことができる。

問0113 （3）
『新航空法規解説』4-5「欠格事由」
『航空法』第27条「欠格事由等」
（3）○：技能証明試験において不正の行為があった者について、2年以内の期間に限り技能証明の申請を受理しないことができる。

問0114 （3）
『新航空法規解説』4-1「航空従事者」
『航空法』第28条「別表」（業務範囲）
（3）○：整備（保守及び国土交通省令で定める［　A：軽微な修理　］に限る。）をした航空機（整備に［　B：高度の知識　］及び［　C：能力　］を要する国土交通省令で定める用途のものを除く。）について第19条第2項に規定する確認の行為を行うこと。

問0115 （1）
『新航空法規解説』4-1-1「技能証明の限定」
『航空法施行規則』第56条の2項「二等航空整備士及び二等航空運航整備士が整備後の確認をすることができない用途の航空機」
（1）○：二等航空運航整備士（飛行機）の業務範囲で法第19条第2項に規定する確認の行為を行うことができる耐空類別は飛行機・曲技Aである。
（補足）
施行規則第56条の2項に「二等航空整備士及び二等航空運航整備士が整備後の確認をすることができない用途の航空機」は以下の通り定められている。
a.耐空類別が飛行機輸送C
b.耐空類別が飛行機輸送T
c.耐空類別が回転翼航空機輸送TA級及び回転翼航空機輸送TB級

問0116 （2）
『新航空法規解説』4-4「有資格整備士の確認の範囲」
『航空法施行規則』第32条の2「航空機の整備または改造に行いての確認」
（2）○：整備した航空機について、法第19条の2項に規定する確認の行為を行い、確認の行為が完了する時期は搭載用航空日誌に署名または記名押印したとき。

問0117 （3）
『新航空法規解説』4-6「技能証明の取り消し」
『航空法』第30条「技能証明の取消等」
（3）○：以下の事由に該当する場合、国土交通大臣は技能証明の取り消し又は1年以内の期間を定めて航空業務の停止を命ずることができる。
　　a.この法律又はこの法律に基づく処分に違反したとき。
　　b.航空従事者としての職務を行うに当たり、非行又は重大な過失があったとき。

問0118 （4）
『新航空法規解説』2-1-4-b-(3)「国籍及び登録記号等の表示」
『航空法』第57条「国籍等の表示」
（4）×：航空機は「国籍」、「登録記号」、「所有者の氏名又は名称」を表示しなければ、これを航空の用に供してはならない。
（補足）
航空法施行規則　第133条には、『航空機の国籍は、装飾体でないローマ字の大文字JA（以下「国籍記号」という。）で表示しなければならない』とある。

問0119 （4）
『新航空法規解説』2-1-4-b-(3)「国籍及び登録記号等の表示」
『航空法』第57条「国籍等の表示」
（4）○：航空機は「国籍記号」、「登録記号」、「所有者の氏名又は名称」を表示しなければ、これを航空の用に供してはならない。

問0120 （2）
『新航空法規解説』2-1-4-b-(3)「国籍及び登録記号等の表示」
『航空法』第57条「国籍等の表示」
（2）○：航空機は「国籍記号」、「登録記号」、「所有者の氏名又は名称」を表示しなければ、これを航空の用に供してはならない。

問0121 （2）
『新航空法規解説』2-1-4「登録の種類」
『航空法』航空法第57条「国籍等の表示」
（2）×：規則　第137条　主翼面にあっては右最上面及び左最下面に表示する。
（1）○：規則　第133条「国籍記号」はJA。
（3）○：規則　第137条　胴体底面及び胴体側面に表示する。
（4）○：規則　第134条「登録記号」はアラビア数字又はローマ字。
（補足）
国籍記号及び登録記号の表示の方法及び場所については、法第57条、規則第133から第140条に定められている。

問0122 （2）
『新航空法規解説』2-1-4-b「新規登録後、行わなければならない事項」
『航空法施行規則』第141条「識別板」
（2）○：航空機の所有者の氏名又は名称及び住所並びにその航空機の国籍記号及び登録記号を打刻した7cm×5cmの耐火性材料で作った識別板を当該航空機の出入口の見やすい場所に取り付けなければならない。

－ 12 －

問題番号	解　答

問0123　(3)
『新航空法規解説』2-1-4b-(2)「識別板」
『航空法施行規則』第141条「識別板」
(3)○：識別版は航空機の出入口の見やすい場所に取り付ける。
(1)×：識別版には耐火性材料を使用する。
(2)×：識別版にはその航空機の国籍記号及び登録記号、所有者の住所、氏名又は名称を打刻する。
(4)×：識別版の大きさは7cm×5cm の耐火性材料を使用する。

問0124　(1)
『新航空法規解説』6-2-2「航空日誌の記載事項」
『航空法施行規則』第142条「航空日誌」
(1)×：航空機の重量及び重心位置は、記載すべき事項として定められていない。
（補足）
施行規則第142条第2項に以下の記載すべき事項が定められている。
a. 航空機の国籍、登録記号、登録番号及び登録年月日
b. 航空機の種類、型式及び型式証明書番号
c. 耐空類別及び耐空証明書番号
d. 航空機の製造者、製造番号及び製造年月日
e. 発動機及びプロペラの型式
f. 航行に関する記録
g. 製造後の総航行時間及び最近のオーバーホール後の総航行時間
h. 発動機及びプロペラの装備換えに関する記録
i. 修理、改造又は整備の実施に関する記録

問0125　(2)
『新航空法規解説』6-2-2「航空日誌の記載事項」
『航空法施行規則』第142条「航空日誌」
(2)×：最大離陸重量は、搭載用航空日誌に記載すべき事項として定められていない。
＊問0124の（補足）を参照

問0126　(3)
『新航空法規解説』6-2「航空日誌」
『航空法』第58条「航空日誌」
(3)○：航空機の使用者は、航空日誌を備えなければならない。

問0127　(4)
『新航空法規解説』6-2-1「航空日誌の種類」
『航空法施行規則』第142条「航空日誌」
(4)×：航空機の使用者が備えなければならない航空日誌の種類は「搭載用航空日誌」、「地上備え付け用発動機航空日誌」及び「地上備え付け用プロペラ航空日誌」又は「滑空機用航空日誌」である。

問0128　(2)
『新航空法規解説』6-3「航空機に備え付ける書類」
『航空法』第59条「航空機に備え付ける書類」、施行規則第144条の2項
『航空法施行規則』第144条の2項「航空機に備え付ける書類」
(2)○：搭載用航空日誌、飛行規程、運用限界等指定書が正しいグループである。
（補足）
航空法第59条により、航空機には以下の書類を備え付けなければならない。
a. 航空機登録証明書
b. 耐空証明書
c. 航空日誌（法 第59 条第3号、規則 第144条には搭載用航空日誌と定めてある。）
d. その他国土交通省令で定める航空の安全のために必要な書類（規則第144条の2により、運用限界等指定書、飛行規程、運航規程、航空図など）。

問0129　(2)
『新航空法規解説』6-3「航空機に備え付ける書類」
『航空法』第59条「航空機に備え付ける書類」
(2)×：型式証明書は搭載不要である。
＊問0128の（補足）を参照

問0130　(4)
『新航空法規解説』6-5「航空機の運航状況を記録するための装置」
『航空法』第 61条「航空機の運航状況を記録するための装置」
『航空法施行規則』第149-3「使用者が保存すべき記録」
(4)：○
(1)(3)×：CVR（操縦室用音声記録装置）に適用される。
(2)×：最大離陸重量5,700kg以上の航空機に限り装備しなければならない。

問0131　(4)
『新航空法規解説』6-5-1「飛行記録装置及び操縦室用音声記録装置の作動義務」
『航空法』第61条「航空機の運航の状況を記録するための装置」
『航空法施行規則』第149条「航空機の運航の状況を記録するための装置」
(4)：○
(1)×：記録した音声を30分以上残しておくことができなければならない。
(2)×：最大離陸重量5,700kg以上の航空機に限り装備しなければならない。
(3)×：飛行記録装置の要求事項である。

問0132　(3)
『新航空法規解説』6-5-1「飛行記録装置及び操縦室用音声記録装置の作動義務」
『航空法施行規則』第149条「航空機の運航の状況を記録するための装置」
(3)：○

航空法規等

問題番号		解 答

問0133 （2）　『新航空法規解説』6-5-1「飛行記録装置及び操縦室用音声記録装置の作動義務」
　　　　　　『航空法』第61条「航空機の運航の状況を記録するための装置」
　　　　　　『航空法施行規則』第149条「航空機の運航の状況を記録するための装置」
　　（2）：○
　　（1）×：最大離陸重量5,700kg以上の航空機に限り装備しなければならない。
　　（3）×：飛行記録装置の要求事項である。
　　（4）×：飛行機および回転翼航空機おいては、連続して記録することができ、かつ、記録した音声を30分以上
　　　　　残しておくことができなくてはならない。

問0134 （2）　『新航空法規解説』6-6「救急用具」
　　　　　　『航空法施行規則』第150条「救急用具」
　　（2）○：携帯灯、非常信号灯、及び救急箱は全ての航空機に共通して装備しなければならない救急用具であ
　　　　　る。

問0135 （2）　『新航空法規解説』6-6-2「救急用具の点検」
　　　　　　『航空法施行規則』第151条「救急用具の点検」
　　（2）○：救急箱の点検期間は60日である。
　　（補足）
　　救急用具の点検間隔は以下の通り。
　　a.落下傘　60日
　　b.非常信号灯、携帯灯及び防水携帯灯　60日
　　c.救命胴衣 、これに相当する救急用具及び救命ボート　180日
　　d.救急箱　60日
　　e.非常食糧　180日
　　f.航空機用救命無線機　12月

問0136 （2）　『新航空法規解説』6-6-2「救急用具の点検」
　　　　　　『航空法施行規則』第151条「航空機に装備する救急用具・・・」
　　（2）○：救命胴衣の点検期間は180日である。
　　＊問0135の（補足）を参照

問0137 （1）　『新航空法規解説』6-6-2「救急用具の点検」
　　　　　　『航空法施行規則』第151条「救急用具の点検期間」
　　（1）○：60日ごとに点検しなければならない救急用具は救急箱、落下傘、防水携帯灯である。
　　＊問0135の（補足）を参照

問0138 （4）　『新航空法規解説』6-6-2「救急用具の点検」
　　　　　　『航空法施行規則』第151条「救急用具の点検期間」
　　（4）○：航空機用救命無線機の点検期間は12ヶ月である。
　　＊問0135の（補足）を参照

問0139 （2）　『新航空法規解説』6-6「救急用具」
　　　　　　『航空法施行規則』第152条「特定救急用具の検査」
　　（2）×：救急箱は特定救急用具に指定されていない。
　　（補足）
　　特定救急用具は以下の通りである。
　　a.非常信号灯
　　b.救命胴衣又はこれに相当する救急用具
　　c.救命ボート
　　d.航空機用救命無線機
　　e.落下傘

問0140 （2）　『新航空法規解説』6-6「救急用具」
　　　　　　『航空法施行規則』第152条「特定救急用具の検査」
　　（2）×：防水携帯灯は特定救急用具に指定されていない。
　　＊問0139の（補足）を参照

問0141 （3）　『新航空法規解説』6-8「航空機の灯火」
　　　　　　『航空法施行規則』第157条「航空機を照明する施設がない場合・・・」
　　（3）：○

問0142 （2）　『新航空法規解説』6-8「航空機の灯火」
　　　　　　『航空法施行規則』第154条「航空機の灯火」
　　（2）○：航空機は、夜間（日没から日出までの間を言う）に空中または地上を航行する場合には、衝突防止の
　　　　　ために衝突防止灯、右舷灯、左舷灯および尾灯を点灯しなければならない。

問0143 （4）　『新航空法規解説』6-8「航空機の灯火」
　　　　　　『航空法施行規則』第154条「航空機の灯火」
　　（4）○：すべての航空機は夜間に航行する場合、衝突防止灯を表示しなければならない。
　　（補足）
　　夜間とは、航空法 第64条に「日没から日出までの間をいう。」とある。

問0144 （2）　『新航空法規解説』6-8「航空機の灯火」
　　　　　　『航空法施行規則』第157条「航空機を照明する施設がない場合・・・」
　　（2）○：「航空機を照明する施設のないときは、その航空機の右舷灯、左舷灯及び尾灯で表示しなければならな
　　　　　い。」と定められている。

問題番号	解　答

問0145　（1）
『新航空法規解説』6-27「機長の出発前の確認及び安全阻害行為に対する措置」
『航空法』第73条2「出発前の確認」
（1）○：機長は、国土交通省令で定めるところにより航空機が航行に支障がないこと、その他運航に必要な準備が整っていることを確認した後でなければ航空機を出発させてはならない。

問0146　（4）
『新航空法規解説』6-24「爆発物等の輸送禁止」
『航空法』第86条「爆発物等の輸送禁止」
（4）×：高周波又は高調音等の発生装置は、輸送禁止物件に該当しない。
法第86条に「爆発性又は易燃性を有する物件その他人に危害を与え、又は他の物件を損傷するおそれのある物件で国土交通省令で定めるものは、航空機で輸送してはならない」と定められている。

問0147　（4）
『新航空法規解説』6-24「爆発物等の輸送禁止」
『航空法』第86条「爆発物等の輸送禁止」
（4）×：携帯電話等の電波を発する機器は、輸送禁止物件に該当しない。
法第86条に「爆発性又は易燃性を有する物件その他人に危害を与え、又は他の物件を損傷するおそれのある物件で国土交通省令で定めるものは航空機では輸送してはならない」と定められている。

問0148　（2）
『新航空法規解説』7-7「運航規程および整備規程の認可」
『航空法施行規則』第214条「運航規程及び整備規程の認可」
（2）×：「航空機の運用の方法及び限界」は運航規程に定められている。
（補足）
整備規程に記載しなければならない項目は、施行規則第214条に定められている。
a.航空機の整備に従事する者の職務
b.整備基地の配置並びに整備基地の設備及び器具
c.機体及び装備品等の整備の方式
d.機体及び装備品等の整備の実施方法
e.装備品等の限界使用時間
f.整備記録の作成及び保管の方法
g.装備品が正常でない場合における航空機の運用許容基準
h.整備に従事する者の訓練の方法
i.航空機の整備に係る業務の委託の方法

問0149　（2）
『新航空法規解説』7-7「運航規程及び整備規程の認可」
『航空法施行規則』第214条「運航規程及び整備規程の認可」
（2）×：「航空機の操作および点検の方法」は運航規程に定める内容である。
＊問0148の（補足）を参照

問0150　（4）
『新航空法規解説』7-7-(3)「定めなければならない整備規程の内容」
『航空法施行規則』第214条「運航規程及び整備規程」
（4）○：装備品等の限界使用時間
（1）（2）（3）×：施行規則に定められていない。
＊問0148の（補足）を参照

問0151　（4）
『新航空法規解説』7-7「運航規程および整備規程の認可」
『航空法施行規則』第214条「運航規程及び整備規程の認可」
（4）×：「緊急の場合においてとるべき措置」は運航規程に定められている。
＊問0148の（補足）を参照

問0152　（3）
『新航空法規解説』7-7「運航規程及び整備規程の認可」
『航空法施行規則』第214条「運航規程および整備規程」
（3）×：「装備品、部品及び救急用具の限界使用時間」は整備規程に定める内容である

問0153　（3）
『新航空法規解説』7-7「運航規程及び整備規程の認可」
『航空法施行規則』第214条「運航規程および整備規程」
（3）×：「装備品、部品及び救急用具の限界使用時間」は整備規程に定める内容である。

問0154　（4）
『新航空法規解説』7-7「運航規程及び整備規程の認可」
『航空法施行規則』第214条「運航規程及び整備規程の認可」
（4）×：「整備の記録の作成及び保管の方法」は整備規程に記載すべき事項である。

問0155　（3）
『新航空法規解説』10-1「耐空証明を受けない航空機の使用等の罪」
『航空法』第143条第1項「耐空証明を受けない航空機の使用等の罪」
（3）○：航空法第11条第1項又は第2項の規定に違反して、耐空証明を受けないで、又は（耐空証明）において指定された（用途）もしくは（運用限界）の範囲を超えて（航空の用に供した）場合は、使用者は3年以下の懲役もしくは100万円以下の罰金、又は併科される。

問0156　（1）
『新航空法規解説』10-1「耐空証明を受けない航空機の使用等の罪」
『航空法』143条「耐空証明を受けない航空機の使用等の罪」
（1）○：航空法第11条第1項又は第2項の規定に違反して、耐空証明を受けないで又は（　A：耐空証明　）において指定された（　B：用途　）若しくは（　C：運用限界　）の範囲を超えて、当該航空機を（　D：航空の用に供した　）とき。

航空法規等

問題番号		解 答

問0157 (1)

『新航空法規解説』10-1「耐空証明を受けない航空機の使用等の罪」
『航空法』143条「耐空証明を受けない航空機の使用等の罪」
(1)○：航空法第11条第1項又は第2項の規定に違反して、（　A：耐空証明　）を受けないで、又は耐空証明において指定された（　B：用途　）若しくは（　C：運用限界　）の範囲を超えて、当該航空機を（　D：航空の用に供した　）とき。

問0158 (2)

『新航空法規解説』10-6「所定の資格を有しないで航空業務を行う等の罪」
『航空法』第149条「所定の資格を有しないで航空業務を行う等の罪」
(2)○：所定の資格を有しないで航空業務を行った場合、1年以下の懲役又は30万円以下の罰金に処せられる。

問0159 (2)

『新航空法規解説』10-7「技能証明書を携帯しない等の罪」
『航空法』150条「技能証明書を携帯しない等の罪」
(2)○：技能証明書を携帯しないで確認行為を行った整備士に課せられる「罰則」は、航空法第150条に定められ、50万円以下の罰金に処せられる。

問0160 (2)

『新航空法規解説』10-4「認定事業場の業務に関する罪」
『航空法』第145条の2「認定事業場の業務に関する罪」
(2)○：第20条第2項の規定による認可を受けないで、又は認可を受けた（業務規程）によらないで、同条第1項の認定に係る業務を行ったとき。

問0161 (2)

『新航空法規解説』10-4「認定事業場の業務に関する罪」
『航空法』第145条の2「認定事業場の業務に関する罪」
(2)○：第20条第2項の規定による認可を受けないで、又は認可を受けた（業務規程）によらないで、同条第1項の（認定）に係る業務を行ったとき。

問0162 (2)

『新航空法規解説』11-1-2「ヒューマンファクタの概念」
『航空法施行規則』別表第3「実施試験の科目」（規則第46条、46条の2関連）
(2)○：SHELモデルにおいて、「器材配置の不備」はハードウエアに属する。

問0163 (2)

『新航空法規解説』11-1-2「ヒューマンファクタの概念」
『航空法施行規則』別表第3「実施試験の科目」（規則第46条、46の2条関連）
(2)○：「手順」「マニュアル」及び「規則」は、ソフトウエア（Software）に属する。

問0164 (3)

『新航空法規解説』11-1「整備とヒューマン・ファクタ」
『航空法施行規則』別表第3「実施試験の科目」（規則第46条、46条の2関連）
(3)○：ヒューマン・ファクタ は、人間の（　能力　）と限界を最適にし、（　エラー　）を減少させることを主眼にした総合的な学問である。生活及び職場環境における人間と（　機械　）・手順・（　環境　）との係わり合い、及び人間同士の係わり合いのことであり、システム工学という枠組みの中に統合された人間科学を論理的に応用することにより、人間とその活動の関係を最適にすることに関与することである。

問0165 (3)

『新航空法規解説』11-2「人間の能力と限界」
『航空法施行規則』別表第3「実施試験の科目」（規則第46条、46の2条関連）
(3)○：長期記憶に該当する。
(1)(2)(4)×：短期記憶に該当する。

問0166 (4)

『新航空法規解説』11-3-3「ヒューマンエラーの管理」
(4)×：「作業後の自己確認の徹底」は、発生したエラーを早期に検知して修正する手法の一つである。

航空力学

問題番号		解　答

問0001 (3)
『耐空性審査要領』第2章「定義」2-1-10「標準大気」
(3)×：海面上からの温度が−56.5℃（−69.7℉）になるまでの温度こう配は、−0.0065℃/m
（−0.003566℉/ft）であり、それ以上の高度では温度では一定であること。

問0002 (2)
『[1] 航空力学』1-4「標準大気」
(2)×：海面上における温度が15℃であること
（参考）
『耐空性審査要領』第Ⅰ部 定義、2-1-10では下記のように定義されている。
・この要領において「標準大気」とは、次の状態の大気をいう。
a.空気が乾燥した完全ガスであること。
b.海面上における温度が15℃（59℉）であること。
c.海面上の気圧が水銀柱の760mm（29.92in）であること。
d.海面上からの温度が−56.5℃（−69.7℉）になるまでの温度こう配は、−0.0065℃/m
（−0.003566℉/ft）であり、それ以上の高度では零であること。
e.海面上の密度 ρ_0 が0.12492kg・sec^2/m^4（0.002377lb・sec^2/ft^4）であること。

問0003 (4)
『耐空性審査要領』第Ⅰ部「定義」2-1-10「標準大気」
(4)×：海面上からの温度−56.5℃（−69.7℉）になるまでの温度勾配は−0.0065℃/mであり、それ以
上の高度では温度は一定である。

問0004 (4)
『耐空性審査要領』第Ⅰ部「定義」2-1-10「標準大気」
(4)×：海面上からの温度が−56.5℃（−69.7℉）になるまでの温度こう配は、−0.0065℃/mであり、
それ以上の高度では温度は一定である。
＊問0002の（参考）を参照

問0005 (1)
『[1] 航空力学』1-4「標準大気」
(1)○：温度が15℃
(2)×：密度は0.12492kg・sec^2/m^4
(3)×：気圧は760mmHg
(4)×：湿度は0%（乾燥した完全ガスであること）

問0006 (3)
『[1] 航空力学』1-4「標準大気」
(3)：○
(1)×：空気は乾燥した完全ガスである。
(2)×：海面上における温度は15℃である。
(4)×：海面上における密度は0.12492kg・sec^2/m^{4}である。

問0007 (4)
『[1] 航空力学』1-4「標準大気」
(A)(B)(C)(D)：○
＊問0002の（参考）を参照

問0008 (4)
『耐空性審査要領』第Ⅰ部「定義」2-1-10「標準大気」
(4)×：海面上からの温度が−56.5℃（−69.7℉）になるまでの温度こう配は、−0.0065℃/m
（−0.003566℉/ft）であり、それ以上の高度では温度は一定である。

問0009 (2)
『[1] 航空力学』1-4「標準大気」
(2)×：海面上における温度が15℃であること。

問0010 (1)
『耐空性審査要領』第Ⅰ部「定義」2-1-10「標準大気」
『[1] 航空力学』1-4「標準大気」
(1)×：海面上の気圧が水銀柱で29.92inであること。
＊問0002の（参考）を参照

問0011 (2)
『[1] 航空力学』1-4「標準大気」
(2)○：海面高度から−56.5℃（36,000ft）の一定温度になるまでの温度低減率は約2℃/1,000ftであ
り、標準大気状態（15℃）から−5℃になるまでの温度変化は20℃である。−5℃になる高度は
（20℃×（1,000ft/2℃）＝10,000ft。

問0012 (4)
『[1] 航空力学』1-4「標準大気」
(4)○：海面上からの温度が−56.5℃になるまでの温度勾配は1,000mにつき6.5℃下がる。
大気温度が−56.5℃の一定になる高度は、温度勾配が−0.0065℃/mであることから、
（−56.5−15）℃/−0.0065℃/m＝−71.5℃/−0.0065℃/m
＝11,000mとなる。

問0013 (1)
『[1] 航空力学』1-4「標準大気」
(1)：○
大気温度が−56.5℃の一定になる高度は、温度勾配が−0.0065℃/mであることから、
（−56.5−15）℃/−0.0065℃/m＝−71.5℃/−0.0065℃/m
＝11,000mとなる。

航空力学

問題番号	解 答

問0014 (3)　　　　『[1] 航空力学』1-4「標準大気」
(3)：○
海面高度からの温度が−69.7℉になるまでの温度勾配が−0.003566℉/ftであり、それ以上の高度では一定である。
求める高度は：
(−69.7−59)℉/−0.003566℉/ft ＝−128.7℉/−0.003566℉/ft
＝36,090ftである。

問0015 (4)　　　　『[1] 航空力学』1-4「標準大気」
(4)：○
標準大気では高度1,000mにつき、およそ6.5℃の割合で下がる。
従って高度2,000mでは2×6.5℃＝13℃下がる。
標準大気状態のとき飛行高度2,000mにおける温度は
15℃（標準大気）−13℃（温度逓減率6.5℃／1,000m×2,000m）＝2℃となる。

問0016 (1)　　　　『[1] 航空力学』1-4「標準大気」
(1)○：標準大気では高度1,000mにつき、およそ6.5℃の割合で下がる。従って高度5,000mでは、
6.5×5＝32.5℃下がるので、15−32.5＝−17.5℃となる。

問0017 (2)　　　　『[1] 航空力学』1-4「標準大気」
(2)○：標準大気では高度500ftにつき、およそ1℃の割合で下がる。
大気温度が−5℃になる高度は
5＋15＝20℃
500ft×20＝10,000ft

問0018 (2)　　　　『[1] 航空力学』1-4「標準大気」
(2)：○
標準大気では高度1,000mにつき、およそ6.5℃の割合で下がる。
従って高度4,000mでは4×6.5℃＝26℃下がる。
標準大気状態のとき飛行高度4,000mにおける温度は
15℃（標準大気）−26℃（温度逓減率6.5℃／1,000m×4,000m）＝−11℃となる。

問0019 (3)　　　　『[1] 航空力学』1-4「標準大気」
(3)×：海面上の気圧は水銀柱で760mmである。

問0020 (2)　　　　『[1] 航空力学』1-4「標準大気」
(B)(D)：○
水蒸気とは空気より比重の軽い気体のため、同じ体積中に水蒸気が含まれると、空気密度は小さくなる。このことから、標準大気では空気は乾燥した完全ガスであることが条件になっている。
(A)×：水蒸気が増え湿度が高くなると、空気密度は小さくなる。
(C)×：湿度が高くなると空気密度が小さくなる。

問0021 (1)　　　　『耐空性審査要領』第Ⅰ部「定義」2-3「速度」
(1)○：設計飛行機曳航速度はV_T　　　　　　　　- 耐空性審査要領 第Ⅰ部 2-3-26
(2)×：超過禁止速度はV_{NE}　　　　　　　　　- 同　　　　　2-3-18
(3)×：設計運動速度はV_A　　　　　　　　　　- 同　　　　　2-3-5
(4)×：エアブレーキ又はスポイラを操作する最大速度はV_{BS}- 同　　　　　2-3-7

問0022 (4)　　　　『耐空性審査要領』第Ⅰ部「定義」2-3「速度」
(4)○：設計運動速度はV_A　　　　- 耐空性審査要領 第Ⅰ部 2-3-5
(1)×：失速速度はV_S　　　　　　　- 同　　　　　2-3-21
(2)×：設計巡航速度はV_C　　　　- 同　　　　　2-3-8
(3)×：最大突風に対する設計速度はV_B- 同　　　　　2-3-6

問0023 (3)　　　　『耐空性審査要領』第Ⅰ部「定義」2-3「速度」
(3)○：設計巡航速度V_C　　　　　- 耐空性審査要領 第Ⅰ部 2-3-8
(1)×：失速速度はV_S　　　　　　　- 同　　　　　2-3-21
(2)×：設計運動速度はV_A　　　　- 同　　　　　2-3-5
(4)×：最大突風に対する設計速度はV_B- 同　　　　　2-3-6

問0024 (3)　　　　『耐空性審査要領』第Ⅰ部「定義」2-3「速度」
(3)○：超過禁止速度　　　　　　　- 耐空性審査要領 第Ⅰ部 2-3-18
(1)×：失速速度はV_S　　　　　　　- 同　　　　　2-3-21
(2)×：設計運動速度はV_A　　　　- 同　　　　　2-3-5
(4)×：最大突風に対する設計速度はV_B- 同　　　　　2-3-6

問0025 (3)　　　　『耐空性審査要領』第Ⅰ部「定義」2-3「速度」
(3)○：V_{MC}—臨界発動機不作動の時の最小操縦速度「耐空性審査要領 第Ⅰ部 2-3-16」

問0026 (2)　　　　『耐空性審査要領』第Ⅰ部「定義」2-3「速度」
(2)○　　　　　　　　　　　　　- 耐空性審査要領 第Ⅰ部 2-3-7
(1)×：V_Aとは設計運動速度　　　- 同　　　　　2-3-5
(3)×：V_Cとは設計巡航速度　　　- 同　　　　　2-3-8
(4)×：V_Dとは設計急降下速度　　- 同　　　　　2-3-9

問題番号		解　答

問0027 (3)　　『耐空性審査要領』第Ⅰ部「定義」2-3「速度」
　　　　(3)○：V_2とは安全離陸速度　　　　　- 耐空性審査要領 第Ⅰ部 2-3-30
　　　　(1)×：V_1とは臨界点速度または離陸決定速度-　　　同　　　　　2-3-29
　　　　(2)×：V_Rとはローテーション速度　　　-　　　同　　　　　2-3-20
　　　　(4)×：V_{MC}とは最小操縦速度　　　　-　　　同　　　　　2-3-16

問0028 (1)　　『耐空性審査要領』第Ⅰ部「定義」2-3「速度」
　　　　(1)○：V_Aは設計運動速度　　　　　- 耐空性審査要領 第Ⅰ部 2-3-5
　　　　(2)×：V_Bは最大突風に対する設計速度 -　　　同　　　　　2-3-6
　　　　(3)×：V_Cは設計巡航速度　　　　　-　　　同　　　　　2-3-8
　　　　(4)×：V_Rはローテーション速度　　　-　　　同　　　　　2-3-26

問0029 (2)　　『耐空性審査要領』第Ⅰ部「定義」2-3「速度」
　　　　(B)(C)：○
　　　　（参考）
　　　　(A)×：V_{LE}とは、着陸装置下げ速度をいう。- 耐空性審査要領 第Ⅰ部 2-3-13
　　　　(D)×：V_Cとは、設計巡航速度をいう。　-　　　同　　　　　2-3-8

問0030 (2)　　『耐空性審査要領』第Ⅰ部「定義」2-3「速度」
　　　　(2)○：V_{LE}とは着陸装置下げ速度 - 耐空性審査要領 第Ⅰ部 2-3-13

問0031 (4)　　『耐空性審査要領』第Ⅰ部「定義」2-3「速度」
　　　　(4)○：エアブレーキ又はスポイラを操作する最大速度はV_{BS}
　　　　　　　　　　　　　　　　　　- 耐空性審査要領 第Ⅰ部 2-3-7
　　　　(1)×：失速速度はV_S　　　　　-　　　同　　　　　2-3-5
　　　　(2)×：設計運動速度はV_A　　　-　　　同　　　　　2-3-18
　　　　(3)×：最大突風に対する設計速度はV_B -　　　同　　　　　2-3-6

問0032 (4)　　『耐空性審査要領』第Ⅰ部「定義」2-3「速度」
　　　　(4)○：V_Rとはローテーション速度　- 耐空性審査要領 第Ⅰ部 2-3-26
　　　　(1)×：V_Aとは、設計運動速度　　　-　　　同　　　　　2-3-5
　　　　(2)×：V_Cとは、設計巡航速度　　　-　　　同　　　　　2-3-8
　　　　(3)×：V_Sとは、タービン飛行機に
　　　　　　　おける失速速度（操縦可能な
　　　　　　　最小定常飛行速度）　　　-　　　同　　　　　2-3-2

問0033 (1)　　『耐空性審査要領』第Ⅰ部「定義」2-3「速度」
　　　　(1)○：設計巡航速度V_C　　　　　- 耐空性審査要領 第Ⅰ部 2-3-8
　　　　(2)×：設計運動速度はV_A　　　　-　　　同　　　　　2-3-5
　　　　(3)×：構造上の最大巡航速度V_{NO}　-　　　同　　　　　2-3-5
　　　　(4)×：最大突風に対する設計速度はV_B -　　　同　　　　　2-3-6

問0034 (3)　　『耐空性審査要領』第Ⅰ部「定義」2-3「速度」
　　　　(3)×：V_Sとは、失速速度 - 耐空性審査要領 第Ⅰ部 2-3-21

問0035 (2)　　『耐空性審査要領』第Ⅰ部「定義」2-3「速度」
　　　　(A)(B)：○
　　　　(C)×：V_{NE}とは、超過禁止速度をいう。
　　　　(D)×：V_{TOSS}とは、A級回転翼航空機における安全離陸速度をいう。
　　　　（参考）
　　　　V_{NE}　- 耐空性審査要領 第Ⅰ部 定義 2-3-18
　　　　V_{LE}　-　　　同　　　　　2-3-13
　　　　V_A　-　　　同　　　　　2-3-5
　　　　V_{TOSS}　-　　　同　　　　　2-3-35

問0036 (4)　　『耐空性審査要領』第Ⅰ部「定義」2-3「速度」
　　　　(4)○：超過禁止速度　　　- 耐空性審査要領 2-3-18
　　　　(1)×：設計運動速度V_A　　　同　　　　　2-3-5
　　　　(2)×：設計巡航速度V_C -　　　同　　　　　2-3-8
　　　　(3)×：最大運用限界速度-　　　同　　　　　2-3-34

問0037 (3)　　『耐空性審査要領』第Ⅰ部「定義」2-3「速度」
　　　　(3)○：超過禁止速度はV_{NE}　　　- 耐空性審査要領 第Ⅰ部 2-3-18
　　　　(1)×：V_Aは設計運動速度　　　　　同　　　　　2-3-5
　　　　(2)×：V_Bは最大突風に対する設計速度 -　　　同　　　　　2-3-6
　　　　(4)×：V_Rはローテーション速度　　-　　　同　　　　　2-3-20

問0038 (1)　　『耐空性審査要領』第Ⅰ部「定義」2-3「速度」
　　　　(1)○：V_Aは設計運動速度　　　　　- 耐空性審査要領 第Ⅰ部 2-3-5
　　　　(2)×：V_Bは最大突風に対する設計速度 -　　　同　　　　　2-3-6
　　　　(3)×：V_{NE}は超過禁止速度　　　　-　　　同　　　　　2-3-8
　　　　(4)×：V_Rはローテーション速度　　-　　　同　　　　　2-3-26

航空力学

問題番号		解　答

問0039 (2) 　『耐空性審査要領』第Ⅰ部「定義」2-3「速度」
　(2)○：$V_{Wと}$は「設計ウインチ曳航速度」 - 耐空性審査要領 第Ⅰ部 2-3-7
　(1)×：V_Aとは「設計運動速度」　　　 -　　　同　　　2-3-5
　(3)×：V_Cとは「設計巡航速度」　　　 -　　　同　　　2-3-8
　(4)×：V_Dとは「設計急降下速度」　　 -　　　同　　　2-3-9

問0040 (2) 　『耐空性審査要領』第Ⅰ部「定義」2-3「速度」
　(B)(C)：○
　(参考)
　(A)×：V_{LE}とは、着陸装置下げ速度をいう。 - 耐空性審査要領 第Ⅰ部 2-3-13
　(D)×：V_Cとは、設計巡航速度をいう。 　　-　　　　同　　　2-3-8

問0041 (3) 　『耐空性審査要領』第Ⅰ部「定義」2-3「速度」
　(3)○：V_Xは最良上昇角に対応する速度 - 耐空性審査要領 第Ⅰ部 2-3-27
　(1)×：V_Tは設計飛行機曳航速度　　　 -　　　同　　　2-3-25
　(2)×：V_Wは設計ウインチ曳航速度　　 -　　　同　　　2-3-26
　(4)×：V_Yは最良上昇率に対応する速度 -　　　同　　　2-3-28

問0042 (2) 　『耐空性審査要領』第Ⅰ部「定義」2-3「速度」
　(B)(C)：○
　(参考)
　(A)×：V_Rとは、ローテーション速度をいう。 - 耐空性審査要領 2-3-20
　(D)×：V_Cとは、設計巡航速度をいう。 　　-　　　　同　　　2-3-8

問0043 (1) 　『耐空性審査要領』第Ⅰ部「定義」2-3「速度」
　(C)：○
　(参考)
　(A)×：V_Rとは、ローテーション速度をいう。　 - 耐空性審査要領 第Ⅰ部 2-3-13
　(B)×：V_{NO}とは、構造上の設計巡航速度をいう。 -　　　同　　　2-3-19
　(D)×：V_Cとは、設計巡航速度をいう。 　　-　　　　同　　　2-3-8

問0044 (4) 　『耐空性審査要領』第Ⅰ部「定義」2-3「速度」
　(4)○：V_{NO}とは、構造上の設計巡航速度をいう。 - 耐空性審査要領 第Ⅰ部 2-3-19
　(1)×：超過禁止速度はV_{NE}
　(2)×：着陸装置下げ速度はV_{LE}
　(3)×：失速速度はV_S

問0045 (3) 　『耐空性審査要領』第Ⅰ部「定義」2-3「速度」
　(3)○：V_Cとは設計巡航速度　　　　　 - 耐空性審査要領 第Ⅰ部 2-3-7
　(1)×：V_Aとは設計運動速度　　　　　 -　　　同　　　2-3-5
　(2)×：V_Bとは最大突風に対する設計速度 -　　　同　　　2-3-8
　(4)×：V_Dとは設計急降下速度　　　　 -　　　同　　　2-3-9

問0046 (4) 　『耐空性審査要領』第Ⅰ部「定義」2-3「速度」
　(4)×：V_{TOSS}とは、A級回転翼航空機における安全離陸速度をいう。
　(参考)
　V_A 　- 耐空性審査要領 第Ⅰ部 定義 2-3-5
　V_{LE} 　-　　　　同　　　　　　2-3-13
　V_{NE} 　-　　　　同　　　　　　2-3-18
　V_{TOSS} 　　　　同　　　　　　2-3 -35

問0047 (1) 　『耐空性審査要領』第Ⅰ部「定義」2-3「速度」
　(1)○：超過禁止速度はV_{NE}　　　　 - 耐空性審査要領 第Ⅰ部 2-3-18
　(2)×：V_{MO}は最大運用限界速度　　　 -　　　同　　　2-3-34
　(3)×：V_{NO}は構造上の設計巡航速度 -　　　同　　　2-3-19
　(4)×：M_{MO}は最大運用限界速度　　　 -　　　同　　　2-3-34

問0048 (3) 　『耐空性審査要領』第Ⅰ部「定義」2-3「速度」
　(3)×：V_{EF}とは、臨海発動機の離陸中の故障を仮定する速度をいう。

問0049 (2) 　『耐空性審査要領』第Ⅰ部「定義」2-3「速度」
　(2)○　　　　　　　　　　　　　　 - 耐空性審査要領 第Ⅰ部 2-3-7
　(1)×：V_Aとは設計運動速度　　 -　　　同　　　2-3-5
　(3)×：V_Cとは設計巡航速度　　 -　　　同　　　2-3-8
　(4)×：V_Dとは設計急降下速度 -　　　同　　　2-3-9

問0050 (2) 　『耐空性審査要領』第Ⅰ部「定義」2-3「速度」
　(A)(B)：○
　(C)×：V_1とは、加速停止距離の範囲内で航空機を停止させるため離陸中に操縦士が最初の操作をとる必要が
　　　　ある速度をいう。
　(D)×：V_Cとは、設計巡航速度いう。

— 24 —

問題番号		解　答

問0051 (1)
『耐空性審査要領』第Ⅰ部「定義」2-3「速度」
(1)：○
(2)V_{MO} - 最大運用限界速度「耐空性審査要領 第Ⅰ部 2-3-34」
(3)V_{NO} - 構造上の最大巡航速度「耐空性審査要領 第Ⅰ部 2-3-19」
(4)V_{MC} - 臨界発動機不作動の時の最小操縦速度「耐空性審査要領 第Ⅰ部 2-3-16」

問0052 (1)
『耐空性審査要領』第Ⅰ部「定義」2-3「速度」
(1)：○　　　　　　　　　　　　　　　　　耐空性審査要領 第Ⅰ部 2-3-19
（参考）
(2)×：超過禁止速度V_{NE}　　　　　　　　耐空性審査要領 第Ⅰ部 2-3-18
(3)×：フラップ下げ速度V_{FE}　　　　　　耐空性審査要領 第Ⅰ部 2-3-11
(4)×：フラップを着陸位置にした場合の失速速度V_{SO}　耐空性審査要領 第Ⅰ部 2-3-23

問0053 (3)
『耐空性審査要領』第Ⅰ部「定義」2-4「強度」
『[2] 飛行機構造』5-2-2「運動による荷重倍数」
(3)○：「終極荷重」（定義 2-4-2）とは制限荷重に適当な安全率を乗じたものをいう。

問0054 (3)
『耐空性審査要領』第Ⅰ部「定義」2-4「強度」
(3)○：「終極荷重」（2-4-2）とは制限荷重に適当な安全率を乗じたものをいう。
（参考）
(1)×：制限荷重　　　2-4-1
(2)×：終極荷重倍数　2-4-5
(4)×：安全率　　　　2-4-3

問0055 (1)
『耐空性審査要領』第Ⅰ部「定義」2-4「強度」
『[2] 飛行機構造』5-2-2「運動による荷重倍数」
(1)×：制限荷重とは常用運用状態において予想される最大の荷重をいう。

問0056 (2)
「耐空性審査要領」第Ⅰ部「定義」2-7「耐火性材料」
『[2] 飛行機構造』1-2-2「耐火性材料」
(2)×：第2種耐火性材料とはアルミニウム合金と同程度またはそれ以上の熱に耐える材料をいう。

問0057 (2)
『耐空性審査要領』第Ⅰ部「定義」2-7「耐火性材料」
『[2] 飛行機構造』1-2-2「耐火性材料」
(2)：○
(1)×：耐空性審査要領にはこのような記述はない。
(3)×：発火源を取り除いた場合、危険な程度には燃焼しない材料は第3種耐火性材料である。
(4)×：アルミウム合金と同程度の耐火性を有する材料は第2種耐火性材料である。
（参考）
耐火性材料の種類は第1種から第4種まであり、数字の少ない方が耐火性は高い。
・第1種 ：耐空性審査要領 第Ⅰ部 定義　2-7-1
・第2種 ：　　　　同　　　　　　　　　2-7-2
・第3種 ：　　　　同　　　　　　　　　2-7-3
・第4種 ：　　　　同　　　　　　　　　2-7-4

問0058 (4)
『耐空性審査要領』第Ⅰ部「定義」2-7「耐火性材料」
『[2] 飛行機構造』1-2-2「耐火性材料」
(A)(B)(C)(D)：○
＊問0057の（参考）を参照

問0059 (3)
『[2] 飛行機構造』1-2-2「耐火性材料」
『耐空性審査要領』第Ⅰ部「定義」2-7「耐火性材料」
(3)○：第3種耐火性材料は発火源を取り除いた場合、危険な程度には燃焼しない材料である。
＊問0057の（参考）を参照

問0060 (4)
「耐空性審査要領」第Ⅰ部「定義」2-7「耐火性材料」
『[2]　飛行機構造』1-2-2「耐火性材料」
(A)(B)(C)(D)：○
（参考）
耐空性審査要領 第Ⅰ部 定義 2-7 耐火性材料に以下のように定義されている。
第1種耐火性材料　鋼と同程度またはそれ以上の熱に耐える材料をいう。
第2種耐火性材料　アルミニウム合金と同程度またはそれ以上の熱に耐える材料をいう。
第3種耐火性材料　発火源を取り除いた場合、危険な程度には燃焼しない材料をいう。
第4種耐火性材料　点火した場合、激しくは燃焼しない材料をいう。

問0061 (4)
『[2] 飛行機構造』1-2-2「耐火性材料」
『耐空性審査要領』第Ⅰ部「定義」2-7「耐火性材料」
(4)○
＊問0060の（参考）を参照

問0062 (2)
『耐空性審査要領』第Ⅰ部「定義」2-7「耐火性材料」
『[2] 飛行機構造』1-2-2「耐火性材料」
(B)(C)：○
(A)×：第1種耐火性材料 鋼と同程度又はそれ以上の熱に耐え得る材料
(D)×：第4種耐火性材料 点火した場合、激しくは燃焼しない材料

航空力学

問題番号		解　答

問0063 (4)
『[2] 飛行機構造』1-2-2「耐火性材料」
『耐空性審査要領』第Ⅰ部「定義」2-7「耐火性材料」
(4)：○
＊問0060の（参考）を参照

問0064 (2)
『耐空性審査要領』第Ⅰ部「定義」2-7「耐火性材料」
『[2] 飛行機構造』1-2-2「耐火性材料」
(A)(B)：○
(C)×：第3種耐火性材料 発火源を取り除いた場合、危険な程度には燃焼しない材料をいう。
(D)×：第4種耐火性材料 点火した場合、激しくは燃焼しない材料

問0065 (3)
『耐空性審査要領』第Ⅰ部「定義」2-10「長距離進出運航」
(3)○：ETOPSとは長距離進出運航のことをいう。
定義 2-10-1に、以下の通り定められている。
「長距離進出運航（ETOPS）とは、静穏な標準大気状態において、承認された1発動機不作動時の巡航速度で着陸可能飛行場からの飛行時間が双発機においては60分を超える地点および2発を超える発動機を装備した飛行機については180分を超える地点を含む経路において実施される運航をいう。ただし2発を超える発動機を装備した飛行機の貨物運航を除く。」

問0066 (2)
『[1] 航空力学』1-5「単位系」
(2)×：重量は、1lb＝0.454kgで、1kg＝2.2lbである。

問0067 (2)
『[1] 航空力学』1-5「単位系」
(2)×：1気圧＝29.92inHg＝14.7psi

問0068 (3)
『[1] 航空力学』1-5「単位系」
(3)×：1lb＝0.454kg、なお1kg＝2.2lbである。

問0069 (2)
『[1] 航空力学』1-5「単位系」
(2)×：重量は、1lb＝0.454kgで、1kg＝2.2lbである。

問0070 (2)
『[1] 航空力学』1-5「単位系」
(2)：○
(1)×：圧力1気圧＝29.92inHg
(3)×：重量1kg　＝2.2lb
(4)×：長さ1in　＝2.54cm

問0071 (2)
『[1] 航空力学』1-5「単位系」
(2)：○
(1)×：圧力1気圧＝29.92inHg
(3)×：重量1kg　＝2.2lb
(4)×：長さ1in　＝2.54cm

問0072 (2)
『[1] 航空力学』1-5「単位系」
(A)(B)：○
(C)×：1Kt　＝100fpm
(D)×：1気圧＝14.7psi

問0073 (3)
『[1] 航空力学』1-5「単位系」
(A)(B)(C)：○
(D)×：1気圧＝14.7psi

問0074 (5)
『[4] 航空機材料』1-1-1 c. 国際単位(3)「SI 接頭語」
(5)×：デカ（da）は、10^1

問0075 (3)
『[9] 航空電子・電気の基礎』1-6「接頭語」
(3)×：M（メガ）＝10^6

問0076 (4)
『[1] 航空力学』1-6「動圧、静圧、全圧」
(4)：○
動圧（Q）＝1／2×空気密度（ρ）×飛行速度（v）^{2}
　　　　＝1／2×ρ（kg・sec^2/m^4）×v^2（m/sec^2）
　　　　＝1／2×ρv^2（kg/m^2）

問0077 (4)
『[1] 航空力学』1-4「標準大気」
(4)：○
空気が乾燥した完全ガスであれば、空気の密度は気圧の変化に比例し気温の変化に反比例する。
空気が乾燥した完全ガスであれば、理想気体の状態方程式
　　　P＝ρgRT が成り立つ。
　　但し、P：大気中のある高度における圧力、ρ：空気密度、g：重力の加速度、R：ガス定数、T：温度

問題番号	解 答

問0078　(1)　『[1] 航空力学』1-4「標準大気」
(1)：○
空気が乾燥した完全ガスであれば、空気の密度は気圧の変化に比例し気温の変化に反比例する。
空気が乾燥した完全ガスであれば、理想気体の状態方程式
　　　P＝ρgRT が成り立つ。
　　　但し、P：大気中のある高度における圧力、ρ：空気密度、g：重力の加速度、R：ガス定数、T：温度

問0079　(4)　『[1] 航空力学』1-4「標準大気」
(4)○：標準大気で両者は等しいが、標準大気以外では温度によって変化する。即ち、標準大気より温度が高い時は密度高度が気圧高度より高く、逆に温度が低い時は密度高度が気圧高度より低くなる。

問0080　(4)　『[1] 航空力学』1-4「標準大気」
(4)：○
(1)(2)×：気圧高度と密度高度の関係は温度によって変化する。
(3)×：標準大気状態の時、気圧高度と密度高度は等しい。
(参考)
標準大気状態のときは、気圧高度と密度高度は等しく、また標準大気より温度が低いときは密度高度は気圧高度より低くなり、標準大気より温度が高いときは密度高度は気圧高度より高くなる。

問0081　(1)　『[1] 航空力学』1-4「標準大気」
(1)：○
(2)(4)×：気圧高度と密度高度の関係は温度によって変化する。標準大気より低温時の密度高度は気圧高度より低くなる。
(3)×：密度高度と気圧高度が等しいのは、標準大気の時だけである。

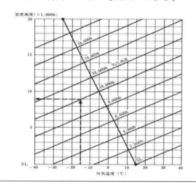

問0082　(2)　『[1] 航空力学』1-4「標準大気」
(C)(D)：○
気圧高度と密度高度は標準大気状態（SL、15℃）のときだけ等しい。標準大気より高い気温では密度高度が気圧高度よりも高く、逆に低い気温では密度高度は気圧高度よりも低くなる。
(A)×：気圧高度と密度高度が等しいのは標準大気状態のときだけ。
(B)×：気圧高度と密度高度の関係は温度によって変化する。
　　　標準大気より温度が低ければ空気密度は大きくなるため、密度高度は気圧高度より低くなる。

問0083　(5)　『[1] 航空力学』1-4「標準大気」
(5)：無し
気圧高度と密度高度は標準大気状態（SL、15℃）のときだけ等しい。標準大気より高い気温では密度高度が気圧高度よりも高く、逆に低い気温では密度高度は気圧高度よりも低くなる。
(A)×：気圧高度と密度高度が等しいのは標準大気状態のときだけ。
(B)×：気圧高度と密度高度の関係は温度によって変化する。
(C)×：標準大気のときは、気圧高度と密度高度は等しい。
(D)×：標準大気より温度が低いときは、気圧高度より密度高度の方が低くなる。

問0084　(1)　『[1] 航空力学』1-4「標準大気」
(A)：○
気圧高度と密度高度は標準大気状態（SL、15℃）のときだけ等しい。標準大気より高い気温では密度高度が気圧高度よりも高く、逆に低い気温では密度高度は気圧高度よりも低くなる。
(B)×：気圧高度と密度高度の関係は温度によって変化する。
(C)×：標準大気のときは、気圧高度と密度高度は等しい。
(D)×：標準大気より温度が低いときは、気圧高度より密度高度の方が低くなる。

問0085　(2)　『[1] 航空力学』1-6「動圧、静圧、全圧、ベルヌーイの定理」
(2)：○
ベルヌーイの（ a：定理 ）とは、動圧と静圧の関係を示すもので「1つの流れのなかにおいては動圧と静圧の和、すなわち、全圧は（ b：常に一定である ）」としており、静圧と動圧は互いに補い合うかたちになる。物体に対する流体の流れの速度が速いときは動圧は（ c：高く ）なり、静圧は（ d：低く ）なる。

問0086　(2)　『[1] 航空力学』1-6「動圧、静圧、全圧、ベルヌーイの定理」
(2)：○
ベルヌーイの定理とは「一つの流れの中においては動圧と静圧の和、すなわち全圧は常に一定である」とされている。この定理において、流体の流速が速くなると動圧が大きくなるが、静圧が小さくなって全体の圧力は変わらない。

問題番号		解　答

問0087　(4)　　　『[1] 航空力学』1-6「動圧、静圧、全圧、ベルヌーイの定理」
(4)○：動圧は、流体中を運動している物体にかかる圧力で、流れの速さ v の2乗に比例して大きくなることから、1／2（ρv^2）で表す。

$$動圧（Q）= \frac{1}{2} \times 空気密度（\rho）\times 飛行速度（v）^2$$

$$= \frac{1}{2} \times \rho \,(kg)\cdot sec^2/v^2\,(m/sec)^2 = \frac{1}{2}\rho V^2\,(kg/m)^2$$

問0088　(1)　　　『[1] 航空力学』1-6「動圧、静圧、全圧、ベルヌーイの定理」
『航空工学入門』1-1-3「ベルヌーイの定理」
(1)○：全圧及び静圧はベルヌーイの定理を応用したピトー管によって計測することができ、全圧と静圧の差が動圧である。

問0089　(1)　　　『[1] 航空力学』1-7「ピトー管」
(1)○：ピトー管の前面孔に加わる全圧と側面孔に加わる静圧との圧力差を測ることで動圧、即ち航空機の速度を知ることができる。

問0090　(4)　　　『[1] 航空力学』1-6「動圧、静圧、全圧、ベルヌーイの定理」
(4)：○

$$動圧 = \frac{1}{2}\rho V^2 = \frac{1}{2} \times 0.125kg\cdot sec^2/m^4 \times (54m/sec)^2 = 182.25kg/m^2$$

（参考）
海面上の空気密度の0.12492kg・sec²/m⁴は、約1/8kg・sec²/m⁴となる。

問0091　(2)　　　『[1] 航空力学』1-6「動圧、静圧、全圧、ベルヌーイの定理」
(2)：○
動圧 ＝1／2×（ρv^2）＝0.125kg・sec²/m⁴×（54km／hr）²／2
54km／hrをm、secに変換し、動圧を求めると
　　＝0.125×｛54,000÷3,600｝²／2
　　＝0.125×112.5＝14.06kg/m²

＊問0090の（参考）を参照

問0092　(3)　　　『[1] 航空力学』1-6「動圧、静圧、全圧、ベルヌーイの定理」
『航空工学入門』1-1-3「ベルヌーイの定理」
(3)○：動圧は次式により求めることができる。

$$動圧（Q）= \frac{1}{2}\rho V^2$$

$$= \frac{1}{2} \times 0.125kg\cdot sec^2/m^4 \times \left(180 \times \frac{1}{3.6}\,m/sec\right)^2$$

$$= 156.25kg/m^2$$

問0093　(2)　　　『[1] 航空力学』1-6「動圧、静圧、全圧、ベルヌーイの定理」
(2)：○
動圧 ＝1／2×（ρv^2）＝0.125kg・sec²/m⁴×（100km/hr）²/2
　　100km/hrをm、秒速に変換し

$$= 0.125 \times \left(\frac{100,000}{3,600}\right)^2 / 2$$

$$= 48.2kg/m^2$$

＊問0090の（参考）を参照

問0094　(2)　　　『[1] 航空力学』1-6「動圧、静圧、全圧、ベルヌーイの定理」
『航空工学入門』1-1-3「ベルヌーイの定理」
(2)：○
動圧 ＝1／2ρv^2＝1／2×0.125kg・sec²/m²×（330×1／3.6m/sec）²
　　＝525kg/m²

＊問0090の（参考）を参照

－ 28 －

問題番号	解　答

問0095　(3)　　　『[1] 航空力学』1-6「動圧、静圧、全圧、ベルヌーイの定理」

(3)：○

動圧は $\frac{1}{2}\rho V^2$ で表されるので、

$350kg/m^2=1/2×0.125kg・sec^2/m^4× V^2m^2/sec^2$

$350kg/m^2=1/2×1/8× V^2kg・sec^2$

$\qquad\qquad =1/16× V^2kg・sec^2$

$V=\sqrt{350×15}=74.8m/sec$

1m/sec≒1.94ktなので、
V＝74.8×1.94kt＝145ktが得られる。

＊問0090の（参考）を参照

問0096　(2)　　　『[1] 航空力学』1-6「動圧、静圧、全圧、ベルヌーイの定理」

(2)○：動圧は $\frac{1}{2}\rho V^2$ で表されるので、

$V=\sqrt{16×169}=52m/sec$ となる。

1m/sec≒1.94ktなので、
V＝52×1.94kt≒100.88ktが得られる。

＊問0090の（参考）を参照

問0097　(2)　　　『[1] 航空力学』7-3-4「ボルテックス・ジェネレータの取り付け」
(2)○：ボルテックス・ジェネレータ翼は上面に取り付けられた翼型をした小さな突起物のことで、これにより翼上面の境界層を乱流境界層に変える。
乱流境界層の剥離しにくい性質を利用したもので、これにより失速角を大きくし、最大揚力係数を大きくすることができる。

問0098　(1)　　　『[1] 航空力学』1-8「流体の特性、レイノルズ数」
(1)○：乱流はエネルギが豊富で（a：剥離しにくい）が、層流はエネルギが少なく（b：剥離しやすい）。
層流中では流速は（c：規則的）に変化しているが、乱流中では流速の変化は（d：不規則）である。

問0099　(4)　　　『[1] 航空力学』1-8「流体の特性、レイノルズ数」
(4)×：層流中では流速の変化が規則的であるのに対し、乱流中では流速の変化が不規則である。

問0100　(1)　　　『[1] 航空力学』1-8「流体の特性、レイノルズ数」
(1)×：乱流は層流より境界層が厚い。

問0101　(4)　　　『[1] 航空力学』1-8「流体の特性、レイノルズ数」
(4)×：乱流はエネルギが豊富で剥離しにくいが、層流はエネルギが少なく剥離しやすい。
（参考）
層流と乱流の特性について以下に記述する。
a.層流は乱流よりも摩擦抵抗ははるかに小さい。
b.乱流は層流よりも境界層が厚い。
c.層流中では流速は規則的に変化しているが、乱流中では流速の変化は不規則である。
d.層流では隣り合った層との間で流体の混合、つまりエネルギの授受は行われないが、乱流では流体の場合、エネルギの授受が行われる。
e.乱流はエネルギが豊富で剥離しにくいが、層流はエネルギが少なく剥離しやすい。

問0102　(4)　　　『[1] 航空力学』1-8「流体の特性、レイノルズ数」
(A)(B)(C)(D)：○
＊問0101の（参考）を参照

問0103　(1)　　　『[1] 航空力学』1-8「流体の特性、レイノルズ数」
(C)：○
(A)×：層流は乱流よりも摩擦抵抗が小さい。
(B)×：乱流は層流よりも境界層が厚い。
(D)×：乱流はエネルギが豊富で剥離しにくいが、層流はエネルギが少なく剥離しやすい。
＊問0101の（参考）を参照

航空力学

－ 29 －

問題番号		解答

問0104 (5) 『[1] 航空力学』1-8「流体の特性、レイノルズ数」
(5)無し
(A)×：層流は乱流よりも摩擦抵抗は小さい。
(B)×：乱流の境界層は層流の境界層よりも厚い。
(C)×：層流中での流速は規則的であるが、乱流中の流速は不規則に変化する。
(D)×：乱流はエネルギが豊富で剥離しにくいが、層流はエネルギが少なく剥離しやすい。
＊問0101の（参考）を参照

問0105 (3) 『[1] 航空力学』1-8「流体の特性、レイノルズ数」
(3)：○
(1)×：レイノルズ数Rは次式で表される。

$$R = \frac{\rho v d}{\mu}$$

ここで、ρ：流体密度、v：流速、d：流管の直径、μ：粘性係数 を意味する。
(2)×：レイノルズ数は、流体の密度に比例し、粘性係数に反比例する。

問0106 (4) 『[1] 航空力学』1-8「流体の特性、レイノルズ数」
(4)：○
(1)×：レイノルズ数は $R=\rho v d/\mu$ で表される。
(2)×：レイノルズ数は $R=\rho v d/\mu$ で表される。
(3)×：レイノルズ数は、流体の密度に比例し、粘性係数に反比例する。

問0107 (3) 『[1] 航空力学』1-8「流体の特性、レイノルズ数」
(B)(C)(D)：○
(A)×：レイノルズ数が臨界レイノルズ数より大きいと流れは乱流となる。
レイノルズ数 Rは次式で表される。

$$R = \frac{\rho v d}{\mu}$$

ここで、ρ：流体密度、v：流速、d：流管の直径、μ：粘性係数 を意味する。

問0108 (4) 『[1] 航空力学』1-8「流体の特性、レイノルズ数」
(A)(B)(C)(D)：○
粘性を持った流体は下式のような特性を持つ。Rをレイノルズ数といい流体によってレイノルズ数は変わり、層流から乱流に変わるときの流速を臨界レイノルズ数という。レイノルズ数が臨界レイノルズ数より大きければ流れは乱流となる。

問0109 (2) 『航空工学入門』1-2-1「翼型各部の名称」
(2)：○
(1)×：翼幅とは、両翼端間の直線距離をいう。
(3)×：迎角とは、機体に当たる気流の方向と翼弦線のなす角度をいう。
(4)×：キャンバとは、翼弦線と中心線の距離をいう。

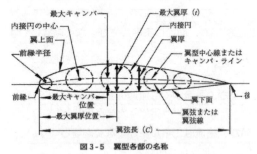

図3-5 翼型各部の名称

問0110 (2) 『[1] 航空力学』3-1「翼と各部の名称」、3-3「翼型」
(2)×：キャンバとは、翼弦線と中心線の距離をいう。

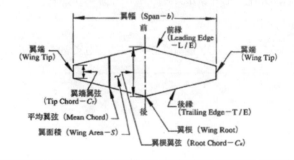 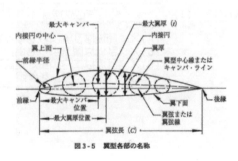

図3-5 翼型各部の名称

問題番号	解答

問0111　(1)　『[1] 航空力学』3-1「翼と各部の名称」、3-3「翼型」
(1)×：翼幅とは、両翼端間の直線距離をいう。
＊問0109の図を参照

問0112　(2)　『[1] 航空力学』3-1「翼と各部の名称」、3-3「翼型」
(2)：○
(1)×：キャンバとは、翼弦線と中心線の距離をいう。
(3)×：翼幅とは、両翼端間の直線距離をいう。
(4)×：迎角とは、機体に当る気流の方向と翼弦線とのなす角度をいう。
＊問0109の図を参照

問0113　(4)　『航空工学入門』1-2-1「翼型各部の名称」
(4)：○
(1)×：翼幅とは、両翼端間の直線距離をいう。
(2)×：キャンバとは、翼弦線と中心線の距離をいう。
(3)×：縦横比とは、翼幅の2乗を翼面積で除したものをいう（矩形翼以外）。

問0114　(4)　『航空工学入門』1-2-1「翼型各部の名称」
(4)：○
(1)×：キャンバとは、翼弦線と中心線の距離をいう。
(2)×：翼幅とは、両翼端間の直線距離をいう。
(3)×：迎角とは、機体に当たる気流の方向と翼弦線のなす角度をいう。
＊問0109の図を参照

問0115　(2)　『[1] 航空力学』3-3「翼型」
『航空工学入門』1-2-1「翼型各部の名称」
(2)×：縦横比とは、翼幅の2乗を翼面積で除したものである。
＊問0110の図を参照

問0116　(2)　『[1] 航空力学』3-1「翼と各部の名称」
(2)×：後退角とは、翼の前縁から25％の点を翼幅方向に連ねた線と、機体の前後軸に直角に立てた線とのなす角度をいう。

問0117　(1)　『[1] 航空力学』3-1「翼と各部の名称」
(1)○：取付角とは、機体の前後軸（縦軸）に対して翼弦線（翼型の基準線）のなす角度をいう。

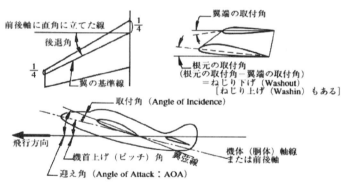

問0118　(3)　『航空工学入門』1-3-1「主翼の平面形」
(3)×：後退翼は矩形翼に比べて揚力が小さい。同じ揚力を得るには迎え角を大きくとらなければならない。

問0119　(3)　『航空工学入門』1-3-1「主翼の平面形」
(3)×：矩形翼に比べてM0.8位まで風圧中心の変化が少なく、従って遷音速での縦安定の変化も矩形翼などに比べて少ない。

問0120　(1)　『[1] 航空力学』3-3「翼型」
(1)○：翼弦線とは、翼の前縁と後縁を結んだ直線をいう。

問題番号	解　答
問0121	(3) 『[1] 航空力学』3-1「翼と各部の名称」 (3)○：翼弦長とは、翼の前縁と後縁とを結ぶ直線の長さ。

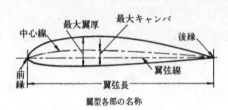

翼型各部の名称

問0122	(2) 『[1] 航空力学』3-1「翼と各部の名称」 (2)×：矩形翼は翼端失速を起しにくい。
問0123	(4) 『[1] 航空力学』3-1a「長方形（矩形）翼」 (4)×：矩形翼は翼端失速を起しにくい。
問0124	(4) 『[1] 航空力学』3-1b「先細（テーパ）翼」 (4)：○ (1)×：翼端部の揚力が小さいので、翼根元部分の曲げモーメントを小さくできる。 (2)×：構造が複雑になり製作に手間がかかる。 (3)×：空力的にはテーパを強くすると翼端失速を起しやすくなって、大迎え角時に補助翼の効きが失われる恐れがある。
問0125	(6) 『[1] 航空力学』3-1「翼と各部の名称」、3-3「翼型」 (A)(B)(C)(D)(E)(F)：○

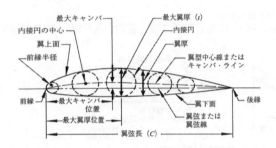

問0126	(2) 『[1] 航空力学』3-1「翼と各部の名称」、3-3「翼型」 (A)(C)：○ (B)×：翼弦長とは翼弦線の長さをいう。 (D)×：キャンバとは、翼型の中心線（キャンバ・ライン）の反りの大きさを表したもので、翼弦線から中心線までの距離をいう。 ＊問0125の図を参照
問0127	(2) 『[1] 航空力学』3-1「翼と各部の名称」、3-3「翼型」 (A)(C)：○ (B)×：翼幅とは、両翼端間の直線距離をいう。 (D)×：キャンバとは、翼型の中心線（キャンバ・ライン）の反りの大きさを表したもので、翼弦線から中心線までの距離をいう。 ＊問0125の図を参照
問0128	(4) 『[1] 航空力学』3-1「翼と各部の名称」 (4)：○ （参考） 　矩形翼以外の縦横比は 翼幅（b）の2乗／翼面積（S）で表される。 　矩形翼の縦横比は 翼幅（b）／翼弦長（c）で表される。
問0129	(3) 『[1] 航空力学』3-1「翼と各部の名称」 (3)○：縦横比＝翼幅の2乗／翼面積 　　　　　＝17^2／18 　　　　　＝16.1
問0130	(3) 『[1] 航空力学』3-1「翼と各部の名称」 (3)○：縦横比＝翼幅の2乗／翼面積＝48^2／284＝8.113

問題番号	解　答

問0131　(4)
『[1] 航空力学』3-1「翼と各部の名称」
(4)○：縦横比＝翼幅の2乗／翼面積
　　　　＝18.5²／18
　　　　＝19.01

問0132　(1)
『[1] 航空力学』3-1「翼と各部の名称」
(1)○：縦横比＝翼幅の2乗／翼面積
　　　　＝35²／125
　　　　＝9.8

問0133　(2)
『[1] 航空力学』3-1「翼と各部の名称」
(2)○：縦横比＝翼幅の2乗／翼面積
　　　　＝11²／16
　　　　＝7.56

問0134　(3)
『[1] 航空力学』3-1「翼と各部の名称」
(3)○：縦横比＝翼幅の2乗／翼面積＝64²／538＝7.6

問0135　(3)
『[1] 航空力学』3-4「揚力係数、抗力係数」
(3)：○
(1)×：揚力は揚力係数、空気密度に比例する。
(2)×：揚力は揚力係数と空気密度、翼面積に比例する。
(4)×：揚力は空気密度、翼面積に比例する。
（参考）
揚力係数を C_L、空気密度を ρ、速度を v、翼面積を S とすると、

揚力（L）$= C_L \cdot \dfrac{1}{2} \rho V^2 \cdot S$ で表される。

問0136　(2)
『[1] 航空力学』3-4「揚力係数、抗力係数」
(2)○：迎え角が増えると揚力も抗力も大きくなるが、迎え角が失速迎え角を超えると気流が剥離し揚力は急激に減少する。一方、抗力は失速迎え角付近から急激に増加する。

問0137　(3)
『[1] 航空力学』3-4「揚力係数、抗力係数」
(3)○：迎え角0°における揚力係数 C_L は、普通の翼型では負（－）、対称翼では0である。

問0138　(4)
『[1] 航空力学』3-4「揚力係数、抗力係数」
(4)○：迎え角0°における揚力係数 C_L は、対称翼では0であるが、キャンパ付きの翼型では正の値を持つ。
（補足）
対称翼とは返りがゼロで、翼弦線からの隔たりが同じすなわち上下面が対称の形をしていることを言う。翼型の例としてNACA0012がある。

問0139　(4)
『[1] 航空力学』3-4「揚力係数、抗力係数」
(A)(B)(C)(D)：○
＊問0135の（参考）を参照

問0140　(3)
『航空工学入門』1-2-5「翼の失速」
『[1] 航空力学』3-4「揚力係数、抗力係数」
(3)○：失速とは、翼上面で境界層がはく離し、急激に揚力が減少することである。

問0141　(2)
『[1] 航空力学』3-4「揚力係数、抗力係数」
『航空工学入門』1-2-5「翼の失速」
(2)○：迎え角が増加するに連れて、翼上面の境界層が剥離して揚力は急激に減少し、抗力が増大する現象を"失速"という。

問0142　(2)
『[1] 航空力学』3-4「揚力係数、抗力係数」
『航空工学入門』1-2-5「翼の失速」
(2)○：迎え角がある値を超えると揚力係数が急激に減少し抗力係数が急激に増大する。この現象を"失速"（Stall）という。このときの迎え角を失速角という。

問0143　(4)
『[1] 航空力学』3-4「揚力係数、抗力係数」
(A)(B)(C)(D)：○

航空力学

問題番号	解 答

問0144 (1)
『［1］ 航空力学』3-4-1「風圧中心」
(1)：○
(2)×：最大キャンバの位置を前縁側に近づける。
(3)×：翼型の後縁部を上方に反らす。
(4)×：風圧中心係数は風圧中心の位置を示すもので、風圧中心の移動には関係しない。
（補足）
風圧中心の移動を少なくするのは、以下の通りである。
最大キャンバを小さくする。
最大キャンバの位置を前縁側に近づける。
翼型の後縁部を上方に反らす。
などの方法が考えられる。

風圧中心係数は風圧中心の位置を示すもので、これは翼型の前縁から風圧中心までの距離と翼弦長との比を百分率で示したもので風圧中心の移動との関連性はない。

問0145 (2)
『［1］ 航空力学』3-4-1「風圧中心」
(2)○：風圧中心は迎え角が大きいときは前縁側に、小さくなると後縁側に移動する。

問0146 (4)
『［1］ 航空力学』3-4-1「風圧中心」
(4)○：風圧中心は、迎え角が大きいときは前縁側に、小さくなると後縁側に移動する。

問0147 (3)
『［1］ 航空力学』3-4-1「風圧中心」
(3)：○
(1)×：翼型の後縁部を上方に反らす。
(2)×：キャンバの小さい翼型ほど風圧中心の移動は少ない。
(4)×：風圧中心係数は風圧中心の位置を示すもので、風圧中心の移動には関係しない。
（補足）
風圧中心の移動を少なくするには、以下の通りである。
a.最大キャンバを小さくする。
b.最大キャンバの位置を前縁側に近づける。
c.翼型の後縁部を上方に反らす。

問0148 (4)
『［1］ 航空力学』3-4-1「風圧中心」
『航空工学入門』1-2-3「風圧分布と風圧中心」
(4)×：風圧分布の変化(迎え角の変化に伴う)によりと風圧中心も移動する。迎え角が大きくなると前縁側へ、迎え角が小さくなると後縁側へ移動する。

問0149 (3)
『［1］ 航空力学』3-4-1「風圧中心」
(B)(C)(D)：○
(A)×：揚抗比は翼型の風圧中心の移動には関係しない。
（補足）
風圧中心の移動が少ない翼型とは
a.最大キャンバが小さい。
b.最大キャンバ位置が前縁に近い。
c.翼後方を上に反らす。

問0150 (2)
『［1］ 航空力学』3-4-1「風圧中心」
(A)(B)：○
(C)×：翼型の後縁部を上方へ反らす。
(D)×：風圧中心係数は翼型の前縁から風圧中心までの距離と翼弦長の比を％で示したもので、風圧中心の移動に影響しない。

問0151 (2)
『［1］ 航空力学』3-4-1「風圧中心」
(C)(D)：○
(A)×：迎え角が大きくなると前縁側に移動する。
(B)×：翼前縁から風圧中心までの距離と翼弦長との比を風圧中心係数という。

問0152 (2)
『［1］ 航空力学』3-4-1「風圧中心」
『［11］ ヘリコプタ』2-1-4「翼の特性」
(B)(D)：○
(A)×：空力中心の説明である。風圧中心とは、翼に働く揚力と抗力の合力が作用する代表点である。ブレードに生じる揚力と抗力の合力の作用線が、翼弦線と交差する点をいう。風圧中心は 迎え角により変化する。
(C)×：風圧中心は迎え角が大きくなると前進する。

問0153 (4)
『［1］ 航空力学』2-5「空力モーメントと空力中心」
(4)○：迎え角が変化しても、空力モーメントが一定である点を空力中心といい、普通の翼型では翼弦線の25％前後にある。迎え角の変化に応じて前後するのは風圧中心である。

問0154 (3)
『［1］ 航空力学』3-4-1「風圧中心」
　　　　　　3-5「空力モーメントと空力中心」
(3)×：キャンバの大きい翼型ほど風圧中心は大きく移動する。

問題番号	解　答

問0155　(4)　　　『[1] 航空力学』3-4-1「風圧中心」
　　　　　　　　　　　　3-5「空力モーメントと空力中心」
　　　　　　(4)×：風圧中心は迎え角の変化に伴う風圧分布の変化によって移動する。

問0156　(2)　　　『[1] 航空力学』3-6-2「後縁フラップ」
　　　　　　(2)○：下図のようにフラップの下げ操作に伴って、主翼後縁下側に取り付けられたフラップがまず後方へ移動し、その後、翼後縁とフラップ前縁との間に隙間を形成しながら下がっていく機構のものである。

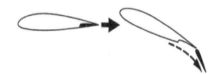

問0157　(2)　　　『[2] 飛行機構造』1-8-2「補助操縦翼面」
　　　　　　(2)○：ファウラ・フラップは、下げ操作に伴って主翼後方にスライドしながらその後、後ろ下方へ折れ曲がるように作動し翼面積を増加させる。

問0158　(3)　　　『[1] 航空力学』3-6「高揚力装置」
　　　　　　　　　『[2] 飛行機構造』1-8-2「補助操縦翼面」
　　　　　　(A)(C)(D)：○
　　　　　　(B)×：スプリット・フラップは、翼後縁の下面の一部を下へ折り曲げるもので、構造が簡単な割に揚力係数の増加は大きいが、抗力も著しく増える欠点がある。
　　　　　　　尚、大迎角時に翼下面の気流を上面に導き、剥離を遅らせるは、スロッテッド・フラップ（隙間翼）である。

問0159　(4)　　　『[1] 航空力学』3-6「高揚力装置」
　　　　　　　　　『[2] 飛行機構造』1-8-2「補助操縦翼面」
　　　　　　(A)(C)(D)：○
　　　　　　(B)×：スプリット・フラップは、翼後縁の下面の一部を下へ折り曲げるもので、構造が簡単な割に揚力係数の増加は大きいが、抗力も著しく増える欠点がある。
　　　　　　　尚、大迎角時に翼下面の気流を上面に導き、剥離を遅らせるは、スロッテッド・フラップ（隙間翼）である。

問0160　(3)　　　『[1] 航空力学』2-1「翼と各部の名称」
　　　　　　(3)○：縦横比（アスペクト比）とは、矩形翼では翼幅を翼弦長で除して求めるが、それ以外の翼では翼幅の2乗を翼面積で除して求める。

$$縦横比（アスペクト比）=\frac{翼幅^2}{翼面積}$$

問0161　(4)　　　『[1] 航空力学』3-2「縦横比とその効果」
　　　　　　(4)×：縦横比が大きいと失速速度は遅くなる。

問0162　(2)　　　『[1] 航空力学』3-2「縦横比とその効果」
　　　　　　(2)×：縦横比が大きいと揚力傾斜は大きくなる。

問0163　(4)　　　『[1] 航空力学』3-2「縦横比とその効果」
　　　　　　(4)×：縦横比が大きい翼は揚力傾斜が大きくなる。

問0164　(2)　　　『[1] 航空力学』2-2「誘導抗力」3-2「縦横比とその効果」
　　　　　　(B)(D)：○
　　　　　　(A)×：誘導抗力係数は小さくなる。
　　　　　　(C)×：滑空距離は長くなる。
　　　　　　（補足）
　　　　　　誘導抗力係数（C_{Di}）$=\frac{1}{\pi A}C_L^2$ で表される。（揚力係数C_L　アスペクト比A）

　　　　　　アスペクト比が大きければ、誘導抗力係数は小さくなる。その結果、抗力は全体として小さくなるため、揚抗比（L／D）は大きくなる。L／Dが大きいと滑空距離は長くなる。また、L／Dが大きいと失速速度は遅くなるので低速でも失速しにくい。

問0165　(4)　　　『[1] 航空力学』3-2「縦横比（Aspect Ratio）とその効果」
　　　　　　(A)(B)(C)(D)：○
　　　　　　*問0164の（補足）を参照

問0166　(3)　　　『[1] 航空力学』2-2「誘導抗力」3-2「縦横比とその効果」
　　　　　　(A)(B)(C)：○
　　　　　　(D)×：アスペクト比が小さいときほど、吹きおろし角が大きいので地面の影響を受けやすい。
　　　　　　*問0164の（補足）を参照

問題番号	解　答

問0167 (2)　　　『[1] 航空力学』3-2「縦横比（Aspect Ratio）とその効果」
(C)(D)：○
(A)×：誘導抗力係数C_{Di}＝揚力係数$C_L{}^2$／（π×アスペクト比A）で表される。
　　　　アスペクト比が大きければ、誘導抗力係数は小さくなる。
(B)×：アスペクト比が大きい翼は性能を重視し、あまり急激な運動を行わない機体に適している。

問0168 (2)　　　『[1] 航空力学』4-2「縦の静安定」
　　　　『航空工学入門』1-3-2「空力平均弦」
(2)：○

問0169 (3)　　　『[1] 航空力学』4-2「縦の静安定」
(A)(B)(C)○：空力平均翼弦（MAC）はその翼の空力的特性を代表する翼弦で、飛行機の縦の安定性、釣り
　　　　　　合いなど重心周りモーメントや重心位置を示すときに用いられる。
(D)×：空力平均翼弦（MAC）は強度を表さない。

問0170 (4)　　　『[1] 航空力学』2-1「揚力の原理」
(4)×：オーバーハング効果は揚力発生の原理ではない。
（参考）
揚力発生に関する原理については以下の法則がある。
a.ベルヌーイの定理
b.連続の法則
c.コアンダ効果
d.流線曲率の定理
e.マグヌス効果

問0171 (3)　　　『[1] 航空力学』2-1-1「連続の法則」
(3)○：断面積の異なる流路にあっても、単位時間内に通過する流体の量は等しい。従って、断面積が小さい
　　　　（管径が細い）所では流速が速く、逆に断面積が大きい（管径が太い）所では遅くなる。
(1)×：管の径が大きくなるに従い流速は遅くなる。
(2)×：管の径により流速は変化する。
(4)×：通常の流れの中では密度は変化しないので、流速は密度に関係しない。

問0172 (3)　　　『[1] 航空力学』2-1-1「連続の法則」
(3)○：連続して定量的に流れる流体の速度は、管径（断面積）の大きい所では遅く、小さい所では速い。即
　　　　ち、流速は管の断面積に反比例する。

問0173 (3)　　　『[1] 航空力学』2-1-1「連続の法則」
(3)：○
動圧は$1／2×（\rho v^2）$で表されるので流体速度の2乗に比例する。
(1)×：常に静圧は動圧の1/2にはならない。全圧＝動圧＋静圧
(2)×：静圧と動圧の和は常に一定である。
(4)×：連続する流体において、流管の断面積が大きいほど流体の速度は小さい。

問0174 (2)　　　『[1] 航空力学』3-1-3「マグヌス効果」
(2)：○

問0175 (3)　　　『[1] 航空力学』3-1-3「マグヌス効果」
(A)(B)(C)：○
(D)×：ベルヌーイの定理を当てはめると、流速が速ければ静圧は低下し、流速が遅ければ静圧は高くなる。

問0176 (4)　　　『[1] 航空力学』2-1-7「翼と循環」
　　　　『航空工学入門』1-3-3「翼の循環理論」
(4)○：翼の上下面に生じる圧力差によって、下面から上面に向かって渦が発生する。
　　　　これを翼端渦といい、右翼では反時計方向（左周り）、左翼では時計方向（右周り）に生じる。

問0177 (3)　　　『[1] 航空力学』2-2「誘導抗力」
(3)○：翼の誘導抗力係数C_{Di}＝揚力係数の2乗（$C_L{}^2$）／π×縦横比Aが成り立つ。従って、誘導抗力係数は
　　　　揚力係数の2乗に比例し、縦横比に反比例する。

問0178 (4)　　　『[1] 航空力学』2-6「全機の抗力」
(4)○：主翼に作用する形状抗力は摩擦抗力と圧力抗力である。
（補足）
・摩擦抗力：空気の粘性により、主翼表面との間の摩擦によってできる抗力。
・圧力抗力：境界層からできる渦によってできる抗力。
・誘導抗力：揚力発生に伴って生じる翼端渦によってできる抗力。

問0179 (3)　　　『[1] 航空力学』2-6「全機の抗力」
(3)：○
全機抗力は、形状抗力（構造抗力＋干渉抗力＋主翼形状抗力）と誘導抗力の和で表される。また、主翼の形状
抗力は、摩擦抗力と圧力抗力の和で表される。

問0180 (3)　　　『[1] 航空力学』3-5「抗力の原理」
(3)○：主翼の形状抗力は速度（動圧）の増加に伴って生じる圧力抗力と空気の粘性によって生じる摩擦抗力
　　　　の和である。
主翼の形状抗力＝圧力抗力＋摩擦抗力

問題番号		解　答

問0181 (1)
『[1] 航空力学』2-6「全機の抗力」
(1)○：全機抗力は、有害抗力（構造抗力＋干渉抗力＋主翼形状抗力）と誘導抗力の和で表される。また、主翼の形状抗力は、摩擦抗力と圧力抗力の和で表される。

問0182 (3)
『[1] 航空力学』2-1-7「翼と循環」
(3)×：ウイングレットの効果は干渉抗力に影響しない。
（補足）
干渉抗力：主翼や尾翼と胴体の結合部、エンジン・ナセルと翼の接合部など複数の物体の組み合わされた部分に発生する抗力である。

問0183 (1)
『[1] 航空力学』2-1-7「翼と循環」
(1)：○
一種の翼端板のことで、翼端部に直角、またはそれに近い角度で取り付けた小翼。翼端渦を防ぐ効果がありアスペクト比を大きくしたと同じ働きがあるため、翼幅を伸ばさずに誘導抗力を減少させ、結果として燃費を向上させる。

問0184 (4)
『[1] 航空力学』2-6「全機の抗力」
(4)○：フィレットを取り付けることで、翼胴結合部分の特に後縁付近の気流の剥離を防ぎ、干渉抗力の増大を防ぐ。
（補足）
干渉抗力は、大きい迎え角で飛行しているとき、胴体と翼の結合部分、特に後縁付近で気流が剥離して増大する抗力である。

問0185 (3)
『[1] 航空力学』2-4「翼端失速と自転」
(3)○：翼端失速防止のために、翼端側の取付け角を根元部より小さくし主翼に捻り下げをつけている。

問0186 (2)
『[1] 航空力学』2-4-1「自転とその対策」、2-4-2「きりもみ」
(2)×："自転"とは、失速によって剥離した気流の中に入った補助翼が効きを失って姿勢を立ち直せず、失速が助長される状態をいい、"きりもみ"は、機体が完全に失速した後、らせん状に旋回しながら急激に高度を下げていく状態をいう。

問0187 (2)
『[1] 航空力学』2-4-2「きりもみ」
(2)×：自転ときりもみは同義語でない。"自転"とは、失速によって剥離した気流の中に入った補助翼が効きを失って姿勢を立ち直せず、失速が助長される状態をいい、"きりもみ"は、機体が完全に失速した後、らせん状に旋回しながら急激に高度を下げていく状態をいう。

問0188 (3)
『[1] 航空力学』2-4-1「自転とその対策」
『航空工学入門』1-3-6「翼端失速と自転現象」
(B)(C)(D)：○
(A)×：翼面荷重は翼端失速に関係しない。

問0189 (4)
『[1] 航空力学』2-4-1「自転とその対策」
『航空工学入門』1-3-6「翼端失速と自転現象」
(A)(B)(C)(D)：○

問0190 (2)
『[1] 航空力学』3-1「翼と各部の名称」
『航空工学入門』1-6-6「後退角の働き」
(C)(D)：○
(C)：後退角を大きくしていくと、縦横比は等しくても翼は細くなってたわみやすくなるため、揚力が加わると主翼付け根に曲げモーメントと同時に捻りモーメントが作用し主翼がねじれやすい。
(D)：主翼に後退角をつけると、たとえ上反角がなくとも横揺れを防止する。すなわち後退翼が 上反角効果を持っているからである。

問0191 (4)
『航空工学入門』1-3-1「主翼の平面形」
(4)：○
(1)×：後退角が大きいほどアウト・フローが強くなり、翼端付近の失速を早める。
(2)×：高速での方向安定・横安定は良い。
(3)×：衝撃波は発生しにくい。

問0192 (2)
『[1] 航空力学』4-5-c「翼と各部の名称」
(2)○：後退角を大きくしていくと、縦横比は等しくても翼は細くなってたわみやすくなるため、揚力が加わると主翼付け根に曲げモーメントと同時に捻りモーメントが作用して主翼がねじれやすい。
(1)×：タックアンダは高速飛行に伴う現象である。
(3)×：横滑りは起きにくい。
(4)×：翼端失速を起こしやすい。

問0193 (3)
『航空工学入門』1-3-1「主翼の平面形」
(3)×：衝撃波は発生しにくい。

問0194 (3)
『[1] 航空力学』3-1「翼と各部の名称」
『航空工学入門』1-3-1-e「後退翼」
(3)×：後退角を大きくすると翼端失速の傾向は強くなる。

航空力学

問題番号	解　答

問0195　(3)
『[1] 航空力学』3-1「翼と各部の名称」
『航空工学入門』1-3-1-e「後退翼」
(A)(C)(D)：○
(B)×：フラップ効果が少さい。

問0196　(2)
『[1] 航空力学』3-1「翼と各部の名称」
『航空工学入門』1-3-1-e「後退翼」
(A)(D)：○
(B)×：フラップ効果が少さい。
(C)×：主翼がねじれやすい。

問0197　(3)
『[1] 航空力学』3-1「翼と各部の名称」
『航空工学入門』1-3-1-e「後退翼」
(A)(C)(D)：○
(B)×：フラップ効果が少さい。

問0198　(4)
『航空力学Ⅱ』3-3-3「失速速度に影響する要素（f.着氷による影響）」
(4)×：主翼が着氷した場合、失速速度は速くなる。
主翼あるいは水平尾翼などに着氷が起こると、翼型が変形して最大揚力係数、あるいは失速角の低下を招く。

問0199　(3)
『[1] 航空力学』3-4「揚力係数、抗力係数」
(3)×：抗力が増加する。
（補足）
翼前縁や翼上面に付着した氷によって翼型が変形すると、小さな迎え角でも気流の剥離が起こり、揚力の低下と抗力の急増、更に着氷による機体重量の増加が加わると、飛行特性を極端に悪くする。

問0200　(3)
『航空力学Ⅱ』3-3-3「失速速度に影響する要素（f.着氷による影響）」
(A)(B)(C)：○
(D)×：失速速度は速くなる。
（補足）
主翼あるいは水平尾翼などに着氷が起こると、翼型が変形して最大揚力係数、あるいは失速角の低下を招く。

問0201　(4)
『[1] 航空力学』4-1「安定性」
(4)：○
(1)×：重心位置は安定性に関係する要素の一つで、他に主翼・尾翼の大きさ、後退角、上反角などがある。
(2)×：静安定ではなく、動安定である。
(3)×：動安定ではなく、静安定である。

問0202　(3)
『[1] 航空力学』4-1「安定性」
(A)(B)(C)：○
(D)×：機体重量は飛行機の安定性に影響しない。
（補足）
飛行機の安定性に関係する要素には、以下のものがある。
a.主翼の大きさ（面積、翼幅など）
b.後退翼
c.上反角
d.尾翼の大きさ（面積など）、主翼との位置関係
e.重心位置

問0203　(1)
『[1] 航空力学』4-1-1「静安定と動安定」
(C)：○
(A)×：外力により機体の姿勢が変化したとき、元の姿勢に戻そうとする働きを静安定という。
(B)×：変化した姿勢が時間を経過しても元に戻らないことを「安定性が中立」であるという。
(D)×：静安定は「正」であっても動安定は必ずしも「正」になるとは限らない。

問0204　(2)
『[1] 航空力学』4-1-1「静安定と動安定」
(A)(C)：○
(B)×：変化した姿勢が時間を経過しても変位不変で元に戻らないことを「安定性が中立」であるという。
(D)×：静安定が「正」であっても動安定は必ずしも「正」なるとは限らない。
＊問0203の図を参照

問題番号		解 答

問0205 (1)
『[1] 航空力学』4-1「安定性」
(D)：○
(A)×：重心位置は安定性に関係する要素の一つで、他に主翼・尾翼の大きさ、後退角、上反角などがある。
(B)×：動揺の振幅が次第に変化していく性質を動安定という。
(C)×：復元力が生ずるか生じないかという性質を静安定という。

問0206 (4)
『[1] 航空力学』4-1「安定性」
(4)×：機体重量は飛行機の静安定性に影響しない。
（補足）
飛行機の安定性に関係する要素には以下のものがある。
a.主翼の大きさ（面積、翼幅など）
b.後退翼
c.上反角
d.尾翼の大きさ（面積など）、主翼との位置関係
e.重心位置

問0207 (4)
『[1] 航空力学』4-1「安定性」
(4)×：機体重量は飛行機の静安定性に影響しない。
＊問0206の（補足）を参照

問0208 (3)
『[1] 航空力学』4-1「安定性」
(A)(B)(C)：○
(D)×：機体重量は、飛行機の静安定に影響しない。
＊問0206の（補足）を参照

問0209 (4)
『[1] 航空力学』4-1「安定性」
(A)(B)(C)(D)：○
＊問0206の（補足）を参照

問0210 (4)
『[1] 航空力学』4-1「安定性」
(A)(B)(C)(D)：○
＊問0206の（補足）を参照

問0211 (4)
『[1] 航空力学』4-1「安定性」
(A)(B)(C)：○
＊問0206の（補足）を参照

問0212 (2)
『[1] 航空力学』4-1-2「航空機の軸と運動」
『航空工学入門』1-6-2「飛行機の3軸と揺れの方向」
(2)○：飛行機の上下軸（Z軸）を中心に機首を左に振ったり、右に振ったりする。

問0213 (2)
『[1] 航空力学』4-1-2「航空機の軸と運動」
(2)○：飛行機の3軸の運動と操縦翼の組み合わせは、
補助翼とローリング軸（前後軸、X軸）
昇降舵とピッチング軸（左右軸、Y軸）
方向舵とヨーイング軸（上下軸、Z軸）

問0214 (2)
『[1] 航空力学』4-2-1「水平尾翼の役割」
『[2] 飛行機構造』5-4-1「水平尾翼に働く力」
(2)○：機体に働く空気力と慣性力を釣り合わせて飛行機の縦方向の安定を図る。

問0215 (1)
『[1] 航空力学』4-2-1「水平尾翼の役割」
『[2] 飛行機構造』5-4-1「水平尾翼に働く力」
(1)○：水平尾翼の作用は機体に働く空気力と慣性力を釣り合わせて、飛行機の縦の静安定を保つ。
（補足）
水平尾翼の働きは以下の3種類がある。
a.機体に働く空気力と慣性力を釣り合わせて、飛行機を真っ直ぐ飛ばせる。
b.突風などで機体の姿勢が乱れたときに、それをもとに戻して安定させる。
c.操縦者の操舵に伴って、期待の姿勢を変える。

問0216 (2)
『[1] 航空力学』4-2-2「全機の縦の静安定」
『[2] 飛行機構造』5-4-1「水平尾翼に働く力」
(2)○：機体に働く空気力と慣性力を釣り合わせて、飛行機の縦の静安定を受け持つのは水平尾翼である。

問0217 (1)
『[1] 航空力学』4-2「縦の静安定」
(1)×：主翼は迎え角が大きくなると風圧中心は前方へ移動して機首上げモーメントを発生する。

問0218 (1)
『[1] 航空力学』4-2「縦の静安定」
(1)×：主翼は迎え角が大きくなると風圧中心は前方へ移動して機首上げモーメントを発生する。

問0219 (3)
『[1] 航空力学』4-3「縦の動安定」
(3)○：縦揺れ運動に関するモードとしては、その振動の周期の違いによって分けることができ、短周期型はポーパシング運動、長周期型はヒュゴイド運動と呼ばれる。

航空力学

－ 39 －

問題番号	解　答
問0220　(4)	『[1] 航空力学』4-5「横安定」 『航空工学入門』1-6-5「上反角の働き」 (4)○：上反角があると機体が傾いて横滑りに入ったとき、左右の翼に迎え角の差を生じて滑った側の翼の迎え角が大きくなるため、揚力が増加して傾きを直す復元力が生じ横滑りを少なくする。
問0221　(4)	『[1] 航空力学』4-5-a「上反角」 『航空工学入門』1-6-5「上反角の働き」 (4)○：主翼の上方への反りと水平面とのなす角で、横安定に関係がある。上反角があると横滑りに入ったとき、左右の翼に迎え角の差を生じ、滑った側の翼の迎え角が大きくなるので、揚力は増加し傾きを直す復元力を生ずる。
問0222　(3)	『[1] 航空力学』4-5「横安定」 (A)(B)(D)：○ (C)×：主翼の上反角は横の安定性を増加させる。上反角があると横滑りに入ったとき、左右の翼に迎え角の差を生じ、滑った側の迎え角が大きくなるので揚力が増し、傾きを直す復元力を生ずる。
問0223　(2)	『[1] 航空力学』4-5「横安定」 (A)(D)：○ (B)×：主翼の上反角と翼端失速の防止とは関係がない。 (C)×：主翼の上反角は横の安定性を増加させる。上反角があると横滑りに入ったとき、左右の翼に迎え角の差を生じ、滑った側の迎え角が大きくなるので揚力が増し、傾きを直す復元力を生ずる。
問0224　(1)	『[1] 航空力学』4-6-(C)「ダッチロール」 (1)○：ダッチロールを減衰させるための装置はヨー・ダンパーである。
問0225　(3)	『[1] 航空力学』4-6-(C)「ダッチロール」 (3)○：ダッチロール (1)×：方向発散 (2)×：らせん不安定
問0226　(3)	『[1] 航空力学』4-6「横の動安定」 (A)(C)(D)○：横の動安定に関する飛行機の運動形態としては、方向発散、らせん不安定、ダッチロールの3つがある。 (B)×：ヒュゴイド運動は縦の動安定に関する飛行機の運動形態である。
問0227　(3)	『[1] 航空力学』4-7「安定性とプロペラ」 (A)(B)(D)：○ (C)×：右回転のプロペラでは、プロペラ後流が垂直尾翼左面に当たり機首が左へとられる。
問0228　(4)	『[1] 航空力学』5-2-2「舵の重さ（操舵力）」 (A)(B)(C)(D)○：ヒンジ・モーメント大きさは舵面の面積、舵面の弦長、舵面の幅、飛行速度に比例して変化する。 （補足） ヒンジ・モーメント（操舵力）：舵面は翼面（翼・安定板）にヒンジ止めされているが、飛行中に操舵すると空気力によって舵を元の位置に保とうとする力を生ずる。この力をいう。
問0229　(3)	『[1] 航空力学』5-3-1「空力バランス」 (3)×：マス・バランス（Mass Balance）は、舵面の前縁部に錘を取り付けて舵面のフラッタ（Flatter）防止と操舵力の均等化を図るものであり、空力的バランスとは異なり操舵力の軽減には殆ど関係しない。 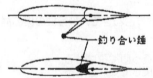
問0230　(2)	『[1] 航空力学』5-3-1「空力バランス」 (2)×：マス・バランス（Mass Balance）は、舵面の前縁部に錘を取り付けて舵面のフラッタ（Flatter）防止と操舵力の均等化を図るものであり、空力的バランスとは異なり操舵力の軽減には殆ど関係しない。
問0231　(2)	『[1] 航空力学』5-3-2「タブ」 『[2] 飛行機構造』1-8-2「補助操縦翼面」 (2)○：トリム・タブは飛行状態を維持するに当たり、保舵力を0にするのに使われ、主操縦系統とは全く別の独立した系統により作動させている。 (1)×：バランス・タブは操作力を軽くするためのタブである。 (3)×：サーボ・タブは操作力を軽くするためのタブであり、スリュー・ジャッキあるいは電気モーターにより動く。 (4)×：スプリング・タブは、低速時は舵面自体を動かし、高速時にはコントロール・タブとして機能し、速度に応じてスプリングの強さで操舵力を加減できる。

問題番号	解　答

問0232 (2)
『[1] 航空力学』5-3-2-d「アンチバランス・タブ」
(2)×：アンチバランス・タブは舵面と同じ方向に動くことにより、翼面のキャンバを増し、舵の効きを増加させる。また舵面に対して適当な操舵力を与えその操作を制限する。

問0233 (2)
『[1] 航空力学』5-3-2「タブ」
(2)：○
(1)×：トリム・タブ
(3)×：スプリング・タブ
(4)×：アンチバランス・タブ（操縦翼面の動きと同方向に動き、これに作用する空気力により操舵力を重くする。）

問0234 (4)
『[1] 航空力学』5-3-2「タブ」
『[2] 飛行機構造』1-8-2「補助操縦翼面」
(4)×：トリム・タブは、与えられた飛行状態を維持するに当たり、保舵力を0にするのに使われる。

問0235 (4)
『[1] 航空力学』5-3-2「タブ」
『[2] 飛行機構造』1-8-2 e「タブ」
(4)○：舵面の後縁にヒンジ止めされた小さな翼面で、操縦席のトリム調整装置（操作ハンドル）とこのタブ間はケーブルでつないであり、主操縦系統とは独立して操作される。任意の角度にセットすることで保舵力をゼロにし、手放し飛行ができる。これにより、長時間飛行におけるパイロットの疲労を防止することができる。
(1)×：サーボ・タブ（コントロール・タブ）
(2)×：フィクスド・タブ（固定タブ）
(3)×：バランス・タブ

問0236 (3)
『[1] 航空力学』5-3-2「タブ」
『[2] 飛行機構造』1-8-2e「タブ」
(A)(B)(C)：○
(D)×：バランス・タブは操縦席から直接動かされる舵面と逆方向に動くことで、これに作用する空気力により操舵を容易にする。

（参考）
(A)トリム・タブ　　　　　　　　(B)スプリング・タブ

トリムタブ調整機構

(C)バランス・タブ　　　　　　　(D)コントロール・タブ

引く

問0237 (1)
『[1] 航空力学』5-4-2「地面効果」
(1)×：地面効果によって、縦横比が大きくなったことと同じ効果が表れて誘導抗力が減少、同一迎え角に対して揚力係数が増大する。

問0238 (2)
『[1] 航空力学』5-4-2「地面効果」
(2)×：吹き下ろし角の減少によって尾翼の揚力増加による機首下げモーメントが増大する。

問0239 (2)
『[1] 航空力学』5-4-2「地面効果」
(2)×：翼の縦横比が小さいほど、地面の影響を受けやすい。

問0240 (2)
『[1] 航空力学』5-4-2「地面効果」
(A)(C)：○
(B)×：吹き下ろし角の減少により、機首下げモーメントが増大する。
(D)×：翼の縦横比が小さいほど地面の影響を受けやすい。

問0241 (2)
『[1] 航空力学』5-4-2「地面効果」
(B)(C)：○
(A)×：地面効果によって、縦横比が大きくなったことと同じ効果が表れて誘導抗力が減少、同一迎え角に対して揚力係数が増大する。
(D)×：翼の縦横比が小さいほど吹き下ろし角が大きいので地面の影響を受けやすい。

問0242 (4)
『[1] 航空力学』5-4-2「地面効果」
(A)(B)(C)(D)：○

問題番号	解　答

問0243 (4)
　　　　『[1] 航空力学』5-5-2「アドバース・ヨーの対策」
(4)×：固定タブは飛行機の傾きを地上であらかじめ調整するものでアドバース・ヨー対策ではない。
（補足）
アドバース・ヨー対策としては以下の通り。
a．フリーズ型補助翼の採用
b．フライト・スポイラの採用
c．差動補助翼の採用

問0244 (2)
　　　　『[1] 航空力学』5-5-2「アドバース・ヨーの対策」
(2)×：スプリング・タブはコントロール・タブの操縦系統にスプリングを挿入したもので、低速時に直接蛇面を動かし、高速時にはコントロール・タブとして機能するものでアドバース・ヨー対策ではない。
＊問0243の（補足）を参照

問0245 (1)
　　　　『[1] 航空力学』5-5-2「アドバース・ヨーの対策」
(1)○：操縦輪の同じ操作角に対して、補助翼の「上げ角を大きく、下げ角を小さく」なるようにして抗力をバランスさせ、アドバース・ヨーを防止するタイプの補助翼を「差動補助翼」という。

上げ角：大

下げ角：小

上下の作動角を変える。
（上下の角度差は3：1程度が多い。）

問0246 (4)
　　　　『[1] 航空力学』5-5-2「アドバース・ヨーの対策」
(4)○：差動補助翼は操縦輪の同じ操作角に対し、上方舵角は大きく、下方舵角は小さくなっている。上方、下方とも同じ舵角であると、下げ舵側が上げ舵側よりも抗力増加が大きく、この抗力の差が旋回を止める向きに働くので、これを防止するため下げ角より上げ角を大きくしている。

問0247 (1)
　　　　『[1] 航空力学』5-5-2「アドバース・ヨーの対策」
(B)○：差動補助翼の操縦系統には、操縦輪の同じ操作角に対し、上方舵角は大きく、下方舵角は小さくなるように差動機構を組み込んで、左右補助翼の抗力の差をバランスさせることでアドバース・ヨーを防止している。

問0248 (3)
　　　　『[1] 航空力学』　2-7-(b)「スポイラ」
　　　　『航空工学入門』2-3-5-c「スポイラ」
(A)(B)(C)：○
飛行中フライト・スポイラは、ロール・コントロール（横の操縦）の場合、補助翼と連動して傾けようとする翼側のスポイラを開き、揚力の発生を阻害すると同時に抗力を増加させる。スピード・ブレーキとして機能する場合は両翼のスポイラが同時に開く。また、着陸時には両翼全てのフライト・スポイラが開きグランド・スポイラとして機能する。
(D)×：着陸時以外、すべてのフライト・スポイラを Full Extend することはできない。

問0249 (2)
　　　　『[1] 航空力学』　5-5-2「アドバース・ヨーの対策」
　　　　『航空工学入門』　2-5-3「タブ」
(B)(C)：○
(A)×：アドバース・ヨー対策に直接関係しない。
(D)×：固定タブは飛行機の傾きを地上であらかじめ調整するものである。
＊問0243の（補足）を参照

問0250 (4)
　　　　『[1] 航空力学』5-6「操縦性とプロペラ」
(A)(B)(C)(D)：○

問0251 (2)
　　　　『[1] 航空力学』5-6「操縦性とプロペラ」
(C)(D)：○
(A)×：プロペラの後流は方向舵、昇降舵の効きを向上させる。
(B)×：補助翼は一般に翼端に取付けられているため、プロペラ後流の影響は受けない。

問0252 (4)
　　　　『[1] 航空力学』5-6「操縦性とプロペラ」
(A)(B)(C)(D)：○

問0253 (2)
　　　　『[1] 航空力学』6-4-2「上昇率」、　6-5-1「旋回半径」
　　　　　　　　　　　6-6-1「巡航速度」、6-9-1「着陸滑走距離」
(2)×：翼面荷重が大きいと、上昇率は小さくなる。

問0254 (2)
　　　　『[1] 航空力学』6-4-2「上昇率」、　6-5-1「旋回半径」
　　　　　　　　　　　6-6-1「巡航速度」、6-9-1「着陸滑走距離」
(2)×：翼面荷重が大きいと、上昇率は小さくなる。

$$上昇率（R/C）＝\{(T-D)/W\}×V$$

問題番号	解　答

問0255 (1)
『[1] 航空力学』6-2-1「対気速度」
『[8] 航空計器』3-5-3「対気速度計のまとめ」
(1)○：CAS（較正対気速度）とは、いろいろの誤差が含まれているIASに最も大きなピトー静圧系統の取付（または位置）誤差および計器個々の誤差（器差）について補正したもの。
(2)(3)×：標準大気、高度0ではTAS＝EAS＝CASとなる。
(4)×：EASとは、CASに対して各飛行高度での圧縮性の影響による誤差の修正をしたものである。
（参考）
・IAS：ピトー静圧系統の誤差を修正していない対気速度計の示す速度。
・CAS：IASに位置誤差及び器差を修正したものである。
・EAS：CASに対し各飛行高度での圧縮性の影響による誤差を修正したもの。
・TAS：空気密度が変わったために生じる指示の変化を修正したもの。
　　　　また耐空性審査要領のTASの定義ではTASはかく乱されない大気に相対的な航空機の速度をいう。

問0256 (1)
『[1] 航空力学』6-2-1「対気速度」
『[8] 航空計器』3-5-3「対気速度計のまとめ」
(1)○：CAS（較正対気速度）とは、いろいろの誤差が含まれているIASに最も大きなピトー静圧系統の取付（または位置）誤差および計器個々の誤差（器差）について補正したもの。
(2)(3)×：標準大気、高度0ではTAS＝EAS＝CASとなる。
(4)×：EASとは、CASに対して各飛行高度での圧縮性の影響による誤差の修正をしたものである。
＊問0255の（参考）を参照

問0257 (2)
『[1] 航空力学』6-2-1「対気速度」
(2)○：EASとは等価対気速度のことである。
(1)×：IASとは指示対気速度である。
(3)×：CASとは較正対気速度である。
(4)×：TASとは真対気速度である。
＊問0255の（参考）を参照

問0258 (4)
『[1] 航空力学』6-2-1「対気速度」
『[8] 航空計器』3-5-3「対気速度計のまとめ」
(4)×：EASとは、CASに対して各飛行高度での圧縮性の影響による誤差の修正をしたものである。
＊問0255の（参考）を参照

問0259 (2)
『[1] 航空力学』6-2-1「対気速度」
(2)○：CAS（較正対気速度）とは、IAS（指示対気速度）に位置誤差と器差を修正したものである。

問0260 (2)
『耐空性審査要領』第2章「定義」2-3「速度」
(B)(C)：○
(A)×：CASは較正対気速度　　耐空性審査要領 第Ⅰ部 定義　2-3-2
(B)○：EASは等価対気速度　　　　　　同　　　　　　　　2-3-3
(C)○：IASは指示対気速度　　　　　　同　　　　　　　　2-3-1
(D)×：TASは真対気速度　　　　　　　同　　　　　　　　2-3-4

問0261 (3)
『[1] 航空力学』6-2-1「対気速度」
(B)(C)(D)：○
(A)×：IASは指示対気速度である。
＊問0255の（参考）を参照

問0262 (4)
『[8] 航空計器』3-5-3「対気速度計のまとめ」
(A)(B)(C)(D)：○
＊問0255の（参考）を参照

問0263 (1)
『[1] 航空力学』6-2-1「対気速度」
(A)：○
(B)(C)×：高度0ではCAS＝EAS＝TASとなる。
(D)×：IASはピトー静圧系統の誤差を修正していない対気速度計の示す速度。
＊問0255の（参考）を参照

問0264 (2)
『[1] 航空力学』6-2-1「対気速度」
(A)(D)：○
(B)(C)×：高度0ではCAS＝EAS＝TASとなる。
＊問0255の（参考）を参照

問0265 (3)
『[1] 航空力学』6-2-1「対気速度」
『[8] 航空計器』3-5-3「対気速度計のまとめ」
(A)(B)(C)：○
(D)×：EASとは、CASに対して各飛行高度での圧縮性の影響による誤差の修正をしたものである。

問0266 (2)
『[1] 航空力学』6-5「旋回」
(2)○：定常旋回は高度と速度を一定に保ち、機体の重心に作用する力が全て釣り合いがとれた"定常釣り合い旋回"が原則である。従って、一定の半径(r)を保つには、遠心力(F)に釣り合う求心力をつくり、一定の高度を保つには重量(W)に釣り合う揚力(L)が必要となる。

航空力学

問題番号	解　答

問0267　(2)　　　『[1] 航空力学』6-5「旋回」
(2)×：遠心力は旋回半径に反比例する。

定常旋回中の力の釣り合いは次式で表される。
$$F=\frac{W}{g}\times\frac{V^2}{r}=W\tan\theta$$
ここで、W：飛行機の重量、F：遠心力、θ：バンク角、r：旋回半径　を表す。

問0268　(2)　　　『[1] 航空力学』6-5「旋回」
(2)×：方向舵の舵角が不足すると、内滑りを起こし機首が飛行方向に対して外側に向く。

問0269　(2)　　　『[1] 航空力学』6-5「旋回」
(A)(C)○：定常旋回中の力の釣り合いは次式で表される。
$$F=\frac{W}{g}\times\frac{V^2}{r}=W\tan\theta$$
ここで、W：飛行機の重量、F：遠心力、θ：バンク角、r：旋回半径　を表す。
(B)×：遠心力は旋回半径に反比例する。
(D)×：遠心力はバンク角が小さいほど小さくなる。

問0270　(1)　　　『[1] 航空力学』6-5「旋回」『航空工学入門』1-5-5「上昇性能」
(1)○：旋回角θで定常旋回中の力の釣合いを右図に示す。
鉛直方向では　重力(W)＝揚力の鉛直分力（Lcosθ）
水平方向では　遠心力(F)＝揚力の水平分力（Lsinθ）
で釣合っている。
なお、遠心力は次の式で表される。

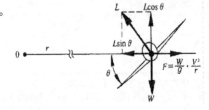

問0271　(4)　　　『[1] 航空力学』6-5-2「旋回時の荷重倍数」
(4)○：旋回時の荷重倍数は、n＝1/cosθで表される。
よって、60°バンク時は
　n＝1/cos60°
　　＝1/0.5＝2となる。
（参考）バンク角と荷重倍数の関係：
　cos30°＝0.87→ n＝1.15
　cos45°＝0.71→ n＝1.41
　cos60°＝0.50→ n＝2.00

問0272　(2)　　　『[1] 航空力学』6-5-2「旋回時の荷重倍数」
(2)：○
旋回時の荷重倍数は、n＝1/cosθ で表される。
従って、　　　　　　2＝1/cosθ
　　　　　　　　cosθ＝1/2
　　　　　　　　　　＝0.5
　　　　　　　　　θ＝60°
（参考）バンク角と荷重倍数の関係：
　cos30°＝0.87→n＝1.15
　cos45°＝0.71→n＝1.41
　cos60°＝0.50→n＝2.00

問0273　(3)　　　『[1] 航空力学』6-5-2「旋回時の荷重倍数」
(3)○：水平飛行時の翼面荷重は重量（W）／翼面積（S）で表されるが、定常旋回中の翼面荷重は水平飛行
時よりも荷重倍数分だけ大きくなる。
30°バンク時の荷重倍数（n）＝1/cosθ＝1/cos30°＝1.15である。
従って、求める翼面荷重は（1,200kg/14m²）×1.15＝98.6kg/m²となる。

問0274　(2)　　　『[1] 航空力学』6-6-1「巡航性能」
(2)×：揚抗比を最大にする。

問0275　(4)　　　『[1] 航空力学』6-7-1「滑空距離」
(4)○：滑空距離を長くするには、最大滑空比、即ち最大揚抗比が得られる飛行姿勢をとればよい。

問題番号	解　答

問0276 (1)
『[1] 航空力学』6-7-1「滑空距離」
(1)○：滑空飛行（推力Ｔ＝0）時には、
L＝Wcosθ
D＝Wsinθ
の関係式が成り立つ。

問0277 (1)
『[1] 航空力学』6-7-1「滑空距離」
(1)○：滑空飛行（推力Ｔ＝0）時には、
L＝Wcosθ
D＝Wsinθ
の関係式が成り立つ。

問0278 (1)
『[1] 航空力学』6-7-1「滑空距離」
(1)○：滑空飛行（推力Ｔ＝0）時には、
L＝Wcosθ
D＝Wsinθ
の関係式が成り立つ。

問0279 (4)
『[1] 航空力学』6-7-3「引き起こし」
(4)○：急降下からの引き起こし時の荷重倍数nは

$$\frac{L}{W}=\left(1+\frac{1}{g}\times\frac{V^2}{r}\right)$$

で表されるので、引き起こしの半径r、重力の加速度g、機体重量Wにそれぞれ反比例する。
従って、(1)、(2)、(3)は誤り。

問0280 (2)
『[1] 航空力学』6-7-3「引き起こし」
(2)○：急降下からの引き起こし時の荷重倍数 n は

$$\frac{L}{W}=\left(1+\frac{1}{g}\times\frac{V^2}{r}\right)$$

で表されるので、引き起こしの半径 r、重力の加速度 g、機体重量 W にそれぞれ反比例する。
従って、(1)、(3)、(4)は誤り。

問0281 (1)
『[1] 航空力学』6-7-3「引き起こし」
(1)○：急降下からの引き起こし時の荷重倍数 n は

$$\frac{L}{W}=\left(1+\frac{1}{g}\times\frac{V^2}{r}\right)$$

で表されるので、引き起こしの半径 r、重力の加速度 g、機体重量 W にそれぞれ反比例する。
従って、(2)、(3)、(4)は誤り。

問0282 (2)
『[1] 航空力学』6-8-1「離陸距離」
(2)×：翼面荷重が大きいと滑走距離は長くなる。

問0283 (2)
『[1] 航空力学』6-8-1「離陸距離」
(2)×：翼面積を小さくすると翼面荷重が大きくなり、滑走距離は長くなる。

問0284 (3)
『[1] 航空力学』6-8-1「離陸距離」
(3)○：翼面荷重を小さくすると、離陸滑走距離は短くなる。
(1)(2)(4)×：離陸滑走距離が長くなる要因である。

問0285 (2)
『[1] 航空力学』7-1-5「マッハ数と速度領域」
(2)○：一般流が音速以下でも気流の加速の大きい部分（翼上面）では局所的に音速に達する。そこで翼の表面（特に上面）のどこかで流速が音速（M＝1）に達したときの一般流の速度（飛行機の速度、マッハ数）を臨界マッハ数 （Criticalmach Number）と言う。

問0286 (4)
『[1] 航空力学』7-1-4「衝撃波」、7-1-5「マッハ数と速度領域」
(A)(B)(C)(D)：○

問0287 (3)
『[1] 航空力学』7-3「高速飛行の対策」
(3)：○
(1)×：最大翼厚位置を前縁から40～45%程度にする。
(2)×：前縁半径を小さくする。

問0288 (3)
『[1] 航空力学』7-3「高速飛行の対策」
(3)×：最大翼厚位置を後方〔前縁から40～45%程度〕に置く。

問0289 (3)
『[1] 航空力学』7-1-1「音速」
(3)○：マッハ数m＝飛行速度V／音速aで表される。従って、求める飛行速度は、
V＝m×a＝0.6×342×3.6＝738.72km/hrである。

航空力学

問題番号		解　答

問0290 (3)
(3)○：マッハ数（M）＝飛行速度V／音速aで表される。従って、求める飛行速度は、
V＝M×a＝0.82×300×3.6＝885km/hr である。

問0291 (4)
『[1] 航空力学』7-1-1「音速」
(4)○：マッハ数M＝飛行速度V／音速aで表される。従って、求める飛行速度は、
V＝M×a＝0.82×342×3.6＝1,010km/hrである。

問0292 (2)
『[1] 航空力学』7-1-1「音速」
(2)○：マッハ数（M）とは、飛行機の速度（V）とその場所における音速（a）との比で、
m＝V／aで表される。
m＝（800/3.6）m/sec÷342m/sec≒0.65

問0293 (4)
『[1] 航空力学』7-1-1「音速」
(4)○：マッハ数（M）とは、飛行機の速度（V）とその場所における音速（a）との比で、
M＝V／aで表される。
従って、
M＝（560×1.8）÷（342×3.6）＝0.82となる。

問0294 (1)
『[1] 航空力学』7-2「高速飛行に伴う現象と対策」
(1)×：フラッタは、構造が原因で発生するもので、空気からエネルギを与えられて激しくなってくる自励振動であり、衝撃波の発生によるものではない。

問0295 (1)
『[1] 航空力学』7-2-1「タックアンダ」
(1)○：遷音速域まで加速していくと、あるマッハ数以上で急に機首下げの傾向が強くなる現象をタックアンダという。

問0296 (2)
『[1] 航空力学』7-2-1「タックアンダ」
(2)○：衝撃波の発生によって翼上面の風圧分布が変化し、風圧中心が後退して空力中心周りに前縁下げモーメントを生ずるために起こる機首下げ現象。

問0297 (4)
『[1] 航空力学』7-2-1「タックアンダ」
(4)○：遷音速域まで加速していくと、あるマッハ数以上で急に機首下げの傾向が強くなる現象をタックアンダという。

問0298 (2)
『[1] 航空力学』7-2-1「タックアンダ」
(A)(B)：○
タックアンダの発生理由：
a.衝撃波の発生によって翼上面の気流が乱れ、水平尾翼に対する吹きおろし気流の角度が小さくなり、水平尾翼のに生じている下向きの空気力が小さくなる。
b.衝撃波の発生によって翼上面の圧力分布が変化し、風圧中心が後退して空力中心周りに前縁下げのモーメントが生じる。
この2つの理由が重なってタックアンダが発生する。

問0299 (2)
『[1] 航空力学』7-4-2「補助翼バズ」、7-4-3「フラッタ」
(2)○：高速飛行中にエルロン上面に発生した衝撃波の影響により操作した側と反対側へ舵面が引っ張られる現象をエルロン・バズという。
(1)×：ある速度を超えるとそれまでの機首上げの傾向から、逆に機首下げの傾向を示す現象をタックアンダという。
(3)×：フラッタは構造が原因で発生する。空気からネルギが与えられて、次第に激しくなってくる自励振動である。
(4)×：航空用語には、該当しない。

問0300 (3)
『[1] 航空力学』7-4-3「フラッタ」
(3)×：舵面の重心位置をできるだけ前方に移す。

問0301 (2)
『[1] 航空力学』7-4-3「フラッタ」
(2)×：翼の後退角を小さくする。

問0302 (4)
『[1] 航空力学』7-4-3「フラッタ」
(A)(B)(C)(D)：○

問0303 (3)
『[1] 航空力学』7-4-4「ダイバージェンス」
(A)(B)(C)：○
(D)×：空力弾性に基づく振動現象はフラッタであり、ダイバージェンスは空気力による弾性変形によって生ずる現象である。
（補足）
風圧中心が弾性軸の前側にあるときは、迎え角がが大きくなると翼はねじり上げられ、ねじり上げはさらにねじりモーメントを増大させる悪循環を引き起こして遂には翼を破壊するに至る（風圧中心が弾性軸の後方にあっても同様である）。この現象をダイバージェンスという。

問0304 (4)
『[1] 航空力学』7-4-5「エルロン・リバーサル」
(4)○：翼の剛性不足やエルロンに加わる空気力によって生じるエルロンの逆効き現象をエルロン・リバーサルという。

問題番号		解 答

問0305 (2)
『[1] 航空力学』7-4-5「エルロン・リバーサル」
(2)○：翼の剛性不足やエルロンに加わる空気力によって生じるエルロンの逆効き現象をエルロン・リバーサルという。

問0306 (1)
『[1] 航空力学』7-4-5「エルロン・リバーサル」
(B)：○
(A)×：エルロンをねじりモーメントが少なくなる翼端からできるだけ内側に寄せる。
(C)×：アドバース・ヨー対策の一つである。
(D)×：この現象はフラッタやダイバージェンスとは関係なく、翼の剛性と補助翼に加わる空気力が原因である。

問0307 (2)
『[1] 航空力学』7-4-5「エルロン・リバーサル」
(B)(D)：○
(A)×：エルロンをねじりモーメントの大きくなる翼端からできるだけ内側に寄せる。
(C)×：差動補助翼はアドバース・ヨーの対策として採用されている。

問0308 (4)
『[1] 航空力学』8-2-1「重量の定義」
(4)×：最大飛行重量についての説明である。

問0309 (3)
『[1] 航空力学』8-2-1「重量の定義」
(3)○：最大ゼロ燃料重量は航空機の主翼の強度を決定するために設けられた重量である。飛行中、翼に生ずる揚力は主翼付根に曲げモーメントとして加わるが、翼内タンクの燃料の重量はそのモーメントを打ち消すように働く。

問0310 (2)
『[1] 航空力学』8-2-1「重量の定義」
(B)(D)：○
(A)×：最大着陸重量は最大離陸重量より軽い。
(C)×：最大離陸重量は最大ランプ重量より軽い。

問0311 (2)
『[1] 航空力学』8-2-2「重量の区分」
(2)○：最大タクシ重量は、最大離陸重量に地上で（タクシ中に）消費される燃料の重量を加算したもので、設計重量のうち最も重い。

問0312 (3)
『[1] 航空力学』8-2-2「重量の区分」
(3)○：重量の順位は、最大離陸重量 ＞ 最大着陸重量 ＞ 最大ゼロ燃料重量である。
設計単位重量とは、航空機を設計するに当たって、共通する搭載物の重量をある一定の値に決めたものである（耐空性審査要領に定めてある）。
（例）燃料　0.72Kg/ℓ（リットル）
　　　滑油　0.9Kg/ℓ（リットル）
　　　乗客　77Kg/人

問0313 (4)
『[1] 航空力学』8-2-2「重量の区分」
(4)○：重量の順位は、 最大地上走行重量 ＞ 最大離陸重量 ＞ 最大着陸重量 ＞ 最大ゼロ燃料重量 である。

問0314 (3)
『[1] 航空力学』8-2-2「重量の区分」
(3)○：航空機の最大重量の順位は、
最大タクシ重量 ＞ 最大離陸重量 ＞ 最大飛行重量 ＞ 最大着陸重量 ＞ 最大ゼロ燃料重量 である。

問0315 (1)
『[1] 航空力学』8-2-2「重量の区分」
(1)○：重量の順位は、最大地上走行重量（最大タクシ重量） ＞ 最大離陸重量 ＞ 最大着陸重量 ＞ 最大ゼロ燃料重量 である。

問0316 (4)
『[1] 航空力学』8-3-1「重心位置の移動許容限界」
(4)×：重心位置が後方限界に近づくと、失速に入りやすくなる。

問0317 (4)
『[1] 航空力学』8-3-3「重心位置の算出」
(4)×：車輪を測定点にした場合は車輪ブレーキはかけない。

問0318 (2)
『[1] 航空力学』8-3-3「重心位置の算出」
(2)×：通常機内に搭載されている装備品等（機内サービス用品等）はあらかじめ取卸しておく。

問0319 (2)
『[1] 航空力学』8-3-3「重心位置の算出」
(2)×：自重に含まれる装備品は所定の場所に置き、自重に含まれないものは取り卸しておく。

問題番号		解　答

問0320　(4)　　　『[1] 航空力学』8-3-3「重心位置の算出」
(4)：○

重量		アーム		モーメント
500	×	30	=	10,500
710	×	145	=	98,550
720	×	145	=	99,900
1,820	×	x	=	208,950

求める重心位置x＝208,950／1,820＝114.8in
MAC％で表すと
　(114.8−70)×100／120＝37.3 %

問0321　(3)　　　『[1] 航空力学』8-3-4「重心位置計算の実例」
(3)：○

	重量		アームの長さ		モーメント
前　輪	110	×	22	=	2,420 lb-in
右主輪	365	×	120	=	43,800 lb-in
左主輪	358	×	120	=	42,960 lb-in
合計	833	×	x	=	89,180lb-in

　x＝89,180／833＝107.1in
従って、重心位置は基準線後方107.1inである。

問0322　(3)　　　『[1] 航空力学』8-3-4「重心位置計算の実例」
(3)：○

	重量		アームの長さ		モーメント
前　輪	700	×	30	=	21,000 lb-in
右主輪	960	×	140	=	134,400 lb-in
左主輪	940	×	140	=	131,600 lb-in
合計	2,600	×	x	=	287,000lb-in

　x　＝287,000／2,600＝110.4in

これをMAC（％）で表すと
　(110.4−70)×100／130＝31.1%MAC

問0323　(4)　　　『[1] 航空力学』8-3-3「重心位置の算出」
(4)：○

重量		アーム		モーメント
350	×	30	=	10,500
730	×	135	=	98,550
740	×	135	=	99,900
1,820	×	x	=	208,950

求める重心位置x＝208,950／1,820＝114.8in
これをMAC（％）で表すと：
　(114.8−70)×100／120＝37.3%

問0324　(4)　　　『[1] 航空力学』8-3-4「重心位置計算の実例」
(4)：○

	重量		アームの長さ		モーメント
前　輪	350	×	30	=	10,500 lb-in
右主輪	800	×	135	=	108,000 lb-in
左主輪	810	×	135	=	109,350 lb-in
合計	1,960	×	x	=	227,850 lb-in

　x　＝227,850／1,960　＝116.3 in

これをMAC（％）で表すと：
　(116.3−70)×100／120＝38.58%MAC
従って最も近いのは(4)である。

問0325　(1)　　　『[1] 航空力学』8-3-4「重心位置計算の実例」
(1)○：物を移動するだけで総重量は変わらない場合の基本式は、
　　W（総重量）×x（重心位置の移動距離）＝w（移動させる物の重量）×ℓ（物の移動距離）
　　で求められる。この式に数値を当てはめると、
　　1,200kg×x＝130kg×（340−200）cm
　　x＝（130kg×140）÷1,200＝15.17となる。

荷物を基準線後方340cmから200cmまで、140cm前方へ移動させたため、新しい重心位置は15.17cm前方へ移動した所、即ち、260−15.17＝244.8cmとなる。

— 48 —

問題番号	解 答

問0326 (2)
『[1] 航空力学』8-3-4「重心位置計算の実例」
(2)○：物を移動するだけで総重量は変わらない場合の基本式は、
W（総重量）×χ（重心位置の移動距離）＝w（移動させる物の重量）×ℓ（物の移動距離）
で求められる。この式に数値を当てはめると、
1,200kg×χ＝130kg×（340−270）cm
χ＝（130kg×70）÷1,200＝7.58となる。

荷物を基準線後方340cmから270cmまで、70cm前方へ移動させたため、新しい重心位置は7.58cm前方へ移動した所、即ち、260−7.58＝252.4cmとなる。

問0327 (3)
『[1] 航空力学』8-3-4「重心位置計算の実例」
(3)：○

	重量（kg）	アームの長さ（cm）	モーメント（kg-cm）
最初のCG	2,900 ×	250 =	725,000
PLT1名	77 ×	120 =	9,240
合計	（2,900+77）×	χ ＝	725,000 + 9,240

求める重心位置は、
χ＝734,240/2977＝246.6cm

問0328 (2)
『[1] 航空力学』8-3-4「重心位置計算の実例」
(2)：○

	重量（kg）	アームの長さ（cm）	モーメント（kg-cm）
最初のCG	290 ×	250 =	72,500
PLT1名	77 ×	120 =	9,240
合計	（290+77）×	χ ＝	72,500 + 9,240

χ＝81,740/367＝222.7cm

問0329 (2)
『[1] 航空力学』8-3-4「重心位置計算の実例」
(2)○：物を移動するだけで総重量は変わらない場合の基本式は、
W（総重量）×χ（重心位置の移動距離）＝w（移動させる物の重量）×ℓ（物の移動距離）
で求められる。この式に数値を当てはめると、
400kg×χ＝30kg×（340−270）cm

$$\chi = \frac{30 \times 70}{400} = 5.25$$

となる。
荷物を基準線後方340cmから270cmまで、70cm前方へ移動させたため、
新しい重心位置は5.25cm前方へ移動した所、即ち、260−5.25＝254.75cmとなる。

問0330 (4)
『[11] ヘリコプタ』2-2-1「運動量理論」
(4)：○
フィギュア・オブ・メリットとは、ホバリング時、理想的なロータの必要パワーと、実際のロータで必要なパワーの比で、Mであらわす。これはつまりロータの効率で、実際のロータではM＝0.6〜0.7くらいである。

問0331 (3)
『[11] ヘリコプタ』2-2-1「運動量理論」
(3)：○
フィギュア・オブ・メリットとは、ホバリング時、理想的なロータの必要パワーと、実際のロータで必要なパワーの比で、Mであらわす。これはつまりロータの効率で、実際のロータではM＝0.6〜0.7くらいである。

問0332 (4)
『[11] ヘリコプタ』2-2-2-b「ボルテックス・リング（渦輪）状態」
(4)：○
降下速度と誘導速度がほぼ等しいとき、螺旋状に放出された翼端渦は下方に流れ去ることができず、降下速度によってロータ下面で重なり合いボルテックス・リングと呼ばれるドーナツ状の渦が形成される。

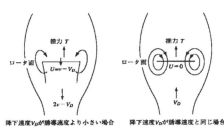

(b) ボルテックス・リング（渦輪）状態（Vortex Ring State）

問題番号	解答

問0333　(3)　　　『[11] ヘリコプタ』2-4-1-b「前進飛行時の誘導速度」
(3)：○
ヘリコプタの低速時は、ロータ面の誘導速度の不均一性が大きく、ロータの前側では誘導速度が小さく、ロータの後側で大きい。これを貫流効果と呼ぶ。

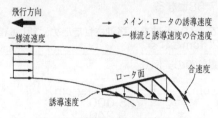

図2-23　低速前進飛行時の貫流効果

問0334　(3)　　　『[11] ヘリコプタ』2-4-2「前進飛行時の揚力」
(3)○：ブレードの迎え角αは、ブレードのピッチ角θと誘導速度によって生じる誘導迎え角の差で表される。ロータにおいては、ブレードの翼端の方が翼付け根の方よりも接線速度が速く、この割合は、誘導速度が翼端において付け根部よりも早い割合よりも大きい。そのため誘導迎え角は翼端の方が小さくなり、その結果、迎え角は翼端の方が大きくなる。

問0335　(4)　　　『[11] ヘリコプタ』2-4-2「前進飛行時の揚力」
(4)：○
前進飛行における対気速度の増加は前進側ブレードの先端速度が音速に近づき衝撃波が発生し抵抗が急増する、このため前進飛行速度が制限される。
（補足）
ヘリコプタの前進飛行速度が制限されるのは、前進ブレードの衝撃波の発生による抵抗の急増、及び後退ブレードが揚力を補うために迎え角をより多くするために発生する失速の影響による。

問0336　(4)　　　『[11] ヘリコプタ』2-4-2「前進飛行時の揚力」
(4)：○
（参考）
前進速度限界は前進側ブレードの音速における衝撃波の発生と後退側ブレードの揚力に大いに関係する。前進飛行中の前進側と後退側ブレードの相対速度の差が大きくなる。
このため前進側ではピッチ角を小さくしても揚力は大きくなるが、速度が増加すると先端速度が音速に近づき衝撃波が発生し抵抗が急増する。後退側では揚力を補うためにピッチ角を大きくするが、ピッチ角を大きくすると失速を起こす。これらが速度限界に影響を及ぼす要因である。

問0337　(3)　　　『[11] ヘリコプタ』2-4-2「前進飛行時の揚力」
(3)：○
＊問0336の（参考）を参照

問0338　(2)　　　『[11] ヘリコプタ』2-4-2「前進飛行時の揚力」
(2)×：エンジンの回転速度限界と前進飛行速度の関連はない。
（参考）
前進飛行中は、前進側と後退側ブレードの相対速度の差が大きくなる。このため前進側でピッチ角を小さく、後退側でピッチ角を大きくする。
しかし、前進側の先端速度が音速に近づくと衝撃波が発生し抵抗が急増する。後退側では対気速度の減少により揚力が減少する。そのためピッチ角を増加させるが、失速角度以上にピッチ角を増すことは出来ないためブレードの振り下げにより後退側のブレードの失速を遅らせている。

問0339　(3)　　　『[11] ヘリコプタ』2-4-2「前進飛行時の揚力」
(A)(B)(D)：○
(C)×：プリ・コーニング角度は影響しない。
（補足）
前進飛行中は、前進側と後退側ブレードの相対速度の差が大きくなる。このため前進側でピッチ角を小さく、後退側でピッチ角を大きくする。しかし、前進側の先端速度が音速に近づくと衝撃波が発生し抵抗が急増する。後退側ブレードでは失速角度以上にピッチ角を増すことは出来ない。そして後退側ブレード付根部には逆流領域が発生する。これがヘリコプタで速度限界の生じる理由である。また、ブレードの振り下げはホバリング時には必要パワーを減らす効果があるが高速でも失速を遅らす有効な手段である。

問0340　(5)　　　『[11] ヘリコプタ』2-4-2「前進飛行時の揚力」
(5)：無し
（参考）
ヘリコプタの前進飛行速度が制限されるのは、前進側ブレードの衝撃波の発生による抵抗の急増、及び後退側ブレードが揚力を補うためにピッチ角を多くするために発生する失速の影響による。

問題番号	解　答

問0341　(2)　　　　『[11] ヘリコプタ』2-4-2「前進飛行時の揚力」
　　　　　(A)(B)：○
　　　　　(C)×：テール・ロータのアンチトルクの増加は起こるが前進飛行の妨げにはならない。
　　　　　(D)×：プリ・コーニング角度はシーソータイプのハブにあらかじめ角度をつけたもので前進速度に影響するものではない。
　　　　　（補足）
　　　　　前進飛行中は、前進側と後退側ブレードの相対速度の差が大きくなる。このため前進側でピッチ角を小さく、後退側でピッチ角を大きくする。しかし、前進側の先端速度が音速に近づくと衝撃波が発生し抵抗が急増する。後退側ブレードでは失速角度以上にピッチ角を増すことは出来ない。これがヘリコプタで速度限界の生じる理由である。

問0342　(5)　　　　『[11] ヘリコプタ』2-4-2「前進飛行時の揚力」
　　　　　(5)：無し
　　　　　（参考）
　　　　　ヘリコプタの前進速度限界は前進側ブレードの音速における衝撃波の発生と後退側ブレードの揚力の減少に影響される。
　　　　　従ってプリ・コーニング角度、エンジン回転速度限界、メイン・ロータ・ブレードの強度限界、テール・ロータのアンチトルクの増加等では前進速度限界に影響を及ぼす要因とはならない。

問0343　(1)　　　　『[11] ヘリコプタ』2-4-2「前進飛行時の揚力」
　　　　　(B)：○
　　　　　(A)(C)(D)：×
　　　　　（参考）
　　　　　ヘリコプタの前進飛行速度が制限されるのは、前進側ブレードの衝撃波の発生による抵抗の急増、及び後退側ブレードが揚力を補うためにピッチ角を大きくするために発生する失速の影響による。

問0344　(1)　　　　『[11] ヘリコプタ』2-4-2「前進飛行時の揚力」
　　　　　(C)：○
　　　　　(A)(B)(D)：×
　　　　　（参考）
　　　　　前進速度限界は前進側ブレードの音速における衝撃波の発生と後退側ブレードの揚力に大いに関係する。
　　　　　前進飛行中の前進側と後退側ブレードの相対速度の差が機速とともに大きくなる。
　　　　　このため前進側ではピッチ角を小さくしても揚力は大きくなるが、速度が増加すると先端速度が音速に近づき衝撃波が発生し抵抗が急増する。後退側では揚力を補うためにピッチ角を大きくするが、ピッチ角を大きくすると失速を起こす。これらが前進速度限界に影響を及ぼす要因である。

問0345　(2)　　　　『[11] ヘリコプタ』2-4-2「前進飛行時の揚力」
　　　　　(B)(C)：○
　　　　　(A)(D)：×
　　　　　＊問0344の（参考）を参照

問0346　(1)　　　　『[11] ヘリコプタ』2-4-2「前進飛行時の揚力」
　　　　　(B)：○
　　　　　(A)(C)(D)：×
　　　　　（参考）
　　　　　ヘリコプタの前進速度限界に影響を及ぼす要因について、前進側ブレードは先端速度の音速に近づくことでの衝撃波の発生等の問題と、後退側ブレードのピッチ角の増加による失速がある。

問0347　(4)　　　　『[11] ヘリコプタ』2-5「オートローテーション」
　　　　　(A)(B)(C)(D)：○
　　　　　(A)：プロペラ領域は下図Aの部分。
　　　　　(B)：オートローテーション領域は下図Bの部分。
　　　　　(C)：前進飛行時の場合は下図右側（図-2）になる。
　　　　　(D)：失速領域は下図Cの部分。

　　　　　図-1　垂直オートローテーション中のブレード　　　図-2　前進飛行オートローテーション中のブレード

問0348　(3)　　　　『[11] ヘリコプタ』2-5「オートローテーション」
　　　　　(B)(C)(D)：○
　　　　　(B)：オートローテーション領域は図Bの部分で加速させる。
　　　　　(C)：前進飛行時の場合は図右側（図-2）になり、後退側ブレードではプロペラ領域は翼端側に移る。
　　　　　(D)：失速領域は図Cの部分で減速させる。
　　　　　(A)×：プロペラ領域は図Aの部分で最も翼端側にあり、空気合力によりブレードを減速させる。
　　　　　＊問0347の図を参照

問題番号	解 答

問0349　(4)　　　『[11] ヘリコプタ』2-6-2「ヘリコプタの騒音源」
　　　　　　　(A)(B)(C)(D)：○
　　　　　　　（参考）
　　　　　　　ロータの騒音は回転騒音と呼ばれ、ブレードの通過周波数で現れる騒音と広帯域騒音と呼ばれる非周期的でランダムな騒音があり、テール・ロータは胴体やメイン・ロータの後流により流入空気の乱れの影響によって大きな騒音を発生しやすい。
　　　　　　　ターボシャフト・エンジンの場合、排気速度が低いため排気騒音は比較的低く、コンプレッサから生じる周期的騒音となる。
　　　　　　　トランスミッションは通常、客室の上方か後方に配置されているため、機内の主な騒音源となる。

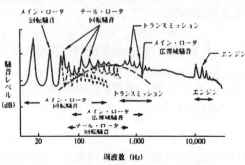

ヘリコプタ騒音の周波数特性と騒音レベル

問0350　(4)　　　『[11] ヘリコプタ』2-7-5「ブレード振り下げ」
　　　　　　　(4)：○
　　　　　　　（参考）
　　　　　　　ブレードの振り下げは、ホバリング時のロータ効率を向上させる効果と高速時の後退側ブレードの失速を遅らせる効果があり、通常、8°〜14°範囲の振り下げが使われる。

問0351　(4)　　　『[11] ヘリコプタ』2-7-5「ブレード振り下げ」
　　　　　　　(4)：○
　　　　　　　＊問0350の（参考）を参照

問0352　(3)　　　『[11] ヘリコプタ』2-7-5「ブレード振り下げ」
　　　　　　　(3)：×
　　　　　　　＊問0350の（参考）を参照

問0353　(1)　　　『[11] ヘリコプタ』2-7-5「ブレード振り下げ」
　　　　　　　(A)：○
　　　　　　　(B)(C)(D)：×
　　　　　　　＊問0350の（参考）を参照

問0354　(1)　　　『[11] ヘリコプタ』2-7-5「ブレード振り下げ」
　　　　　　　(D)：○
　　　　　　　(A)(B)(C)：×
　　　　　　　（補足）
　　　　　　　翼端失速を防止するため、翼端に行くに従い迎角が小さくなるように、ブレードに振りを与えている。幾何学的振り下げともいう。ブレードの振り下げは、ホバリング時のロータ効率を向上させる効果と高速時の後退側ブレードの失速を遅らせる効果がある。この振り下げは通常8°〜14°範囲の振り下げが使われる。

問0355　(2)　　　『[11] ヘリコプタ』2-7-5「ブレード振り下げ」
　　　　　　　(B)(D)：○
　　　　　　　(A)(C)：×
　　　　　　　＊問0354の（補足）を参照

問0356　(3)　　　『[11] ヘリコプタ』2-7-5「ブレード振り下げ」
　　　　　　　(A)(C)(D)：○
　　　　　　　(B)×：メイン・ロータの回転数を一定に保ち易くするは振り下げには影響しない。
　　　　　　　＊問0354の（補足）を参照

問0357　(2)　　　『[11] ヘリコプタ』2-7-5「ブレード振り下げ」
　　　　　　　(A)(D)：○
　　　　　　　(B)×：メイン・ロータの回転数を一定に保ち易くするのは振り下げには影響しない。
　　　　　　　(C)×：ブレード面積が円板面積に占める割合をソリディティと呼び、振り下げとは直接の関連はない。
　　　　　　　＊問0354の（補足）を参照

問0358　(3)　　　『[11] ヘリコプタ』2-7-5「ブレード振り下げ」
　　　　　　　(A)(B)：○
　　　　　　　(C)×：ブレード面積が円板面積に攻める割合であり、振り下げとの関係はない。
　　　　　　　＊問0354の（補足）を参照

問題番号	解 答
問0359 (2)	『[11] ヘリコプタ』3-1-1「ロータの型式」 (2)：○ (1)×：フェザリング運動によってブレードのピッチ角を変えることができる。 (3)×：フラッピング運動によってブレード間の揚力の平衡を取ること、およびロータ回転面を傾け操縦のための推力の方向を変えることができる。
問0360 (3)	『[11] ヘリコプタ』6-2「メイン・ロータ・ハブ」 (A)(B)(C)：○ (D)×：全関節型ロータのドラッグ・ヒンジにはドラッグ・ダンパーが取り付けられており地上共振を防止している。
問0361 (2)	『[11] ヘリコプタ』3-1-2「ピッチ変換機構」 (2)：○ （参考） スワッシュ・プレートは、通常メイン・ロータ・マストの低部にあって、回転するローテーティング・スター部と回転しない固定スター部からなり、メイン・ロータのコントロール機構の一部で、サイクリック・ピッチを制御し機体の姿勢を、垂直方向をコレクティブ・ピッチにて制御する。 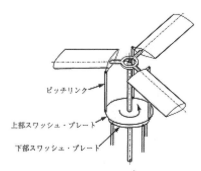 図3-5 スワッシュ・プレート
問0362 (1)	『[11] ヘリコプタ』3-1-2「ピッチ変換機構」 (B)：○ (A)(C)(D)：× ＊問0361の（参考）を参照
問0363 (3)	『[11] ヘリコプタ』3-2-1「コーニング」 (3)コーニング角の大きさはブレードの遠心力と揚力との合力よって決定する（ブレードの自重は遠心力や揚力に比較して非常に小さいので無視できる）。 （参考） コーニングは、ヘリコプタのメイン・ロータ回転面が円錐形（コーン）をなす状態をいう。あらゆる飛行状態で起き、ブレードにかかる遠心力と揚力の合力の方向に働く。 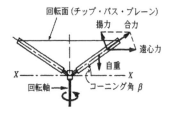 ブレードのコーニング
問0364 (4)	『[11] ヘリコプタ』3-2-1「コーニング」 (4)：○ （参考） 揚力を発生しているロータ・ブレードは、揚力による上方フラッピングと遠心力による合力によって、上方に反る。結果として、回転するブレードの回転面は下向きの円錐形となる。この円錐（Cone）を成型する状態をコーニングと呼ぶ。
問0365 (4)	『[11] ヘリコプタ』3-2-1「コーニング」、3-3-2「コーニング角の影響」 (4)：○ ＊問0364の（参考）を参照

問題番号	解答

問0366　(2)　　　　『[11] ヘリコプタ』3-2-2「定常ドラッギング」
(2)○：飛行中、ヘリコプタのメイン・ロータ・ブレードは回転面で前後する。ブレードに働く空気抗力と遠心力で決まる特定角度を取るが、この運動を定常ドラッギング運動という。このとき前進方向に動く角度をリード角、後退方向に動く角度をドラッグ（又はラグ）角と呼ぶ。飛行状態により下記図のように変化する、飛行中ラグ角が最大となるのは下記図より低回転高出力時である。

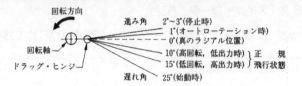

ブレードのドラッギング運動

問0367　(3)　　　　『[11] ヘリコプタ』3-2-2「定常ドラッギング」
(3)：○
＊問0366の解説を参照

問0368　(1)　　　　『[11] ヘリコプタ』3-2-2「定常ドラッギング」
(1)：○
ブレードが真のラジアル角度より、回転方向に遅れる角度を遅れ角又はラグ角という。エンジン始動時はブレードの慣性力により、ラグ角は最も大きくなる。

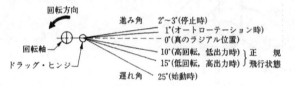

ブレードのドラッギング運動

問0369　(2)　　　　『[11] ヘリコプタ』3-2-3「サイクリック・ピッチによるブレードの運動」
(2)：○
（参考）
全関節型ロータ又は無関節型ロータの場合、ブレードがコーニング角を持った状態で、ロータ回転面が傾いた状態の時に、ブレードはドラッグ・ヒンジ周りに速度が遅れたり進んだりする運動を行う。この運動を生じさせる力を、コリオリの力と呼ぶ。
シーソー型ローターでは2枚のローターの重心位置を結んだ線上にシーソー・ヒンジがあり回転面が傾いても重心位置の左右差を生じないようにしている、言い換えればコーニングがないのと同じ状態を作り出しているのでシーソー型ではコリオリの力は発生しない。

問0370　(1)　　　　『[11] ヘリコプタ』3-2-3「サイクリック・ピッチによるブレードの運動」
(1)：○
＊問0369の（参考）を参照

問0371　(1)　　　　『[11] ヘリコプタ』3-2-3「サイクリック・ピッチによるブレードの運動」
(1)：○
＊問0369の（参考）を参照

問0372　(5)　　　　『[11] ヘリコプタ』3-2-3「サイクリック・ピッチによるブレードの運動」
(5)：無し
＊問0369の（参考）を参照

問0373　(2)　　　　『[11] ヘリコプタ』3-2-3「サイクリック・ピッチによるブレードの運動」
(C)(D)：○
(A)(B)：×
＊問0369の（参考）を参照

問0374　(3)　　　　『[11]ヘリコプタ』3-5「デルタ・スリー・ヒンジ」
(3)：○
(1)×：メイン・ロータには使用されていない。
(2)×：デルタ・スリー角によりフラッピング運動とフェザリング運動とを連成させる。
(4)×：フラップ・ヒンジをブレード・ピッチ軸に直角な面に対して傾けて取り付ける。
（補足）
デルタ・スリー・ヒンジはフラップ・ヒンジをブレード・ピッチ軸に直角な面に対して傾けて取り付けることにより、フラッピング運動とフェザリング運動とを自動的に連成させる機構である。
またデルタ・スリー・ヒンジはサイクリック機構を持たないテール・ロータに広く用いられ、前進飛行時にロータ回転面が過度に傾斜することを防止する。

問0375　(1)　　　　『[11] ヘリコプタ』3-5「デルタ・スリー・ヒンジ」
(1)○：デルタ・スリー・ヒンジはテール・ロータに広く用いられ、フラッピング運動とフェザリング運動を自動的に連成させる機構である。

問題番号		解　答

問0376 (1)　　『[11]ヘリコプタ』3-5「デルタ・スリー・ヒンジ」
(A)：○
(B)×：メイン・ロータには使用されていない。
(C)×：フラップ・ヒンジをブレード・ピッチ軸に直角な面に対して傾けて取り付ける。
(D)×：デルタ・スリー角によりフラッピング運動とフェザリング運動とを連成させる。
＊問0374の（補足）を参照

問0377 (1)　　『[11] ヘリコプタ』4-1-1「メイン・ロータの6分力」
(1)○：メイン・ロータが回転すると、ちょうどゴム動力の模型飛行機のプロペラを押さえて、機体を離すと
　　　　機体が反対方向に回ってしまうのと同様、機体全体が反対方向に回転してしまうこと。

問0378 (1)　　『[11] ヘリコプタ』4-1-1「メイン・ロータの6分力」
(1)○：メイン・ロータが回転すると、ちょうどゴム動力の模型飛行機のプロペラを押さえて、機体を離すと
　　　　機体が反対方向に回ってしまうのと同様、機体全体が反対方向に回転してしまうこと。

問0379 (4)　　『[11] ヘリコプタ』4-2-1「ホバリング時の釣り合いと操縦」
(4)：○
（参考）
ホバリング時の横方向の釣り合いをとるためには、テール・ロータは左方向に推力を出し、釣り合いをとる。
これによりヘリコプタは左に流される。これを打ち消すためにメイン・ロータ推力をわずかに右に傾けること
により防ぐ。すなわち パイロットはサイクリック・スティックを右方に操作している。

問0380 (2)　　『[11] ヘリコプタ』4-2-1「ホバリング時の釣り合いと操縦」
(2)：○
＊問0379の（参考）を参照

問0381 (1)　　『[11] ヘリコプタ』4-2-1「ホバリング時の釣り合いと操縦」
(1)：○
（補足）
ホバリング時の横方向の釣り合いをとるためには、テール・ロータは左方向に推力を出し、釣り合いをとる。
これによりヘリコプタは左に流される。これを打ち消すためにメイン・ロータ推力をわずかに右に傾けること
により防ぐ。すなわち パイロットはサイクリック・スティックを右方に操作している。

問0382 (3)　　『[11] ヘリコプタ』4-2-1「ホバリング時の釣り合いと操縦」
(A)(B)(D)：○
(C)×：メイン・ロータ面はメイン・ロータ軸に対して左横方向に傾く。
＊問0381の（補足）を参照

問0383 (2)　　『[11] ヘリコプタ』4-2-1「ホバリング時の釣り合いと操縦」
(A)(B)：○
(C)×：メイン・ロータ面はメイン・ロータ軸に対して左横方向に傾く。
(D)×：パイロットはサイクリック・スティックを左方に操作している。
＊問0381の（補足）を参照

問0384 (5)　　『[11] ヘリコプタ』4-2-1「ホバリング時の釣り合いと操縦」
(A)×：機体は右に流される。
(B)×：テール・ロータは右方向に推力を出す。
(C)×：ヘリコプタは右に流される。これを打ち消すためにメイン・ロータ推力をわずかに左に傾けることに
　　　　より防ぐ。
(D)×：サイクリック・スティックを左方に操作している。
＊問0381の（補足）を参照

問0385 (1)　　『[11] ヘリコプタ』4-2-1「ホバリング時の釣り合いと操縦」
(B)：○
(A)×：機体は右に流される。
(C)×：ヘリコプタは右に流される。これを打ち消すためにメイン・ロータ推力をわずかに左に傾けることに
　　　　より防ぐ。
(D)×：サイクリック・スティックを左方に操作している。
＊問0381の（補足）を参照

問0386 (4)　　『[11] ヘリコプタ』4-2-1「ホバリング時の釣り合いと操縦」
(A)(B)(C)(D)：○
＊問0381の（補足）を参照

問0387 (2)　　『[11] ヘリコプタ』4-3「必要パワーと利用パワー」
(2)×：ホバリング時は必要パワー＜ 利用パワーである。
必要パワーよりも利用パワーが大きくなければホバリングすることができない。

問0388 (3)　　『[11] ヘリコプタ』4-3「必要パワーと利用パワー」
(3)×：大気圧力が増加すると利用パワーは増加する。
(1)(2)(4)：○
（補足）
ヘリコプタが飛行するために必要なパワーを必要パワー、ヘリコプタがエンジンから利用可能なパワーを利用
パワーと呼ぶ。
ホバリング時は利用パワー ≧ 必要パワーで利用パワーが大きくなければホバリングはできない。
大気圧力が増加すると空気密度増加分だけ誘導パワーが減少する、減少分だけ利用パワーは増加する。

航空力学

問題番号	解答

問0389　(2)　　『[11] ヘリコプタ』4-3「必要パワーと利用パワー」
　　　　　　　(A)(B)：○
　　　　　　　(C)×：外気温が上がると利用パワーは減少する。
　　　　　　　(D)×：ホバリング時は利用パワー≧必要パワーである。
　　　　　　　ホバリング時は必要パワー≦利用パワーである。利用パワーが必要パワーと等しいか大きくないと飛行ができない。

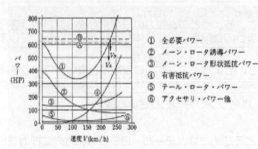

必要パワー曲線

　　　　　　　(参考)
　　　　　　　ヘリコプタが飛行するために必要なパワーを必要パワー、ヘリコプタがエンジンから利用可能なパワーを利用パワーと呼ぶ。図において、エンジン利用パワーがAであり機体の全必要パワーが①である場合はV＝0のところで、必要パワー＝利用パワーであるからホバリングができる。利用パワーがAより小さいときはV＝0の点では、必要パワー＞利用パワーとなり、ヘリコプタは空中に停止できず降下する。飛行高度が高くなったり、外気温度の上昇や大気圧力が下がると空気密度は減少し、空気密度減少分だけ誘導パワーが増加するため利用パワーは減少する。

問0390　(3)　　『[11] ヘリコプタ』4-3「必要パワーと利用パワー」
　　　　　　　(A)(B)(D)：○
　　　　　　　(C)×：高度が上がると利用パワーは減少する。
　　　　　　　＊問0389の(参考)と図を参照

問0391　(4)　　『[11] ヘリコプタ』4-3「必要パワーと利用パワー」
　　　　　　　(A)(B)(C)(D)：○
　　　　　　　＊問0389の(参考)と図を参照

問0392　(4)　　『[11] ヘリコプタ』4-3「必要パワーと利用パワー」
　　　　　　　(A)(B)(C)(D)：○
　　　　　　　ホバリング時は必要パワー≦利用パワーである。利用パワーが必要パワーと等しいか大きくないと飛行ができない。
　　　　　　　＊問0389の(参考)と図を参照

問0393　(4)　　『[11] ヘリコプタ』4-3-1「必要パワー」
　　　　　　　(4)×：形状抵抗パワー、有害抵抗パワー、は下図のように前進速度とともに増加するが、誘導パワーは速度とともに減少する。

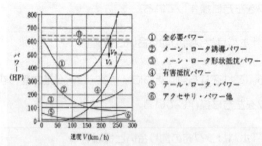

必要パワー曲線

　　　　　　　(参考)
　　　　　　　・誘導パワーは空気に下向きの運動量を与えて浮力を得るために費やされるエネルギ。
　　　　　　　・形状抵抗パワーはブレードの形状抵抗に打ち勝ってブレードを回転させるために消費するエネルギ。
　　　　　　　・有害抵抗パワーはヘリコプタが前進するために必要なパワーである。
　　　　　　　・誘導パワーはヘリコプタの前進速度が増加するにつれて減少する。

問0394　(3)　　『[11] ヘリコプタ』4-3-1「必要パワー」
　　　　　　　(B)(C)(D)：○
　　　　　　　(A)×：形状抵抗パワー、有害抵抗パワー、は図のように前進速度とともに増加するが誘導パワーは速度とともに減少する。
　　　　　　　＊問0393の(参考)と図を参照

問題番号	解答

問0395　(4)　　　『[11] ヘリコプタ』4-3-1「必要パワー」
(A)(B)(C)(D)：○
＊問0393の（参考）と図を参照

問0396　(4)　　　『[11] ヘリコプタ』4-5「地面効果」
(4)×：機体の速度が増加するにつれ地面効果は減少する。
（補足）
ロータの下の空気がエアー・クッションとなる現象であり、機体の高度と空気密度が影響する。機体の高度はロータの直径の半分までが最大の効果を得られ、又同じ高度であれば空気密度が高いほうが効果は大きい。地面効果がある場合は、エアー・クッション効果により必要パワーは減少する。また機体の速度の増加につれてロータの下のエアー・クッションがなくなり地面効果は減少する。

問0397　(2)　　　『[11] ヘリコプタ』4-5「地面効果」
(A)(B)：○
(C)×：機体の速度が増加するにつれ地面効果は減少する。
(D)×：地面効果があるとエンジンの必要パワーは減少する。
＊問0396の（補足）を参照

問0398　(3)　　　『[11] ヘリコプタ』4-6「高度・速度包囲線図」
(3)：○
高度-速度包囲線図に用いられる高度は、対地高度である。
（補足）
H-V線図（Hight-Velocity Diagam）とは、縦軸に対地高度、横軸に速度をとったグラフである。速度－高度包囲線図又は飛行回避領域曲線と呼ばれるもので、ヘリコプタの飛行規程に記載されている。この斜線の範囲内で飛行しているときにエンジン停止があると、安全にオートローテーション着陸することが出来ない。双発エンジンのヘリコプタについても片発故障時に対して規定されているが、双発の場合は制限範囲は当然のことながら小さくなる。高度は対地高度、速度は対気速度であらわされている。

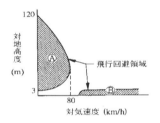

図4-17　高度－速度包囲線図

問0399　(2)　　　『[11] ヘリコプタ』4-6「高度・速度包囲線図」
(2)×：高度は対地高度が使われる。
＊問0398の（補足）を参照

問0400　(3)　　　『[11] ヘリコプタ』4-6「高度・速度包囲線図」
(3)×：高度は対地高度を使って表される。
＊問0398の（補足）を参照

問0401　(2)　　　『[11] ヘリコプタ』4-6「高度・速度包囲線図」
(A)(D)：○
(B)×：速度は対地速度ではなく、対気速度を使って表される。
(C)×：高度は対地高度を使って表される。
＊問0398の（補足）を参照

問0402　(2)　　　『[11] ヘリコプタ』4-6「高度・速度包囲線図」
(A)(D)：○
(B)×：速度は対気速度を使って表される。
(C)×：高度は対地高度を使って表される。
＊問0398の（補足）を参照

問0403　(3)　　　『[11] ヘリコプタ』4-6「高度・速度包囲線図」
(A)(B)(D)：○
(C)×：高度は対地高度を使って表される。
＊問0398の（補足）を参照

問題番号	解　答

問0404 (3)　　『[11] ヘリコプタ』10-4-3「重心位置の算出」
(3)：○
基準線後方をプラスとして計算する。

	重量（lb）		重心位置（in）		モーメント（lb-in）
現在の重量・重心位置	10,000	×	+100	=	1,000,000
基準線後方130inに加える重量を$x$lbとすると	x	×	+130	=	130x
	(10,000+x)	×	+105	=	(1,000,000+130x)

重量重心計算式より
$$105 = (1,000,000+130x) \div (10,000+x)$$

$$105 = \frac{1,000,000+130x}{10,000+x}$$

$$105\,(10,000+x) = 1,000,000+130x$$
$$1,050,000+105x = 1,000,000+130x$$
$$-130x+105x = 1,000,000-1,050,000$$
$$-25x = -50,000$$
$$x = 2,000$$

荷物室への最大搭載量は2,000lbの搭載が可能である。

問0405 (4)　　『[11] ヘリコプタ』10-4-3「重心位置の算出」
(4)：○
重心位置が基準線後方3cm以内が条件なので3cmで計算を行う。
　※基準線後方をプラスとする。

	現在の重量（kg）		重量重心位置（cm）		モーメント（kg-cm）
	2,500	×	+1	=	2,500
$x$kgを追加	x	×	+100	=	+100x
	(2,500 + x)	×	+3		= 2,500 + 100x

$$3\,(2,500+x) = 2,500+100x$$
$$7,500+3x = 2,500+100x$$
$$7,500-2,500 = 100x-3x$$
$$97x = 5,000$$
$$x = 51.54$$

基準線後方3cmで計算を行うと51Kgになるのでこの値の少ない方の近似値を選ぶと(4)の50Kgとなる。

問0406 (5)　　『[11] ヘリコプタ』10-4-3「重心位置の算出」
(5)：○
基準線後方をプラスとして計算する。

	重量（kg）		重心位置（cm）	モーメント（kg-cm）
現在の重量・重心位置	2,500	×	−2	−5,000
基準線後方100cmに加える重量を$x$kgとすると	x	×	+100	100x
	(2,500+x)	×	+2	= −5,000+100x

$$(2,500+x)\times(+2) = -5,000+100x$$
$$5,000+2x = -5,000+100x$$
$$5,000+5,000 = 100x-2x$$
$$98x = 10,000$$
$$x = 102$$

荷物室への最大搭載量は100kgの搭載が可能となる。

— 58 —

問題番号	解　答

問0407 (4)　　　『[11] ヘリコプタ』10-4-3「重心位置の算出」

(4)：○

基準線後方をプラスとして計算する。

	重量（kg）		重心位置（cm）		モーメント（kg-cm）
現在の重量・重心位置	2,900	×	−2	=	−5,800
基準線後方100cmに加える重量を x kgとすると	x	×	+100	=	100x
	(2,900+x)	×	+3	=	−5,800+100x

$$(2,900+x) \times (+3) = -5,800+100x$$
$$8,700+3x = -5,800+100x$$
$$8,700+5,800 = 100x-3x$$
$$97x = 14,500$$
$$x = 149.48$$

荷物室への最大積載量は140kgの搭載が可能となる。

問0408 (6)　　　『[11] ヘリコプタ』10-4-3「重心位置の算出」

(6)：○

基準線後方をマイナスと定義する。

	重量（kg）		重量重心（cm）		モーメント（kg-cm）
燃料消費前	2,500	×	−2	=	−5,000
燃料使用後	−200	×	+1	=	−200
	2,300	×	x	=	−5,200

$$x = -5,200 \div 2,300 = -2.26 となり$$

重量重心位置は基準線後方2.26cmとなる。答えに最も近い解答は(6)となる。

問0409 (6)　　　『[11] ヘリコプタ』10-4-3「重心位置の算出」

(6)：○

	重量（lb）		アーム（in）		モーメント（lb-in）
当初重量・重心	6,000	×	120	=	720,000
変更後重量重心	6,000	×	122	=	732,000
モーメントの増加分					12,000

※ つまり+12,000lb-inのモーメントを生じるように、貨物を移動させればよい。
　貨物の移動距離をxとすると、これより
　　200lb×x in =12,000lb-in
　　　　x =60in

※ 貨物を現在位置より60in後方、つまりSTA+160に移動すればよい。

問0410 (2)　　　『[11] ヘリコプタ』10-4-3「重心位置の算出」

(2)：○

基準線後方をプラスとして計算する。

	重量（lb）		重心位置（in）		モーメント（lb-in）
現在の重量・重心位置	10,000	×	+100	=	1,000,000
基準線後方120inに加える重量を$x$lbとすると	x	×	+120	=	120x
	(10,000+x)	×	+105	=	(1,000,000+120x)

重量重心計算式より

$$102=(1,000,000+120x) \div (10,000+x)$$

$$102 = \frac{1,000,000+120x}{10,000+x}$$

$$102(10,000+x) = 1,000,000 + 120x$$
$$1,020,000+102x = 1,000,000 + 120x$$
$$-120x+102x = 1,000,000 - 1,020,000$$
$$-18x = -20,000$$
$$x = 1111$$

荷物室への最大積載量は1,111lbが可能で重心位置内にするには1,000lbとなる。

航空力学

— 59 —

問題番号	解　答

問0411 （5）　　　　　『[11] ヘリコプタ』10-4-3「重心位置の算出」

（5）：○

基準線前方をプラスとする。

	重量（kg）		重心位置（cm）		モーメント（kg-cm）
現在の重量重心	2,500	×	＋2	＝	5,000
100kgを消費	−100	×	−5	＝	＋500
	2,400	×	x	＝	5,500

重量重心の計算、
　　　　　　モーメント ÷ 重量　＝ 重心位置
　　　　　　5,500 ÷ 2400 ＝ ＋2.29
この機体の重量重心位置は基準線前方2.29cmとなり（5）が正解となる。

問0412 （4）　　　　　『[11] ヘリコプタ』10-4-3「重心位置の算出」

（4）：○

基準線後方をプラスとして計算する。

	重量（lb）		重心位置（in）		モーメント（lb-in）
現在の重量・重心位置	10,000	×	−2	＝	−20,000
基準線後方50inに加える重量をXlbとすると	x	×	＋50	＝	50x
	(10,000＋x) ×		＋2		＝ −20,000＋50x

$$20,000 ＋2x = −20,000＋50x$$
$$50x−2x = 20,000 ＋ 20,000$$
$$48x = 40,000$$
$$x = 833.33$$

荷物室への最大搭載量は833lbの搭載が可能である。最も近い数値は800lbとなる。

問0413 （4）　　　　　『[11] ヘリコプタ』10-4-3「重心位置の算出」

（4）：○

基準線後方をプラスとして計算する。

	重量（lb）		重心位置（in）		モーメント（lb-in）
現在の重量・重心位置	10,000	×	−2	＝	−20,000
基準線後方50inに加える重量を$x$lbとすると	x	×	＋50	＝	50x
	(10,000＋x) ×		＋1		＝ −20,000＋50x

$$10,000＋x = −20,000＋50x$$
$$10,000＋20,000 = 50x−x$$
$$49x = 30,000$$
$$x = 612$$

荷物室への最大搭載量は612lbの搭載が可能である。最も近い数値は600lbとなる。

問0414 （5）　　　　　『[1] 航空力学』8-3-4「重心位置計算の実例」

（5）：○

	重量（lb）		重心位置（in）		モーメント（lb-in）
現在の重量重心	5,000	×	100	＝	500,000
移動後の重量重心	5,000	×	103	＝	515,000
	モーメントの差				＋15,000

移動する荷物の重量は200lbで移動量が×inでモーメントが15,000lb-inであるから
　　　　　　200　×　x ＝15,000
　　　　　　　　　　　x ＝15,000／200
　　　　　　　　　　　x ＝75
移動量が75inなので90in＋75inで合計165inとなる。

— 60 —

機体関連

問題番号	解　答

問0001 (2)
『耐空性審査要領』第Ⅰ部「定義」2-2「重量」、2-4「強度」
(2)×：零燃料重量とは、燃料および滑油を全然搭載しない場合の飛行機の設計最大重量であり、飲料水は搭載しない品目に含まれない。
（参考）
- 設計最大重量：耐空性審査要領　第Ⅰ部　2-2-1
- 零燃料重量　：　　同　　　　　　　2-2-6
- 制限荷重　　：　　同　　　　　　　2-4-1
- 荷重倍数　　：　　同　　　　　　　2-4-4

問0002 (3)
『耐空性審査要領』第Ⅰ部「定義」2-2「重量」
(3)×：耐空性審査要領　第Ⅰ部　2-2-3　地上滑走及び小さい降下率での着陸に対する荷重を求めるために用いる最大航空機重量。

(1)○：　　　同　　　　第Ⅰ部　2-2-2
(2)○：　　　同　　　　第Ⅰ部　2-2-1
(4)○：　　　同　　　　第Ⅰ部　2-2-6

問0003 (2)
『耐空性審査要領』第Ⅰ部「定義」2-3「速度」
(2)：○
(1)(3)(4)×：耐空性審査要領の定義に記載なし。

問0004 (2)
『耐空性審査要領』第Ⅰ部「定義」2-3「速度」
(2)：○
(1)×：V_{MC}　臨界発動機不作動時の最小操縦速度をいう。
(3)×：V_H　連続最大出力又は連続最大水力において、水平飛行中得られる最大速度をいう。
(4)×：下記の（参考）を参照
（参考）
V_S　タービン飛行機において、所定の形態における失速速度（最小定常飛行速度）をいう。
V_{SO}　フラップを着陸位置にした場合の失速速度（最小定常飛行速度）をいう。
V_{S1}　所定の形態における失速速度（最小定常飛行速度）をいう。

問0005 (4)
『耐空性審査要領』第Ⅰ部「定義」2-4「強度」
(4)×：「安全率」とは、常用運用状態において予想される荷重より大きな荷重の生ずる可能性並びに材料及び設計上の不確実性に備えて用いる設計係数をいう。
（参考）
- 制限荷重：耐空性審査要領　第Ⅰ部　定義　2-4-1
- 終極荷重：　　同　　　　　　　　　　2-4-2
- 荷重倍数：　　同　　　　　　　　　　2-4-4
- 安全率　：　　同　　　　　　　　　　2-4-3

問0006 (3)
『耐空性審査要領』第Ⅰ部「定義」2-4「強度」
(A)(C)(D)：○
(B)×：飛行機の強度試験では、終極荷重（制限荷重×安全率）をかけたまま、少なくとも3秒間は持ちこたえなければならない。

問0007 (4)
『[2]飛行機構造』1-2-2「耐火性材料」
『耐空性審査要領』第Ⅰ部　2-7「耐火性材料」
(4)：○
(1)×：該当なし
(2)×：第4種耐火性材料
(3)×：第3種耐火性材料

問0008 (1)
『[2]飛行機構造』1-2-2「耐火性材料」
『耐空性審査要領』第Ⅰ部　2-7「耐火性材料」
(1)：○
(2)×：第2種耐火性材料
(3)×：第1種耐火性材料
(4)×：第3種耐火性材料

問0009 (4)
『航空機の基本技術』14-2「ボルト」
(4)：○
（参考）
航空機用ボルトは、非常に大きい荷重の引張り、せん断を受ける結合部分に用いる。つまり、このような部分で作業上、分解、組立を繰り返し行う必要のある部分か、またはリベット打ち、あるいは溶接が不適当な部分を結合するために使用される

問0010 (2)
『航空機の基本技術』12-10-2「塗料」
(2)○：アルミニウム合金の塗装下塗り用にウォッシュ・プライマが使用されている。
航空機用エナメルおよびラッカは機体外装や標識などに、またシリコン樹脂塗料はエンジン部品など高温箇所の耐熱、耐食塗装に用いられる。

問0011 (2)
『[4]航空機材料』4-6「塗料」
(2)○：塗料は油性塗料と（　a 高分子塗料　）とに分けられ、油性塗料にはボイル油、油エナメルなどがあり、（　a 高分子塗料　）にはラッカ、（　b 合成樹脂塗料　）などがある。（　b 合成樹脂塗料　）としては、メラミン樹脂、（　c エポキシ　）樹脂などがある。

機
体
関
連

－65－

問題番号		解　答

問0012　(2)
　　　　　『[4] 航空機材料』4-6「塗料」
　　(2)○：塗料は油性塗料と（　a 高分子塗料　）とに分けられ、油性塗料にはボイル油、油エナメルなどがあり、（　a 高分子塗料　）にはラッカ、（　b 合成樹脂塗料　）などがある。（　b 合成樹脂塗料　）としては、メラミン樹脂、（　c エポキシ　）樹脂などがある。

問0013　(4)
　　　　　『[4] 航空機材料』1-2-1「荷重、応力、ひずみ」
　　(A)(B)(C)(D)：○

問0014　(4)
　　　　　『[4] 航空機材料』1-2-1「荷重、応力、ひずみ」
　　(A)(B)(C)(D)：○

問0015　(2)
　　　　　『[4] 航空機材料』1-2-1「荷重、応力、ひずみ」
　　(A)(B)：○
　　(C)×：大きさのみではなく方向も変わるものを交番荷重という。
　　(D)×：大きな加速による荷重を衝撃荷重という。

問0016　(3)
　　　　　『[4] 航空機材料』1-1-2「ベクトル」
　　(3)：○
　　平行四辺形法により、合力 R を求める。
　　ひし形の対角線は直交し、2等分し合うので　R／2＝10×cos30°　となる。
　　従って、
　　　　　R ＝ 2 × 10 × cos30°
　　　　　　＝ 2 × 10 × $\sqrt{\dfrac{3}{2}}$
　　　　　　＝ 17.3

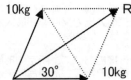

問0017　(4)
　　　　　『[4] 航空機材料』1-1-2「ベクトル」
　　(4)○：平行四辺形を作図して合力 R を求めると下図のようになる。2つの力のなす角が 90°であることから、合力の大きさは直角三角形の斜辺となる。従って、三平方の定理より、
　　　$\sqrt{6^2+8^2}=\sqrt{100}=10$kg

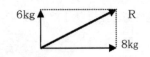

問0018　(3)
　　　　　『[4] 航空機材料』1-2-2「弾性変形と応力-ひずみ線図」
　　(3)○：アルミニウム合金の降伏点は鋼と比較して明確ではない。
　　(1)×：荷重を取り除いた後の変形は塑性変形。
　　(2)×：「応力-ひずみ線図」は縦軸に応力、横軸にひずみを表す。
　　(4)×：弾性限度以下であれば永久ひずみは残らないが、降伏点を越えると永久ひずみは残る。

問0019　(3)
　　　　　『[4] 航空機材料』1-2-2「弾性変形と応力-ひずみ線図」
　　　　　『航空機の基本技術』8-3-3「衝撃試験」
　　(3)○：「応力-ひずみ線図」は応力とひずみとの関係を縦軸に引張応力、横軸に「ひずみ」を図に表したものである。
　　(1)×：疲労試験は、S-N曲線、あるいは ウェーラ曲線で表される。
　　(2)×：クリープ破断試験は、クリープ曲線で表される。
　　(4)×：衝撃試験は、計測された衝撃値で評価される。

問0020　(3)
　　　　　『[4] 航空機材料』1-2-2「弾性変形と応力-ひずみ線図」
　　(3)○：1：比例限度、2：降伏点、6：引張強さ、8：破断強さ

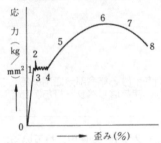

問題番号	解 答

問0021 (4)

『[4] 航空機材料』1-2-7-b-(2)「連続トラス」

(4)：○

角BCDをθ

各部材にかかる荷重を以下のようにする。

BC：P_{BC}、CD：P_{CD}、BD：P_{BD}、AD：P_{AD}、DE：P_{DE}

$$P_{BC}= 400 \times \frac{1}{SIN\theta} = 400 \times \frac{5}{4} = 500$$

$$P_{CD}= P_{BC} \times COS\theta = 500 \times \frac{3}{5} = 300$$

$$P_{BD}= P_{BC} \times SIN\theta = 500 \times \frac{4}{5} = 400$$

$$P_{AD}= P_{BD} \times \frac{1}{SIN\theta} = 400 \times \frac{5}{4} = 500$$

$$P_{DE}= P_{AD} \times COS\theta + P_{CD} = 500 \times \frac{3}{5} + 300 = 600kg$$

よって回答は(4)。

問0022 (1)

『[4] 航空機材料』1-2-4「はり、曲げモーメント、せん断力」

(1)：○

A、Bにおける反力をR1、R2、E点におけるせん断力、モーメントをF_E、M_Eとする。

2点集中荷重を受ける両端支持張りのE点における曲げモーメントを求めるにはまずAにおける反力R1を求める。

B点回りのモーメントは釣り合っているから

200×20＋400×（140＋20）＝R1×（40＋140＋20）

$$R1=\frac{400 \times（140＋20）＋200 \times 20}{40＋140＋20} = \frac{400 \times 160＋200 \times 20}{200}=340$$

E点における曲げモーメントをE点の左側で求める。

M_E＝340×（40＋70）－400×70＝340×110－28,000＝37,400－28,000＝9,400kg·cm

（参考）

せん断力図、曲げモーメント図は以下のようになる。

$$R2=\frac{400 \times 40＋200 \times 180}{200}=260$$

F_E＝340－400＝－60kg

問0023 (4)

『[4] 航空機材料』1-2-4「はり、曲げモーメント、せん断力」(例題5-1)

(4)：○

まずA点における反力R1を求める。

$$R1= w \times \frac{l}{2} = \frac{wl}{2} = \frac{10 \times 240}{2} =1,200 （kg）$$

Cにおける曲げモーメントM_Cを求める。

$$M_C＝R1 \times 100－10 \times 100 \times \frac{100}{2}=1,200 \times 100－50,000=70,000$$

∴ 70,000 （kg·cm）

機
体
関
連

－ 67 －

問題番号	解　答

問0024 (2)　　　『[4] 航空機材料』1-2-4「はり、曲げモーメント、せん断力」
(2)：○
L　　：梁の全長（240cm）
LＡｃ：梁ACの距離（100cm）
Ｆｃ　：C点におけるせん断力
Ｍｃ　：C点における曲げモーメント
とすると。
A点における反力R₁を求めるには、

$$R_1 = W \times \frac{L_{AC}}{2} = \frac{WL_{AC}}{2} = \frac{10 \times 240}{2} = 1,200 \ （kg）$$

次にCにおけるせん断力FｃをCの左側で求める。
$$F_C = R_1 - W \times L_{AC} = 1,200 - 10 \times 100 = 200$$

$$M_C = R_1 \times L_{AC} - W \times L_{AC} \times \frac{L_{AC}}{2} = R_1 \times 100 - 10 \times 100 \times \frac{100}{2}$$

$$= 1,200 \times 100 - 50,000 = 70,000 \ （kg \cdot cm）$$

よって正しい組み合わせは、せん断力Fｃは(a)、曲げモーメントMｃは(h)である。

問0025 (3)　　　『[4] 航空機材料』2-2「硬さ」
(3)×：シャルピーは、衝撃試験方法。
（補足）
硬さ試験には、ブリネル、ロックウェル、ビッカース、ショアなどの試験法がある。

問0026 (2)　　　『航空機の基本技術』8-3-3「衝撃試験」
(B)(C)○：衝撃試験には、他に引張衝撃試験、落球（落錘）衝撃試験、デュポン衝撃試験、ダートインパク
ト試験がある。
(A)(D)×：衝撃試験にはない。

問0027 (3)　　　『[4] 航空機材料』2-3-1「クリープ」
(3)：○
(1)×：一般に応力と温度が高くなるにつれて発生し、通常 400℃以上のとき顕著となる。
(2)×：応力がかからなければ、材料を長時間高温にさらしてもクリープは発生しない。
(4)×：高応力が長時間かかればクリープは起こる。

問0028 (3)　　　『[4] 航空機材料』2-3-1「クリープ」
(3)：○
(1)×：一般に400℃以上で顕著に進行する。
(2)×：クリープは、温度と応力が高くなるほど顕著である。
(4)×：オーステナイト・ステンレス鋼（18-8 ステンレス鋼）、高Cr-Ni鋼など内部組織の不安定な材料は
　　　一般的にクリープに弱い。

問0029 (3)　　　『[4] 航空機材料』2-3-1「クリープ」
(3)：○
(1)×：一般に応力と温度が高くなるにつれて発生し、通常400℃以上のとき顕著となる。
(2)×：材料に荷重をかけないで、長時間高温にさらしてもクリープは発生しない。
(4)×：クリープは引張り応力により発生する。

問0030 (2)　　　『[4] 航空機材料』2-3-1「クリープ」
(B)(D)：○
(B)：普通 400℃以上で問題となる。
(D)：高クロム・ニッケル鋼はクリープに弱い。
(A)×：高応力が長時間かかればクリープは起こる。
(C)×：内部組織の不安定なものほど、クリープは発生しやすい。

問0031 (2)　　　『[4] 航空機材料』2-4-2「疲れ強さに影響する各種要因」
(2)×：メッキ処理は疲れ強度を低下させることがある。
（補足）
その他、疲れ限度を上昇させる要素として、浸炭処理、表面圧延、その他表層部に圧縮残留応力を生じるよう
なものがある。

問0032 (4)　　　『[4] 航空機材料』2-4-2「疲れ強さに影響する各種要因」
(4)×：疲れ限度を上昇させる要素として、高周波焼き入れ、浸炭処理および窒化処理、表面圧延および
　　　ショット・ピーニング、その他表面部に圧縮残留応力を生じるようなものがある。メッキ処理は疲れ
　　　限度を低下させる要因である。

問0033 (2)　　　『[4] 航空機材料』2-4-2「疲れ強さに影響する各種要因」
(2)○：メッキ処理は疲れ限度を低下させる。
(1)(3)(4)×：疲れ限度を向上させる。

問題番号	解　答

問0034　(1)

　　　　　『[3] 航空機システム』7-3「通気系統」
(C)：○
(参考)
ベント・ラインの目的は燃料タンク内外の差圧を無くし、タンクの膨張やつぶれを防ぐとともに構造部分に不必要な応力がかかることを防ぐ。

問0035　(1)

　　　　　『[4] 航空機材料』1-2-1「荷重、応力、ひずみ」
(1)○：ひずみ（ε）は伸びた長さ（λ）を元の長さ（l）で割ったものである。
　　　　$\varepsilon = \lambda \div l = (800.4 - 800) \div 800 = 0.4 \div 800 = 0.0005$

問0036　(3)

　　　　　『[4] 航空機材料』1-2-1「荷重、応力、ひずみ」
(3)：○
τ：リベットに生じる剪断応力
d：リベット径（20mm）
A：リベット断面積
P：引っ張り荷重（1,570kg）
とするとリベットのせん断面が2箇所あることから、次の関係となる。

数値を代入し　$\tau = \dfrac{P}{2A} = \dfrac{P}{2 \cdot \pi d^2/4} = 2P/\pi d^2$

$\tau = 2P/\pi d^2 = 2 \times 1,570/(3.14 \times 20^2)$
　　$= 3,140/1,256 = 2.5 \ (kg/mm^2)$

問0037　(1)

　　　　　『[4] 航空機材料』1-2-1「荷重、応力、ひずみ」
(1)：○
引っ張り荷重：F（N）= 9.4（kN）
リベットに生じる剪断応力：τ Pa = τ（N/m²）
リベット直径：D（m）= 10（mm）= 10×10^{-3}（m）
リベット断面積：S（m²）= $\pi \times (1/4) \times 10 \times 10^{-3}$（m²）
リベット一本当たりの荷重：f（N）
必要なリベット本数：R（本）
$k = 10^3$　$M = 10^6$ とすると

$f = \tau \times S = \tau \times \dfrac{\pi D^2}{4}$

$\quad = 40 \times 10^6 \times \dfrac{3.14 \times (10 \times 10^{-3})^2}{2 \cdot \pi d^2/4} = 3,140 \ (N) = 3.14 \ (kN)$

$R = \dfrac{F}{f} = \dfrac{9.4}{3.14} = 2.99$本

よって必要本数は 3本

問0038　(4)

　　　　　『[4] 航空機材料』1-2-1「荷重・応力・ひずみ」
(4)：○
穴あけに必要な荷重：$P = Fs \cdot \pi \cdot D \cdot t$
せん断破壊強度：$Fs = 4,000kg/cm^2 = 40kg/mm^2$
板厚：$t = 5mm$、直径：$D = 20mm$であるので
$P = Fs \cdot \pi \cdot D \cdot t$
　　$= 40 \times 3.14 \times 20 \times 5$
　　$= 12,560kg$
従って、12,560 kg以上の荷重を加えれば良い。

問0039　(2)

　　　　　『[4] 航空機材料』1-2-1「荷重、応力、ひずみ」
(2)：○
打抜き荷重：P
せん断破壊強度：$Fs = 3,300kg/cm^2 = 33kg/mm^2$
板厚：$t = 2mm$
直径：$D = 10mm$
$P = Fs \cdot \pi \cdot D \cdot t = 33 \times 3.14 \times 10 \times 2 = 2,072 \ (kg)$
打抜き荷重を2,072kgより大きい荷重をかければよい。

問0040　(4)

　　　　　『[4] 航空機材料』1-2-1「荷重、応力、ひずみ」
(4)：○
T：ねじりモーメント
D：丸棒の直径
τ：丸棒に発生する最大せん断応力
π：円周率
とすると、
$\tau = 16T/(\pi D^3)$
$\tau = (16 \times 1,000)/(3.14 \times 4^3)$
　　$= 79.61kg/cm^2 = 0.79kg/mm^2$
よって正解は(4)

機体関連

問題番号	解 答

問0041 (5)　『[4] 航空機材料』1-2-1「荷重、応力、ひずみ」
　　　　　　(5)：○
　　　　　　引張り強さ：$\sigma = 100$ （kg/mm²）
　　　　　　引張り荷重：W＝10,000 （kg）
　　　　　　断面積　　：A （mm²）
　　　　　　直径　　　：D （mm）
　　　　　　引張り強さ σ＝W／A より　A＝W／σ＝10,000／100＝100（mm²）
　　　　　　断面積A＝πD²／4 より $D = \sqrt{\dfrac{4A}{\pi}} = \sqrt{\dfrac{4 \times 100}{3.14}} = \sqrt{127.4}$
　　　　　　　　　　　　＝11.3（mm）

問0042 (3)　『[4] 航空機材料』1-2-4「はり、曲げモーメント、せん断力」
　　　　　　(3)：○
　　　　　　L　＝片翼幅（5m）
　　　　　　P　＝全揚力（500kg）
　　　　　　w　＝分布荷重＝P／L＝500／5＝100kg／m
　　　　　　y　＝翼端からの距離（A点＝5－2＝3m）
　　　　　　Sy　＝yにおけるせん断力
　　　　　　My　＝yにおける曲げモーメント
　　　　　　とすると
　　　　　　Sy　＝w・y
　　　　　　My　＝Sy・y／2＝w・y²／2
　　　　　　A点でのせん断力はy＝3を代入し
　　　　　　SA　＝w・y＝100×3＝300kg
　　　　　　曲げモーメントは、
　　　　　　MA＝w・y²／2＝100×3²／2
　　　　　　　　＝450kg・m

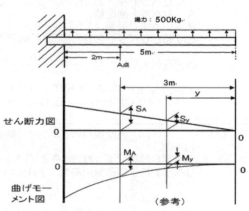

問0043 (2)　『[4] 航空機材料』1-2-4「はり、曲げモーメント、せん断力」
　　　　　　(2)：○
　　　　　　w　＝分布荷重＝10kg/cm
　　　　　　x　＝固定されていない端からの距離
　　　　　　　　（A点＝100cm）
　　　　　　Fx＝xにおけるせん断力
　　　　　　Mx＝xにおける曲げモーメント
　　　　　　F　＝A点におけるせん断力
　　　　　　M　＝A点における曲げモーメント
　　　　　　とすると
　　　　　　x点でのせん断力、曲げモーメントは、
　　　　　　Fx＝w・x
　　　　　　Mx＝Fx・x／2＝w・x²／2
　　　　　　よってA点でのせん断力Fは
　　　　　　x＝100を代入し
　　　　　　F　＝w・y＝10×100＝1,000（kg）

　　　　　　曲げモーメントは、
　　　　　　M　＝w・x²／2＝10×100²／2
　　　　　　　　＝50,000（kg・cm）

　　　　　　よって(2)が正しい。

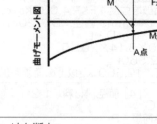

問0044 (2)　『[4] 航空機材料』1-2-4「はり、曲げモーメント、せん断力」
　　　　　　(2)○：最大曲げモーメント　＝（10kg×2m）＋（20kg×1m）
　　　　　　　　　　　　　　　　　　　　＝40kg・m

問0045 (3)　『[2] 航空機構造』5-3-1「主翼の荷重」
　　　　　　『[4] 航空機材料』1-2-4「はり、曲げモーメント、せん断力」
　　　　　　(3)：○
　　　　　　揚力を等分布荷重、主翼を片持ち梁とすると
　　　　　　　L　＝片翼幅、P＝全揚力、w＝分布荷重＝P／L、y＝翼端からの距離、
　　　　　　　Sy＝yにおけるせん断力、My＝yにおける曲げモーメントとすると
　　　　　　　Sy＝w・y
　　　　　　　My＝Sy・y／2＝w・y²／2と表され、
　　　　　　『[2] 航空機構造』5-3-1「主翼の荷重」図5-8(1)「主翼の曲げモーメント」のようになる。

| 問題番号 | 解 答 |

問0046 (3) 　　　『[4] 航空機材料』1-2-7-(1)「三角形トラス」
(3)○：部材ａｂに発生する軸力（P_{ab}）は、

$P_{ab} = P_{bc} \times \sin\theta = 400\sqrt{2} \text{kg} \times 1/\sqrt{2} = 400 \text{kg}$

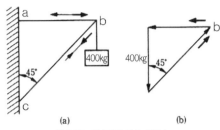

図1-29　三角形トラスの軸力

問0047 (4) 　　　『[4] 航空機材料』1-2-7-(1)「三角形トラス」
(4)○：ｂｃの部材にかかる軸力は、図(b)のベクトル図より求めることができる。

$P_{bc} = 400 \times \dfrac{1}{\cos 45°} = 400 \times \sqrt{2} = 564$

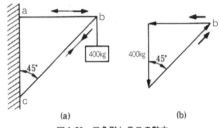

図1-29　三角形トラスの軸力

問0048 (4) 　　　『[4] 航空機材料』1-2-7-(1)「三角形トラス」
(4)○：BCの部材にかかる軸力は、図(b)のベクトル図より求めることができる。

$P_{BC} = 5t \times \dfrac{1}{\cos 45°} = 7.07$

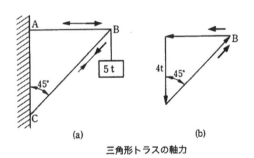

三角形トラスの軸力

問0049 (2) 　　　『[4] 航空機材料』1-2-7-(1)「三角形トラス」
(2)○：部材ABに発生する軸力（P_{AB}）は、

$P_{AB} = P_{BC} \times \sin\theta = 4\sqrt{2}t \times 1/\sqrt{2} = 4t$

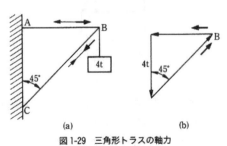

図1-29　三角形トラスの軸力

問題番号		解　答

問0050 (5)
(5)：〇 摩擦力（friction）とは、二つの物体が接触している時に、その接触面に平行な方向に働く力をいう。摩擦力は、摺動する面の面積に無関係である。

摩擦力を P（kg）、制動トルクを T（kg・mm）とすると　$P = F \times n \times \mu$

$$T = P \times \frac{d}{2} = F \times n \times \mu \times \frac{d}{2}$$

$$= 100 \times 4 \times 0.3 \times \frac{75}{2} = 4,500 \,(\text{kg・mm})$$

最も近い値は (5)4,500（kg・mm）
（注）p：円盤の許容面圧力は、上式の摩擦力、制動トルクに関連しないため計算には用いない。

問0051 (2)
『[4] 航空機材料』3-2「現在の航空機の構造材料」
(2)〇：現在の旅客機（主にジェット機）の構造材料を大まかに言えば、翼と胴体の主たる部分はアルミニウム合金、（鍛造材）の一部にチタニウム合金、可動部分などは軽量化のために（アルミニウム）やグラス・ファイバのハニカムが使われており、脚まわりは（高張力鋼）、エンジンはチタニウム合金、ステンレス鋼、そして（耐熱合金）ということができる。

問0052 (3)
『[4] 航空機材料』3-3「航空機に使われる金属材料の規格」
(3)×：材料番号5×××はクロム鋼を表している。

問0053 (3)
『[4] 航空機材料』3-5-2「鋼中の合金元素の主な作用」
(A)(B)(C)：〇
(D)×：鋼中にMoを加えると、溶接割れを減じるのに良い。

問0054 (4)
『[4] 航空機材料』3-5-3「鋼の熱処理」
(4)〇：焼戻しは、焼入れした鋼材を変態点以下の温度（150～650℃）に加熱し、所定時間保持した後、適当に冷却することで脆さを減じ、内部応力を取り除き、強靭なものにするために行う熱処理である。
(1)×：変態点より少し高い温度に加熱して、炉の中で徐冷する。鋼材の軟化、内部応力の除去のために行う。
(2)×：オーステナイト温度に加熱し、所要時間保持した後、大気中で放冷する。鋼の組織を微細化し偏析や残留応力を除去し、機械的性質を向上させる。
(3)×：変態点より30～50℃高い温度に過熱し、所要時間保持した後水や油などで急冷する。材料を硬くして強さを増す。

問0055 (2)
『[4] 航空機材料』3-5-3「鋼の表面処理」
(2)〇：焼きなましは、鋼材の軟化、組織の調整、又は内部応力除去のために、変態点より少し高い温度に加熱して、炉の中で徐冷する操作である。

問0056 (1)
『[4] 航空機材料』3-5-3「鋼の熱処理」
(1)〇：焼入れの目的は、材料を硬くして強さを増すことである。

問0057 (1)
『[4] 航空機材料』3-5-3「鋼の熱処理」
(1)〇：焼きなましは鋼材の軟化、組織の調整、または内部応力除去のために、変態点より少し高い温度に加熱して、炉の中で徐冷する操作である。従って、焼入れや加工によって硬くなったものを、焼きなましすることによって元の硬さに戻し、残留応力のないものにすることができる。

問0058 (2)
『[4] 航空機材料』3-5-3「鋼の熱処理」
(2)〇：機械加工、曲げ、溶接等による歪みを取り除くのは「焼ならし」である。
(1)×：硬さを減じ延性を増し、加工性を良くするのは「焼なまし」である。
(3)×：硬さと引張り強さを増すのは「焼入れ」である。
(4)×：焼入れ後の歪みを取り除く脆さを減じるのは「焼戻し」である。

問0059 (1)
『[4] 航空機材料』3-5-3「鋼の熱処理」
(1)〇：「焼きなまし」は、変態点より少し高い温度に加熱して、炉の中で徐冷する処理方法で、鋼材の軟化、組織の調整、または内部応力除去のために行い、加工性を良くする。

問0060 (3)
『[4] 航空機材料』3-5-3「鋼の熱処理
(B)(C)(D)：〇
(A)：×
（補足）
a.焼き戻し　：焼入れした鋼材を変態点以下の温度（150～650℃）に加熱し所定時間保持した後、適当に冷却する処理方法で、脆さを減じ内部応力を取り除き、強靭なものにするために行う。
b.焼きなまし：変態点より少し高い温度に加熱して、炉の中で徐冷する処理方法で、鋼材の軟化、組織の調整、または内部応力除去のために行う。
c.焼きならし：オーステナイト温度に加熱し所定時間保持した後、静かな大気中で放冷する処理方法で、鋼の組織を微細化し、偏析や残留応力を取り除いて機械的性質を向上させるために行う。
d.焼入れ　　：変態点より30～50℃高い温度に加熱し所定時間保持した後、水、油、空気などで急冷する処理方法で、材料を硬くして強さを増すために行う。

問題番号	解　答

問0061 (4)
『[4] 航空機材料』3-5-4「鋼の表面硬化」
(4)×：鋼の表面硬化を目的とした熱処理には「浸炭法」「窒化法」「高周波焼入れ法」および「金属浸透法」などがあり、「焼戻し」は含まれない。「焼戻し」とは、「焼入れ」のままでは硬いが脆くなるので脆さを減じ内部応力を取り除いて、強靭なものにするために行う熱処理である。

（参考）
鋼の表面硬化処理法
浸炭処理　　　：低炭素合金鋼の表面層のみ炭素含有量を多くし、焼入れ、焼戻しにより表面を硬化させる。
窒化処理　　　：アンモニアガス等の窒素を含むガス中に鋼を加熱し、鋼の表面に窒素硬化層を形成させる。
高周波焼入れ法：鋼材の表面に高周波電流を誘導し、その抵抗熱により表面層を焼入れ温度まで上昇の後、急冷することで表面を硬化させる。
金属浸透法　　：金属表面に異種金属を付着し、内部に拡散させて金属表面を合金化することで金属表面特性を変える。

問0062 (4)
『[4] 航空機材料』3-7「高張力鋼」
(4)×：材料の強度を高めるほど、水素脆性（鋼材中に水素が浸入して材質を脆化させる）は敏感になり、遅れ破壊（ある時間が経過後、外見上ほとんど塑性変形なしに突然破壊する現象）を促進する。

問0063 (4)
『[4] 航空機材料』3-7「高張力鋼」
(A)(B)(C)(D)：○

問0064 (1)
『[4] 航空機材料』3-10-1「航空機材料としてのアルミニウム合金」
(1)：○
（参考）
一般的な航空機の使用材料の大まかな割合は以下の通りであるが、航空機全体の半分以上がアルミニウム合金である。

	アルミニウム合金	鋼	その他
航空機全体（％）	50～60	25～30	5～6
機体構造部材（％）	65～77	15～25	5～6

問0065 (2)
『[4] 航空機材料』3-10-1「航空機材料としてのアルミニウム合金」
(2)：○
＊問0064の（参考）を参照

問0066 (4)
『[4] 航空機材料』3-10-3「アルミニウム合金の一般的性質」
(A)(B)(C)(D)：○
（参考）
純アルミニウムは白色光沢のある金属で、比重は2.70で鉄の約1/3の重さであり、実用金属のうちではマグネシウムに次いで軽い。
結晶構造は面心立方で、軟らかく展延性に富み、融点は660℃と比較的低い。純度99％以上のものは電気および熱の良導体で、一般に純度が悪くなると、これらの性質も悪くなる。熱膨張係数は23.9×10^{-6}/℃で鋼の約2倍である。

問0067 (4)
『[4] 航空機材料』3-10-2-a「AA 規格による分類と記号の付け方」
『航空機の基本技術』8-6-4-2「質別記号」
(4)×：T4　溶体化処理後、自然時効させたもの

問0068 (3)
『[4] 航空機材料』3-10-2-a「AA 規格による分類と記号の付け方」
『航空機の基本技術』8-6-4-2「質別記号」
(A)(D)(E)：○
(B)×：T4は溶体化処理後自然時効したもの
(C)×：T6は溶体化処理後人工時効したもの

問0069 (5)
『[4] 航空機材料』3-10-2-a「AA 規格による分類と記号の付け方」
『航空機の基本技術』8-6-4-2「質別記号」
(A)(B)(C)(D)(E)：○

問0070 (3)
『[4] 航空機材料』3-10-3「アルミニウム合金の一般的性質」
(3)：○
(1)×：2024 は大気中での耐食性はあまり良くない。
(2)×：5052 は耐食アルミ合金で一次構造には使用されない。
(4)×：質別記号のT4熱処理過程を表す。

問0071 (4)
『[4] 航空機材料』3-10-3「アルミニウム合金の一般的性質」
(4)：○
(1)×：比重は2.70で鉄の1/3の重さでマグネシウムに次いで軽い。
(2)×：5052は疲労強度が大きいので、振動の激しいエンジン・カウリングなどに使用される。
(3)×：調質記号のT4は溶体化処理後、自然時効させたもの。

問0072 (2)
『[4] 航空機材料』3-10-5「主なアルミニウム合金」
(2)：○
(1)×：マグネシウムを含有しており、Bリベットに使用されている。
(3)×：破壊靭性が良く、疲労特性に優れているので、引張繰返荷重の大きい主翼の下面や与圧を受ける胴体部の外板に広く用いられている。
(4)×：主翼の上面や胴体の骨組みなど大きな応力のかかるところに使用されている。加工性は良くない。

機体関連

－ 73 －

問題番号	解　答

問0073　(1)

『[4] 航空機材料』3-10「アルミニウム合金」
(1)×：熱膨張係数は23.9×10^{-6}/℃で鋼の約2倍である。
（参考）
純アルミニウムは白色光沢のある金属で、比重は2.70で鉄の約1／3の重さであり、実用金属のうちではマグネシウムに次いで軽い。結晶構造は面心立方で、軟らかく展延性に富み、融点は660℃と比較的低い。
純度99%以上のものは電気および熱の良導体で、一般に純度が悪くなると、これらの性質も悪くなる。
熱膨張係数は23.9×10^{-6}/℃で鋼の約2倍である。

問0074　(2)

『[4] 航空機材料』3-10-3「アルミニウム合金の一般的性質」
(2)×：熱膨張係数は熱膨張係数は23.9×10^{-6}/℃で鋼の約2倍である。
＊問0073の（参考）を参照

問0075　(1)

『[4] 航空機材料』3-10-3「アルミニウム合金の一般的性質」
(1)×：実用金属のうちではマグネシウムに次いで軽い。
比重：純マグネシウム1.74、純アルミニウム2.70、純チタニウム4.5

問0076　(2)

『[4] 航空機材料』3-10「アルミニウム 合金」、3-12「チタニウム 合金」
(2)○：一般に150℃を越えると強度が低下するので、耐熱性は良くない。
(1)×：比強度はTi合金が最も大きい。
(3)×：Alより高電位のCuやFeと接触すると腐食が進む。
(4)×：Alの熱膨張係数は鋼の約2倍。

問0077　(1)

『[4] 航空機材料』3-10-3「アルミニウムの一般的性質」
(1)×：各種合金元素を加えることで電気及び熱の伝導率が悪くなる。

問0078　(3)

『[4] 航空機材料』3-10-3「アルミニウム合金の一般的性質」
(3)×：金属材料中比強度が最も大きいものはチタニウムである。
（参考）
アルミニウム合金は機械的性質（強度）を熱処理によって向上させるものと、冷間加工によって向上させるものがある。
熱膨張係数は鋼の約2倍である。
金属材料中比強度が最も大きいものはチタニウムである。
アルミニウム合金は電位の高い金属である銅や鉄と接触すると腐食が発生しやすいので注意を要する。

問0079　(1)

『[4] 航空機材料』3-10-3「アルミニウム合金の一般的性質」
(1)×：比重は、鉄の約1／3である。実用金属のうちではマグネシウムに次いで軽い。
（補足）
比重：純マグネシウム1.74、純アルミニウム2.70、純チタニウム4.5、鉄7.85

問0080　(5)

『[4] 航空機材料』3-10-3「アルミニウム合金の一般的性質」
(5)：無し
(A)×：アルミニウムは本来、活性な金属で、空気中で表面はすぐに酸化される。
(B)×：酸やアルカリ溶液などにさらされると腐食は進行する。
(C)×：150℃を超えると急激に強度が下がりはじめるので耐熱性は良くない。
(D)×：鋼より硬度は小で展延性に富む。

問0081　(1)

『[4] 航空機材料』3-10-3「アルミニウムの一般的性質」
(B)：○
(A)×：実用金属で最も軽い金属はマグネシウム合金である。
(C)×：比強度が金属材料中最も大きいものはチタニウム合金である。
(D)×：一般に150℃を超えると急激に強度が下がりはじめる。
（参考）
アルミニウムの物理的性質
比重は2.70、鉄の1／3の重さで、実用金属のうちではマグネシウムに次いで軽く、膨張係数は鋼の2倍である。一般に150℃を超えると急激に強度が下がりはじめる。
金属材料の中で最も大きな比強度を持つ金属はチタニウム合金である。

問0082　(4)

『[4] 航空機材料』3-10「アルミニウム合金」
(A)(B)(C)(D)：○

問0083　(3)

『[4] 航空機材料』3-10-3「アルミニウムの一般的性質」
(A)(C)(D)：○
(B)×：比強度はチタニウムが金属材料中、最も大きい。
（補足）
アルミニウム合金の膨張係数は鋼の約2倍である。
アルミニウムは熱処理によって、強度を上げることができるものとできないものがある。また、アルミニウムより電位の高い金属、例えば銅や鉄と接触すると腐食が促進されるので注意を要する。

問題番号	解　答

問0084 (2)
　　　　『[4] 航空機材料』3-10-3「アルミニウム合金の一般的性質」
(C)(D)：○
(A)×：熱膨張係数は鋼の約2倍である。
(B)×：比強度は金属材料ではチタニウム合金が最も大きい。
（参考）
純アルミニウムは比重は2.70で鉄の約1／3の重さであり、実用金属のうちではマグネシウムに次いで軽い。
熱膨張係数は23.9×10⁻⁶／℃で鋼の約2倍である。
熱処理に関しては強度を上げることのできるものとできないものとがあり、耐食性はアルミニウムより電位の
高い金属、例えば、銅や鉄と接触すると腐食が促進されるので注意を要する。

問0085 (3)
　　　　『[4] 航空機材料』3-10-3「アルミニウムの一般的性質」
(A)(C)(D)：○
(B)×：比強度はチタニウム合金、超高張力鋼に次いで大きい。
（参考）
耐食アルミニウム合金のうち、6061と6063、高力アルミニウム合金などは熱処理強化型の合金である。
熱膨張係数は鋼の約2倍であり、またアルミニウムより電位の高い金属、例えば銅や鉄と接触すると腐食が促
進されるから注意を要する。

問0086 (3)
　　　　『[4] 航空機材料』3-10-4「アルミニウム合金の加工」
(A)(C)(D)：○
(B)×：アルミニウム合金の完全焼きなましは、400〜430℃に加熱した後、炉内で極めてゆるやかに冷却し
　　　て行う。

問0087 (2)
　　　　『[4] 航空機材料』3-10-5「主なアルミニウム合金」
(2)○：高力Al合金のうちCu、Znの含有量の多いものは耐食性が悪いため、純Alまたは耐食性に優れたAl合
金の薄板を表面に圧着したアルクラッド板として使用している。

問0088 (2)
　　　　『航空機の基本技術』8-6-5「航空機に用いられる主なアルミニウム合金」
(2)×：耐食性は良くないが、航空機の外板、アングル、チャンネル材として使われている。

問0089 (2)
　　　　『航空機の基本技術』12-4「腐食の種類」、12-12-2「異種金属の組合せ」
(2)×：ショット・ピーニングはアルミニウム合金の冷間加工方法で残留応力を生じさせ、疲れ強度を上げる
要因であり、腐食対策ではない。

問0090 (1)
　　　　『[4] 航空機材料』3-11「マグネシウム合金」
(1)×：切削くずが発火したら鋳鉄の削り屑か乾いた砂をかけて消化する。水は化学反応を起こして爆発的に
　　　燃焼を助長するから注意を要する。
（参考）
マグネシウム合金の特徴
a.比重1.74程度で実用合金中最も軽い。
b.融点は650℃で、粉末や箔は燃焼しやすい。
c.200〜300℃に加熱すると延性が増し加工性が良くなる。
d.他の金属と接触すると電解腐食を起こし易い。よって、接触面に塗装やメッキを施したり、絶縁物を挟み
　電解腐食を防止する。
e.細かい切削屑は発火しやすい。水は化学反応を起して爆発的に燃焼を助長するため、かけてはならない。

問0091 (3)
　　　　『[4] 航空機材料』3-11「マグネシウム合金」
(3)×：200〜300℃に加熱すると延性が増し加工性が良くなる。
＊問0090の（参考）を参照

問0092 (4)
　　　　『[4] 航空機材料』3-11「マグネシウム合金」
(A)(B)(C)(D)：○
＊問0090の（参考）を参照

問0093 (3)
　　　　『[4] 航空機材料』3-11-3「マグネシウム合金の一般的性質」
(A)(B)(C)：○
(D)×：切削くずが発火したら鋳鉄の削り屑か乾いた砂をかけて消火する。
（参考）
マグネシウム合金の細かい切削屑は発火しやすい。発火した場合、水は化学反応を起こして爆発的に燃焼を助長
するためかけてはならない。切削くずが発火したら鋳鉄の削り屑か乾いた砂をかけて消火する。

問0094 (4)
　　　　『[4] 航空機材料』3-11-3「マグネシウム合金の一般的性質」
(A)(B)(C)(D)：○
＊問0090の（参考）を参照

問0095 (2)
　　　　『[4] 航空機材料』3-11「マグネシウム合金」
(B)(D)：○
(A)×：切削くずが発火したら鋳鉄の削り屑か乾いた砂をかけて消化する。水は化学反応を起こして爆発的に
　　　燃焼を助長するから注意を要する。
(C)×：200〜300℃に加熱すると延性が増し加工性が良くなる。
＊問0090の（参考）を参照

機体関連

問題番号		解　答

問0096 (1)　　　『[4] 航空機材料』3-12「チタニウム合金」
(1)○：他のいかなる合金よりも比強度が大きい。
(2)×：溶融点は1,720℃とアルミニウム合金よりも高い。
(3)×：熱膨張係数はステンレス鋼の約50%程度と小さい。
(4)×：熱伝導が小さく、化学的に活性であるため切削により発生した熱の分散が悪く、焼き付きを起こし易い。

問0097 (2)　　　『[4] 航空機材料』3-12-4「チタニウム合金の加工」
(B)(C)：○
(A)×：熱伝導が小さい。
(D)×：化学的に活性であるため、切削により発生した熱の分散が悪く、焼き付きを起こしやすい。

問0098 (2)　　　『[4] 航空機材料』3-12-3「チタニウム合金の一般的性質」
(A)(B)：○
(C)×：チタニウムの熱膨張係数は$8.6×10^{-6}$/℃で他の金属に比べ小さく、オーステナイト・ステンレス鋼の約50%程度である。
(D)×：熱伝導率は、金属のうちではかなり小さい方である。

問0099 (4)　　　『[4] 航空機材料』3-12-4-b「切削加工」
(4)：○
（参考）
チタニウム合金を切削加工する場合の留意点：
a.切削剤を十分に使用する。
b.切削速度を小さくする。
c.送りを大きくする。
d.速めに工具を取り換える。
e.切削中は送りを止めない。
f.焼き付きを起こしやすい。

問0100 (2)　　　『[4] 航空機材料』3-12-4-b「切削加工」
(2)：○
＊問0099の（参考）を参照

問0101 (2)　　　『[4] 航空機材料』3-12-4-b「切削加工」
(2)：×
＊問0099の（参考）を参照

問0102 (1)　　　『[4] 航空機材料』3-12-4-b「切削加工」
(1)×：切削速度を小さくする。正しいものの他に切削剤を十分に使用する、早目に工具を取り換える、などの点に留意して作業しなければならない。また研削屑は発火しやすいので注意を要する。
＊問0099の（参考）を参照

問0103 (3)　　　『[4] 航空機材料』3-10-3「アルミニウム合金の一般的性質」
　　　　　　　　　　『航空機の基本技術』8-8「マグネシウム合金」、8-9-5「耐食鋼」
(3)○：ステンレス鋼は耐食性に優れている。
(1)×：純アルミニウムは空気中で表面はすぐ酸化されるが、この酸化被膜が強靭で安定しているため、大気中では極めた優れた耐食性を示す。
(2)×：アルミニウム合金は熱処理によって強度を上げることはできる。
(4)×：マグネシウム合金は耐食性がよくないので、一般に化成皮膜処理を施す必要がある。

問0104 (2)　　　『航空機の基本技術』12-12-2「異種金属の組分け」
(A)(C)：○
(B)×：アルミニウム合金はグループⅡ、マグネシウム合金はグループⅠ
(D)×：ニッケルはグループⅣ、鉛はグループⅢ
（補足）
グループⅠ　　Mg とその合金
グループⅡ　　Al 合金、Cd、Zn
グループⅢ　　Fe、Pb、Sn およびそれらの合金
グループⅣ　　ステンレス鋼、Ti、Cr、Ni、Cu 及びそれらの合金

問0105 (5)　　　『航空機の基本技術』12-12-2「異種金属の組み分け」
(5)○：アルミニウム合金とカドミウムは同じグループなので最も腐食が起りにくい。構造用として使用される金属は、イオン化傾向の大きいものから順に、グループ分けすることが出来る。
これらの各グループ内の金属同士であれば電気化学的反応は起こりにくいが、グループ間では番号の差が開くほど電気化学的反応は起こりやすい。
＊問0104の（補足）を参照

問0106 (4)　　　『航空機の基本技術』12-12-2「異種金属の組み分け」
(4)○：アルミニウム合金とカドミウムは同じグループなので最も腐食が起りにくい。構造用として使用される金属は、イオン化傾向の大きいものから順に、グループ分けすることが出来る。
これらの各グループ内の金属同士であれば電気化学的反応は起こりにくいが、グループ間では番号の差が開くほど電気化学的反応は起こりやすい。
＊問0104の（補足）を参照

問題番号		解　答

問0107 (2)
　　　　『[4] 航空機材料』4-3-2-g「シリコン・ゴム」
(2)×：シリコン・ゴムは鉱油に弱いのが欠点である。

問0108 (4)
　　　　『[4] 航空機材料』4-3-2「合成ゴムの種類」
(4)×：鉱物油に弱い
（補足）
シリコン・ゴムの最大の特徴は熱に対する安定性であり、耐候性に優れ不燃性作動油にもよく耐えるが、鉱物油に弱いのが欠点である。

問0109 (2)
　　　　『[4] 航空機材料』4-3-2「合成ゴムの種類」
(2)×：シリコン・ゴムは耐候性に優れている。
＊問0108の（補足）を参照

問0110 (4)
　　　　『[4] 航空機材料』4-3-2-g「シリコン・ゴム」
(A)(B)(D)(E)：○
(C)×：シリコンゴムの最大の特徴は熱に対する安定性であり、耐候性に優れ不燃性作動油にもよく耐えるが、鉱物油に弱いのが欠点である。

問0111 (5)
　　　　『[4] 航空機材料』　4-3-2-g「シリコン・ゴム」
　　　　　　　　　　　　　　4-3-3　表4-7「合成ゴム材料の物性」
(A)(B)(C)(D)(E)：○
＊問0108の（補足）を参照

問0112 (3)
　　　　『[4] 航空機材料』4-3-2-g「シリコン・ゴム」
(A)(B)(D)：○
(C)×：シリコンゴムの最大の特徴は熱に対する安定性であり、耐候性に優れ不燃性作動油にもよく耐えるが、鉱物油に弱いのが欠点である。

問0113 (3)
　　　　『[4] 航空機材料』4-3-2-b「ニトリル・ゴム」
　　　　『航空機の基本技術』9-5-6「保管」
(3)×：耐フレオン性に優れている

問0114 (2)
　　　　『[4] 航空機材料』4-3-2「合成ゴムの種類」
(A)(B)：○
(C)×：耐候性が悪い。
(D)×：不燃性作動油（リン酸エステル系作動油）に侵される。
（補足）
ニトリル・ゴムの特性は耐油性、耐燃料性に優れており、耐フレオン性を有する。欠点としては不燃性作動油（リン酸エステル系作動油）に侵され、又耐候性が悪い。その他の特性として、耐摩耗性、耐老化性、耐水性に優れるが、ゴムの中では脆化しやすく、屈曲き裂を生じやすい、オゾンに対する抵抗性がないなどの短所を持つ。

問0115 (3)
　　　　『航空機の基本技術』11-2-3「ホースの特徴」
(3)×：テフロン・ホースは、ゴム・ホースに比べ耐熱性に優れているが、柔軟性に劣るため無理な折り曲げや永久変形の引き伸ばしはしないこと。

問0116 (3)
　　　　『[4] 航空機材料』4-2-1-e「四フッ化エチレン樹脂」
(A)(B)(C)：○
(D)×：テフロンは耐薬品性に優れ、電気絶縁性はポリエチレンに匹敵し、耐熱性に優れ、かなり低温域でも脆くなることは無い。

問0117 (2)
　　　　『航空機の基本技術』9-2-3「主要な熱可塑性樹脂の用途」
(2)：○
正しい組み合わせは以下の通り
・A　アクリル樹脂（有機ガラス）：ハ　窓ガラス、客室内プラカード、スイッチ・カバーなど
・B　ポリアミド樹脂（ナイロン）：イ　安全ベルト、シート・カバーなど
・C　フッ素樹脂（テフロン）　　：ニ　ホース、パッキング、電線被膜など
・D　エポキシ樹脂　　　　　　　：ロ　接着剤、塗料、レドームなど

問0118 (1)
　　　　『航空工学入門』2-1-2「非金属材料」
　　　　『[4] 航空機材料』4-2「プラスチック」
(1)：○
(2)(3)(4)×：熱可塑性樹脂である。
「熱硬化性樹脂」とは、熱を加えると硬くなり、さらに過熱すると焦げてしまうものである。
「熱可塑性樹脂」は、熱により軟化し圧力を加えて任意に加工できる。
（参考）
熱硬化性樹脂：
　　フェノール、エポキシ、ポリエステル、シリコン、ポリウレタン、メラミン
熱可塑性樹脂：
　　塩化ビニル、アクリル、ABS、ナイロン、フッ素、ポリエチレン、ポリスチレン、ポリカーボネイト、ポリアミド

機体関連

－77－

問題番号	解　答

問0119 (3)　　　『[4] 航空機材料』4-2「プラスチック」
『航空機の基本技術』9-2「プラスチック」
(3)○：塩化ビニル樹脂は、熱可塑性樹脂である。
(1)(2)(4)(5)×：熱硬化性樹脂である。

問0120 (3)　　　『[4] 航空機材料』4-2「プラスチック」（表4-1非金属材料の種類と用途）
(3)×：酸やアルカリには強いが、酸素や紫外線などにより、次第に劣化して性能が低下する。

問0121 (3)　　　『[4] 航空機材料』4-2-c「プラスチックの通性」
(A)(B)(D)：○
(C)×：酸・アルカリに強いが、酸素や紫外線などにより、次第に劣化して性能が低下する。

問0122 (1)　　　『[4] 航空機材料』4-3-2-b「ニトリルゴム」
(1)○：ニトリル・ゴムは耐鉱油性（耐燃料性）に優れているため、油圧、燃料系統の"O"リング、ガス
ケットなどに用いられる。

問0123 (3)　　　『[4] 航空機材料』4-5-1「構造用接着剤」
(3)×：クラックの伝播速度が小さい。外板にダブラを接着すると、外板にクラックが発生してもダブラ部が
ストッパとして働き、クラックの伝播を防止する効果が大きいのでフェール・セーフ性が向上する。

問0124 (1)　　　『航空機の基本技術』9-7「接着剤」
(1)○：木材に適した接着剤には、一液性（溶剤型）のネオプレン系接着剤（例：EC-880）、ニトリル／
フェノール樹脂系接着剤（例：Well Bond Super）がある。

問0125 (4)　　　『航空機整備作業の基準（AC43）』1-8「接着作業における時間制限」
(4)×：接着作業における時間制限の種類に、浸透時間は該当しない。
（補足）
接着作業における時間制限は重要な要素で、次の時間制限がある。
a.ポットライフ
b.開放たい積時間
c.閉鎖たい積時間
d.圧縮時間

問0126 (4)　　　『航空機の基本技術』9-7-3-2「溶剤型接着剤の一般的接着方法」
(4)×：ゴム系接着剤による一般的な接着方法は、
　　　a.常温接着法
　　　b.溶剤活性法
　　　c.加熱法
　　　である。

問0127 (4)　　　『[4] 航空機材料』4-5-1「構造用接着剤」
(4)×：高温環境に弱く、耐熱性は金属材料より劣る。
（補足）
（接着剤を使用する利点）
a.ボルト、リベット結合より応力集中が極めて小さくなり、力学的特性が向上する。
b.クラックの伝播速度が小さい。
c.機体重量の軽減化が図れる。
d.シール効果が増大する。
e.機体外板の平滑化が向上する。
f.溶接組立に比較し、異種金属の接合が容易
（欠点）
a.ピール強度が弱いので設計上の配慮が必要。
b.高温環境に弱く、耐熱性は金属材料より劣る。
c.耐湿性、耐候性の信頼性に欠ける。
d.作業工程が複雑である。
e.特別な設備や装置を必要とする。
f.一度接着したら分解が非常に難しい。

問0128 (2)　　　『[4] 航空機材料』4-5-1「構造用接着剤」
(A)(C)：○
(B)×：力学的特性中、ピール強度（端部からの引き剥がし強度）が弱いことが欠点であり、設計上の配慮が
必要である。
(D)×：クラックの伝播速度が小さくなり、フェール・セーフ性が向上する。

問0129 (4)　　　『[4] 航空機材料』4-5-1「構造用接着剤」
(A)(B)(C)(D)：○
＊問0127の（補足）を参照

問0130 (3)　　　『[4] 航空機材料』4-3-2「合成ゴムの種類」
(3)：○
(1)×：シリコーンゴムは耐候性、耐熱性に優れ、鉱油に弱いのが欠点。
(2)×：ブチルゴムは空気を極めて通しにくくタイヤ用のチューブに最適である。
(4)×：フッ素ゴムは耐熱性は非常に優れているが、不燃性作動油には耐えない。

問題番号		解　答

問0131 (4)　　　『[4] 航空機材料』4-3-2「合成ゴムの種類」
(4)×：フッ素ゴムの耐熱性は非常に優れているが、不燃性作動油には耐えない。
(1)○：シリコーンゴムは耐候性、耐熱性に優れ、鉱油に弱いのが欠点。
(2)○：ブチルゴムは空気を極めて通しにくくタイヤ用のチューブに最適である。
(3)○：ニトリルゴムは耐鉱油性に優れているため、油圧、燃料系統の“O”リングに使用される。

問0132 (4)　　　『[4] 航空機材料』4-3-2「合成ゴムの種類」
(4)×：シリコン・ゴムの最大の特徴は熱に対する安定性である。また耐候性、電気絶縁性に優れている。

問0133 (4)　　　『[4] 航空機材料』4-3-2「合成ゴムの種類」
(4)×：シリコン・ゴムの最大の特徴は熱に対する安定性である。また耐候性、電気絶縁性に優れている。

問0134 (2)　　　『[4] 航空機材料』4-3-2-f「フッ素ゴム」
(2)×：フッ素ゴムはスカイドロール（不燃性作動油）には耐えない。
（参考）
フッ素ゴムは、耐燃料性に優れるため燃料系統の“O”リングなどに使われる。
フッ素ゴムの耐熱性はゴム中最高で、使用温度範囲は−55〜300℃で、また耐薬品性、耐鉱油性、電気絶縁性などに優れている。しかし、不燃性作動油（リン酸エステル系作動油＝スカイドロール）には耐えない。

問0135 (2)　　　『航空機の基本技術』12-10-2「塗料」
(2)○：ジンククロメート・プライマの目的は、金属に対する有機物被覆による腐食防止と上塗り塗膜に対する付着性を良くする。

問0136 (1)　　　『[4] 航空機材料』4-6-1「塗料の種類」
(1)×：ポリウレタン塗料は金属に対する付着性が良くないので、下地塗装を行なう必要がある。

問0137 (1)　　　『[4] 航空機材料』4-6-1「塗料の種類」
(1)×：金属に対する付着性が良くないため、下地塗装が必要である。

問0138 (3)　　　『[4] 航空機材料』4-6-1「塗料の種類」
(3)×：ポリウレタン塗料は塗膜が硬く強靱で、光沢および耐候性に優れている。

問0139 (3)　　　『[4] 航空機材料』4-6-1「塗料の種類」
(A)(B)(D)：○
(C)×：塗膜は硬く強靱で、光沢があり耐候性に優れている。

問0140 (2)　　　『[4] 航空機材料』4-2「プラスチック」（表4-1 非金属材料の種類と用途）
(2)×：ポリエチレン樹脂は熱可塑性樹脂である。
（参考）
熱可塑性樹脂：熱により柔らかくなって可塑性流れを起こすものである。
　　　　　　塩化ビニル樹脂、メタクリル(アクリル)樹脂、ABS樹脂、ポリアミド、三フッ化・四フッ化エチレン樹脂、ポリエチレン、ポリアセタール、ポリスチレン、ポリカーボネイト
熱硬化性樹脂：熱を加えると硬くなり、さらに過熱すると焦げてしまうものである。
　　　　　　フェノール樹脂、エポキシ樹脂、不飽和ポリエステル樹脂、けい素樹脂、ポリウレタン、メラミン樹脂

問0141 (4)　　　『[4] 航空機材料』4-2-2「熱硬化性樹脂」
(A)(B)(C)(D)：○
＊問0140の（参考）を参照

問0142 (2)　　　『[4] 航空機材料』4-1「非金属材料の種類と用途」
(C)(D)：○
＊問0140の（参考）を参照

問0143 (4)　　　『航空工学入門』2-1-2「非金属材料」
　　　　　　　　『[4] 航空機材料』4-2「プラスチック」
(4)×：フェノールは熱硬化性樹脂である。
「熱硬化性樹脂」とは、熱を加えると硬くなり、さらに過熱すると焦げてしまうものである。
「熱可塑性樹脂」は、熱により軟化し圧力を加えて任意に加工できる。
＊問0140の（参考）を参照

問0144 (3)　　　『[4] 航空機材料』4-2「プラスチック」（表4-1 非金属材料の種類と用途）
(3)：○
(1)(2)(4)は熱硬化性樹脂。

問0145 (2)　　　『[4] 航空機材料』4-2「プラスチック」（表4-1 非金属材料の種類と用途）
　　　　　　　　　　　　　　　　4-2-1「熱可塑性樹脂」、4-2-2「熱硬化性樹脂」
(C)(D)：○
(A)(B)は熱硬化性樹脂。
（参考）
＊問0140の（参考）を参照

機体関連

問題番号	解　答

問0146 (2)　『[4] 航空機材料』4-2-2「熱硬化性樹脂」
(B)(D)：○
(A)×：エポキシ樹脂は熱硬化性樹脂である。
(C)×：ポリエステル樹脂は熱硬化性樹脂である。
＊問0140の（参考）を参照

問0147 (2)　『[4] 航空機材料』4-2「プラスチック」（表4-1 非金属材料の種類と用途）
　　　　　　　4-2-1「熱可塑性樹脂」、4-2-2「熱硬化性樹脂」
(C)(D)：○
(A)(B)は熱硬化性樹脂。
＊問0140の（参考）を参照

問0148 (3)　『[4] 航空機材料』4-2-1「熱可塑性樹脂」
(3)×：アクリル樹脂は、紫外線透過率は普通のガラスより大きく、耐候性も良く、強靭で、しかも加工が容易である。しかし、その反面、可燃性で熱に弱く（最大99℃）、有機溶剤に侵されやすい。

問0149 (2)　『[4] 航空機材料』4-2-1-b「メタクリル樹脂」
　　　　　　　4-2-5「航空機におけるプラスチックの応用例」
(2)○：アクリル樹脂は最も古くから客室ウインドに使用されている。耐候性（日光、雨、紫外線、寒暑などの厳しい条件に耐える性質をいう）も良く、強靭で、しかも加工が容易である。その反面、可燃性で熱に弱く、有機溶剤に侵されやすい。客室ウインドは二重または三重の透明板で構成されている。

問0150 (2)　『[2] 飛行機構造』1-9「風防、窓、ドア、非常脱出口」
(2)：○
（参考）
クレージング現象とはアクリル樹脂の表面にできる細かいひび割れをいう。
長期間引っ張り応力が加えられ、さらに雨風、太陽熱にさらされると、高分子中の結合力が弱くなり表面に細かい割れが発生する。また有機溶剤に触れたり、その蒸気中にあっても発生する。

問0151 (4)　『[4] 航空機材料』4-2-1「熱可塑性樹脂」
(A)(B)(C)(D)：○
（参考）
アクリル樹脂は、紫外線透過率は普通のガラスより大きく、耐候性も良く、強靭で、しかも加工が容易である。しかし、その反面、可燃性で熱に弱く（最大99℃）、有機溶剤に侵されやすい。

問0152 (3)　『[4] 航空機材料』4-2-1「熱可塑性樹脂」
(B)(C)(D)：○
(A)×：ガラスよりも紫外線透過率が大きい。
＊問0151の（参考）を参照

問0153 (3)　『[4] 航空機材料』4-4「シーラント」
(A)(B)(C)：○
(D)×：燃料タンクのシールには主にチオコール系シーラントが用いられる。

問0154 (4)　『[4] 航空機材料』4-2-1-e「フッ素樹脂」
(4)×：客室ウインドウにはアクリル樹脂板が多く用いられている。テフロンは耐薬品性、耐熱性、電気絶縁性に優れているため、油圧用バックアップ・リング、パッキン類、ホース類、電線被膜などに用いられている。

問0155 (2)　『航空機の基本技術』9-6-3「シーラントの塗布例」
(2)：○

問0156 (4)　『[4] 航空機材料』4-4-2「シリコン系シーラント」
(A)(B)(C)(D)：○

問0157 (3)　『[4] 航空機材料』4-2-2-a「フェノール樹脂」
(3)×：フェノール樹脂は、一般に、強度、電気絶縁性、耐熱性、耐酸性、耐溶剤性、耐油性、耐水性に優れている反面、暗い色が付いていることと、アルカリ性に弱いことが欠点である。

問0158 (4)　『[4] 航空機材料』4-2-1-e「四フッ化エチレン樹脂」
(A)(B)(C)(D)：○

問0159 (2)　『[4] 航空機材料』第5章「複合材料」
(2)○：一般の複合材料は非金属物質で構成されており、熱による膨張係数は小さい。
(1)×：耐食性に優れている。
(3)×：繰り返しによる疲労強度は高い。
(4)×：クラックなどの損傷の進行は緩やかである。

問0160 (3)　『[4] 航空機材料』第5章「複合材料」
(3)×：膨張係数が小さいので熱による伸縮の影響は少ない。

問0161 (3)　『[4] 航空機材料』第5章「複合材料」
(A)(B)(D)：○
(C)×：膨張係数が小さいので熱による伸縮の影響は少ない。

問題番号	解　答

問0162 (2)
『[2] 飛行機構造』1-9「風防、窓、ドア、非常脱出口」
(2)：〇
長時間引っ張り応力がかかったり、溶剤や溶剤の蒸気に触れても、表面にクレージングという細かい割れが発生する。

問0163 (4)
『[2] 飛行機構造』1-9「風防、窓、ドア、非常脱出口」
(4)〇：クレージング現象とはアクリル樹脂の表面にできる細かいひび割れをいう。長期間引っ張り応力が加えられ、さらに雨風、太陽熱にさらされると、高分子中の結合力が弱くなり表面に細かい割れが発生する。有機溶剤に触れたり、その蒸気中にあっても発生する。

問0164 (1)
『[2] 飛行機構造』1-9「風防、窓、ドア、非常脱出口」
(1)〇：有機溶剤や溶剤の蒸気に触れたり、また、引っ張り応力を長く加えると、表面にクレージングという細かい割れが一面に発生する。

問0165 (4)
『[4] 航空機材料』5-2-1-a「ボロン繊維」
(4)：〇
(1)×：BFRP（Boron Fiber Reinforced Plastic）は、圧縮強度や剛性は高いが高価であり、作業／加工性が良くないため、経済性を重んじる民間機では使用されない。
(2)×：CFRPは熱膨張率が極めて小さいので温度変化に対する寸法安定性が優れている。
(3)×：GFRPは耐食性と電波透過性に優れる。

問0166 (1)
『[4] 航空機材料』5-2-1-a「ボロン繊維」
(1)×：BFRP（Boron Fiber Reinforced Plastic）は、圧縮強度や剛性は高い。
（参考）
BFRP（Boron Fiber Reinforced Plastic）は、圧縮強度や剛性は高いが高価であり、作業／加工性が良くないため、経済性を重んじる民間機では使用されない。

問0167 (1)
『[4] 航空機材料』5-2-1-a「ボロン繊維」
(A)：〇
(B)×：BFRP（Boron Fiber Reinforced Plastic）は、圧縮強度や剛性は高いが高価であり、作業／加工性が良くないため、経済性を重んじる民間機では使用されない。
(C)×：CFRPは熱膨張率が極めて小さいので温度変化に対する寸法安定性が優れている。
(D)×：GFRPは耐食性と電波透過性に優れる。
（参考）
AFRP（Aramid Fiber Reinforced Plastic）は疲労強度、耐衝撃性、振動吸収性ともに優れている。またアラミド繊維としては米国デュポン社から「ケブラー（Kevlar）」として発売された有機合成繊維がよく知られている。略してKFRP（Kevlar Fiber Reinforced Plastic）と言われている。

問0168 (2)
『[4] 航空機材料』5-1「航空構造材料としての複合材料」
(2)〇：電波透過性、電気絶縁性に優れる。
(1)×：耐食性に優れている。
(3)×：比強度は高い。
(4)×：ガラス繊維を使用している。

問0169 (2)
『航空機の基本技術』16-6「渦流探傷検査」
(2)×：電磁誘導検査（渦流探傷検査）は、鉄鋼、非鉄金属および黒鉛（グラファイト）など導電性の材料には適用できるが、ガラス、石、合成樹脂など導電性のない材料には適用できない。

問0170 (3)
『航空機の基本技術』16-2「非破壊検査の概要」
(3)〇：超音波探傷検査には、金属にも非金属の表面および内部の欠陥の検出ができる。
(1)×：浸透探傷検査では、金属材料および非金属材料の表面の開口欠陥の探傷ができるが、表面の粗さの影響を受け多孔質の探傷は一般に困難である。
(2)×：電磁誘導検査は、導電材料の欠陥の検出に用いる方法で、表面および表層部の欠陥のみの検出に限定される。複合材構造部品のような非導電材料の欠陥検出はできない。
(4)×：磁粉探傷検査は、強磁性体の表面および表面直下の磁束と直角の方向の欠陥の検出ができるが、非磁性体の18-8ステンレス鋼及び高マンガン鋼などは欠陥を検出できない。

問0171 (1)
『航空機の基本技術』第16章「非破壊検査」
(1)：〇
(2)×：磁気探傷検査の軸通電法は丸棒の円周の欠陥の検出ができない。
(3)×：浸透探傷検査では試験品の表面粗さの影響は受ける。
(4)×：電磁誘導検査は深い位置にある欠陥の検出ができない。
（参考）
磁気探傷検査（磁粉探傷検査）

問0172 (2)
『航空機の基本技術』16-2「非破壊検査の概要」
(2)×：電磁誘導検査は、導電材料の欠陥の検出に用いる方法で、表面および表層部の欠陥のみの検出に限定される。複合材構造部品のような非導電材料の欠陥検出はできない。

問0173 (3)
『航空機の基本技術』16-2「非破壊検査の概要」
(3)×：超音波探傷検査は、金属にも非金属にも探傷できる。

問0174 (2)
『航空機の基本技術』16-2「非破壊検査の概要」
(2)×：渦流誘導検査は、導電材料の欠陥の検出に用いる方法で、表面および表層部の欠陥のみの検出に限定される。複合材構造部品のような非導電材料の欠陥検出はできない。

機体関連

問題番号		解　答

問0175 （3）　　　『航空機の基本技術』9-4-4-4「ハニカム・サンドイッチ構造の検査」
（3）×：蛍光浸透探傷検査はザイグロ検査とも呼ばれる非破壊検査法であり、ハニカム・サンドイッチ構造の検査には使用できない。
（参考）
a.現在用いられているハニカム・サンドイッチ構造の検査法には以下の方法がある。
b.目視検査
c.触覚による検査
d.湿気検査（モイスチャ・メーター検査、サーモ・グラフィ検査）
e.シール検査
f.コイン検査
g.X線検査

問0176 （4）　　　『[4] 航空機材料』5-5「複合材の検査」
（4）×：ハニカムの検査方法には、目視点検、触覚検査、湿気検査、サーモグラフィ検査、シール検査、コイン検査、X線検査などの検査方法がある。
過流探傷検査はハニカム・サンドイッチ構造のような非導電材料には適さない。

問0177 （4）　　　『航空機の基本技術』16-4「磁粉探傷検査」
（4）×：磁粉探傷検査は強磁性体の表面および表面付近の欠陥を検出することができる。
アルミニウム合金のような非磁性体の検査はできない。

問0178 （4）　　　『航空機の基本技術』9-4-4-4「ハニカム・サンドイッチ構造の検査」
　　　　　　　　　『[4] 航空機材料』5-5「複合材料の検査」
（A）（B）（C）（D）：○
＊問0175の（参考）を参照

問0179 （5）　　　『航空機の基本技術』12-12-2「異種金属の組分け」
（5）：無し
（A）（B）（C）（D）×：同じグループに属する組み合わせは無い。
（補足）
構造用として使用される金属は、イオン化傾向の大きいものから順に、グループ分けすることが出来る。これらの各グループ内の金属同士であれば電気化学的反応は起こりにくいが、グループ間では番号の差が開くほど電気化学的反応は起こりやすい。
グループⅠ　Mgとその合金
グループⅡ　Al合金、Cd、Zn
グループⅢ　Fe、Pb、Snおよびそれらの合金
グループⅣ　ステンレス鋼、Ti、Cr、Ni、Cu およびそれらの合金

問0180 （3）　　　『航空機の基本技術』12-7「化成皮膜処理」、12-8「アノダイジング」
（A）（B）（D）：○
（C）×：カドミウム・メッキは合金鋼の表面処理である。

問0181 （3）　　　『航空機の基本技術』12-7「化成皮膜処理」、12-8「アノダイジング」
（A）（B）（D）：○
（C）×：リン酸塩処理とは、鋼の表面にリン酸塩皮膜を形成する方法でパーカーライジング（商品名）として広く利用されている。

問0182 （1）　　　『航空機の基本技術』12-7「化成皮膜処理」
（1）：○
（2）×：ディグロメート処理はクロム酸を含む酸性液体を使用して、化成皮膜を構成するもので、塗装の下地処理として行われることが多い。マグネシウム合金の表面処理に使用されている。
リン酸塩処理：鋼の表面にリン酸塩皮膜を形成する方法でパーカーライジングとして広く利用されている。
（3）×：アロジン処理はアルミニウム合金の表面処理に使用されている（マグネシウム合金に使用してはならない）。
（4）×：陽極処理（アノダイジング）はアルミニウム合金やマグネシウム合金を陽極として、シュウ酸、硫酸、クロム酸などの電解液に浸漬し、陽極に発生する酸素により酸化皮膜を金属表面に形成させる処理で、耐食性と耐摩耗性の要求される場合に行われる。

問0183 （1）　　　『航空機の基本技術』12-7「化成皮膜処理」
（1）×：アロジン処理は、アルミニウム合金の表面処理に使用されマグネシウム合金には使用してはならない。

問0184 （4）　　　『[2] 航空機構造』1-11「位置の表示方法」
（A）（B）（C）（D）：○
ボディ・ステーション、バトック・ライン、ウォーター・ラインは、定められた基準線（想像上の面）から各々前後、左右、上下方向へ測った距離をいう。

問題番号	解　答

問0185 (2)　　　『[2] 航空機構造』1-11「位置の表示方法」
(A)(D)：○
(B)：W.B.L.（Wing Buttock Line）は、翼の基準面（Wing Reference Plane）に垂直な面と胴体の中心線の右または左への距離をいう。
(C)：W.L.（Water Line）は、胴体の底部から、ある定められた距離だけ離れた水平面に直角の線に沿って測った高さで示す。
ボディ・ステーション、バトック・ライン、ウォーター・ラインは、定められた基準線（想像上の面）から各々前後、左右、上下方向へ測った距離をいう。

問0186 (3)　　　『[2] 飛行機構造』1-3-1「トラス構造」
(3)×：トラス構造は棒、ビーム、ロッド、チューブ、ワイヤなどからなる固定骨組みを形成する部材の集合体で、枠組構造とも呼ばれる。

問0187 (3)　　　『[2] 飛行機構造』1-3-1「トラス構造」
(3)×：トラス構造はプラット・トラスとワーレン・トラスの2種類の構造がある。どちらの構造も基本的な強度部材は4本のロンジロンである。

問0188 (3)　　　『[2] 飛行機構造』1-3-1「トラス構造」
(A)(B)(D)：○
(C)×：トラス構造は棒、ビーム、ロッド、チューブ、ワイヤなどからなる固定骨組みを形成する部材の集合体で、枠組構造とも呼ばれる。

問0189 (3)　　　『[2] 飛行機構造』1-5-1「応力外皮構造の主翼」
『航空工学入門』2-3-2「主翼構造の種類」
(3)×：フレームは胴体の構成部材である。

問0190 (4)　　　『[2] 飛行機構造』1-3-2「応力外皮構造」
(A)(B)(C)(D)：○
（参考）
（モノコック構造）　　：外板とフレームから作られた構造で、曲げ応力、せん断応力、ねじり応力などは外板で受け持っており、フレームは断面形状を保つ役目をする。
（セミモノコック構造）：外板、フレームの他ストリンガ（縦通材）を有する構造で、中型・大型機に多く採用されている。ストリンガは胴体では前後方向に、主翼では翼幅方向に用いられ、金属外板の剛性を増し、主に曲げによる圧縮荷重を受け持つ。

問0191 (1)　　　『[2] 飛行機構造』1-3-2「応力外皮構造」
(1)○：セミモノコック構造は外板、フレームおよびストリンガ（ロンジロン）で構成される構造で、外板は曲げ応力、せん断応力、捻り応力を受け持ち、ストリンガは、主に曲げによる圧縮荷重を受け持つ。

問0192 (2)　　　『[2] 飛行機構造』1-3-2-a「セミモノコック構造」
(2)：○
(1)×：曲げ荷重からの圧縮力は主としてストリンガが受けもつ。
(3)×：捩れに対しては主としてスキンが受けもつ。
(4)×：スキンはねじれ、引張力、せん断応力を受け持つ。
（参考）
フレームは断面形状を保つ役目をする。

問0193 (2)　　　『[2] 飛行機構造』1-3-2-a「セミモノコック構造」
(2)：○
(1)×：フレームは断面形状を保つ役目をする。
(3)×：ストリンガは金属外板の剛性をまし、主に引張力、曲げ荷重を受けもつ。
(4)×：セミモノコック構造おいて、スキンは負荷される荷重に対しねじれ、せん断応力の大部分を受け持ち、機体の成形が主目的でない。

問0194 (4)　　　『[2] 飛行機構造』1-3-3「サンドイッチ構造」
(4)：○
(1)×：荷重は主として外板で受け持つ。
(2)×：芯材は密度の小さい蜂の巣状、泡状、波状等の形状に加工されたものが用いられる。
(3)×：板自身の強度と剛性が大きいので機体構造の外板として使用する場合は、補強材が少なくなる。
（補足）
サンドイッチ構造とは2枚の板状外板の間に芯材を挟んでサンドイッチ状に製作した板を用いた構造で、これまでの補強材または、ストリンガを当てた外板よりも強度および剛性が大きく、軽くて局部的座屈や局部疲れ強さにも強い。従って同等の強度剛性に対して薄くでき航空機の重量軽減に役立つ。

機体関連

問題番号		解　答

問0195 (2)　　　『[2] 飛行機構造』1-3-3「サンドイッチ構造」
(C)(D)：○
(A)×：剛性が大きい。
(B)×：局部的座屈に優れている。
（補足）
これまでの補強材又はストリンガを当てた外板と比較した場合、サンドイッチ構造は以下の特徴がある。
a. 強度が勝る。
b. 剛性が大きい。
c. 局部的座屈や局部疲れ強さにすぐれている。
d. 航空機の重量軽減に寄与する。
e. 補強材を必要としないか、または必要としても、少なくすることができるため製作工数が少なくすむ。
f. 防音、断熱性に優れている。

問0196 (4)　　　『航空機の基本技術』9-4-4-2「ハニカム・サンドイッチ構造の特徴」
(4)×：ハニカムは、薄い板の接着構造のため集中荷重に弱い。
（補足）
ハニカム・サンドイッチ構造の特徴
a. 表面が平滑である。
b. 外形に乱れがない。
c. 衝撃吸収に優れている。
d. 断熱性が良い。

問0197 (2)　　　『[2] 飛行機構造』1-3-3「サンドイッチ構造」
(A)(C)：○
(B)×：接着剤の特性向上、加工技術の向上に伴い耐久性、信頼性は高い。
(D)×：局部的座屈や局部疲れ強さにすぐれている。
＊問0195の（補足）を参照

問0198 (4)　　　『[2] 飛行機構造』1-3-3「サンドイッチ構造」
　　　　　　　　　　『航空機の基本技術』9-4-4「ハニカム・サンドイッチ構造」
(A)(B)(C)(D)：○
＊問0195の（補足）を参照

問0199 (3)　　　『[2] 飛行機構造』1-3-3「サンドイッチ構造」
　　　　　　　　　　『航空機の基本技術』9-4-4「ハニカム・サンドイッチ構造」
(A)(B)(D)：○
(C)×：局部的座屈や局部疲れ強さにすぐれている。
＊問0195の（補足）を参照

問0200 (1)　　　『[2] 飛行機構造』1-3-2「応力外皮構造」、1-3-3「サンドイッチ構造」
(1)：○
一般的にサンドイッチ構造は、2つの外板に芯材をはさんでサンドイッチ状に作成した構造で、重量が軽く、
強度および剛性が大きく、局部座屈や局部疲労に強い。
＊問0195の（補足）を参照

問0201 (3)　　　『[2] 飛行機構造』1-3-3「サンドイッチ構造」
(3)：○
＊問0195の（補足）を参照

問0202 (2)　　　『[2] 飛行機構造』1-3-3「サンドイッチ構造」
　　　　　　　　　　『航空機の基本技術』9-4-4「ハニカム・サンドイッチ構造」
(2)：×
＊問0195の（補足）を参照

問0203 (2)　　　『[2] 飛行機構造』1-3-3「サンドイッチ構造」
(A)(C)：○
(B)×：接着剤の特性向上、加工技術の向上に伴い耐久性、信頼性は高い。
(D)×：局部的座屈や局部疲れ強さにすぐれている。
＊問0195の（補足）を参照

問0204 (2)　　　『[2] 飛行機構造』1-3-3「サンドイッチ構造」
(C)(D)：○
＊問0195の（補足）を参照

問題番号		解　答
問0205	(4)	『[2] 飛行機構造』1-3-4「フェール・セーフ構造」 (4)○：数多くの部材からなり、それぞれの部材は荷重を分担して受け持つ構造をレダンダント構造方式（図a）という。 (1)×：ある部材が破壊したとき、その部材の代りに予備の部材が荷重を受けもつ構造をバック・アップ構造方式（図c）という。 (2)×：1個の大きな部材を用いる代りに2個以上の小さな部材を結合して、1個の部材と同等又はそれ以上の強度を持たせる構造をダブル構造方式（図b）という。 (3)×：硬い補強材を当てた構造をロード・ドロッピング構造方式（図d）という。 （参考） フェール・セーフ構造とは、一つのメイン構造が一部分破壊した場合でもその破壊が発見され修理に至るまでの期間、残りの構造部が飛行特性に不利な影響を及ぼすようなことなく安全に飛行出来るようにした構造をいい、4種類ある。 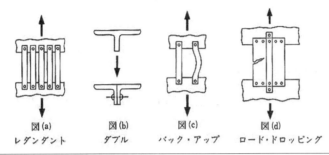 　　図(a)　　　　図(b)　　　図(c)　　　　図(d) 　レダンダント　　ダブル　バック・アップ　ロード・ドロッピング
問0206	(3)	『[2] 飛行機構造』1-3-4「フェール・セーフ構造」 (3)：○ (1)×：バックアップ構造方式である。 (2)×：ロード・ドロッピング構造方式である。 (4)×：ダブル構造方式である。 ＊問0205の（参考）を参照
問0207	(4)	『[2] 飛行機構造』1-3-4「フェール・セーフ構造」 (A)(B)(C)(D)：○ ＊問0205の（参考）を参照
問0208	(2)	『[2] 飛行機構造』1-3-4「フェール・セーフ構造」 (C)(D)：○ (A)×：ロード・ドロッピング構造方式（図d） (B)×：レダンダント構造方式（図a） ＊問0205の（参考）を参照
問0209	(1)	『[2] 飛行機構造』1-3-4「フェール・セーフ構造」 (1)：○ ＊問0205の（参考）を参照
問0210	(1)	『[2] 飛行機構造』1-3-4「フェール・セーフ構造」 (1)：○ (2)×：ダブル構造方式 (3)×：レダンダント構造方式 (4)×：バック・アップ構造方式 ＊問0205の（参考）を参照
問0211	(3)	『[2] 飛行機構造』1-3-4「フェール・セーフ構造」 (3)：○ (1)×：バック・アップ構造 (2)×：ロード・ドロッピング構造 (4)×：ダブル構造 ＊問0205の（参考）を参照
問0212	(2)	『[2] 飛行機構造』1-3-4「フェール・セーフ構造」 (2)○：バック・アップ構造 ＊問0205の（参考）を参照
問0213	(1)	『[2] 飛行機構造』1-3-5「セーフライフ構造」 (1)：× （参考） セーフ・ライフ構造とは、フェール・セーフ構造にすることが困難な脚支柱とかエンジン・マウント等に適用される構造設計概念であり、その部品が受ける終局荷重、疲労荷重、あるいは使用環境による劣化に対して十分余裕のある強度を持たせる設計を行い、試験による強度解析によりその強度を保障する。これにより、その部品の生涯にわたる安全性を確認することになる。
問0214	(1)	『[2] 飛行機構造』1-3-5「セーフライフ構造」 (1)：× ＊問0213の（参考）を参照

問題番号	解　答

問0215 (3)　　　『[2] 飛行機構造』1-3-5「セーフライフ構造」
(B)(C)(D)：○
(A)×：フェール・セーフ構造にすることが困難な部分に適用される。
＊問0213の（参考）を参照

問0216 (4)　　　『[2] 飛行機構造』1-3-5「セーフライフ構造」
(A)(B)(C)(D)：○
＊問0213の（参考）を参照

問0217 (1)　　　『[2] 飛行機構造』1-3-5「セーフライフ構造」
(1)：○
（参考）
セーフ・ライフ構造とはフェール・セーフ構造にすることが困難な脚支柱や（　a　エンジン・マウント　）等に適用される構造設計概念であり、その部品が受ける（　b　終局荷重　）、疲労荷重、あるいは使用環境による劣化に対して十分余裕のある（　c　強度　）を持たせる設計を行い、試験による（d　強度解析　）によりその強度を保障する。これにより、その部品の生涯にわたる安全性を保証するものである。

問0218 (1)　　　『[2] 飛行機構造』1-3-5「セーフライフ構造」
(1)○
＊問0217の（参考）を参照

問0219 (3)　　　『[2] 飛行機構造』1-3-7「疲労破壊防止のための設計基準および整備上の注意」
(3)×：リベット穴の様な断面積の不連続部分を避けるため、出来る限り接着構造や、サンドイッチ構造にしてリベット結合を少なくする。

問0220 (3)　　　『[2] 飛行機構造』1-3-7「疲労破壊防止のための設計基準および整備上の注意」
(A)(C)(D)：○
(B)×：マルチ・ロード・パスは複数の荷重伝達経路有する構造でレダンダント構造である。

問0221 (2)　　　『[2] 飛行機構造』1-3-1「トラス構造」
(A)(B)○：ロンジロンは胴体骨組みの主要な前後方向の補強材で、ストリンガより丈夫にできている。その役目は胴体の場合、胴体の曲げ荷重を受け持つ。

問0222 (3)　　　『[2] 航空機構造』5-3-2「胴体の荷重」
(3)：○
(1)(2)×：(2)は、胴体に加わるせん断力の分布。
（参考）
胴体は主翼に固定された片持ち梁とみなせるので(1)のようにならず(3)のような曲げモーメント分布となる。

問0223 (1)　　　『[2] 飛行機構造』1-5「主翼」
(1)×：荷重は、まず外板にかかり、次に小骨へ、そして桁へと伝えられる。

問0224 (3)　　　『[2] 飛行機構造』1-5-1「応力外皮構造の主翼」
(B)(C)(D)：○
(A)×：荷重は、まず外板にかかり、次に小骨へ、そして桁へと伝えられる。

問0225 (4)　　　『[2] 飛行機構造』1-5-1「応力外皮構造の主翼」
(A)(B)(C)(D)：○

問0226 (1)　　　『[2] 飛行機構造』1-5-2「翼桁」
(1)：○
（参考）
キャリスル・メンバとは左右の翼桁を接続し、翼の荷重（せん断荷重）を胴体に伝え、左右の翼に発生する曲げ荷重を相殺させることで、機体構造重量の軽減を図る部材である。なお、トーション・ボックス構造の翼では、センターウイング（中央翼）と呼ばれる構造全体がキャリスル・メンバである。

問0227 (4)　　　『[2] 飛行機構造』1-5-2「翼桁」
(4)：○
＊問0226の（参考）を参照

問0228 (2)　　　『[2] 飛行機構造』1-5-1「応力外皮構造の主翼」
(A)(D)：○
(B)×：単桁構造では通常、桁を最大翼厚位置に置き、前縁外板とでトーション・ボックスを形成し、ねじり剛性を受け持つ。
(C)×：トーション・ボックスとは、ねじり荷重を伝達する箱状の構造をいう。

問0229 (3)　　　『[2] 飛行機構造』1-5「主翼」
(3)×：翼の剛性を高めるため構造部材には、主としてアルミニウム合金を使用している。また、最近の航空機には非金属の複合材も使用されている。

問0230 (3)　　　『[2] 飛行機構造』1-5「主翼」
(3)×：翼の構造部材には、主としてアルミニウム合金を使われているが、最近の航空機には非金属の複合材も使われるようになってきた。

－ 86 －

問題番号	解答

問0231 (3)
『[2] 飛行機構造』1-5「主翼」
(3)×：スパーは胴体、着陸装置、エンジンの集中荷重等による、剪断力と曲げモーメントを受け持っている。

問0232 (3)
『[2] 飛行機構造』1-5-1「応力外皮構造の主翼」
(A)(B)(D)：○
(C)×：トーション・ボックスとは、ねじり荷重を伝達する箱状の構造をいう。

問0233 (3)
『[3] 航空機システム』7-10-1「燃料タンク」
(3)○：インテグラル・タンクは、主翼構造の一部で主翼内部の空間を利用している。主翼の内部をシーリングして、燃料タンクとなっている。機体構造の一部（翼）の構造部分をそのまま利用しているものをインテグラル燃料タンクと呼ぶ。

問0234 (2)
『[2] 飛行機構造』1-7「尾翼」
(B)(C)○：飛行機の方向安定を保ち方向の制御を行う。
(A)×：垂直安定板と方向舵から構成されている。
(D)×：垂直安定板を操舵することはできない。

問0235 (3)
『[2] 飛行機構造』1-7「尾翼」
(A)(B)(C)：○
(D)×：垂直安定板を操舵することはできない。

問0236 (2)
『[2] 飛行機構造』4-8「可動操縦翼面の釣合わせ法」
(2)○：動翼を修理または塗装した時は、必ずバランスを取りなおす必要がある。バランスが取れていないと動翼が不安定となり、ニュートラルがずれるだけでなく、フラッタやバフェットを惹き起す。

問0237 (2)
『[2] 飛行機構造』4-8「可動操縦翼面の釣合わせ法」
(2)×：後縁が水平より上がることを過剰釣合という。

問0238 (2)
『[2] 飛行機構造』1-6「ナセル、ポッド、カウリング」
(2)○：エンジンと地面の接触など想定以上の過度な荷重がパイロン構造に加えられた場合、ヒューズ・ピンが破断しパイロンが主翼から分離され、主翼の一次構造を保護する。

問0239 (4)
『[2] 飛行機構造』1-9b.「ドア」
『飛行機の構造設計』3-2-2「ドアのロック」3-2-3「ドアの構造」
(A)(B)(C)(D)：○
（参考）
ベント・パネルは、ドアがラッチされロックされるまで閉まることが無いよう設計されており、ドアが確実に閉まるまでは与圧がかからないようにする機能を有する。（耐空性審査要領 4-6-7-3 与圧防護手段、AC25.783）
与圧機のドアは与圧による差圧を曲げで耐える横骨式とフープテンション（Hoop Tension）を引っ張りで耐える縦骨式がある。

問0240 (3)
『[2] 飛行機構造』1-9b.「ドア」
『飛行機の構造設計』3-2-2「ドアのロック」3-2-3「ドアの構造」
(A)(B)(D)：○
(C)×：ベント・パネルは、ドアがラッチされロックされるまで閉まることが無いよう設計されており、ドアが確実に閉まるまでは与圧がかからないようにする機能を有する。（耐空性審査要領 4-6-7-3 与圧防護手段、AC25.783）
（参考）
与圧機のドアは与圧による差圧を曲げで耐える横骨式とフープテンション（Hoop Tension）を引っ張りで耐える縦骨式がある。

問0241 (3)
『[2] 飛行機構造』1-9-1「ウィンド・シールドとウィンドウ」
『[3] 航空機システム』5-13「風防と窓の防氷」
(A)(B)(C)：○
(D)×：ウィンド・シールドの内側は操縦室の暖房として加熱していない。
（参考）
与圧している機体のウィンド・シールドで、防曇・防音、保温、強度保持のため、強化ガラスと透明なビニール材を何枚も張り合わせた構造になっており、それらの層間に透明な電気抵抗発熱材を埋め込んで発熱させる事で、外側はアンチ・アイス（防氷）とバード・ストライク時の衝撃緩和、内側はアンチ・フォグ（防曇）の働きをさせている。

問0242 (4)
『[11] ヘリコプタ』10-3-2「クラッシュワージネス設計」
(4)：○
（参考）
クラッシュワージネス構造とは万一事故が起きたときにはできるだけ乗員、乗客の生存率が高くなるような設計がされており、各部位ごとにクラッシュに対する緩衝構造がある。
座席に対してはロード・リミッタと呼ばれる一定の荷重で変形してエネルギを吸収する装置が装備されている。
着陸装置はクラッシュ時、胴体が接地するまでの間に少しでも多くのエネルギを吸収できるようにしてある。
機体構造はつぶれにくい丸型断面を使用し防護殻にして床下は薄く強い部分と、厚く、つぶれてエネルギを吸収する部分からなっており強い部分の梁は操縦室、客室を保護する。
燃料系統はクラッシュ時に破壊すると燃料が漏れて火災の原因となる為、衝撃を受けると分離して燃料の漏れを防止するブレークアウェイ・カップリングを使用している。

機体関連

— 87 —

問題番号	解　答

問0243　(1)　　　　『[11] ヘリコプタ』10-3-2「クラッシュワージネス設計」
(D)：○
(A)×：衝撃吸収に必要な部分である。
(B)×：胴体底部などがつぶれても、客室は防護殻となって乗員を守る。
(C)×：クラッシュ時人間に加わる荷重を限界値以下に抑えるために、座席や担架にはロード・リミッタが変形することによりエネルギを吸収する装置を使用する。
　＊問0242の（参考）を参照

問0244　(2)　　　　『[2] 飛行機構造』5-1-1「構造にかかる荷重」（b 圧縮）
(2)○：圧縮荷重を受けるストリンガなどは圧縮荷重を受け変形を生じる。しかし、この圧縮荷重がある値で急に荷重方向とは異なる方向に変形するがある。この変形を座屈（Buckling）という。

問0245　(2)　　　　『[2] 飛行機構造』5-2-2「運動による荷重倍数」
(2)×：飛行機の強度試験では、終極荷重（制限荷重の1.5倍）をかけたまま、少なくとも3秒間は持ちこたえなければならないことになっている。

問0246　(1)　　　　『[2] 飛行機構造』5-2-2「運動による荷重倍数」
(D)：○
(A)×：一般構造部分の安全率は、1.5である。
(B)×：終極荷重（制限荷重X安全率）に少なくとも3秒間は耐える。
(C)×：鋳物係数、面圧係数及び金具係数を特別係数という。

問0247　(1)　　　　『[2] 飛行機構造』5-2-3「突風による荷重倍数」
(1)：○
(2)×：翼面荷重に反比例する。
(3)×：翼面荷重が大きいほど小さい。
(4)×：飛行高度が高いほど小さい。
（参考）
突風荷重倍数は、空気密度（高度）、垂直方向の突風速度、飛行速度に比例し、翼面荷重に反比例する。

問0248　(1)　　　　『[2] 飛行機構造』5-1-3「突風による荷重倍数」
(1)×：飛行速度が速いほど大きい。
（参考）
＊問0247の（参考）を参照

問0249　(3)　　　　『[2] 飛行機構造』5-2-3「突風による荷重倍数」
(3)：○
(1)×：飛行速度に比例する。
(2)×：空気密度に比例する。
(4)×：突風速度に比例する。
＊問0247の（参考）を参照

問0250　(3)　　　　『[2] 飛行機構造』5-1-4「V-n線図」
(3)：○

問0251　(4)　　　　『[3] 航空機システム』4-1「空調・与圧系統の目的」
　　　　　　　　　　　　　　　3-5「酸素ガスと供給」
(4)×：客室酸素系統には圧縮酸素ガス方式、液体酸素方式（特殊な軍用機用）、固形酸素方式が使用されエア・コンディショニング・システムで加圧する事は無い。

問0252　(3)　　　　『[3] 航空機システム』4-1「空調・与圧系統の目的」
(A)(B)(C)：○
(D)×：燃料タンクの上部余積の部分を外気に通気させてタンクの内外の圧力差を生じさせないようにしている。通気にラム圧を利用してタンク内を若干、加圧している機体が多い。エア・コンディショニング・システムとは別の系統である。
（参考）
TWA800便の胴体内タンク爆発事故、タイ航空B737機などの同様事故例に鑑み、FAAの規制が設けられたため、最近製造された機体では胴体内センタ・タンクの爆発を防ぐべく、エンジン・ブリード・エア中の酸素を抽出して窒素成分を多くしたエアをタンク内に導入し着火・爆発しにくくしている。

問0253　(4)　　　　『[3] 航空機システム』4-4-1「エンジンからの抽気」
(A)(B)(C)(D)：○

問0254　(4)　　　　『[3]航空機システム』4-5-1「冷却系統」
(A)(B)(C)(D)：○
（参考）
冷却空気を作り出す装置はエアー・サイクルとベーパー・サイクルがある。
エアー・サイクル冷却装置のタービンを出た空気は断熱膨張によって冷たくなる。
ベーパー・サイクル冷却装置は冷却液が蒸気に代わるとき周りの熱を吸収して冷却をする。
又冷却液は低温で沸騰する液体が最も望ましいためコンプレッサの圧縮を利用してより沸騰点を上げる必要がある。

問題番号	解 答

問0255 (1)
　　　『[3] 航空機システム』4-5-1「冷却系統」
　(C)：○
　(A)×：ベーパ・サイクル冷却装置は冷却のみで、機内与圧には使用されていない。
　(B)×：ベーパ・サイクル冷却装置は液体フレオンを配管内に循環させて機内の冷却を行う。
　(D)×：地上においては、グランド・クーリング・ファンが作動するので機内を冷却することができる。

問0256 (4)
　　　『[3] 航空機システム』4-5-2「エア・サイクル冷却装置」
　(4)○：空気の流れとしては、一次熱交換器で冷やされてからエア・サイクル・マシンのコンプレッサで断熱
　　　　圧縮され高圧高温になり二次熱交換器でまた冷やされる。次にタービンを通過することによって断熱
　　　　膨張し、同一軸に連結したコンプレッサを駆動する（機械的エネルギの消費）と共に冷却される（低
　　　　圧低温となる）。

問0257 (3)
　　　『[3] 航空機システム』4-5-2「エア・サイクル冷却装置」
　(3)○：エア・サイクル・マシンはエンジン・ブリード・エア（ニューマチック・エア）で駆動され、コンプ
　　　　レッサを出た空気は断熱圧縮によって高温になる。一方、タービンを出た空気は減圧され、断熱膨張
　　　　によって低温となる。

問0258 (2)
　　　『[3] 航空機システム』4-5-2「エア・サイクル冷却装置」
　(2)：○
　(1)×：コンプレッサを出た空気は断熱圧縮によって高温になっている。
　(3)×：エア・サイクル・マシンにはフレオン・ガスが用いられない。
　(4)×：タービンを出た空気は低圧、低温となっている。

問0259 (1)
　　　『[3] 航空機システム』4-5-2「エア・サイクル冷却装置」
　(1)○：空気の流れとしては、一次熱交換器で冷やされてからエア・サイクル・マシンのコンプレッサで断熱
　　　　圧縮され高圧高温になり二次熱交換器でまた冷やされる。次にタービンを通過することによって断熱
　　　　膨張し、同一軸に連結したコンプレッサを駆動する（機械的エネルギの消費）と共に冷却される（低
　　　　圧低温となる）。
　(2)×：タービンで断熱膨張するときに同軸上のコンプレッサを回すので、電動モータは取り付けられていな
　　　　い。
　(3)×：タービンを出た空気は、断熱膨張によって冷たくなる。
　(4)×：コンプレッサを出た空気は、断熱圧縮によって高温となる。

問0260 (3)
　　　『[3] 航空機システム』4-5-2-b「系統の作動」
　(3)○：流れの順番は、P→C→S→Tである。
　（補足）
　ブリード・エアはフローコントロール・バルブを経て、まず一次熱交換器（P：プライマリ・ヒート・エクス
　チェンジャ）に入る。ここで冷却された空気はコンプレッサ（C）によって加圧される。加圧された空気は二
　次熱交換器（S：セカンダリ・ヒート・エクスチェンジャ）で再度冷却されて膨張タービン（T）およびター
　ビン・バイパス・バルブを通って減圧され、水分離に導かれる。空気がタービンを通過する際、コンプレッ
　サを作動する機械的エネルギとして消費され、かつ断熱膨張することにより急激に温度が下がる。

問0261 (1)
　　　『[3] 航空機システム』4-5-2「エア・サイクル冷却装置」
　(B)：○
　(A)×：コンプレッサを出た空気は断熱圧縮によって高温になっている。
　(C)×：エア・サイクル・マシンにはフレオン・ガスが用いられない。
　(D)×：タービンを出た空気は低圧、低温となっている。

問0262 (3)
　　　『[3] 航空機システム』4-5-3「ベーパ・サイクル冷却装置」
　(B)(C)(D)
　(A)×：冷却液はコンデンサの次にレシーバに送られる。
　（参考）
　ベーパ・サイクルは高圧でレシーバに収められた冷却液が膨張バルブを通り蒸気に代わるとき周りから熱を吸
　収し、エバポレータへ流れ込む。エバポレータで冷却された冷たい蒸気はコンプレッサに入りここで圧縮され
　て沸騰点が上昇する。高圧高温の冷却液はコンデンサへと流れ、ここで熱は冷却液から外気へと逃げていき、
　蒸気は液体に凝縮される。

問0263 (4)
　　　『[3] 航空機システム』4-5-3「ベーパ・サイクル冷却装置」
　(A)(B)(C)(D)：○
　＊問0262の（参考）を参照

問0264 (2)
　　　『[3] 航空機システム』4-9「与圧系統」
　(2)×：機体が地上にあるときのアウトフロー・バルブは、不用意に機体が加圧されるのを防ぐため、着陸装
　　　　置のグラウンド・センシング機構で作動するスイッチにより全開している。

問0265 (2)
　　　『[3] 航空機システム』4-9「与圧系統」
　(C)(D)：○
　(A)×：客室内圧力（客室高度）と外気圧（航空機飛行高度）の差が差圧なので、その最大差圧が 大きい程、
　　　　客室高度を低くできる。
　(B)×：機体が地上にあるときのアウトフロー・バルブは、不用意に機体が加圧されるのを防ぐため、着陸装
　　　　置のグラウンド・センシング機構で作動するスイッチにより全開している。

機体関連

問題番号	解　答

問0266 (2)　　　『[3] 航空機システム』4-9「与圧系統」
(A)(D)：○
(B)×：機体が地上にあるときのアウトフロー・バルブは、不用意に機体が加圧されるのを防ぐため、着陸装置のグラウンド・センシング機構で作動するスイッチにより全開している。
(C)×：負圧状態から解除されるとネガティブ・プレッシャ・リリーフ・バルブはクローズ位置に戻る。

問0267 (4)　　　『[3] 航空機システム』4-9-1「アウトフローバルブ」
(4)○：飛行中、客室圧力をコントロールすることで設定した客室高度が得られるように開閉する。

問0268 (3)　　　『[3] 航空機システム』4-9-1「アウトフローバルブ」
(3)×：アウトフロー・バルブは、外気圧機内圧になると機体保護のため負圧リリーフとしての機能は保持していない。客室圧力が外気圧よりわずかに低くなるとネガティブ・プレッシャ・リリーフ・バルブが開いて外気を取り入れ、機体が潰れるのを防止する。

問0269 (4)　　　『[3] 航空機システム』4-9-5「客室安全バルブ」
(4)○：与圧飛行の際にはこのバルブは客室内の圧力によって通常閉まっているが、外気圧が客室圧力より大きくなると開いて客室が押しつぶされるのを防止する。
(1)×：機内圧が高過ぎる場合は圧力リリーフ・バルブが作動する。
(2)×：貨物室のみの圧力リリーフはない。
(3)×：機内圧のリリーフはするがコントロールはできない。

問0270 (4)　　　『[2] 飛行機構造』1-9-b「ドア」、1-9-c「非常脱出口」
(4)×：非常脱出口はサイズの大きいものから、A型、Ⅰ型、Ⅱ型、Ⅲ型となっている。

問0271 (1)　　　『[2] 飛行機構造』1-9-b「ドア」、1-9-c「非常脱出口」
(1)×：主翼上面などに専用の非常脱出口が設けられている。この脱出口は内開きのものもあるが、開いたときに脱出の妨げにならない外開き形式のものが多い。この外に、乗客の出入りするドアやサービス・ドアは非常脱出口をかねており、内開きドア、外開きドアが使用されている。

問0272 (4)　　　『[2] 飛行機構造』1-9-b「ドア」、1-9-c「非常脱出口」
(4)×：非常脱出口はサイズの大きいものから、A型、B型、C型、Ⅰ型、Ⅱ型、Ⅲ型、Ⅳ型となっている。

問0273 (4)　　　『[3] 航空機システム』6-4「ファイア・シャットオフ」
(4)×：エンジン・ファイア・シャット・オフ・スイッチを操作しても、アウトフロー・バルブはシャット・オフしない。

問0274 (4)　　　『[3] 航空機システム』6-4「ファイア・シャットオフ」
(A)(B)(C)(D)：○

問0275 (3)　　　『[3] 航空機システム』6-7-1「消火剤」
(3)×：炭酸ガスは腐食性は無いが、空気の1.5倍の重さがある。沈殿する性質があるため、人がいると低酸素症を起こすので、密閉した場所での使用は危険である。

問0276 (4)　　　『[3] 航空機システム』6-7-1「消火剤」
(4)×：炭酸ガスはチタニウム、マグネシウムの金属火災に効果がない。
（補足）
炭酸ガスはガス化・液化したものを使用でき、油脂、電気の各火災に有効である。しかし、科学的な火災であって、それ自体酸素を発生するものや、マグネシウム、チタニウムなどの金属火災には効果はない。

問0277 (4)　　　『[3] 航空機システム』6-7-1「消化剤」
(4)×：炭酸ガスは化学的火災や、それ自身が酸素を発するものやマグネシウムやチタニウムなどの金属火災には効果はない。
（補足）
a.臭化メチルの蒸気は極めて毒性が強くアルミニウム、マグネシウム、亜鉛は腐食する。
b.粉末消火剤は 一般、油脂、電気火災に有効である。
c.ハロン・ガスは一般、油脂、電気火災に有効であり、環境への影響を含む有毒性は低い。

問0278 (1)　　　『[3] 航空機システム』6-7-1「消化剤」
(1)×：水は一般火災にのみ有効で、油脂と電気火災への使用は禁止されている。

問0279 (3)　　　『[3] 航空機システム』6-7-1「消化剤」
(3)×：炭酸ガスは腐食性は無いが、空気の1.5倍の重さがある。沈殿する性質があるため、人がいると低酸素症を起こすので、密閉した場所での使用は危険である。

問0280 (1)　　　『[3] 航空機システム』6-7-1「消化剤」
(1)○：エンジン火災の消火剤にはハロンガスが使用されている。
（補足）
各消火器の使用目的
a.水消火器　　　　　　・・・　電気・油以外の火災
b.炭酸ガス消火器　　　・・・　電気・一般火災
c.ハロンガス消火器　　・・・　エンジン火災
d.ドライケミカル消火器・・・　一般火災（客室用）

問題番号	解　答

問0281 (3)　　　『[3] 航空機システム』6-7-1「消火剤」
(A)(B)(D)：○
(C)×：炭酸ガスは油脂、電気火災に有効であるが、マグネシウムやチタニウムなどの金属火災には効果はない。

問0282 (2)　　　『[3] 航空機システム』6-7-1「消火剤」
(A)(D)：○
(B)×：粉末消火剤は一般、油脂、電気火災に有効であるが、加熱されると分解し炭酸ガスを発生する。人がこの中にいれば低酸素症にかかり意識障害を越すため、操縦室の様な密閉された場所での使用は危険である。
(C)×：炭酸ガスは油脂、電気火災に有効であるが、マグネシウムやチタニウムなどの金属火災には効果はない。

問0283 (1)　　　『[3] 航空機システム』6-9「携帯用消火器」
(1)×：粉末消火器は一般、電気油脂の火災に有効であるが操縦室で使用してはならない。
（参考）
粉末消火器を操縦室で使用してはならない理由は視界を妨げることと、周辺機器の電気接点に非導電性の粉末が付着する可能性があるからである。

問0284 (2)　　　『[3] 航空機システム』6-9「携帯用消火器」
(B)(D)：○
(A)×：客室に装備され、一般火災に使用されるが、電気・油脂火災への使用は禁止されている。消火剤の水には凍結を防ぐための不凍液が混入されている。
(C)×：粉末消火器は重曹の微粉末を封入し、炭酸ガス、または窒素ガスで加圧し噴射させる。一般、電気、油脂の各火災に有効であるが、操縦室で使用してはならない。その理由は、視界を妨げることと、周辺機器の電気接点に非導電性の粉末が付着する可能性があるためである。

問0285 (4)　　　『[3] 航空機システム』6-5「火災検知器」
(4)×：光電型は煙検知装置に用いられる。

問0286 (4)　　　『[3] 航空機システム』6-5「火災検知器」
(4)×：イオン型は煙検知装置に用いられる。

問0287 (2)　　　『[3] 航空機システム』6-5「火災検知器」
(2)○：抵抗式ループ型は部分的な温度上昇でも検知可能である。
(1)×：検知するには電源を必要とする。
(3)×：部分的な温度上昇の場合でも、ガスが発生し圧力が上昇するので検知可能。
(4)×：いずれのデテクタも操縦室から警報試験ができなければならない。

問0288 (2)　　　『[3] 航空機システム』6-5「火災検知器」
(2)×：サーモカップル型は火災発生時にリファレンス用サーモカップルと火災検出用サーモカップルに温度差が生じる、その差による微弱電流を感知してリレーを作動させる。
（参考）
火災検知用サーモカップルは火災区域に配置されるがその中の1個はリファレンスの目的で熱がかからない空間に配置してある。火災が発生すると火災検知用サーモカップルとリファレンス用サーモカップルに温度差が生じ、そのため微弱電流が流れて高感度リレーを作動させる。この型の検知器は、エンジンの緩慢な温度上昇や回路の短絡の場合には、警報を出さない。

問0289 (4)　　　『[3] 航空機システム』6-5「火災警報」
(4)：○
(1)×：サーモカップル型は火災発生時、サーモカップルに温度差が生じる事から、回路に内蔵された高感度リレーを作動させる。
(2)×：部分的な温度上昇の場合でも、ガスが発生し圧力が上昇するので検知可能。
(3)×：いずれのデテクタも操縦室から警報試験ができなければならない。

問0290 (2)　　　『[3] 航空機システム』6-5「火災検知器」
(A)(D)：○
(B)(C)：×
イオン型、光電型は煙検知装置として用いられる。
（参考）
『[3] 航空機システム』6-6「煙検知器」として別掲載
イオン型は、イオンの物性を利用した煙検知装置として過熱や火災によって発生した煙を検知することから煙探知器として用いられる。
光電型は目視に代わり光電管などを使用する、作動原理は煙による光の拡散を検知して電気的に作動させる。

問0291 (4)　　　『[3] 航空機システム』6-5「火災検知器（Fire Detector）」
(A)(B)(C)(D)：○
（参考）
ファイア・ディテクタのタイプ：
a.サーマル・スイッチ型火災検知装置
b.サーモカップル型火災検知装置
c.抵抗式ループ型火災検知装置
d.圧力型火災検知装置
e.電気容量型火災検知装置

問題番号	解　答

問0292 (2)　　　『[3] 航空機システム』6-5「火災検知器」
(B)(C)○：火災検知器（Fire Detector）にはサーマル・スイッチ型、サーモカップル型、抵抗式ループ
型、容量型、圧力型が用いられている。
(A)(D)×：煙検知器には直視型、光電型、イオン型が用いられている。

問0293 (4)　　　『[3] 航空機システム』6-5「火災検知器（Fire Detector）」
(A)(B)(C)(D)：○

問0294 (3)　　　『[3] 航空機システム』6-5「火災検知器」
(A)(C)(D)：○
(B)×：火災発生時、サーモカップルに温度差が生じる事から、回路に内蔵された高感度リレーを作動させ
る。この型の検知器は、エンジンの緩慢な温度上昇や回路の短絡の場合には、警報を出さない。

問0295 (3)　　　『[3] 航空機システム』6-5「火災検知器」
(A)(B)(C)：○
(D)×：イオン型は、煙検知装置として用いられる。
（参考）
『[3] 航空機システム』6-6「煙検知器」として別掲載
イオン型は、イオンの物性を利用した煙検知装置として過熱や火災によって発生した煙を検知することから煙
探知器として用いられる。
光電型は目視に代わり光電管などを使用する、作動原理は煙による光の拡散を検知して電気的に作動させる。

問0296 (4)　　　『[3] 航空機システム』6-5「火災検知器」
(A)(B)(C)(D)：○
（参考）
温度上昇をバイメタルで検知するものをサーマル・スイッチ型火災検知装置、ある温度に達すると急激に電気
抵抗が低下する共融塩を利用し、温度上昇を電気的に検出する検知器を抵抗式ループ型火災検知器、静電容量
の温度による変化を利用したものを容量型、圧力型は温度上昇を密封したガスの膨張や放出で気体の圧力とし
て検知する方式でリンドバーク型とも呼ばれている。

問0297 (3)　　　『[3] 航空機システム』6-5「火災検知器」
(B)(C)(D)：○
(A)×：サーモカップル型は異種金属を溶接してジャンクションにしたサーモカップルで温度上昇を検知する
タイプである。

問0298 (2)　　　『[3] 航空機システム』6-5-3「抵抗式ループ型火災検知装置」
(2)○：この図は、電気抵抗が温度により変化するセラミックや、ある温度に達すると急激に電気抵抗が低下
する共融塩を利用し、温度上昇を電気的に検出する抵抗式ループ型火災検知器を装備した抵抗型火災
警報装置の電気回路図である。

問0299 (2)　　　『[3] 航空機システム』6-5-5「圧力型」
(C)(D)：○
(A)×：局部的な火災も検出することができる。
(B)×：センサの一部が断線すると、火災の検出は出来ない。
（補足）
センサは細長いステンレス管の中にガスと、低温時には多量のガスを吸収し、高温時には放出する物質を封入
してあり、片方の端には圧力で作動するスイッチを設けている。区域全体の温度が上昇すると、センサ全体か
ら放出され圧力が上昇する。また、局部部加熱が生じると、その部分から多量のガスが放出されて圧力が上昇
し、この2つの形の火災を検出することができる。

問0300 (2)　　　『[3] 航空機システム』6-6「煙探知器」
(C)(D)○：煙探知系統には、直視型（現在ではほとんど用いられていない）、光電型、イオン型がある。
(A)(B)×：火災探知器（Fire Detector）に用いられている。

問0301 (3)　　　『[3] 航空機システム』6-6「煙探知器」
(A)(B)(C)：○
(D)×：光電型検知器はビーコン・ランプは常時点灯しており、煙が入ってくると、光が煙の粒子に反射し、
反射光が光電管または感光トランジスタを作動させ警報装置を作動させる。

問0302 (3)　　　『[2] 飛行機構造』1-8「操縦翼面」
(A)(B)(D)：○
(C)×：操縦桿を押すとエレベータが下がる。

問0303 (4)　　　『航空工学入門』2-9-1「操縦系統の種類」、2-9-1-1c「索操縦系統」
『[2] 飛行機構造』3-2-5「索、滑車等」、4-5「索張力の測定」
『航空機の基本技術』10-10-4「テンション・メータの取扱い」
(4)×：通常、ケーブル・サイズが大きくなればケーブル・テンション値は大きくなる。またケーブル・サイ
ズが大きいほど温度変化によるケーブル・テンション値の変化は大きくなる。

問0304 (3)　　　『[2] 飛行機構造』3-2-4「リンク機構」
(3)○：ベルクランクは運動の方向転換の役目を果たしている。ケーブルまたはプッシュ・プル・ロッドの動
きをベルクランクを介して荷重の方向変換をし、次のケーブルあるいはプッシュ・プル・ロッドに伝
える。

問題番号	解　答

問0305 (1)　　　　『[2] 飛行機構造』3-2-2「プッシュ・プル・ロッド操縦系統」
(1)：○
(2)×：剛性が高い。
(3)×：組み立て調整が容易である。
(4)×：重量が重い。

問0306 (1)　　　　『[2] 飛行機構造』3-2-2「プッシュ・プル・ロッド操縦系統」
(A)：○
(B)×：剛性が高い。
(C)×：組立調整が容易である。
(D)×：重量が重い。
（参考）
ベアリングの遊びによって操縦性が悪くなり、また、ロッド類の重量と慣性が操縦の妨げになること等が欠点。

問0307 (2)　　　　『[2] 飛行機構造』3-2-2「プッシュ・プル・ロッド操縦系統」
(C)(D)：○
(A)×：摩擦が大きい。
(B)×：剛性が低い。

問0308 (4)　　　　『[2] 飛行機構造』3-2-2「プッシュ・プル・ロッド操縦系統」
(A)(B)(C)(D)：○

問0309 (4)　　　　『[2] 飛行機構造』3-2-5「索、滑車等」
(4)○：機体構造に孔をあけケーブルを通す場合、ケーブルと構造物が直接接触しないように、孔の部分にフェアリードを取り付け、ケーブルおよび構造部材の損傷を防止している。

問0310 (1)　　　　『[2] 飛行機構造』3-2-5「索、滑車等」
(A)：○
(B)×：ケーブルの方向を変えるのは、滑車である。
(C)×：ケーブルの張力を保つのは、テンション・レギュレータである。
(D)×：舵面の作動範囲を制限するのは、舵面ストッパである。

問0311 (4)　　　　『[2] 飛行機構造』3-2-5-a「フェアリード」
(A)(B)(C)(D)：○

問0312 (3)　　　　『[2] 飛行機構造』3-2-7「トルク・チューブ」
(3)○：操縦系統に角運動やねじり運動を伝達する所に使用される。

問0313 (3)　　　　『[2] 飛行機構造』3-3-2「フライ・バイ・ワイヤ操縦装置」
(3)：○
(1)×：舵面を動かすための油圧、電動モータ作動機（アクチュエータ）に指令を送るための操縦索や滑車等の機械部品に替えて、電線を流れる電気信号により舵面作動機を制御する。
(2)×：操縦者は当て舵の操作をしなくても、コンピュータが計算して当て舵を必要なだけとってくれる。
(4)×：スポイラ等セカンダリー・コントロール・サーフェイスにも採用されている。

問0314 (2)　　　　『[2] 飛行機構造』3-3-2「フライ・バイ・ワイヤ操縦装置」
(A)(C)：○
(B)×：操縦者は当て舵の操作をしなくても、コンピュータが計算して当て舵を必要なだけとってくれる。
(D)×：スポイラ等セカンダリー・コントロール・サーフェイスにも採用されている。

問0315 (4)　　　　『[2] 飛行機構造』3-3-3「人工感覚装置」
(4)×：動力操縦装置に油圧アクチュエータを用いる場合は、操縦者が過大な操縦を行うことを防ぐために人工感覚装置を用いなければならない。この人工感覚装置は飛行速度の変化に応じて変化するが、操縦装置を中立位置に保つことにも用いられる。

問0316 (4)　　　　『[2] 飛行機構造』1-8「操縦翼面」
(4)○：操縦翼面（動翼）は重量分布が適切でないと、飛行中または操縦の際にフラッタを起す危険があるため、通常はその前縁に「おもり」を入れてフラッタを防止している。このおもりをマス・バランスという。

問0317 (2)　　　　『[2] 飛行機構造』1-8-1-C「方向舵」
(2)○：左へ偏向するのは機首が左に振れることで、この場合、方向舵で修正する。すなわち、方向舵タブを左に曲げれば、その空気力は方向舵全体をやや右の位置でつり合うように働き、機首を右に向けるモーメントが発生し、偏向の修正ができる。

問0318 (2)　　　　『[2] 飛行機構造』1-8-2「補助操縦翼面」
(2)×：クルーガ・フラップは前縁フラップである。

機体関連

問題番号		解　答

問0319 (4)　　　『[2] 飛行機構造』1-8-2「補助操縦翼面」
(4)：○
　　a：スプリット・フラップ：
　　　フラップ上げ位置では主翼の下面の一部となり、その上面が主翼の後縁部の中に引き込まれてしまう事を除けば、単純フラップと構造的には類似している。
　　b：プレイン・フラップ：
　　　単純にフラップ面がヒンジを中心にして下がり、キャンバを増加させる。
　　c：ファウラー・フラップ：
　　　フラップを下げる時はウオーム・ギアやジャッキ・スクリュー、リンク等の駆動によりフラップ全体を後方へ動かして翼面積を増加させると共に、さらに下方へ下げて翼のキャンバを大きくし、揚力を増加させる。
　　d：ザップ・フラップ：
　　　下に折り曲げると同時に、後方へ移動させる形式のもので、構造が複雑な上に、フラップ効果があまりないので現在では使われている機体はない。

問0320 (1)　　　『[2] 飛行機構造』3-4-2「高揚力操縦装置」
(C)○：フラップ構造にダメージを与えるような機速に達した場合自動的にフラップをリトラクトさせるのが、フラップ・ロード・リリーフ機能である。
(A)×：フラップがエア・ロードによりリトラクト方向に押し上げられるのを防ぐためにブレーキをかけるが、これはフラップ・トランスミッションのノウ・バック・ブレーキの機能である。
(B)×：フラップ・レバーを動かしコマンドを与えても、フラップが動かないときに作動源を切り替えるのは、フラップの作動制御するコントローラの1つの機能である。
(D)×：飛行機は離着陸の各々の揚力、抗力を得るためにフラップを動かす。しかし左右についているフラップが同じ位置に同じ速さで作動していないと、安定した離着陸が行えなくなる。そこで決められた以上の位置のずれが左右のフラップに生じた場合は、それ以上フラップが作動しないように自動的に停める装置をアシメトリ・（プロテクション）システムという。

問0321 (1)　　　『[2] 飛行機構造』1-8-2「補助操縦翼面」
(C)○：フライト・スポイラとしての機能は、操縦桿を動かすことでUp側の補助翼と連動してパネルが立ち、横方向の操縦が得られる。また、スポイラ・パネルをスピード・ブレーキやグラウンド・スポイラとして使用する場合は、左右翼上面のパネルを同時に立てて空気の流れを阻止し、抵抗を増やすとともに翼の揚力を減少させることで機速を減じることができる。また、着陸時には両翼全てのフライト・スポイラが開きグランド・スポイラとして機能する。
(A)(B)(D)×：揚力を減少させ抗力を増加させる。

問0322 (3)　　　『[3] 航空機システム』7-6「クロス・フィード」
(3)×：左右のタンク内圧力を均一にするのではなく、左右のタンク内燃料の残量を均一にする。

問0323 (3)　　　『[3] 航空機システム』7-6「クロス・フィード」
(3)×：左右のタンク内圧力を均一にするのではなく、左右のタンク内燃料の残量を均一にする。

問0324 (3)　　　『[3] 航空機システム』7-6「クロス・フィード」
(3)×：地上からの燃料補給は JETTISON／FUELING MANIFOLD LINE を使用する。

問0325 (3)　　　『[3] 航空機システム』7-6「クロス・フィード」
(A)(B)(D)：○
(C)×：地上からの燃料補給は JETTISON／FUELING MANIFOLD LINE を使用する。

問0326 (4)　　　『[11] ヘリコプタ』8-3-3「燃料供給系統」
(4)：○
（参考）
ブースタ・ポンプは燃料タンク低部からエンジン入口に燃料を圧送する。これは始動時や高空飛行時、燃料を確実にエンジンに送り途絶を防ぐ、又エンジン駆動燃料ポンプの負圧によって発生するベーパ・ロックの防止も同時に行う。

問0327 (4)　　　『[3] 航空機システム』7-10-2「燃料ポンプ」
(4)○：燃料供給中、途絶が起きるとエンジンのフレーム・アウトは勿論、エンジン駆動燃料ポンプにキャビテーションが発生し、過熱や摩耗の原因となり、金属の侵食にも発展する。従って、ブースタ・ポンプの働きは燃料供給の途絶を防ぐことである。

問0328 (3)　　　『[3] 航空機システム』7-10-2-a「パルセイティング型」
(A)(B)(C)：○
(D)×：構造上、ポンプが不作動となったときに「燃料ポンプを通過することができない」ものは、燃料のバイパス機能を考えなければならない。パルセイティング型は、そのポンプが作動していないときはバイパス機能がないので、他のポンプとは並列にするか、ポンプをバイパスする配管が必要となる。

問題番号	解 答

問0329 (1) 　　『[3] 航空機システム』7-10-2-d「遠心型（ Centrifugal Type ）」
(1)×：放射状にベーンがあり、偏心した回転軸をもった定量型のポンプはベーン型である。
（参考）
遠心型燃料ポンプはインペラ（Impeller）を高速回転させ、遠心力によって燃料を外周に押し出して送り出す方式であり、電動式が多い。タンクの底部に取り付け、ブースト・ポンプとして使用することが多い。燃料をかくはんするため、ガス（Vapor）の発生量が多いが、タンク内であるため構造的にガスの分離は容易である。吐出圧力は他方式のポンプより低いが吐出量は大きい。ルーツ式のような強制排出方式のものではないので、リリーフ・バルブの必要はない。このポンプは不作動時でも、燃料はインペラの間を自由に通過でき、流れを大きく阻害することはない。

問0330 (2) 　　『[3] 航空機システム』7-10-2-d「遠心型（Centrifugal Type）」
(2)：○
＊問0329の（参考）を参照

問0331 (3) 　　『[3] 航空機システム』7-10-2-d「遠心型（Centrifugal Type）」
(3)×：このポンプは不作動時でも、燃料はインペラの間を自由に通過でき、燃料の流れを大きく阻害することはない。
＊問0329の（参考）を参照

問0332 (3) 　　『[3] 航空機システム』7-10-2-a「パルセイティング型」
(A)(B)(C)：○
(D)×：構造上、ポンプが不作動となったときに「燃料ポンプを通過することができない」ものは、燃料のバイパス機能を考えなければならない。パルセイティング型は、そのポンプが作動していないときはバイパス機能がないので、他のポンプとは並列にするか、ポンプをバイパスする配管が必要となる。

問0333 (3) 　　『[3] 航空機システム』7-10-2-d「遠心型（Centrifugal Type）」
(A)(C)(D)：○
(B)×：このポンプは不作動時でも、燃料はインペラの間を自由に通過でき、燃料の流れを大きく阻害することはない。
＊問0329の（参考）を参照

問0334 (3) 　　『[3] 航空機システム』7-10-2-d「遠心型（Centrifugal Type）」
(B)(C)(D)：○
(A)×：放射状にベーンがあり、偏心した回転軸をもった定量型のポンプはベーン型である。
＊問0329の（参考）を参照

問0335 (2) 　　『[3] 航空機システム』7-10-2-d「遠心型（Centrifugal Type）」
(B)(D)：○
(A)×：放射状にベーンがあり、偏心した回転軸をもった定量型のポンプはベーン型である。
(C)×：このポンプは不作動時でも、燃料はインペラの間を自由に通過でき、燃料の流れを大きく阻害することはない。
＊問0329の（参考）を参照

問0336 (1) 　　『[3] 航空機システム』7-10-2-d「遠心型（Centrifugal Type）」
(B)：○
(A)(C)(D)：×
＊問0329の（参考）を参照

問0337 (2) 　　『[3] 航空機システム』7-2-1「重力式燃料供給系統」
(A)(B)：○
(C)×：燃料タンクの通気をコントロールするのはベント・バルブである。
(D)×：燃料を捨てるときに使用するのはダンプ・コントロール・バルブである。

問0338 (4) 　　『[3] 航空機システム』7-3「通気系統」
(4)○：燃料タンク内外の差圧を小さくして、タンクを保護するとともに燃料の移送を確実にする。

問0339 (4) 　　『[3] 航空機システム』7-3「通気系統」
(4)○：燃料タンク内の上部余積部分を外気に通気させ、タンクの内外の圧力差を小さくしてタンク構造を保護している。また燃料の移送も確実にしている。

問0340 (2) 　　『[3] 航空機システム』7-3「通気系統」
(2)○：ベント・ラインの目的は燃料タンク内外の差圧を無くし、タンクの膨張やつぶれを防ぐとともに構造部分に不必要な応力がかかることを防ぐ。

問0341 (1) 　　『[3] 航空機システム』7-3「通気系統」
(1)○：ベント・ラインの目的は燃料タンク内外の差圧を無くし、タンクの膨張やつぶれを防ぐとともに構造部分に不必要な応力がかかることを防ぐ。

問0342 (2) 　　『[3] 航空機システム』7-3「通気系統」
(2)○：ベント・ラインの目的は燃料タンク内外の差圧を無くし、タンクの膨張やつぶれを防ぐとともに構造部分に不必要な応力がかかることを防ぐ。

問0343 (4) 　　『[3] 航空機システム』7-3「通気系統」
(4)○：ベント・ラインの目的は、燃料タンクの上部余積の部分を外気に通気させタンクの内外の圧力差を生じさせない。

問題番号	解　答

問0344 (4)　　　『[3] 航空機システム』7-3「通気系統」
(4)：○
通気系統の役目は燃料タンク内外の圧力差をなくして、タンクの膨張やつぶれを防ぐとともに構造部分に不必要な応力がかかることを防ぐとともに燃料の移送を確実にする。又複数のタンクを持ち供給パイプが相互に連絡している場合、タンクの燃料レベルを同一に保つ。

問0345 (1)　　　『[3] 航空機システム』7-10-1「燃料タンク」
(1)：○
(2)×：ブラダ・タンクはインテグラル・タンクの一種でない。ブラダ・タンクは合成ゴム製で、機体構造部の空間部分に合わせた形につくられ、取り付けられている。別名セル・タンクともいわれる。
(3)×：インテグラル・タンクは密閉型でないので、水分混入に対する対策や装備が必要である。
(4)×：インテグラル・タンクは密閉型でないので、内部からの燃料漏れは外部からも発見できる。

問0346 (1)　　　『[3] 航空機システム』7-10-1「燃料タンク」
(1)○：タンクの構造部分を保護するために外気との通気が必要である。
(2)×：ブラダ・タンクはインテグラル・タンクの一種でない。ブラダ・タンクは合成ゴム製で、機体構造部の空間部分に合わせた形につくられ、取り付けられている。別名セル・タンクともいわれる。
(3)×：インテグラル・タンクは密閉型でないので、水分混入に対する対策や装備が必要である。
(4)×：ブラダ・タンクは別名セル・タンクとも呼ばれている。

問0347 (2)　　　『[3] 航空機システム』7-10-1「燃料タンク」、7-3「通気系統」
(2)○：大型のタンクには姿勢の変化や運動によって燃料が移動しないように仕切りがある。
(1)×：ブラダ・タイプのタンクはセル・タンクの一種である。
(3)×：インテグラル・タンクは密閉型ではない。
(4)×：インテグラル・タンク内部は常時外気と通気および換気ができている。内部からの燃料漏れは外部から確認できる。

問0348 (4)　　　『[3] 航空機システム』7-14「燃料補給等の作業」
(4)×：ノズルのグランド・ワイヤを機体に接続してから、補給口の蓋を外す。これは燃料蒸気が流れ出る前に接地するためである。

問0349 (3)　　　『[3] 航空機システム』7-14「燃料補給等の作業」
(3)○：長時間、燃料タンクが空であると温度変化による呼吸作用で外部の空気が入り、その含有水分が結露する。このため燃料補給は着陸後速やかに行うのが良い。

問0350 (4)　　　『[3] 航空機システム』7-14「燃料補給等の作業」
(4)○：長時間、燃料タンクが空であると温度変化による呼吸作用で外部の空気が入り、その含有水分が結露する。このため燃料補給は着陸後速やかに行うのが良い。

問0351 (2)　　　『[3] 航空機システム』7-11「燃料油量計系統」
(B)(C)：○
(A)×：タンク・ユニットは円筒が二重になっており、相当数タンク内に配置する。二重円筒（コンデンサ）はそれぞれが電極になっている。円筒の燃料に浸かっている部分とガスの部分では誘電率が異なる。この変化により燃料の総重量を求め、燃料の比重で修正して正しい燃料の総重量を知ることができる。
(D)×：燃料上面の浮子に磁石があり、一方、スティック上端にも磁石が組み込まれている。スティックを翼下面に引き下げると、スティックは双方の磁石が一致する点で止まる。スティックの目盛から換算表により燃料の容量を知る。

問0352 (4)　　　『[3] 航空機システム』7-12-1「燃料流量計」図7-34「重量型燃料流量計」
(4)○：一対のインペラとタービンが燃料の流れの中に配置され、インペラを一定速度で回転させておく。タービンには回転を押さえるスプリングが負荷されている。回転流となった燃料は、タービンを変位させる。変異トルクは流量に関係するので、タービンの変位量を測定し流量を知ることができる。

問0353 (4)　　　『[3] 航空機システム』1-4「作動液」
(4)：○
（参考）
作動油に要求される性質
a.実用的に非圧縮性、使用中泡立たないこと。
b.最小の摩擦抵抗でラインを流れ、良好な潤滑性があること。
c.温度変化に対して物理的に安定していること。
d.腐食性が少なく、人体に危険のないこと。
e.火災に対する安全性が高いこと。
f.化学的に安定していること。

問0354 (2)　　　『[3] 航空機システム』1-4「作動液」
(2)×：温度変化に対して粘性、潤滑性、流動性の変化が少なく、熱膨張係数の小さいことが望ましい。

問0355 (4)　　　『[3] 航空機システム』1-4「作動液」
(4)：×

問0356 (2)　　　『[3] 航空機システム』1-4「作動液」
(2)：×
＊問0353の（参考）を参照

問題番号	解　答

問0357 (3)　『[3] 航空機システム』1-4「作動液」
(A)(B)(C)：○
(D)×：引火点、発火点が高く、燃焼性は低いこと。
＊問0353の（参考）を参照

問0358 (2)　『航空機の基本技術』9-5-7「バックアップ・リング」
(2)○：バックアップ・リングは高圧部の"O"リングのはみ出しを防止し、寿命を延ばす目的のために低圧側に取り付ける。

問0359 (3)　『[3] 航空機システム』1-4「作動液」
(A)(C)(D)：○
(B)×：温度変化に対して粘性、潤滑性、流動性の変化が少なく、熱膨張係数の小さいことが望ましい。

問0360 (1)　『[3] 航空機システム』1-4「作動液」
(A)：○
(B)×：実用的に非圧縮性であり、使用中に泡立たないこと
(C)×：最少の摩擦抵抗でラインを流れ、良好な潤滑性のあること
(D)×：温度変化に対して粘性、流動性の変化が少なく、熱膨張係数が小さいこと
＊問0353の（参考）を参照

問0361 (2)　『[3] 航空機システム』1-4「作動液」
(A)(C)：○
(B)×：実用的に非圧縮性、使用中に泡立たないこと
(D)×：温度変化に対して粘性、潤滑性、流動性の変化が少なく、熱膨張係数の小さいことが望ましい。
＊問0353の（参考）を参照

問0362 (4)　『[3] 航空機システム』1-5-1「リザーバ」
(4)：○
外気圧の低い高高度を飛行すると、リザーバの作動液を十分ポンプまで送り込むことができない。この状態を最小限に抑えるために、リザーバを加圧している。キャビテーションとは、流体の中で圧力の低い部分ができると流体が気化して、蒸気の気泡が発生し、消滅する現象のことをいう。この気泡が消滅する際に、非常に高い圧力が発生してポンプなどの機器の表面にへこみや傷をつける。ポンプが作動液を吸い込む際、リザーバが加圧されていないと、ラインの抵抗もあり、非常に低圧な部分ができ、キャビテーションが発生しやすくなる。リザーバを加圧することによって、油圧ポンプのキャビテーションを防ぐことになる。

問0363 (2)　『[3] 航空機システム』1-5-3-b-(b)「歯車ポンプ」
(2)○：歯車ポンプの一方の歯車はエンジン補機駆動部により駆動され、この歯車がかみ合った他の歯車を駆動している。歯車が図中の矢印の方向へ回ると、入り口側の歯の空間が広がる。作動液はこの空間の中に引き込まれ、歯とハウジングの間を通ってポンプ出口へ運ばれる。ここで、両方の歯車の歯がかみ合い、容積が減り、作動液はポンプ出口へ押し出される。

問0364 (2)　『[3] 航空機システム』1-5-1-b-(2)「バリアブル・デリバリ・ポンプ」
(A)(C)：○
(B)×：アンギュラ・タイプ・ポンプの記述である。アンギュラ・タイプ・ポンプは系統圧力が所定の圧力に達するとシリンダ・ブロックと駆動軸の角度が一致し、回転していてもポンプとして機能しない状態となる。
(D)×：カム・タイプ・ポンプの記述である。カム・タイプ・ポンプはピストンの行程は系統が必要とする液量に関係なく一定である。行程の有効長が送り出される液量を制御する。

問0365 (3)　『[3] 航空機システム』1-5-3「ポンプ」
(B)(C)(D)：○
(A)×：定量吐出ポンプはポンプの回転速度に関係なく、ポンプの回転ごとに一定の液量を吐出する。

問0366 (3)　『[3] 航空機システム』1-5-3-b-(e)(2)(b)図1-25「カム・タイプ・ポンプ」
(3)：○
(タイプ)：カム・タイプ
(A)　　：吸入口
(B)　　：吐出口
(C)　　：バイパス口

問0367 (1)　『航空工学入門』2-7-1「油圧系統」
(1)：○
(2)×：チェック・バルブの目的である。
(3)×：シーケンス・バルブの目的である。
(4)×：オリフィスおよびバリアブル・リストリクタの目的である。

問0368 (4)　『[3] 航空機システム』1-5-4「油圧弁」
(4)○：リストリクタ・バルブの機能は、流体の流量を減少させ、装置の作動を遅らせる。
(1)×：チェック・バルブの機能である。
(2)×：リリーフ・バルブ、またはプレッシャ・レギュレータ・バルブの機能である。
(3)×：シーケンス・バルブの機能である。

機体関連

問題番号		解　答

問0369 (2)
『航空工学入門』2-7-1「油圧系統」
(2)：○
(1)×：これはチェック・バルブの機能である。
(3)×：これはシャトル・バルブの機能である。
(4)×：これはリリーフ・バルブの機能である。

問0370 (1)
『[3] 航空機システム』1-5-4「油圧弁」
(1)○：チェック・バルブは一方向には自由に作動液を流すが反対方向には流さないバルブである。
(2)×：シャトル・バルブは通常の作動系統から緊急時の作動系統に切り替えるときに使われるバルブである。
(3)×：リリーフ・バルブは油圧系統の一部分の圧力が設定された圧力を超えることを防ぐバルブである。
(4)×：セレクタ・バルブは油路を切り替えるバルブである。

（参考）代表的なチェック・バルブ

ボール型チェック・バルブ　　コーン型チェック・バルブ　　スウィング型チェック・バルブ

問0371 (2)
『[3] 航空機システム』1-5-4-(6)「チェック・バルブ」
『航空工学入門』2-7-1「油圧系統」
(2)○：流体を一方向（下流）にのみ流し、下流から上流へ逆流が生じると閉まり流体の逆流を防止するバルブであり、油圧ポンプの出口側、空気圧系統の空気取り出し口側などに取り付けられている。
(1)×：リストリクタ・バルブ
(3)×：シーケンス・バルブ
(4)×：シャットル・バルブ

問0372 (3)
『[3] 航空機システム』1-5-4「油圧弁」
(3)：○
(1)×：一方向には自由に作動液を流すが反対方向には流さないバルブである。
(2)×：1個の切替弁により複数の機構を作動させるとき、それらの作動順序を決める働きをするバルブである。
(4)×：油圧系統の一部分の圧力が設定された圧力を超えることを防ぐバルブである。

問0373 (4)
『[3] 航空機システム』1-5-4-(3)「シーケンス・バルブ」
(4)○：シーケンス・バルブは、タイミング・バルブまたはロード・アンド・ファイア・バルブとも呼ばれ、1個の切替弁により複数の機構を作動させるとき、それらの作動順序を決める働きをするバルブである。
(1)×：流量制限するのはリストリクタ・バルブである。
(2)×：ポンプのバックアップをするのはアキュムレータである。
(3)×：下流側作動油のリークを遮断するのはヒューズである。

問0374 (1)
『[3] 航空機システム』1-5-4「油圧弁」
(1)○：プライオリティ・バルブは、特定の装置の作動を優先するバルブで、上流の圧力が設定値以下になると閉まり、下流への油路を遮断する。
(2)×：シャトル・バルブは主系統が故障した場合に、主系統の通路を閉じ非常用の通路を開にする。
(3)×：シーケンス・バルブは複数の装置の作動順序を決める。
(4)×：セレクタ・バルブは油路を切り替えるバルブである。

問0375 (1)
『[3] 航空機システム』1-5-4「油圧弁」
(1)○：プライオリティ・バルブは、特定の装置の作動を優先するバルブで、上流の圧力が設定値以下になると閉まり、下流への油路を遮断する。

問0376 (1)
『[3] 航空機システム』1-5-4「油圧弁」
(1)○：特定の装置の作動を優先するバルブで、上流の圧力が設定値以下になると閉まり、下流への油路を遮断する。
(2)×：複数の装置を作動させる時それらの作動順序を決める。
(3)×：流体の流量を減少させ、装置の作動を遅らせる。
(4)×：圧力が一定圧に達したときに開いて、それ以上の圧力を逃がす。

問0377 (4)
『[3] 航空機システム』1-5-4-a-(3)「シーケンス・バルブ」
(4)：○

— 98 —

問題番号	解　答

問0378 (4)
　　　　　『[3] 航空機システム』1-5-4「油圧弁」
　　　　　　　　　　　2-6-2「空気圧系統の構成部品」
(4)○：1個の切換え弁（セレクタ・バルブ）によって複数の機構を作動させるとき、その作動順序を決める働きをする。
(1)×：系統圧力が設定された値を超えると、圧力ラインからリターン・ラインへ作動油を流して圧力を制限する。
(2)×：主系統が故障した場合に主系統の通路を閉じ、非常用通路を開にする（圧力が高いほうの系統を優先して流す）。
(3)×：油路を選択し、作動液の供給とリターン回路をつくり、機構の作動方向を決定する。

問0379 (1)
　　　　　『[3] 航空機システム』1-5-4「油圧弁」
(1)○：チェック・バルブは一方向には自由に作動液を流すが反対方向には流さないバルブである。
(2)×：複数の装置を作動させるとき、それらの作動順序を決める。
(3)×：流体の流量を減少させ、装置の作動を遅らせる。
(4)×：リリーフ・バルブは油圧系統の一部分の圧力が設定された圧力を超えることを防ぐバルブである。

（参考）代表的なチェック・バルブ

ボール型チェック・バルブ　　　コーン型チェック・バルブ　　　スウィング型チェック・バルブ

問0380 (1)
　　　　　『[3] 航空機システム』1-5-4-(2)「切替弁（セレクタ・バルブ）」
(1)：×
（参考）
セレクタ・バルブの種類は、プラグ型、スプール型、ポペット型の3種類である。セレクタ・バルブの目的は油路を選択し、作動油の供給とリターン回路を作り、機構の作動方向を決定する。着陸装置やフラップ位置の選択などに広く使われる。

問0381 (3)
　　　　　『[3] 航空機システム』1-5-4「油圧弁」
　　　　　『航空工学入門』2-7-1「油圧系統」
(A)(C)(D)：○
(B)×：プライオリティ・バルブは作動油の圧力が所定の圧力以下に低下すると油路を遮断する。

問0382 (4)
　　　　　『[3] 航空機システム』1-5-4「油圧弁」
　　　　　『航空工学入門』2-7-1「油圧系統」
(A)(B)(C)(D)：○
（参考）
a.オリフィスは油圧ラインの作動油の流れを制限する働きをし、作動される機構の働きを遅くする。
b.リリーフ・バルブは油圧系統の一部分が設定された値を超えることを防ぐためのもので、系統の圧力側からリターンに作動油をバイパスする。
c.シーケンスバルブは、タイミング・バルブまたはロード・アンド・ファイア・バルブとも呼ばれ1個の切替弁によって複数の機構を作動させるとき、その作動順序を決める働きをするバルブである。
d.リザーバは系統の作動油を貯蔵するだけでなく、膨張余積として用いられ、また作動油に貯まった空気を抜き取る場所でもある。

問0383 (2)
　　　　　『[3] 航空機システム』1-5-5「アキュームレータ」
(2)×：アキュムレータ内のN$_2$圧力は、通常系統圧力の1／3なので約1,000psi位である。

問0384 (3)
　　　　　『[3] 航空機システム』1-5-5「アキュームレータ」
(3)×：サーボ・アクチュエータのハイドロ・ロックを防止する働きはない。
（補足）
アキュムレータの主な作用は
a.動力ポンプが故障した場合の一時的な作動液を供給。
b.動力ポンプが吐出した作動液の脈動を和らげる。
c.圧力流体の型でエネルギを蓄える。
d.ポンプから作動部分までの距離が長い場合の過渡的圧力低下の防止。

問0385 (2)
　　　　　『[3] 航空機システム』1-5-5「アキュームレータ」
(A)(C)：○
(B)×：アキュムレータ内のN$_2$圧力は、通常系統圧力の1／3なので約1,000psi位である。
(D)×：N$_2$の補充は必要ない。

問0386 (2)
　　　　　『[3] 航空機システム』1-5-5「アキュームレータ」
(B)(C)：○
(A)×：アキュムレータには熱交換機能はない。系統内の配管などにより放熱が行われている。
(D)×：サーボ・アクチュエータのハイドロ・ロックを防止する働きはない。
＊問0384の（補足）を参照

機体関連

問題番号		解 答

問0387 (2)　　『[3] 航空機システム』1-5-6「フィルタ」
(2)○：エレメントが閉塞した場合には、入口の作動液をエレメントを通さず出口に流す役目をする。
(1)×：リザーバによって作動油と空気を分離している。
(3)×：リリーフ・バルブの働きである。
(4)×：フィルタによって油圧系統内をきれいな作動油で満たす。

問0388 (4)　　『[3] 航空機システム』5-1「概要」
(4)×：失速速度が大きくなる。また着氷が生じると、抗力の増加、揚力の減少、機体の振動（バフェット）
　　　やエンジンの推力低下等として表れる。

問0389 (3)　　『[3] 航空機システム』5-1-1「着氷の防止」
(3)×：プロペラ前縁、翼前縁部、エンジン・エア・インティク、ウインド・シールド、エア・データ・セン
　　　サー類、水供給およびドレイン・ラインなどは防除氷されているが、客室ウインドは防除氷されてい
　　　ない。

問0390 (4)　　『[3] 航空機システム』5-1-1「着氷の防止」
(4)○：プロペラ前縁は防除氷されている。その他に、翼前縁部、エンジン・エア・インテイク、操縦室ウイ
　　　ンド、エア・データ・センサー類、水供給およびドレイン・ラインなども防氷している。

問0391 (3)　　『[3] 航空機システム』5-1-1「着氷の防止」
(3)○：その他に、翼前縁部、プロペラ前縁、操縦室ウインド、エア・データ・センサー類、水供給およびド
　　　レイン・ラインなども防氷している。

問0392 (2)　　『[3] 航空機システム』5-1-1「着氷の防止」
(2)×：プロペラ前縁、翼前縁部、エンジン・エア・インティク、操縦室ウインド、エア・データ・センサー
　　　類、水供給およびドレイン・ラインなどは防除氷されているが、客室ウインドウは防除氷されていな
　　　い。

問0393 (3)　　『[3] 航空機システム』5-13「風防と窓の防氷」
(A)(C)(D)○：風防（ウインドシールド）の断面は多層構造になっており、調質ガラス層とビニール層間の
　　　導電性皮膜に電流を流し、その発熱作用で加熱することによりウインドシールドの着氷・結
　　　露・曇りを防ぐ。又、ビニール層は鳥衝突時の衝撃吸収やガラス破損時の飛散防止の役目を
　　　もっている。
(B)×：操縦室の暖房には使用していない。暖房は空気調和装置（空調）（Air Conditioning System）
　　　で行われる。

問0394 (4)　　『[3] 航空機システム』5-13「風防と窓の防氷」
(4)×：風防をヒーティングしても、クレージングの防止とはならない。
　　　ウインドシールドの断面は多層構造になっており、調質ガラス層とビニール層間の導電性皮膜に電流
　　　を流してビニール層を暖めることで、ウインドシールドの着氷・曇りを防ぎ、鳥衝突時の衝撃吸収や
　　　ガラス破損時の飛散防止の役目もある。
　（参考）
クレージング：『[2] 飛行機構造』1-9a「風防および窓」
　　　クレージング現象とは、アクリル樹脂の表面にできる細かいひび割れをいい、長期間引っ張り
　　　応力を加え、さらにまた雨風、太陽熱にさらさると、高分子中の結合力が劣化し弱くなり表面
　　　に発生する細かい割れで、有機溶剤に触れたり、その蒸気中にあっても発生する。

問0395 (3)　　『[3] 航空機システム』5-13「風防と窓の防氷」
(A)(B)(C)：○
ウインドシールドの断面は多層構造になっており、調質ガラス層とビニール層間の導電性皮膜に電流を流して
ビニール層を暖めることで、ウインドシールドの着氷・曇りを防ぎ、鳥衝突時の衝撃吸収やガラス破損時の飛
散防止の役目もある。
(D)×：クレージングを防止できない。
＊問0394の（参考）を参照

問0396 (4)　　『[2] 飛行機構造』2-1-1「前輪式着陸装置」
(4)：○
(1)×：高速でブレーキを強く働かせてもノーズ・オーバをおこさない。
(2)×：着陸および地上滑走の際、パイロットの視界が良い。
(3)×：主脚よりも重心が前方にあるため、グランド・ループを起こしにくい。

問0397 (3)　　『[2] 飛行機構造』2-1-1「前輪式着陸装置」
(3)×：主脚より前輪が前方にあるため、グランド・ループを起こしにくい。

問0398 (4)　　『[2] 飛行機構造』2-2-1「緩衝支柱」
(4)○：オレオ式ショック・ストラット内部には、上方室に高圧窒素ガス、下方室に作動油が充填されて衝撃
　　　荷重を吸収している。

問0399 (4)　　『[2] 飛行機構造』2-2「緩衝装置」
(4)：○
空気の圧縮性と作動油がオリフィスを通過する時に流れを制御されながら移動することによって衝撃を吸収す
るようになっている。

問題番号	解　答

問0400 (5)　　　『[2] 飛行機構造』2-2「緩衝装置」
(5)：無し
空気の圧縮性と作動油がオリフィスを通過する時に流れを制御されながら移動することによって衝撃を吸収するようになっている。

問0401 (2)　　　『[2] 飛行機構造』2-2「緩衝装置」
(A)(D)：○
(B)(C)×：空気の圧縮性と作動油の移動により緩衝装置にしている。
（補足）
オレオ緩衝装置とは
空気の圧縮性と、作動油がオリフィスを通過する時に流れを制御されながら移動することによって衝撃を吸収するようになっており、伸縮は縮む時に比べて伸びる時は伸びにくい。

問0402 (4)　　　『[2] 飛行機構造』2-3「脚のアライメントと引込装置」
(A)(B)(C)(D)：○
(A)○：メイン・ギアのダウン・ロックはサイド・ストラットとショック・ストラット間にある折り畳み方式のジュリー・ストラットのオーバー・センターで行っているが、ダウン・ロック・アクチュエータはこのジュリー・ストラットの曲げ伸ばしをさせ、ダウン・ロックをかけたり解除したりする。
(B)○：ノーズ・ギアのダウン・ロックやアップ・ロックはロック・リンクのオーバー・センターで行っているが、ロック・アクチェータの縮む力は、ダウン・ロックの解除方向に働くと共に、アップ・ロックをかける方向にも働き、逆に伸びる力は、アップ・ロックの解除方向に働くと共に、ダウン・ロックをかける方向にも働く。
(C)○：操縦席にあるギア・レバーをアップ・ダウンさせる事によりセレクタ・バルブ内部の油路が切り替わって、脚引込装置に油圧を送る。
(D)○：ドア・シーケンス・バルブはギア・アップ、ダウンに伴う脚格納室ドアとギアの作動順序を制御するバルブで、メイン・ギアの動きをリンク機構によってバルブに伝え、バルブ内の油路を切り替える。ギア・アップ時には、まだギアはダウン位置にあるので、まずドアをオープンさせ、ギアがアップ位置になった後、最後にドアをクローズさせる。
（注）別に、ギア・シーケンス・バルブがありこのバルブに脚格納室ドアの動きがリンク機構によって伝えられ、バルブ内の油路を切り替える。ギア・アップ時には脚格納室のドアがオープンした後にギアを上げ、ギア・ダウン時にもドアがオープンした後にギアを下げる。

問0403 (1)　　　『[2] 飛行機構造』2-2「緩衝装置」
(1)○：空気の圧縮性と、作動油がオリフィスを通過する時に流れを制御されながら移動することによって衝撃を吸収するようになっており、ストラットの伸縮は縮む時に比べて伸びる時は伸びにくい。

問0404 (2)　　　『[2] 飛行機構造』2-5-4「前脚のセンタリング」
(2)○：センタリング装置は、前車輪がホイール・ウエルに引き込まれる際に、緩衝支柱に内蔵されたセンタリング・カムにより、前輪を正面に向ける装置である。

問0405 (3)　　　『[2] 飛行機構造』2-5-4「前脚のセンタリング」
(3)○：脚上げ時に、前輪がホイール・ウェルに接触して壊れたり、動かなくなったりしないように、ショック・ストラット内に内蔵されたセンタリング・カム機構によって前輪が正面を向くようにしている。

問0406 (1)　　　『[2] 飛行機構造』2-8「シミー・ダンパ」
(1)○：航空機の地上走行や離着陸時に発生する前輪の激しい首振り運動をシミーという。

問0407 (3)　　　『航空工学入門』2-8-2「主脚・前脚・尾脚」
　　　　　　　　『[2] 飛行機構造』2-8「シミー・ダンパ」
(3)○：離陸滑走中などに発生する前車輪の左右方向振動とタイヤの高速回転とで合成された車輪の首振り振動を防ぐために装備されている。

問0408 (1)　　　『[2] 飛行機構造』2-8「シミー・ダンパ」
(1)：×
（参考）
シミー・ダンパには次の3種類の形式が一般的に使われている。
a.ピストン形式
b.ベーン形式
c.前脚操向装置内（ステアリング）の油圧系統に内蔵された形式

問0409 (4)　　　『航空機整備作業の基準』9-13「タイヤおよびチューブの整備」
(4)○：バランスが取れていないと重い部分が最初に接地するため、摩耗が著しく進行して早期破損、あるいは離着陸時の激しい振動（シミー）につながる。

問0410 (1)　　　『[2] 飛行機構造』2-10-5「タイヤおよびチューブの保管」
(1)×：乾燥していること。
（参考）
タイヤとチューブを保管する理想的な場所は、冷たく、乾燥し、暗く、空気の流れや汚れのない場所である。タイヤを積み重ねると、変形し、使用する際に不具合をおこすことがあるので、タイヤは通常のタイヤ・ラックに立てて保管する。

問0411 (2)　　　『[2] 飛行機構造』2-10-5「タイヤおよびチューブの保管」
(2)×：乾燥していること。
＊問0410の（参考）を参照

機体関連

問題番号	解　答

問0412 (2)　　　　『[2] 飛行機構造』2-10-4「タイヤの整備」、　2-10-5「タイヤおよびチューブの保管」
(A)(D)：○
(B)×：タイヤに滑油（オイル）、グリス等の油脂類を付着させてはならない。
(C)×：タイヤの空気圧の点検は飛行後2～3hr経過し、タイヤが冷えてから行なう。

問0413 (2)　　　　『[2] 飛行機構造』2-10-4「タイヤの整備」、2-10-5「タイヤおよびチューブの保管」
(A)(D)：○
(B)×：タイヤにオイル、グリス等の油脂類を付着させてはならない。
(C)×：タイヤの空気圧の点検は飛行後2～3hr 経過し、タイヤが冷えてから行なう。

問0414 (2)　　　　『[2] 飛行機構造』2-10-4「タイヤの整備」、2-10-5「タイヤおよびチューブの保管」
(A)(D)：○
(B)×：タイヤにオイル、グリス等の油脂類を付着させてはならない。
(C)×：タイヤの空気圧の点検は飛行後2～3hr経過し、タイヤが冷えてから行なう。

問0415 (2)　　　　『[2] 飛行機構造』2-10-4「タイヤの整備」、2-10-5「タイヤおよびチューブの保管」
(B)(D)：○
(A)×：タイヤを積み重ねると変形するので、タイヤ専用ラックに立てて保管する。
(C)×：タイヤの空気圧の点検は飛行後2～3hr 経過し、タイヤが冷えてから行なう。

問0416 (1)　　　　『[3] 航空機システム』1-6-1-b「マスタ・シリンダ・ブレーキ系統の作動」
(1)○：左右のブレーキ系統はそれぞれ独立しており、左側のブレーキは左側の、右側のブレーキは右側のブレーキ・ペダルを踏むことによって作動する。
(2)×：左右のブレーキ系統はそれぞれ独立している。
(3)×：ブレーキ系統に空気が入ると、ブレーキ・ペダルを踏んだ場合、スポンジを押したような感じがしたり踏み込み量が増えたり、空気の熱膨張によりブレーキを作動させないのにブレーキがかかり、ブレーキが過熱したりする。
(4)×：ブレーキは過熱しやすいので、過度のブレーキ操作は避ける。

問0417 (1)　　　　『[3] 航空機システム』1-6-1-b「マスタ・シリンダ・ブレーキ系統の作動」
(1)○：ブレーキ「OFF」のとき、気温の上昇等により膨張した作動油をリザーバへ戻す。

問0418 (4)　　　　『[2] 飛行機構造』2-9-3「ブレーキ系統の点検と整備」
(4)○：ブレーキ・ペダルを踏み込む量が多くなり、制動効果が悪くなる。
（参考）
ブレーキ系統に空気が入ると、ブレーキ・ペダルを踏んだ場合、スポンジを押したような感じがしたり踏み込み量が増えたり、空気の熱膨張によりブレーキを作動させないのにブレーキがかかり、ブレーキが過熱したりする。このような場合は、系統に入った空気をブリードしなければならない。

問0419 (4)　　　　『[2] 飛行機構造』2-11「アンチスキッド装置」
(4)×：これは、操縦系統のスポイラ機能に含まれる。
（参考）
アンチスキッド装置は、通常スキッド制御（Normal Skid Control）、ロックした車輪のスキッド制御（Locked Wheel Skid Control）、接地保護（Touchdown Protection）、フェール・セーフ保護（Fail Safe Protection）の4つの機能を持っている。

問0420 (4)　　　　『[2] 飛行機構造』2-11「アンチスキッド装置」
(4)×：これはオート・ブレーキ装置の機能である。
（参考）
アンチスキッド装置は、通常4つの機能を持っている。
a.スキッド制御（Normal Skid Control）
b.ロックした車輪のスキッド制御（Locked Wheel Skid Control）
c.接地保護（Touchdown Protection）
d.フェール・セーフ保護（Fail Safe Protection）

問0421 (3)　　　　『[2] 飛行機構造』2-11「アンチ・スキッド装置」
(B)(C)(D)：○
(A)×：アンチ・スキッド装置は、車輪の回転速度と減速率を感知して、スキッドを起こさずに最大限のブレーキ効果を得るために装備されている。機体が完全に停止する以前にスキッド・シグナルがなくなるとシステムは不作動になる。

問0422 (2)　　　　『[2] 飛行機構造』2-11「アンチ・スキッド装置」
(C)(D)：○
(A)×：タイヤのバーストを防ぐとともに着陸滑走距離を短縮することが可能になる。
(B)×：タイヤの亀裂ではなく、バーストを防止する。
（参考）
アンチ・スキッド装置は、車輪の回転速度と減速率を感知して、スキッドを起こさずに最大限のブレーキ効果を得るために装備されており、ホイール・ロックによって生じるタイヤのバーストを防ぐとともに着陸滑走距離を短縮することが可能になる。

問0423 (4)　　　　『[2] 飛行機構造』2-12「オート・ブレーキ装置」
(4)○：着陸時に要求される操縦士の繁雑な作業の軽減と滑走路長さ、路面状況、そして気象状況に合わせて最も効率的な機体停止距離を得ることを目的に開発されたのがオート・ブレーキ装置である。

— 102 —

問題番号	解　答

問0424 (4)

『[2] 飛行機構造』2-12「オート・ブレーキ装置」

(4)○：着陸時に要求される操縦士の繁雑な作業の軽減と滑走路長さ、路面状況、そして気象状況に合わせて最も効率的な機体停止距離を得ることを目的に開発されたのがオート・ブレーキ装置であり、機体が完全に停止するまで使用できる。

問0425 (2)

『[2] 飛行機構造』2-12「オート・ブレーキ装置」

(A)(C)○：オート・ブレーキ機能は次の操作を行うと解除される。
　　　　a.スロットル・レバーを出力増加方向に動かしたとき。
　　　　b.主翼にあるスピード・ブレーキを立ち上がらせているレバーを収納位置に戻したとき。
　　　　c.ブレーキ・ペダルを踏んだとき。
　　　　d.操縦室の制御パネル上のスイッチあるいはノブを指令解除位置に戻したとき。
(B)×：オート・ブレーキ装置の機能には無い。
(D)×：脚上げ時、ホイールの回転を止めて不快な振動を解消する。

問0426 (2)

『[11] ヘリコプタ』2-4-2「前進飛行時の揚力」

(A)(C)：○
(B)(D)：×
（参考）
前進速度限界は、前進側ブレードの音速における衝撃波の発生と後退側ブレードの揚力に大いに関係する。前進飛行中の前進側と後退側ブレードの相対速度の差が大きくなる。このため、前進側ではピッチ角を小さくしても揚力は大きくなるが、速度が増加すると先端速度が音速に近づき衝撃波が発生し抵抗が急増する。後退側では揚力を補うためにピッチ角を大きくするが、ピッチ角を大きくすると失速を起こす。これらが速度限界に影響を及ぼす要因である。またこの対策として、ホバリング時に必要パワーを減らすために効果のあった振り下げが高速でも有効であり、ブレード内側の迎角を減らし失速を遅らせる。

問0427 (1)

『[11] ヘリコプタ』2-4-2「前進飛行時の揚力」

(C)：○
(A)(B)(D)：×
＊問0426の（参考）を参照

問0428 (3)

『[3] 航空機システム』3-4「酸素供給装置の区分」、3-5「酸素ガスと供給」
　　　　　　　　　　　　3-6「酸素調整機能」

(3)：○
(1)×：乗員用酸素の供給源は乗客用と分離するか、共通の場合には乗員の最低供給量を別に確保出来る機構にすること。
(2)×：酸素分子を多く含む固形化合物に化学反応を起こさせ酸素ガスを発生させる装置のため酸素の補充は出来ない。
(4)×：連続流量型以外に要求流量型と圧力型がある。

問0429 (1)

『[3] 航空機システム』3-2「大気と呼吸作用」3-3「酸素供給装置の必要性」

(1)×：低酸素症や酸素欠乏症は高度約8,000ft位から症状が出始める。

問0430 (4)

『[3] 航空機システム』3-4「酸素供給装置の区分」、3-5「酸素ガスと供給」
　　　　　　　　　　　　3-6「酸素調整機能」

(4)×：酸素調整機能は、連続流量型以外に要求流量型と圧力型がある。

問0431 (2)

『[3] 航空機システム』3-4「酸素供給装置の区分」、3-5「酸素ガスと供給」
　　　　　　　　　　　　3-6「酸素調整機能」

(A)(C)：○
(B)×：酸素分子を多く含む固形化合物に化学反応を起こさせ酸素ガスを発生させる装置のため酸素の補充は出来ない。
(D)×：連続流量型以外に要求流量型と圧力型がある。

問0432 (1)

『[3] 航空機システム』3-10「酸素装置の整備・補給」

(1)○：酸素の配管や装備品に油脂類の付着は絶対に避けなければならない。また、作業時には手、手袋、衣服、工具等に水、油脂類が付着していないことに注意する。

問0433 (2)

『[3] 航空機システム』3-9「酸素装置の整備・補給」

(2)○：酸素は酸素と接触する物を酸化させ、急速に反応すると燃焼あるいは爆発に至る。従って、酸素の配管や装備品に水、汚損、異物の混入あるいは付着は絶対に避けなければならない。

問0434 (4)

『[3] 航空機システム』3-9「酸素装置の整備・補給」

(4)○：酸素は酸素と接触する物を酸化させ、急速に反応すると燃焼あるいは爆発に至る。従って、酸素の配管や装備品に油脂、水、汚損、異物の混入あるいは付着は絶対に避けなければならない。

問0435 (4)

『航空工学入門』4-5-2「酸素系統」

(A)(B)(C)(D)：○

問0436 (3)

『[3] 航空機システム』3-5-1「酸素ガスと供給」

(A)(C)(D)：○
(B)×：サーマル・リリーフ・バルブを容器に取り付けてあり、充填圧力の150%の圧力に達するとガスを機外に放出する。

機体関連

－ 103 －

問題番号	解　答

問0437 (3)　　『[3] 航空機システム』2-3-1「圧縮空気の供給」
(3)×：Potable Water Tankはエンジン・ブリード・エアなどで加圧されるが、Vacuum Waste Tank
　　　は加圧されていない。バキューム・ポンプ、与圧時の機体内外の差圧により、タンク内を客室圧力よ
　　　り負圧にし、汚水や汚物をタンクに吸引する方式である。

問0438 (2)　　『[3] 航空機システム』2-1-1「空気圧の利用」
(A)(B)：○
(C)×：酸素ボトル内の酸素は純度も高く含有水分も低いため、空気混入（水分混入）の恐れがあるブリー
　　　ド・エアによる加圧は行わない。酸素ボトルの加圧は圧縮酸素ガスを充填して行う。
(D)×：バキューム式・ウェスト・タンクは、タンク内を負圧にする必要があるため加圧は行わず、ポンプに
　　　よるバキューム・プレッシャー（真空圧）や機体内外気の差圧を利用しタンク内を負圧にし、汚水や
　　　汚物をタンクに吸引する方式である。

問0439 (4)　　『[3] 航空機システム』2-1-2「空気圧の特徴」
(A)(B)(C)(D)：○

問0440 (1)　　『[3] 航空機システム』2-4「圧力・温度の調整」
(1)○：温度調整は、抽気口を選択して低温を補い、また必要以上の高温を避け、さらに熱交換器によって調
　　　温することである。
(2)×：一般的にはエンジン・ファン・エアを使用している。
(3)(4)×：圧力は調圧開閉バルブで調節している。
（補足）
熱交換器の冷却にはファン・エア、プロペラ交流、あるいはラム・エアが使用され、温度調整装置は熱交換器
出口の空気温度を感知し、冷却用空気の流量を制御するドアの開閉によって所定の温度に保つ。一般的には
ファン・エアを用いるがターボプロップではロー・コンプレッサ・エアを用いているものもある。

問0441 (5)　　『[3] 航空機システム』8章「補助動力装置系統」
(5)：無し
(A)×：シングル・スプール型以外にデュアル・スプール型やフリー・タービン型がある。
(B)×：ブリードエア量の調整は自動的に行われる。
(C)×：燃料は航空機のエンジンと同じ燃料系統から供給される。
(D)×：APUの起動は航空機及びAPU用のバッテリで直流モータを回すことによって行われる。

問0442 (2)　　『[3] 航空機システム』8-1「概要」（8章 補助動力装置系統）
(2)×：飛行に直接必要とする推進力を得るための主動力装置とは別である。

問0443 (3)　　『[11] ヘリコプタ』11-1-4「静強度の保証」
(3)：○
（参考）
ヘリコプタの静強度要求は制限荷重までは安全を妨げる有害な変形および残留変形を生じてはならず、かつ終
局荷重に対し3秒以上耐荷しなければならない。ヘリコプタの各システムはこの静強度要求を満たすため試験
により裏付けられた十分信頼できる解析か、実際の荷重負荷状態を模擬した静的または動的試験によって証明
しなければならない。静強度試験を行う主なシステムとしては、機体構造、トランスミッション、マウント、
エンジン・マウント、座席、脚、燃料タンクなどであるが、このうち座席や脚、燃料タンクについては動的落
下試験も行われる。

問0444 (3)　　『[11] ヘリコプタ』3-2-3「サイクリック・ピッチによるブレードの運動」
(3)○：ブレードに何らかの力が加えられた場合、ブレードのフラッピングは力が加えられた点から90°遅れ
　　　て生じる。すなわち、サイクリック・ピッチと回転面の傾きの関係は、縦サイクリック・ピッチでは
　　　ピッチ角の増減はブレードが左右にきたときに生じ、ロータの回転面は前後に傾く。

問0445 (4)　　『[11] ヘリコプタ』6-1-2「複合材製ブレード」
(4)×：外皮は捩り剛性を高めるため繊維方向を長手方向に対して±45°に配置している。
（参考）
ブレードに用いられる複合材はガラス繊維、炭素繊維、アラミド繊維などの細い繊維をエポキシなどで結合し
たものが使用されている。
飛行中ブレードは大きく撓むのでこれに耐えるためには、ヤング率が小さく許容疲労歪の大きいガラス繊維が
適している。
外皮には ガラス繊維、炭素繊維、アラミド繊維などが用いられ繊維の方向はブレードの捩り剛性を高めるた
め長手方向に対して±45°の方向に配置されている。運用中ブレードに損傷を受けても損傷の進展がきわめて
遅く、安全性が高い。

問0446 (4)　　『[11] ヘリコプタ』6-1-2「複合材製ブレード」
(4)×：金属製ブレードに比べ、亀裂の進展は遅い。
＊問0445の（参考）を参照

問0447 (1)　　『[11] ヘリコプタ』6-1-2「複合材製ブレード」
(1)×：主強度部材にはヤング率が小さく許容疲労歪の大きいものが適している。
＊問0445の（参考）を参照

問0448 (3)　　『[11] ヘリコプタ』6-1-2「複合材製ブレード」
(A)(B)(C)：○
(D)×：金属性ブレードに比べ亀裂の進行は遅い。
＊問0445の（参考）を参照

— 104 —

問題番号		解　答

問0449　(4)　　　『[11] ヘリコプタ』6-1-2「複合材製ブレード」
(A)(B)(C)(D)：○
＊問0445の（参考）を参照

問0450　(3)　　　『[11] ヘリコプタ』6-1-2「複合材製ブレード」
(A)(B)(C)：○
(D)×：外皮は捩り剛性を高めるため繊維方向を長手方向に対して±45°に配置している。
＊問0445の（参考）を参照

問0451　(4)　　　『[11] ヘリコプタ』6-2「メイン・ロータ・ハブ」
(4)：○
(1)×：半関節型は、全関節に比べドラッグ・ヒンジが無い。
(2)×：無関節型をヒンジレス・ロータともいう。
(3)×：無関節ロータはフラップ・ヒンジとドラッグ・ヒンジがない。

問0452　(3)　　　『[11] ヘリコプタ』6-2「メイン・ロータ・ハブ」
(A)(B)(C)：○
(D)×：全関節型ロータのドラッグ・ヒンジにはドラッグ・ダンパーが取り付けられており地上共振を防止している。

問0453　(4)　　　『[11] ヘリコプタ』6-2-5「エラストメリック・ベアリング」
(4)：○
(1)×：ゴムの劣化や亀裂の状態を見るために定期検査は必要
(2)×：過大な荷重はゴムを損傷する。
(3)×：グリスによりゴムが劣化する。
（参考）
エラストメリック・ベアリングは、ゴム（エラストマ）の大きな弾性変形能力を利用した軸受である。形状はゴムと金属の薄板を交互に積層することで、圧縮を受けた場合のゴムの横への張り出しを制限して圧縮方向の剛性と強度を高めている。構造上圧縮力には強く剪断にはやわらかいという特性が得られ、限られた角度の範囲ではあるがベアリングとして用いることができる。
素材は天然ゴムをベースにしたものが多く、耐候性、耐油性の点で取扱に注意が必要である、またゴムのため滑る部分がないので潤滑が不要で整備が容易である。

問0454　(4)　　　『[11] ヘリコプタ』6-2-5「エラストメリック・ベアリング」
(4)：○
＊問0453の（参考）を参照

問0455　(3)　　　『[11] ヘリコプタ』6-2-5「エラストメリック・ベアリング」
(3)×：天然ゴムをベースにしたものが多く耐油性や耐候性の面で取扱に注意が必要である。
＊問0453の（参考）を参照

問0456　(1)　　　『[11] ヘリコプタ』6-2-5「エラストメリック・ベアリング」
(D)：○
(A)×：ゴムのせん断方向の弾性変形能力を利用したものである。
(B)×：ゴムと金属板の積層は、ベアリングの高圧縮剛性を高める目的である。
(C)×：潤滑が不要で、整備が容易である（無給油タイプ）。

問0457　(4)　　　『[11] ヘリコプタ』6-2-5「エラストメリック・ベアリング」
(A)(B)(C)(D)：○
＊問0453の（参考）を参照

問0458　(3)　　　『[11] ヘリコプタ』6-2-5「エラストメリック・ベアリング」
(A)(C)(D)：○
(B)×：ゴムと金属板の積層は、ベアリングの高圧縮剛性を高める目的である。

問0459　(3)　　　『[11] ヘリコプタ』6-2-5　「エラストメリック・ベアリング」
(A)(B)(C)：○
(D)×：エラストメリック・ベアリングはフラッピング、ドラッギング、フェザリング3つの運動を行うことが出来る。

問0460　(2)　　　『[11] ヘリコプタ』6-3「テール・ロータ」
(2)×：テール・ロータでは、推力の大きさだけを変えればよいのでサイクリック・ピッチ機構はない。
（参考）
テール・ロータの役割のひとつに、メイン・ロータのトルクを打ち消す役割がある。従ってテール・ロータをアンチ・トルク・システムとも呼ぶ。もう一つの役割が、方向操縦を行う役割である。

問0461　(3)　　　『[11] ヘリコプタ』6-3「テール・ロータ」
(3)：○
（参考）
3枚以上のブレードを持つテール・ロータ・ハブは半関節型でドラッグ・ヒンジのないものが多く用いられている。
テール・ロータは回転数が高く、揚力に対して遠心力が大きいのでコーニング角が小さく、ドラッグ・ヒンジの必要性が少ないことによる。

問0462　(4)　　　『[11] ヘリコプタ』6-5「ロータのバランシング」
(4)×：ブレード先端のトリム・タブを上方に曲げると、頭上げの捩りが生じ、先端の軌跡が高くなる。

機体関連

問題番号	解　答

問0463 (1)　　　『[11] ヘリコプタ』6-5「ロータのバランシング」
(1)：○
(2)×：地上でのトラッキングはブレードの対気速度やピッチ角などの飛行範囲のすべてをカバーすること
　　　ができないので、地上トラッキングが取れていても飛行中のインフライト・バランスを取る必要があ
　　　る。
(3)×：トラッキングは揚力バランスと質量分布バランスからなる。
(4)×：スタティック・バランスはブレードの遠心力のバランスを取る。

問0464 (1)　　　『[11] ヘリコプタ』6-5「ロータのバランシング」
(D)：○
(A)×：スタティック・バランスは遠心力のバランスを取る
(B)×：トラッキングは揚力バランスと質量分布バランスからなる。
(C)×：地上でのトラッキングはブレードの対気速度やピッチ角などの飛行範囲のすべてをカバーすること
　　　ができないので、地上トラッキングが取れていても飛行中のインフライト・バランスを取る必要があ
　　　る。
　　（参考）
スタティック・バランスは遠心力のバランスを取る。またトラッキングは揚力と質量分布のバランスを取る。
地上でのトラッキングはブレードの対気速度やピッチ角などの飛行範囲のすべてをカバーすることができない
ので、地上トラッキングが取れていても飛行中のインフライト・バランスを取る必要がある。

問0465 (4)　　　『[11] ヘリコプタ』6-6「プロペラ・モーメント」
(4)：×
ドラッグ・ダンパはドラッグ運動をコントロールするための装置でありプロペラ・モーメントとの関連はな
い。
（補足）
プロペラ・モーメントとは、ブレードに働く遠心力はブレードの前後幅の分だけピッチ軸から外れている、そ
のためブレードの前後方向に常に遠心力の分力が働いていることになる。従って、ブレードがピッチ角をとっ
た場合に、その遠心力の分力はピッチ角をゼロに戻す方向に働く。この力による振りモーメントをプロペラ・
モーメントと呼ぶ。尚、プロペラ・モーメントはブレードの形状による空気力の影響での振りモーメントと遠
心力による振りモーメントがある。また、プロペラ・モーメントはブレードの大ささや形状によりペダルが重
い原因となる。このためブレードのプロペラ・モーメントを減らす方法としてカウンター・ウエイトが用いら
れる。

問0466 (4)　　　『[11] ヘリコプタ』6-6「プロペラ・モーメント」
(4)×：遠心力による振りモーメントは発生する。
＊問0465の（補足）を参照

問0467 (2)　　　『[11] ヘリコプタ』6-6「プロペラ・モーメント」
(A)(B)：○
(C)×：ドラッグ・ダンパはドラッグ運動をコントロールするための装置でありプロペラ・モーメントとの関
　　　連はない。
(D)×：遠心力はブレードの幅の分だけブレードのピッチ軸から外れている、そのためブレードの前後方向に
　　　常に遠心力が働いてピッチ角を減らす方向に振りモーメントが働く。
＊問0465の（補足）を参照

問0468 (4)　　　『[11] ヘリコプタ』6-6「プロペラ・モーメント」
(A)(B)(C)(D)：○
＊問0465の（補足）を参照

問0469 (3)　　　『[11] ヘリコプタ』6-6「プロペラ・モーメント」
(A)(B)(C)：○
(D)×：遠心力による振りモーメントは発生する。
＊問0465の（補足）を参照

問0470 (4)　　　『[11] ヘリコプタ』7-1「系統の役割」
(4)：○
(1)(2)×：発動機の回転速度や出力を制御する機能はトランスミッションにはない。
(3)×：ロータのサイクリック・ピッチをを制御するのはスワッシュ・プレートである。
（参考）
トランスミッションは以下の役割を有する。
エンジンの出力を伝達して、メイン及びテール・ロータを適切な回転数に減速して駆動する。また、機体側
で必要とする補機類も駆動する。各ロータに発生した推力、操縦力（ハブ・モーメント）を胴体構造に伝達す
る。

問0471 (3)　　　『[11] ヘリコプタ』7-3「系統の概要」
(B)(C)(D)：○
トランスミッション系統の役割は、エンジンの回転速度を減速してロータに伝えることと、テール・ロータの
駆動、油圧ポンプや発電機などの補機を駆動することである。
(A)×：トランスミッションには出力制御の機能はない。

問0472 (2)　　　『[11] ヘリコプタ』7-1「系統の役割」
(A)(B)：○
(C)×：ロータのサイクリック・ピッチの制御をするのはスワッシュプ・レートである。
(D)×：発動機の回転速度を制御する機能はトランスミッションにはない。
＊問0470の（参考）を参照

問題番号	解　　答

問0473　(4)　　　『[11] ヘリコプタ』7-4-3-(d)「遊星歯車装置」
　　　　　(A)(B)(C)(D)：○
　　　　　（参考）
　　　　　遊星歯車減速装置は次のような特徴を持っている。
　　　　　a.入力軸と出力軸を同一軸線上にそろえることができる。
　　　　　b.1段での減速比を大きくとることができる。
　　　　　c.入力軸のトルクを数個の遊星歯車を介して出力軸に伝えるので、1歯当たりの負担荷重が小さく、減速機構
　　　　　　が小型、軽量になるので、コンパクトにできる。

問0474　(3)　　　『[11] ヘリコプタ』7-4-3「歯車」
　　　　　(A)(B)(D)：○
　　　　　(C)×：歯車、軸受への潤滑が難しく、騒音が高いという欠点がある。

問0475　(3)　　　『[11] ヘリコプタ』7-5-2「フリーホイール・クラッチ」
　　　　　(3)×：フリーホイル・クラッチはトルクには関係なくロータ回転数が高くなった時に作動し、エンジンと
　　　　　　　　ロータを切り離すように作用する。
　　　　　（参考）
　　　　　下図のようなクラッチでエンジン側の回転数よりロータ側の回転数が高くなったときに作動し、双発エンジン
　　　　　の場合それぞれに装備される。

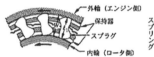 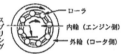

問0476　(3)　　　『[11] ヘリコプタ』7-5-2「フリーホイール・クラッチ」
　　　　　(A)(B)(D)：○
　　　　　(C)×：フリーホイル・クラッチはトルクには関係なくロータ回転数がエンジン回転数より高くなった時に作
　　　　　　　　動し、エンジンとロータを切り離すように作用する。
　　　　　＊問0475の（参考）を参照

問0477　(2)　　　『[11] ヘリコプタ』7-5-2「フリーホイール・クラッチ」
　　　　　(A)(D)：○
　　　　　(B)×：エンジン側の回転数よりロータ側の回転数が高くなったときに作動し、エンジンとロータを切り離
　　　　　　　　す。
　　　　　(C)×：フリーホイル・クラッチはトルクには関係なくロータ回転数が高くなった時に作動し、エンジンと
　　　　　　　　ロータを切り離すように作用する。
　　　　　＊問0475の（参考）を参照

問0478　(3)　　　『[11] ヘリコプタ』7-5-2「フリーホイール・クラッチ」
　　　　　(A)(B)(D)：○
　　　　　(C)×：フリーホイル・クラッチはトルクには関係なくロータ回転数が高くなった時に作動し、エンジンと
　　　　　　　　ロータを切り離すように作用する。
　　　　　＊問0475の（参考）を参照

問0479　(1)　　　『[11] ヘリコプタ』9-1「操縦系統の概要」
　　　　　(1)：○
　　　　　(2)(4)×：サイクリック・スティックでピッチとロールをコントロールする（スワッシュ・プレートを前後
　　　　　　　　　左右に傾けることで、回転位置によりブレードのピッチ角を変化させる。）
　　　　　(3)×：コレクティブ・ピッチ・レバーで垂直方向の動きをコントロールする（スワッシュ・プレートを上下
　　　　　　　　させることで、全てのメイン・ロータ・ブレードのピッチ角が同じ量だけ増減する。）

問0480　(1)　　　『[11] ヘリコプタ』9-1「操縦系統の概要」
　　　　　(A)：○
　　　　　(B)(D)×：サイクリック・スティックでピッチとロールをコントロールする（スワッシュ・プレートを前後
　　　　　　　　　左右に傾けることで、回転位置によりブレードのピッチ角を変化させる。）
　　　　　(C)×：コレクティブ・ピッチ・レバーで垂直方向の動きをコントロールする（スワッシュ・プレートを上下
　　　　　　　　させることで、全てのメイン・ロータ・ブレードのピッチ角が同じ量だけ増減する。）

問0481　(2)　　　『[11] ヘリコプタ』3-2-2「定常ドラッギング」
　　　　　(2)○：低回転高出力時の遅れ角（ラグ角）は約15度

問0482　(1)　　　『[11] ヘリコプタ』6-1「ブレードの構造」
　　　　　(1)：○
　　　　　(2)×：メイン・ロータブレードは全金属ではなく、グラスファイバにとって変わってきている。
　　　　　(3)×：ロータが静的バランスしていても、風圧中心の変化により動的バランスは変化してくる。
　　　　　(4)×：揚力による上方への過大な曲げは遠心力と揚力によりバランスされコーニング角を作り出す。ただし
　　　　　　　　剛性の不足がブレードにあれば、基本的にはトラッキング不良は機体に縦振動を誘起する。

問題番号	解　答

問0483　(3)
『[11] ヘリコプタ』12-1-1.b「振動数による分類」
(A)(B)(C)○：ヘリコプタの振動は、周波数などによって低周波振動、中間周波振動、及び高周波振動に分類される。おおまかに400回/分（7Hz）以下を低周波振動、2,000回/分（33Hz）以上を高周波振動、その中間を中間周波振動と区別することがある。低周波振動は主にメイン・ロータ・ブレードのピッチ角調整不良、高周波振動は、主にテール・ロータのダイナミック・バランス不良に起因する。中間周波振動は主にメイン・ロータの空力加振によって起こる。又、テール・ロータの振動は通常高周波振動となるが大型機では中周波振動に属することもある。

問0484　(2)
『[11] ヘリコプタ』12-1-1「振動の種類」
(2)×：テール・ロータのリギング不良は高周波振動の原因となるが、低周波振動の原因にはならない。
（参考）
低周波振動は400回転/分（7ヘルツ）以下の回転数をさし、主にメイン・ロータのアンバランスに起因する。

問0485　(4)
『[11] ヘリコプタ』12-1-1「振動の種類」
(4)：×
(1)(2)(3)(5)：○
（参考）
高周波振動の主な発生源は、テール・ロータのリギング不良、バランス不良、ブレードの破損、ベアリングの損傷　とその他、エンジン、トランスミッション、ドライブ・シャフト、冷却ファン、クラッチなどの故障や調整不良がある。メイン・ロータ・ブレードのピッチ角調整不良は低周波振動として現れる。

問0486　(1)
『[11] ヘリコプタ』12-1-1-b「振動数による分類」
(C)○：高周波振動は、主にテール・ロータのダイナミック・バランス不良に起因する。おおまかに2,000回/分（33Hz）以上の振動である。テール・ロータの振動は通常高周波振動となるが大型機では中周波振動に属することもある。
(A)(B)×：低周波振動は主にメイン・ロータ・ブレードのアンバランスによる1回転に1回の低い周波数の振動である。おおまかに400回/分（7Hz）以下をいう。
中間周波振動は主にメイン・ロータの空力加振によって起こる1回転にブレード枚数回の振動である。

問0487　(1)
『[11] ヘリコプタ』12-2-1「防振装置の種類」、3-5「デルタ・スリー・ヒンジ」
(1)×：前進飛行時にテール・ロータ回転面が過度に傾斜することを防止するものであり防振装置ではない。

問0488　(4)
『[11] ヘリコプタ』12-3-1「機械的不安定」
(4)：○
(1)×：メイン・ロータのトラッキング不良が主な原因とはならない。
(2)×：ロータと機体の固有振動を離すことで防止できる。
(3)×：クラシカル・フラッタは固定翼機において翼の曲げと捩りが錬成して起こるフラッタ。
（参考）
地上共振はブレードのドラッギング運動と接地状態のヘリコプタの脚を含む機体全体の運動とが連成して起こる機械的な不安定振動で、ロータと機体の固有振動を離すことで防止でき、メイン・ロータのトラッキング不良が原因とはならない。
またクラシカル・フラッタは固定翼機において翼の曲げと捩りが錬成して起こるフラッタである。

問0489　(3)
『[11] ヘリコプタ』12-3-1「機械的不安定」
(3)×：ロータと機体の固有振動を遠ざけることで防止できる。
（補足）
ヘリコプタの地上共振とは、ヘリコプタが地上でロータを回転する時に生じ、ブレードのドラッギング運動と接地状態のヘリコプタの脚を含む機体全体の運動とが連成して起こる機械的な不安定振動である。
地上共振防止のため、ブレードにドラッグ・ダンパーを用い、脚にダンピング能力を与える。また、ドラッギング運動の固有振動数と機体側の固有振動数の関係を調整することも有効である。
なお、シーソー・ロータではドラッギング運動をしないので地上共振は発生しない。

問0490　(1)
『航空機の基本技術』12-9「メッキ」
(1)：○
(2)×：クローム・メッキは高温部の耐摩耗性を向上する。
(3)×：ニッケル・メッキはエンジン部品の摩耗部の寸法を回復させる。
(4)×：銀メッキは潤滑性を向上させる。

問0491　(2)
『航空機の基本技術』14-5「ワッシャ」、14-5-3「平ワッシャの目的」
(2)×：ワッシャの使用目的ではない。
（補足）
平ワッシャの目的
a.構造物や取り付け部品への締め付け力を分散、平均化する
b.調整用スペーサとして使用
c.締め付け時の構造物、取り付け部品の保護
d.構造物、取り付け部品の異種金属による腐食防止

問0492　(1)
『航空機の基本技術』14-5-3「ワッシャの目的」
(1)×：ワッシャには電導性を確保する役目はない。
＊問0491の（補足）を参照

問題番号	解　答

問0493 (2)
『航空機の基本技術』14-5「ワッシャ」、14-5-3「平ワッシャの目的」
(2)×：ワッシャの使用目的ではない。
＊問0491の（補足）を参照

問0494 (2)
『航空機の基本技術』14-5「ワッシャ」、14-5-3「平ワッシャの目的」
(2)×：ワッシャに締め付け力を高める働きはない。
＊問0491の（補足）を参照

問0495 (2)
『航空機の基本技術』11-2-3「ホースの特徴」
(2)○：テフロン・ホースは燃料、滑油、作動油、アルコール、フレオン、およびソルベント類に侵されず定した耐久性を示す。経年変化を生じないため、半永久的に使える。
(1)×：作動油には侵されない
(3)×：使用温度範囲は −54℃〜232℃
(4)×：弾力性はゴム・ホースより劣る

問0496 (4)
『航空機の基本技術』14-3-9「ナットの取り扱い」
(4)×：回転力を受けるところに使用してはならない。
（補足）
セルフ・ロック・ナットを使用してはならない箇所として以下がある。
a．プーリ、クランク、レバー、リンケージ、ヒンジ・ピン、カム、ローラなど、回転力を受ける所。
b．セルフ・ロッキング・ナットの弛みによるボルトの欠損が飛行の安全性に影響を及ぼすような箇所。
c．ナット、ボルト、スクリュが弛み、エンジン・インテーク内に落ちるおそれのある箇所。
d．飛行前か飛行後、定例的にサービシング、アクセスのため取り付け、取り外しをするパネル、ドアなど。

問0497 (1)
『航空機の基本技術』14-3-9「ナットの取扱い」
『航空整備士ハンドブック』3-4「セルフロック・ナットの使用法」
(1)×：セルフロックの回り止め機能「ミニマム・ブレーキ・アウェー・トルク」を正規に有している場合、再使用は可能である。

問0498 (2)
『航空機の基本技術』14-6-2「トルク・レンチの種類」
(2)×：トルク・レンチには、ビーム式、ダイヤル式およびリミット式の3種類がある。

問0499 (2)
『航空機整備作業の基準（AC43）』2-33「航空機用羽布の強度基準」
(2)○：羽布は引張強さが新品の航空機用羽布に要求される強度の70％未満に低下するまでは耐空性があるものと判断される。

問0500 (1)
『航空機の基本技術』9-5-7「バックアップ・リング」
(1)○：高圧のシールには"O"リングの片側または両側に、テフロン製のバックアップ・リングを使用して"O"リングのはみ出しを防止し、"O"リングの寿命を延ばしている。

問0501 (3)
『航空機の基本技術』11-3-4-(2)-b-(3)「HMSフレアレス・フィッティング」
(A)(B)(C)：○
(D)×：HMSフレアレス・フィッティングは薄肉のステンレス・チューブに最適である。

問0502 (3)
『航空機整備作業の基準（AC43）』1-6「接着作業のための木材表面の処理」
(3)×：接着する柔らかい木材の表面を滑らかにするために、サンドペーパーを使ってはならない。

問0503 (4)
『航空機の基本技術』14-7「安全線のかけ方」
(4)：○
(1)×：非常用装置には、直径0.020inの銅ワイヤを使用する。
(2)×：耐食鋼は800℉までのところに使用する。
(3)×：インコネルは1,500℉までの高温部のところに使用する。
（参考）
安全線は、その使用される部分の条件によって、使い分けなければならない。

問0504 (4)
『航空機の基本技術』14-7「安全線のかけ方」
(4)：○
(1)×：非常用装置には、直径0.020inの銅ワイヤを使用する。
(2)×：耐食鋼は800℉までのところに使用する。
(3)×：インコネルは1,500℉までの高温部のところに使用する。
（参考）
安全線は、その使用される部分の条件によって、使い分けなければならない。

問0505 (2)
『航空機整備作業の基準（AC43）』1-2-2「許されない欠陥」、
　　　　　　　　　　　　　　　　　2-23「塗装工程における不具合」
(2)×：「かぶり」は塗装工程にて発生する不具合で、航空機用木材の欠陥ではない。
（参考）
(1)(3)(4)(5)は「木材の許されない欠陥」である。

問0506 (2)
『航空機の基本技術』15-3「はんだ付け」
(2)×：はんだの表面張力を低下させる。

問0507 (2)
『航空機の基本技術』7-4-4「テスターの目盛板及び測定法」
(2)○：電流計は直列に、電圧計は並列に結線する。

機体関連

問題番号	解　答

問0508　（1）　『航空機の基本技術』12-4「腐食の種類」
（C）○：（Al合金、Mg合金表面発生する最も普通の腐食であるが他の金属でも発生する。）
（A）×：ペイントしたアルミニウム合金表面に菌糸状に発生する腐食はフィリフォーム腐食。
（B）×：異種金属の接触により発生する腐食は電解腐食。
（D）×：バクテリア類が繁殖して金属が浸食され発生する腐食は微生物腐食。

問0509　（5）　『航空機の基本技術』6-1-2「計測用語」3）誤差
（5）×：偶然誤差はつきとめられない原因によって起こり、測定値のばらつきとなって現れる誤差をいう。系統誤差を除いて避けることのできない誤差、および微妙な測定条件（周囲条件）の変動によって不規則に生じる誤差である。

問0510　（2）　『航空機の基本技術』5-7-5「ヘリコイルの材料」、5-7-6「ヘリコイルの利点」
（B）（C）：○
（A）（D）：×
（参考）
ヘリコイルは耐食鋼でできており、主として強度および耐食性を要求される部分に用いられる。ヘリコイル・タップ穴のねじ表面の面積は、挿入されるおねじの表面の面積よりもヘリコイルの厚みの分だけ広くなるので、同じ荷重を受けるとき、単位面積当たりの荷重は小さくなる。すなわち、ヘリコイルなしの強度より、ヘリコイルを取り付けたときの強度が大きい。また、鋳鉄、軽合金、非金属（プラスチック、木材）が母材であってもヘリコイルは使用できる（強度の増加は1.2～1.3倍ぐらい）。ヘリコイルのねじの丸みは、締付け時の摩擦をかなり減少するので耐摩耗性がよい。

－ 110 －

発動機

発動機

問題番号		解　答

問0001 （3）　　　『耐空性審査要領』2-5「動力装置」
（3）：○
（1）×：「動力装置」とは、航空機を推進させるために航空機に取付けられた動力部、部品及びこれらに関連する保護装置の全系統をいう。
（2）×：「動力部」とは、1個以上の発動機及び推力を発生するために必要な補助部品からなる独立した1系統をいう。
（4）×：「軸出力」とは、発動機のプロペラ軸に供給される出力をいう。

問0002 （4）　　　『耐空性審査要領』2-5「動力装置」
（4）×：「回転速度」とは、特に指定する場合の外は、ピストン発動機のクランク軸又はタービン発動機のロータ軸の毎分回転数をいう。

問0003 （2）　　　『耐空性審査要領』2-5「動力装置」
（2）×：「動力部」とは、1個以上の発動機及び推力を発生するために必要な補助部品からなる独立した1系統をいう。
（1）○：「臨界発動機」とは、ある任意の飛行形態に関し、故障した場合に、飛行性に最も有害な影響を与えるような1個以上の発動機をいう。
（3）○：タービン発動機の「ガス温度」とは、発動機取扱説明書に記載した方法で得られるガスの温度をいう。
（4）○：「回転速度」とは、特に指定する場合の外は、ピストン発動機のクランク軸又はタービン発動機のロータ軸の毎分回転数をいう。

問0004 （3）　　　『耐空性審査要領』2-5「動力装置」
（A）（B）（C）：○
（A）：「臨界発動機」とは、ある任意の飛行形態に関し、故障した場合に、飛行性に最も有害な影響を与えるような1個以上の発動機をいう。
（B）：「動力装置」とは、航空機を推進させるために航空機に取付けられた動力部、部品及びこれらに関連する保護装置の全系統をいう。
（C）：タービン発動機の「ガス温度」とは、発動機取扱説明書に記載した方法で得られるガスの温度をいう。
（D）×：「回転速度」とは、特に指定する場合の外は、ピストン発動機のクランク軸又はタービン発動機のロータ軸の毎分回転数をいう。

問0005 （3）　　　『耐空性審査要領』第Ⅰ部「定義」2-5「動力装置」、2-6「プロペラおよび回転翼」
（3）×：「回転速度」とは、特に指定する場合の外は、ピストン発動機のクランク軸又はタービン発動機のロータ軸の毎分回転数をいう。

問0006 （3）　　　『耐空性審査要領』第Ⅰ部「定義」2-5「動力装置」
（3）×：「回転速度」とは、特に指定する場合の外は、ピストン発動機のクランク軸又はタービン発動機のロータ軸の毎分回転数をいう。

問0007 （2）　　　『耐空性審査要領』第Ⅰ部「定義」2-6「プロペラ及び回転翼」
（2）×：『耐空性審査要領』第Ⅰ部「定義」2-6「プロペラ及び回転翼」には次のように定義されている。
「この要領において「プロペラ補機」とは、プロペラの制御及び作動に必要な機器であって、運動部分を有し、プロペラに造りつけていないものをいう。」

問0008 （3）　　　『耐空性審査要領』2-5「動力装置」
（1）（2）（4）：○
（3）：×「回転速度」とは、特に指定する場合の外は、ピストン発動機のクランク軸又はタービン発動機ロータ軸の毎分回転数をいう。

問0009 （3）　　　『耐空性審査要領』2-5「動力装置」
（A）（B）（C）：○
（D）×：「軸出力」とは、発動機のプロペラ軸に供給される出力をいう。

問0010 （1）　　　『耐空性審査要領』2-5「動力装置」
（C）○：「発動機補機」とは、発動機の運転に直接関係のある附属機器であって、発動機に造りつけてないものをいう。
（A）×：「動力装置」とは、航空機を推進させるために航空機に取付けられた動力部、部品及びこれらに関連する保護装置の全系統をいう。
（B）×：「動力部」とは、1個以上の発動機及び推力を発生するために必要な補助部品からなる独立した1系統をいう。
（D）×：「軸出力」とは、発動機のプロペラ軸に供給される出力をいう。

問0011 （4）　　　『耐空性審査要領』2-5「動力装置」
（A）（B）（C）（D）：○
（A）：「臨界発動機」とは、ある任意の飛行形態に関し、故障した場合に、飛行性に最も有害な影響を与えるような1個以上の発動機をいう。
（B）：「動力装置」とは、航空機を推進させるために航空機に取付けられた動力部、部品及びこれらに関連する保護装置の全系統をいう。
（C）：タービン発動機の「ガス温度」とは、発動機取扱説明書に記載した方法で得られるガスの温度をいう。
（D）：「回転速度」とは、特に指定する場合の外は、ピストン発動機のクランク軸又はタービン発動機のロータ軸の毎分回転数をいう。

発動機

問題番号		解　答

問0012　(2)
『耐空性審査要領』2-5「動力装置」
(A)(C)：○
(A)「動力部」とは、1個以上の発動機及び推力を発生するために必要な補助部品からなる独立した1系統をいう。
(C)「発動機補機」とは、発動機の運転に直接関係のある附属機器であって、発動機に造りつけてないものをいう。
(B)×：「航空機を推進させるために航空機に取付けられた部品及びこれらに関連する保護装置の全系統」は「動力装置」である。
(D)×：「軸出力」とは、発動機のプロペラ軸に供給される出力をいう。

問0013　(3)
『耐空性審査要領』第Ⅰ部「定義」2-5-14
(3)：○
問題に示された文章は「回転速度」の定義を示したもので、『耐空性審査要領』第Ⅰ部「定義」2-5-21に次のように定義されている。
「（ア：回転速度）とは、特に指定する場合の外は、ピストン発動機のクランク軸又はタービン発動機のロータ軸の毎分回転数をいう。」

問0014　(3)
『耐空性審査要領』第Ⅰ部「定義」2-5-14
(3)：○：耐空性審査要領、第Ⅰ部 定義、2-5-14には「緩速推力とは、発動機の出力制御レバーを固定し得る最小推力位置に置いたときに得られるジェット推力をいう。」と定義されている。

問0015　(4)
『耐空性審査要領』第2章「定義」2-6「プロペラ及び回転翼」2-6-9
(4)：○
「プロペラ最大超過回転速度」は、（　20　）秒間使用しても、有害な影響を及ぼさない回転速度である。

問0016　(1)
『耐空性審査要領』第Ⅰ部「定義」2-5「動力装置」
(1)：○
耐空性審査要領、第Ⅰ部 定義、2-5-1には「動力装置」は次のように定義されている。
・2-5-1「この要領において「動力装置」とは、航空機を（推進）させるために航空機に取り付けられた動力部、（部品）及びこれらに関連する（保護装置）の（全）系統をいう。」

問0017　(2)
『耐空性審査要領』2-10「長距離進出運航」
(2)：○
「飛行中のシャットダウン」は『耐空性審査要領』2-10-5に次のように定義されている。

「飛行中のシャットダウン」（以下「IFSD」という。）とは、発動機自体、乗員又は外的影響のいずれに起因するかに関係なく、（飛行機が離陸した後、）発動機が機能を喪失し、シャットダウンすることをETOPSに限りいう。

所望の（　ア：推力または出力　）を制御又は得ることができない状況、フレーム・アウト、（　イ：内部故障　）、乗員によるシャットダウン、異物吸い込み、着氷及び（　ウ：始動制御　）のサイクルのような全ての原因によるシャットダウンは、例え一時的であって、飛行の残りを通常に発動機が作動したとしても、（　エ：IFSD　）と考える。

この定義は、発動機が空中で機能を喪失した場合であっても、直ちに自動発動機再点火が行われ、発動機の所望の推力および出力は得られなくともシャットダウンに至らない場合を除く。

問0018　(1)
『耐空性審査要領』第Ⅰ部「定義」2-5-11
(1)○：耐空性審査要領、第Ⅰ部 定義、2-5-11には「連続最大出力定格」は次のように定義されている。
この要領においてピストン発動機、（　ア：ターボプロップ　）発動機及びターボシャフト発動機の「連続最大出力定格」とは、各規定（　イ：高度　）の（　ウ：標準大気状態　）において、第Ⅶ部で設定される発動機の運用限界内で静止状態又は飛行状態で得られ、かつ、連続使用可能な（　エ：軸出力　）をいう。

問0019　(1)
『耐空性審査要領』第Ⅰ部「定義」2-5-11
(1)○：耐空性審査要領、第Ⅰ部 定義、2-5-11には「連続最大出力定格」は次のように定義されている。
この要領においてピストン発動機、（　ア：ターボプロップ　）発動機及びターボシャフト発動機の「連続最大出力定格」とは、各規定（　イ：高度　）の（　ウ：標準大気状態　）において、第Ⅶ部で設定される発動機の運用限界内で静止状態又は飛行状態で得られ、かつ、連続使用可能な（　エ：軸出力　）をいう。

問0020　(1)
『耐空性審査要領』2-10「長距離進出運航」
(1)○：「飛行中のシャットダウン」は『耐空性審査要領』2-10-5に次のように定義されている。
「飛行中のシャットダウン」（以下「IFSD」という。）とは、（　ア：発動機自体　）、（　イ：乗員　）又は外的影響のいずれに起因するかに関係なく、（　ウ：飛行機が離陸した後、　）発動機が機能を喪失し、シャットダウンすることをETOPSに限りいう。所望の推力または出力を制御又は得ることができない状況、（　エ：フレーム・アウト　）、内部故障、乗員によるシャットダウン、異物吸い込み、着氷及び始動制御のサイクルのような全ての原因によるシャットダウンは、例え一時的であって、飛行の残りを通常に発動機が作動したとしても、IFSDと考える。

問題番号	解　答

問0021 (2)　　　『耐空性審査要領』第Ⅰ部「定義」2-5-17B
(2)○：耐空性審査要領、第Ⅰ部 定義、2-5-17Bには「1発動機不作動時の30分出力定格」は次のように定義されている。
この要領において回転翼航空機用タービン発動機の「1発動機不作動時の30分間出力定格」とは、本要領第Ⅶ部で証明された発動機に設定された運用限界内の規定の（　ア：高度　）及び（　イ：大気温度　）の（　ウ：静止状態　）で得られる承認された（　エ：軸出力　）であって、多発回転翼航空機の1発動機不作動後の使用が30分間に制限されるものをいう。

問0022 (4)　　　『耐空性審査要領』第Ⅰ部「定義」2-5「動力装置」
(4)○：耐空性審査要領には「この要領において「動力装置」とは、「航空機を推進させるために航空機に取り付けられた動力部、部品及びこれらに関連する保護装置の全系統をいう。」と定義されている。

問0023 (1)　　　『耐空性審査要領』第Ⅰ部「定義」2-5「動力装置」
(1)○：耐空性審査要領には「この要領において「動力装置」とは、航空機を推進させるために航空機に取り付けられた動力部、部品及びこれらに関連する保護装置の全系統をいう。」と定義されている。

問0024 (1)　　　『耐空性審査要領』第Ⅰ部「定義」2-5「動力装置」
(1)：○
耐空性審査要領、第Ⅰ部 定義、2-5-1には「動力装置」は次のように定義されている。
・2-5-1「この要領において「動力装置」とは、航空機を（　ア：推進　）させるために航空機に取り付けられた動力部、（　イ：部品　）及びこれらに関連する（　ウ：保護装置　）の（　エ：全　）系統をいう。」

問0025 (4)　　　『耐空性審査要領』第Ⅰ部「定義」2-5「動力装置」
(4)：○
耐空性審査要領、第Ⅰ部 定義、2-5-1には「動力装置」は次のように定義されている。
・2-5-1「この要領において「動力装置」とは、航空機を（　ア：推進　）させるために航空機に取り付けられた動力部、（　イ：部品　）及びこれらに関連する（　ウ：保護装置　）の（　エ：全　）系統をいう。」

問0026 (4)　　　『耐空性審査要領』第Ⅰ部「定義」2-5「動力装置」
(4)：○
耐空性審査要領、第Ⅰ部 2-5-2に「この要領において「動力部」とは、（　ア：1個以上　）の（　イ：発動機）及び推力を発生するために必要な（　ウ：補助部品　）からなる独立した1系統をいう。ただし、短時間推力発生装置並びに回転翼航空機における（　エ：主回転翼　）及び（　オ：補助回転翼　）の構造部分を除く。」と定義されている。

問0027 (3)　　　『耐空性審査要領』第Ⅰ部「定義」2-5「動力装置」
(3)：○
耐空性審査要領、第Ⅰ部 2-5-2に「この要領において「動力部」とは、（　ア：1個以上　）の（　イ：発動機）及び推力を発生するために必要な（　ウ：補助部品　）からなる独立した1系統をいう。ただし、短時間推力発生装置並びに回転翼航空機における（　エ：主回転翼　）及び（　オ：補助回転翼　）の構造部分を除く。」と定義されている。

問0028 (1)　　　『耐空性審査要領』第Ⅰ部「定義」2-5「動力装置」
(1)：○
『耐空性審査要領』には、「離陸出力」は次のように定義されている。
2-5-6この要領においてタービン発動機の「離陸出力」とは、各規定高度及び各規定大気温度において、離陸時に常用可能な発動機ロータ軸最大回転速度及び最高ガス温度で得られる静止状態における軸出力であって、その連続使用が発動機仕様書に記載された時間に制限されるものをいう。

問0029 (1)　　　『耐空性審査要領』第Ⅰ部「定義」2-5「動力装置」
(1)：○
＊問0028の解説を参照

問0030 (1)　　　『耐空性審査要領』第Ⅰ部「定義」2-5「動力装置」
(1)：○
＊問0028の解説を参照

問0031 (4)　　　『耐空性審査要領』第Ⅰ部「定義」2-5「動力装置」
(4)：○
「離陸出力」とは、耐空性審査要領 2-5-6に次のように規定されている。この要領においてタービン発動機の「離陸出力」とは、各規定高度及び各規定大気温度において、離陸時に常用可能な発動機ロータ軸（　ア：最大回転速度　）及び（　イ：最高ガス温度　）で得られる静止状態における軸出力であって、その（　ウ：連続使用　）が（　エ：発動機仕様書　）に記載された時間に制限されるものをいう。

問0032 (4)　　　「耐空性審査要領」第Ⅰ部「定義」2-5「動力装置」
(4)：○
「離陸推力」は「耐空性審査要領」第Ⅰ部「定義」2-5-7に次のように定義されている。
この要領においてタービン発動機の「離陸推力」とは、各規定（　ア：高度　）及び各規定（　イ：大気温度　）において、離陸時に常用可能な発動機ロータ軸最大回転速度及び最高（　ウ：ガス温度　）で得られる（　エ：静止状態　）におけるジェット推力であって、その連続使用が発動機仕様書に記載された（　オ：時間　）に制限されるものをいう。

発
動
機

－ 117 －

問題番号	解　答

問0033　(3)　　　『耐空性審査要領』第Ⅰ部「定義」2-5-18

(3)：○

『耐空性審査要領』第Ⅰ部「定義」2-5-18には次のように規定されている。

この要領において回転翼航空機用タービン発動機の「1発動機不作動時の2分30秒間出力定格」とは、本要領第Ⅶ部で証明された発動機に設定された運用限界内の規定の高度及び大気温度の静止状態で得られる承認された軸出力であって、多発回転翼航空機の1発動機不作動後の使用が2分30秒間に制限されるものをいう。

問0034　(2)　　　『耐空性審査要領』第Ⅰ部「定義」2-5-17A

(2)：○

耐空性審査要領、第Ⅰ部 定義、2-5-17Aには「1発動機不作動時の連続出力定格」は次のように定義されている。

この要領において回転翼航空機用タービン発動機の「1発動機不作動時の連続出力定格」とは、本要領第Ⅶ部で証明された（　ア：発動機　）に設定された（　イ：運用限界内　）の規定の高度及び大気温度の静止状態で得られる承認された軸出力であって、多発回転翼航空機の1発動機（　ウ：故障　）又は停止後、（　エ：飛行を終える　）のに要する時間までの使用に制限されるものをいう。

問0035　(1)　　　『耐空性審査要領』第Ⅰ部「定義」2-5-11

(1)：○

耐空性審査要領、第Ⅰ部 定義、2-5-11には「連続最大出力定格」は次のように定義されている。

この要領においてピストン発動機、（　ア：ターボプロップ　）発動機及びターボシャフト発動機の「連続最大出力定格」とは、各規定（　イ：高度　）の（　ウ：標準大気状態　）において、第Ⅶ部で設定される発動機の運用限界内で静止状態又は飛行状態で得られ、かつ、連続使用可能な（　エ：軸出力　）をいう。

問0036　(1)　　　『耐空性審査要領』第Ⅰ部「定義」2-5-11

(1)：○耐空性審査要領、第Ⅰ部 定義、2-5-11には「連続最大出力定格」は次のように定義されている。

この要領においてピストン発動機、ターボプロップ発動機及び（　ア：ターボシャフト　）発動機の「連続最大出力定格」とは、各規定（　イ：高度　）の（　ウ：標準大気　）状態において、第Ⅶ部で設定される発動機の運用限界内で静止状態又は飛行状態で得られ、かつ、連続使用可能な（　エ：軸出力　）をいう。

問0037　(3)　　　『耐空性審査要領』第Ⅰ部「定義」2-10「長距離進出運航」

(A)(C)(D)：○

ETOPS重要系統のグループ1は、耐空審査要領、第Ⅰ部 定義、2-10-4-1に定義されている。

(B)×：グループ1に該当するのは「故障又は不具合により、飛行中のシャットダウン、推力制御の喪失又はその他出力損失になる可能性のある系統」であり、油圧損失になる可能性のある系統は含まれない。

問0038　(3)　　　『[7] タービン・エンジン』1-1「航空エンジンの分類」

(3)：○

(1)×：ダクト・エンジンは、ラムジェット、パルスジェットの2種類である。

(2)×：ガスタービン・エンジンは、ターボジェット、ターボファン、ターボプロップ、ターボシャフトの4種類である。

(4)×：ジェット推進エンジンには、ターボジェット、ターボファン、ラムジェット、パルスジェットおよびロケットである。

（参考）

エンジンの分類上、ダクテッド・ファン、ターボバイパス・エンジン、バイパス・エンジンなどの名称は一般に使用されない。

問0039　(4)　　　『[7] タービン・エンジン』1-1「航空エンジンの分類」

(4)○：ジェット推進エンジンには、ターボジェット、ターボファン、ラムジェット、パルスジェットおよびロケットがこの分類に入る。

(1)×：ダクト・エンジンは、ラムジェット、パルスジェットの2種類である。

(2)×：ガスタービン・エンジンは、ターボジェット、ターボファン、ターボプロップ、ターボシャフトの4種類に分類される。

(3)×：航空エンジンは、原則的にピストン、ガスタービン、ダクト、ロケットの4種類の内燃機関に大別される。

＊問0038の（参考）を参照

問0040　(4)　　　『[7] タービン・エンジン』1-1「航空エンジンの分類」

(4)×：エンジンの分類上、プロップジェット・エンジンという名称は一般に使用されない。

問0041　(1)　　　『[7] タービン・エンジン』1-1「航空エンジンの分類」

(1)×：基本的にピストン、タービン、ダクト、ロケット・エンジンに分類される。

問0042　(3)　　　『[7] タービン・エンジン』1-1「航空エンジンの分類」

(3)×：ラムジェットエンジンはパルスジェットとともにダクトエンジンに分類される。

(1)○：航空エンジンは、原則的にピストン、ガスタービン、ダクト、ロケットの4種類の内燃機関に大別される。

(2)○：タービン・エンジンは、ターボジェット、ターボファン、ターボプロップ、ターボシャフトの4種類に分類される。

(4)○：ジェット推進エンジンは、排気ジェットにより推力を得るエンジンであり、タービン・エンジン、ダクト・エンジンおよびロケットがこの分類に入る。

－ 118 －

問題番号		解　答

問0043 (3)
　　　『[7] タービン・エンジン』1-1「航空エンジンの分類」
(3)×：エンジンの分類上、ラムジェット・エンジンは内部に可動部分を持たないダクト・エンジンに分類される。
(1)○：タービン・エンジンはジェット・エンジンと軸出力タービン・エンジンに大別される。
(2)○：排気ジェットにより推力を得るエンジンをジェット推進エンジンといい、ターボジェット、ターボファン、ラム・ジェット、パルス・ジェットおよびロケットがこれに該当する。
(4)○：軸出力タービン・エンジンは、ターボプロップ及びターボシャフト・エンジンである。

問0044 (3)
　　　『[7] タービン・エンジン』1-1「航空エンジンの分類」
(3)×：ピストン・エンジンはピストン・エンジンとして分類され、タービン・エンジンにはジェット・エンジンと軸出力タービン・エンジンがある。
(1)○：基本的にプロペラまたは回転翼を駆動して推力を得るエンジンを軸出力型エンジンといい、ターボプロップ及びターボシャフト・エンジンが該当する。
(2)○：排気ジェットの反力により推力を得るエンジンをジェット推進エンジンといい、ターボジェット、ターボファン、ラム・ジェット、パルス・ジェットおよびロケットがこれに該当する。
(4)○：ダクト・エンジンとロケット・エンジンはジェット推進エンジンに分類される。

問0045 (4)
　　　『[7] タービン・エンジン』1-1「航空エンジンの分類」
(4)×：航空エンジンはピストン、タービン、ダクト、ロケット・エンジンに分類される。
(1)○：エンジンの分類上、ラムジェット・エンジンは内部に可動部分を持たないダクト・エンジンに分類される。
(2)○：排気ジェットにより推力を得るエンジンをジェット推進エンジンといい、ターボジェット、ターボファン、ラム・ジェット、パルス・ジェットおよびロケットがこれに該当する。
(3)○：軸出力タービン・エンジンは、ターボプロップ及びターボシャフト・エンジンである。

問0046 (2)
　　　『[7] タービン・エンジン』1-1「航空エンジンの分類」
(B)(C)：○
(A)×：航空エンジンは、原則的にピストン、ガスタービン、ダクト、ロケットの4種類の内燃機関に大別される。
(D)×：ジェット推進エンジンは排気ジェットにより推力を得るエンジンで、ターボジェット、ターボファン、ラム・ジェット、パルス・ジェットおよびロケットがこれに該当する。

問0047 (4)
　　　『[7] タービン・エンジン』1-1「航空エンジンの分類」
(4)：○
・航空エンジンはピストン・エンジン、（ア）タービン・エンジン、（ウ）ダクト・エンジンおよび（エ）ロケット・エンジンの4種類の内燃機関に大別される。
・タービン・エンジンは排気ジェットにより推力を得るジェット・エンジンと、軸出力を得る（イ）軸出力エンジンに分類される。
・軸出力・エンジンはタービン・エンジンに分類され、ターボプロップ及びターボシャフト・エンジンがこれに該当する。
・ダクト・エンジンはラムジェット・エンジンとパルスジェット・エンジンに分類される。

問0048 (2)
　　　『[7] タービン・エンジン』1-1「航空エンジンの分類」
(A)(D)：○
(B)×：タービン・エンジンの分類上ターボバイパス・エンジンという名称はない。
(C)×：ピストン・エンジンはピストン・エンジンとして分類されており、タービン・エンジンはターボジェット・エンジンとターボファン・エンジンのジェット推進エンジンと、ターボプロップ・エンジンとターボシャフト・エンジンの軸出力タービン・エンジンとに分類される。

問0049 (3)
　　　『[7] タービン・エンジン』1-1「航空エンジンの分類」
(A)(B)(D)：○
(A)：トルク・プロデューシング・エンジンは軸出力エンジンのことであり、ターボプロップ・エンジン、ターボシャフト・エンジンがこれに該当する。
(B)：ジェット推進エンジンは排気ジェットの反力で推力を得るエンジンであり、ラム・ジェットはこれに該当する。
(D)：シャフト・パワー・エンジンは軸出力エンジンであり、リアクション・プロパルジョン・エンジンは排気ジェットの反力で推力を得るエンジンであるため、タービン・エンジンはシャフト・パワー・エンジンとリアクション・プロパルジョン・エンジンに大別できる。
(C)×：パルス・ジェット・エンジンはダクト・エンジンに分類される。

問0050 (4)
　　　『[7] タービン・エンジン』1-1「航空エンジンの分類」
(4)×：ターボプロップ・エンジンはタービン・エンジンに分類される。
航空エンジンの中で排気ジェットを直接航空機の推進力に使う形式のものをジェット推進エンジンと呼び、ターボジェット、ターボファン、ラムジェット、パルス・ジェット、ロケットが該当する。

問0051 (3)
　　　『[7] タービン・エンジン』1-1「航空エンジンの分類」
(3)×：ターボプロップ・エンジンはタービン・エンジンに分類される。
航空エンジンの中で排気ジェットを直接航空機の推進力に使う形式のものをジェット推進エンジンと呼び、ターボジェット、ターボファン、ラムジェット、パルス・ジェット、ロケットが該当する。

問0052 (3)
　　　『[7] タービン・エンジン』1-1「航空エンジンの分類」
(3)×：ターボシャフト・エンジンはタービン・エンジンに分類されるが、ロータを使って推力得るのでジェット推進エンジンには該当しない。

発動機

問題番号	解　答

問0053 (3)
　　　『[7] タービン・エンジン』1-1「航空エンジンの分類」
(3)×：ラム・ジェットはダクト・エンジンである。タービン・エンジンは、ターボジェット、ターボファン、ターボプロップ、ターボシャフトに分類される。

問0054 (2)
　　　『[7] タービン・エンジン』1-1「航空エンジンの分類」
(2)○：タービン・エンジンは、ターボジェット、ターボファン、ターボプロップ、ターボシャフトに分類される。

問0055 (4)
　　　『[7] タービン・エンジン』1-1「航空エンジンの分類」
(4)×：ターボシャフト・エンジンは、出力のすべてをガス・ジェネレータによりフリータービンを駆動して取り出す。

問0056 (3)
　　　『[7] タービン・エンジン』1-1「航空エンジンの分類」
(3)○：ターボシャフト・エンジンは軸出力により回転翼を駆動するエンジンである。

問0057 (2)
　　　『[5] ピストン・エンジン』2-1「ピストン・エンジンの具備条件」
(2)×：高い燃料消費率ではなく低い燃料消費率が条件である。
（補足）
航空機ピストン・エンジンに基本的で、かつ必要な具備条件は次のとおりである。
a.馬力当りの重量が軽いこと
b.低い燃料消費率
c.信頼性、耐久性
d.コンパクトさ
e.振動の少ないこと
f.整備性
g.運転の柔軟性

問0058 (3)
　　　『[5]ピストン・エンジン』2-1「ピストン・エンジンの具備条件」
(B)(C)(D)：○
(A)×：馬力当たりの重量が軽いこと
＊問0057の（補足）を参照

問0059 (3)
　　　『[5] ピストン・エンジン』2-1「ピストン・エンジンの具備条件」
(A)(C)(D)：○
(B)×：低い燃料消費率が正しいピストン・エンジンの具備条件である。
＊問0057の（補足）を参照

問0060 (3)
　　　『[5]ピストン・エンジン』2-1「ピストン・エンジンの具備条件」
(3)：○
＊問0057の（補足）を参照

問0061 (2)
　　　『[7] タービン・エンジン』2-1「動力装置の具備条件」
(2)×：少ない搭載燃料で有償荷重を増やしたり同じ搭載燃料で長い航続距離が得られるため、燃料消費率が低いことが求められる。
(1)○：運転が容易であること。
(3)○：エンジンおよび機体構造への影響を無くすため、振動が少ないことが求められる。
(4)○：オペレーション・コストを少なくするために、安価な燃料が使用できることが求められる。

問0062 (4)
　　　『[7] タービン・エンジン』2-1「動力装置の具備条件」
(A)(B)(C)(D)：○

問0063 (1)
　　　『[7] タービン・エンジン』2-1「動力装置の具備条件」
(1)×：エンジン出力に対し可能な限り小型・軽量とすることが求められ、推力重量比が大きいことが求められる。
(2)○：燃料消費率が低いことが求められ、通常、推力燃料消費率により比較される。
(3)○：飛行中のエンジン停止を伴う重大故障の発生頻度が少ないことが求められ、通常、1,000時間当たりの飛行中のエンジン停止率により比較される。
(4)○：エンジン全体を分解せずに整備が必要なユニットのみを単独交換できるモジュール構造など、整備性の良いことが求められる。

問0064 (3)
　　　『[7] タービン・エンジン』2-1「動力装置の具備条件」
(A)(C)(D)：○
(B)×：比推力はエンジンに吸入される単位空気流量当りに得られるスラストを示しており、大きいことが求められる。

問0065 (4)
　　　『[7] タービン・エンジン』2-1「動力装置の具備条件」
(A)(B)(C)(D)：○

問0066 (2)
　　　『[7] タービン・エンジン』2-1「動力装置の具備条件」
(2)○：飛行中のエンジン停止率は、エンジン運転1,000時間当たりの空中停止発生件数をいう。

問題番号		解　答

問0067　(2)　　　『[7] タービン・エンジン』2-2「各種形式の特徴」
(A)(D)：○
(B)×：タービン・エンジンは閉鎖された空間で燃焼が行われる内燃機関である。
(C)×：フリー・タービンはターボプロップ・エンジンのみならず、ターボシャフト・エンジンを含む軸出力タービン・エンジンで使用される。

問0068　(4)　　　『[5] ピストン・エンジン』2-2-a「直接型」、2-2-e「対向型」
(A)(B)(C)(D)：○
（参考）
対向型エンジンは、前面面積がそれほど大きくなく、クランク・シャフトが短くなりクランク・ケースの剛性を高くできる。直列型に比べバランスが良い。

問0069　(2)　　　『[5]ピストン・エンジン』2-2-a「直列型」2-2-e「対向型」
(2)×：前面面積は、直列型よりは大きくなる。

問0070　(1)　　　『[7] タービン・エンジン』3-6「単位」
(1)：○
(2)×：SI単位における力の単位はニュートン（N）と呼ばれ1Nは1kg・m/s^{2}である。
(3)×：ヤード・ポンド法重力単位における温度は華氏温度（℉）である。
(4)×：SI単位における仕事の単位である1ジュール（J）は1N・mである。

問0071　(2)　　　『[7] タービン・エンジン』3-6「単位」
(2)：○
(1)×：SI単位における仕事の単位である1ジュール（J）は1N・m である。
(3)×：SI単位における力の単位はニュートン（N）であり1Nは1kg・m/s^{2}である。
(4)×：ヤード・ポンド法重力単位におけるランキン温度は、目盛間隔は華氏温度と同じ間隔である。

問0072　(1)　　　『[7] タービン・エンジン』3-6「単位」
(A)：○
(B)×：質量（M）の物体に作用する重力加速度を（g）とした場合、重量（W）は（M）×（g）で求められる。
(C)×：ヤード・ポンド法重力単位におけるランキン温度は、目盛間隔は華氏温度と同じ間隔である。
(D)×：SI単位における仕事の単位である1ジュール（J）は1N・mである。

問0073　(5)　　　『[7] タービン・エンジン』3-6「単位」
(5)：無し
(A)：SI単位における圧力の単位はパスカル（Pa）であり1Pa＝1N/m^{2}である。
(B)：質量（M）の物体に作用する重力加速度を（g）とした場合、重量（W）は（M）×（g）で求められる。
(C)：ヤード・ポンド法重力単位におけるランキン温度は、目盛間隔は華氏温度と同じ間隔である。
(D)：SI単位における仕事の単位である1ジュール（J）は1N・mである。

問0074　(2)　　　『[7] タービン・エンジン』3-6「単位」
(A)(B)：○
(C)×：ヤード・ポンド法重力単位におけるランキン温度は、目盛間隔は華氏温度と同じ間隔である。
(D)×：SI単位における仕事の単位である1ジュール（J）は1N・mである。

問0075　(3)　　　『[7] タービン・エンジン』3-1-1「温度」
(A)(B)(D)：○
(C)×：絶対温度は、絶対零度を基準とした温度単位で、摂氏温度では−273.15℃、華氏温度では−459.67℉に相当する。

問0076　(4)　　　『[7] タービン・エンジン』3-6「単位」
(4)×：圧力および応力はパスカル（Pa）で表され〔1Pa＝1N/m^2〕である。

問0077　(1)　　　『[7] タービン・エンジン』3-6「単位」
(1)×：1hPa＝100Paである。

問0078　(4)　　　『[7] タービン・エンジン』3-6「単位」
(4)：○
(1)×：応力はパスカルで表される。
(2)×：トルクはニュートン・メートルで表される。
(3)×：仕事はジュールで表される。

問0079　(4)　　　『[7] タービン・エンジン』3-6「単位」
(4)：○
(1)×：応力はパスカルで表される。
(2)×：トルクはニュートン・メートルで表される。
(3)×：仕事はジュールで表される。

問0080　(2)　　　『[7] タービン・エンジン』3-6「単位」
(2)×：トルクはニュートン・メートルで表される。

発動機

問題番号	解　答

問0081 (3)　　『[7] タービン・エンジン』3-6「単位」
(B)(C)(D)：○
(A)×：SI単位における圧力の単位はパスカル（Pa）であり1Pa＝1N/m²である。

問0082 (1)　　『[7] タービン・エンジン』3-6「単位」
(1)×：力はニュートン（N）で表され〔1N＝1kg・m/s²〕である。

問0083 (1)　　『[7] タービン・エンジン』3-6「単位」
(1)×：圧力および応力はパスカル（Pa）で表され、〔1Pa＝1N/m²〕である。

問0084 (1)　　『[7] タービン・エンジン』3-6「単位」
(1)×：圧力および応力は単位平方フィートで表わすため、重量ポンドを平方フィートで割ったものである。

問0085 (2)　　『[7] タービン・エンジン』3-1-3「気体の比熱」
(2)×：定圧比熱では温度の上昇とともに外部へ膨張仕事をするが、空気が膨張するためには熱量が必要となり定容比熱の場合より膨張仕事分だけ余分に熱量を要し、定圧比熱の方が定容比熱より大きい。

問0086 (2)　　『[7] タービン・エンジン』3-1-3「気体の比熱」
(2)×：比熱は気体1kgの温度を1℃上昇させるのに必要な熱量であることから単位はkcal/kg℃で表される。
(1)○：比熱には気体を容積一定状態で加熱する定容比熱と圧力一定状態で加熱する定圧比熱がある。
(3)○：定容比熱は容積一定（密閉容器）の状態で気体1kgの温度を1℃上昇させるのに必要な熱量である。
(4)○：定容比熱と定圧比熱との比を比熱比という。

問0087 (2)　　『[5] ピストン・エンジン』3-1-1-d「比熱」
(2)○：ガス1kgを1℃だけ温度を高めるのに要する熱量を比熱という。

問0088 (1)　　『[5] ピストン・エンジン』3-1-1-d「比熱」
(1)○：定圧比熱Cpは温度の上昇とともに外部へ膨張仕事をするので、定容比熱Cvの場合より膨張仕事分だけ余分に熱量を要するため、定圧比熱Cpの方が定容比熱Cvより大きい。すなわちCp ＞ Cvとなる。
1kgの気体の温度を1℃上昇させるのに必要な熱量を比熱という。比熱には気体を加熱するときの状態によって定容比熱と定圧比熱がある。
(2)×：定圧比熱の方が定容比熱より大きい。Cp ＞ Cvが正しい。
(3)×：定圧比熱の方が定容比熱より大きい。
(4)×：定圧比熱と定容比熱との比を比熱比という。比熱比＝定圧比熱／定容比熱

問0089 (2)　　『[7] タービン・エンジン』3-1-3「気体の比熱」
(2)×：容積一定の状態（密閉容器）で気体1kgの温度を1℃上昇させるのに必要な熱量を定容比熱という。この状態では加えられた熱量は全て内部エネルギとして蓄えられる。
(1)○：1kgの気体の温度を1℃上昇させるのに必要な熱量を比熱という。
(3)○：圧力一定の状態で気体1kg（1,000g）の温度を1℃上昇させるのに必要な熱量を定圧比熱という。
(4)○：圧力一定の状態で気体を加熱すると、温度の上昇とともに外部へ膨張仕事をするので、容積一定の場合より膨張仕事分だけ余分に熱量を要し、定圧比熱の方が定容比熱より大きい。

問0090 (3)　　『[7] タービン・エンジン』3-1-3「気体の比熱」
(3)×：定圧比熱は外部へ仕事をするため、その分定容比熱より大きい。
(1)○：比熱には気体を容積一定状態で加熱する定容比熱と圧力一定状態で加熱する定圧比熱がある。
(2)○：比熱は気体1kgの温度を1℃上昇させるのに必要な熱量であることから単位はkcal/kg℃で表される。
(4)○：定圧比熱を定容比熱で割ると比熱比となる。

問0091 (3)　　『[5] ピストン・エンジン』3-1-1-d「比熱」
(A)(C)(D)：○
(B)×：比熱の単位は気体1kgの温度を1℃上昇させるのに必要な熱量であることからkcal/kg℃で表される。

問0092 (2)　　『[5] ピストン・エンジン』3-1-3「気体の比熱」
(C)(D)：○
(C)：圧力一定の状態で気体1kg（1,000g）の温度を1℃上昇させるのに必要な熱量を定圧比熱という。
(D)：圧力一定の状態で気体を加熱すると、温度の上昇とともに外部へ膨張仕事をするので、容積一定の場合より膨張仕事分だけ余分に熱量を要し、定圧比熱の方が定容比熱より大きい。
(A)×：1kgの気体の温度を1℃上昇させるのに必要な熱量を比熱という。
(B)×：容積一定の状態（密閉容器）で気体1kgの温度を1℃上昇させるのに必要な熱量を定容比熱という。この状態では加えられた熱量は全て内部エネルギとして蓄えられる。

問0093 (2)　　『[7] タービン・エンジン』3-1-3「気体の比熱」
(A)(B)：○
(A)：比熱の単位はkcal/kg℃で表わされる。
(B)：定容比熱は容積一定の状態で1kgの気体を1℃高めるもので、この状態では加えられた熱量はすべて圧力上昇の形で内部エネルギーとして蓄えられる。
(C)×：圧力一定の状態で気体を加熱すると、温度の上昇とともに外部へ膨張仕事をするので、容積一定の場合より膨張仕事分だけ余分に熱量を要し、定圧比熱の方が定容比熱より大きい。
(D)×：定圧比熱を定容比熱で割ったものが比熱比である。

問0094 (3)　　『[5]ピストン・エンジン』3-1-1-d「比熱」
(A)(C)(D)：○
(B)×：定圧比熱の方が定容比熱よりも大きい。

問題番号	解　答

問0095 (4)
『[5]ピストン・エンジン』3-1-1「単位」
(4)：○
華氏を摂氏に換算する公式：F＝9／5℃+32＝68

問0096 (1)
『[7] タービン・エンジン』3-1-1「温度」
(A)：○
(B)×：華氏温度は、標準大気圧における水の氷点を32℉、水の沸騰点を212℉としてその間を180等分したものである。
(C)×：標準大気圧の下で1gの水の温度を1℃だけ高めるのに必要な熱量は1calであるので、1kcalは、標準大気圧の下で1kgの水の温度を1℃だけ高めるのに必要な熱量となる。
(D)×：1Btuは、標準大気圧の下で1lbの水の温度を1℉だけ高めるのに必要な熱量である。

問0097 (1)
『[5]ピストン・エンジン』3-1-1「単位」
(1)：○
華氏を摂氏に換算する公式：℃＝（℉-32)
　　　　　　　　　　　　　℃＝ 37.77
　　　　　　　　　　　　　　　≒ 38

問0098 (3)
『[7] タービン・エンジン』3-1-1「温度」
(A)(C)(D)：○
(B)×：華氏温度は、標準大気圧における水の氷点を32℉、水の沸騰点を212℉としてその間を180等分したものである。

問0099 (5)
『[5] ピストン・エンジン』3-1-1-a「温度」
(5)：○
この式は摂氏温度と華氏温度の換算式である。
摂氏温度は標準大気圧における水の氷点0℃から沸騰点100℃までの間を100等分した単位であるため（ア）は0、（イ）は100となり、華氏温度は標準大気圧における水の氷点32℉から沸騰点212℉までの間を180等分した単位であるため（ウ）は32、（エ）は180となる。

問0100 (1)
『[5]ピストン・エンジン』3-1「単位」
(A)：○
(B)×：1気圧のもとで水1gの温度を1℃だけ温めるのに要する熱量を1カロリ（cal）という。
(C)×：1PS＝75kg・m/s＝735.5W
(D)×：ガス1kgを1℃だけ温度を高めるのに要する熱量を比熱という。

問0101 (4)
『[7] タービン・エンジン』3-1-1「温度」
(A)(B)(C)(D)：○

問0102 (3)
『[5] ピストン・エンジン』3-1-1-a「温度」、-b「熱量」
(A)(C)(D)：○
(C)○：加えて1kcalは、1気圧の下で1kgの水の温度を1℃だけ高めるのに必要な熱量となる。
(B)×：華氏温度は、1気圧において氷の融点を32℉、水の沸点を212℉としてその間を180等分したものである。

問0103 (2)
『[5] ピストン・エンジン』3-3-4「断熱変化」
(2)○：外部との熱の出入りを完全に遮断した状態変化を断熱変化といい、外部との熱のやりとりがないので断熱圧縮では温度が上がり、断熱膨張の場合は逆に下がる。
(1)×：空気を断熱膨張すると温度は下がる。
(3)×：空気を断熱変化させると圧力および温度とも変化する。

問0104 (2)
『[5] ピストン・エンジン』3-3「完全ガスの状態変化」
(2)○：外部との熱の出入りを完全に遮断した状態変化を断熱変化といい、外部からの熱の供給がないので断熱膨張では内部エネルギを消費するため温度が下がり、断熱圧縮では温度が上がる。
(1)×：圧力一定の状態変化を定圧変化といい、定圧変化では外部から加えられた熱量は一部が内部エネルギの増加となり残りが外部への仕事に変わる。
(3)×：容積一定状態で外部から熱量が加えられるとガスは膨張し、容積は一定であるため圧力上昇の形ですべて内部エネルギとなる。
(4)×：温度一定の状態変化を定温変化といい、定温変化では外部から加えられた熱量はすべて外部への仕事に変わる。

問0105 (2)
『[7] タービン・エンジン』3-2-2「完全ガスの状態変化」
(2)○：容積一定状態で外部から熱量が加えられるとガスは膨張し、容積は一定であるため圧力上昇の形ですべて内部エネルギとなる。
(1)×：温度一定の状態変化を等温変化といい、等温変化では外部から加えられた熱量はすべて外部への仕事に変わる。
(3)×：外部との熱の出入りを完全に遮断した状態変化を断熱変化といい、断熱膨張では外部からの熱の供給がないので内部エネルギを消費するため温度が下がる。
(4)×：常に若干の熱の出入りを伴う断熱変化と違った変化をポリトロープ変化といい、実際の内燃機関では断熱変化とは多少違った若干の熱の出入りを伴った変化をし、断熱変化と等温変化の中間にある。

発
動
機

問題番号	解　答

問0106 (1)　　『[7] タービン・エンジン』3-2-2「完全ガスの状態変化」
(1)×：等温変化では、外部から得る熱量はすべて外部への仕事に変わる。
(2)○：圧力一定の状態変化を等圧変化といい、温度が上昇するとともに外部へ膨張仕事をする。
(3)○：容積一定の状態変化を等容変化といい、等容変化では外部から得る熱量はすべて内部エネルギとなる。
(4)○：外部との熱の出入りを完全に遮断した状態変化を断熱変化という。断熱変化の膨張では外部からの熱の供給がないので内部エネルギを消費するため温度が下がる。断熱圧縮の場合は逆に温度が上がる。

問0107 (3)　　『[7] タービン・エンジン』3-2-2「完全ガスの状態変化」
(3)×：外部との熱の出入りを完全に遮断した状態変化を断熱変化といい、断熱膨張では外部から熱の供給がないので内部エネルギを消費するため温度が下がる。
(1)○：温度一定の状態変化を等温変化といい、等温変化で外部から加えられた熱量は全て外部への仕事に変わる。
(2)○：容積一定の変化を等容変化（定容変化）といい、等容変化では外部から加えられた熱量は全て内部エネルギとなる。
(4)○：常に若干の熱の出入りを伴う断熱変化と違った変化をポリトロープ変化といい、実際の内燃機関では断熱変化とは多少違った若干の熱の出入りを伴った変化をし、断熱変化と等温変化の中間にある。

問0108 (4)　　『[7] タービン・エンジン』3-2「完全ガスの性質と状態変化」
(4)×：ボイル・シャルルの法則は「一定質量の気体の容積は圧力に反比例し、温度に正比例する」である。
(1)○：ボイルの法則は「温度が一定状態では、気体の容積は圧力に反比例する」である。
(2)○：シャルルの法則は「圧力が一定の状態では、気体の容積は温度に比例する」である。
(3)○：ボイル・シャルルの法則を満足し、比熱が温度、圧力によって変化しない定数である気体は完全ガスであり理想気体とも呼ばれる。

問0109 (2)　　『[7] タービン・エンジン』3-2-2「完全ガスの状態変化」
(2)×：定容変化は容積一定の密閉容器内での変化であり、外部から得る熱量はすべて内部エネルギとなる。

問0110 (4)　　『[5] ピストン・エンジン』3-3「完全ガスの状態変化」
(4)×：等温変化では外部から加えられた熱量はすべて外部への仕事に変わる。
(1)○：圧力一定の状態変化を定圧変化といい、外部から得る熱量はすべてエンタルピの変化となる。
(2)○：断熱変化の膨張では外部からの熱の供給がないので内部エネルギを消費するため温度が下がる。
(3)○：容積一定の状態変化を定容変化といい、外部から加えられた熱量はすべて内部エネルギとなる。

問0111 (4)　　『[7] タービン・エンジン』3-2「完全ガスの性質と状態変化」
(4)×：ボイル・シャルルの法則では一定量の気体の容積は圧力に反比例し、温度に比例する。

問0112 (1)　　『[7] タービン・エンジン』3-2「完全ガスの性質と状態変化」
(1)×：温度が一定の状態では気体の容積は圧力に反比例する（ボイルの法則）

問0113 (4)　　『[5] ピストン・エンジン』3-3「完全ガスの状態変化」
(4)×：完全ガスの状態変化には定温変化、定圧変化、定容変化、断熱変化およびポリトロープ変化がある。定量は入らない。

問0114 (2)　　『[7] タービン・エンジン』3-2-2「完全ガスの状態変化」
(2)×：定容変化は容積一定の密閉容器内での変化であり、外部から得る熱量はすべて内部エネルギとなる。

問0115 (4)　　『[7] タービン・エンジン』3-2-2「完全ガスの状態変化」
(4)×：ポリトロープ変化は、実際の内燃機関では断熱変化とは多少違った若干の熱の出入りを伴った変化をし、断熱変化と等温変化の中間にある。
(1)○：等温変化は温度一定の状態変化であり、温度を一定に保つため外部から得られた熱量は全て外部への仕事に変わる。
(2)○：容積一定の変化を定容変化といい、定容変化では外部から加えられた熱量は全て内部エネルギとなる。
(3)○：圧力一定の変化を定圧変化（等圧変化）といい、定圧変化では外部から加えられた熱量はエンタルピ（内部エネルギ＋外部への仕事量）の変化となる。

問0116 (3)　　『[7] タービン・エンジン』3-2「完全ガスの性質と状態変化」
(3)×：一定量の気体の容積は圧力に反比例し、温度に正比例する。
(1)○：ボイル・シャルルの法則を満足し、比熱が温度、圧力によって変化しない定数である気体を完全ガスという。
(2)○：圧力が一定の状態では、気体の容積は温度に比例する。
(4)○：温度が一定状態では、気体の容積は圧力に反比例する。

問0117 (3)　　『[7] タービン・エンジン』3-2-2「完全ガスの状態変化」
(3)○：圧力一定の変化を定圧変化（等圧変化）といい、定圧変化では外部から加えられた熱量はエンタルピ（内部エネルギ＋外部への仕事量）の変化となる。
(1)×：空気摩擦や渦損失などにより常に若干の熱の出入りを伴う断熱変化と違った変化をポリトロープ変化といい、断熱変化と等温変化の中間にある。
(2)×：外部との熱の出入りを完全に遮断した状態での膨張を断熱膨張といい、外部から熱の供給がないので膨張に必要な熱は内部エネルギを消費するため温度が下がる。
(4)×：等温変化は温度一定の状態変化であり内部から熱量は得られない。

問題番号		解　答

問0118 （4）　　　　『[7] タービン・エンジン』3-2「完全ガスの性質と状態変化」
（4）×：ボイル・シャルルの法則を満足し、比熱が温度、圧力によって変化しない気体を理想気体と呼んでいる。
（1）○：ボイルの法則とは、温度が一定状態では気体の容積は圧力に反比例することをいう。
（2）○：シャルルの法則とは、圧力一定の状態では気体の容積は温度に正比例することをいう。
（3）○：ボイル・シャルルの法則とは、一定質量の気体の容積は圧力に反比例し、温度に正比例することをいう。

問0119 （1）　　　　『[7] タービン・エンジン』3-2「完全ガスの性質と状態変化」
（1）×：温度が一定の状態では気体の容積は圧力に反比例する（ボイルの法則）

問0120 （4）　　　　『[5] ピストン・エンジン』3-3「完全ガスの状態変化」
（4）×：定温変化では、外部から得る熱量はすべて外部への仕事に変わる。
（1）○：圧力一定の状態変化を定圧変化といい、一部が内部エネルギーの増加し、残りが外部へ膨張仕事をする。すなわちすべてエンタルピの変化となる。
（2）○：外部との熱の出入りを完全に遮断した状態変化を断熱変化という。断熱変化の膨張では外部からの熱の供給がないので内部エネルギを消費するため温度が下がる。断熱圧縮の場合は逆に温度が上がる。
（3）○：容積一定の状態変化を定容変化といい、定容変化では外部から得る熱量はすべて内部エネルギとなる。

問0121 （1）　　　　『[7] タービン・エンジン』3-2「完全ガスの性質と状態変化」
（1）×：温度が一定の状態では気体の容積は圧力に反比例する（ボイルの法則）。

問0122 （1）　　　　『[5] ピストン・エンジン』3-3-4「断熱変化」
（1）○：外部との熱の出入りを完全に遮断した状態変化を断熱変化といい、外部との熱のやりとりがないので断熱圧縮では圧縮熱により温度が上がる。
（2）×：外部との熱のやりとりがないので断熱圧縮では温度が上がり、断熱膨張の場合は逆に下がる。
（3）×：空気を断熱変化させると圧力および温度とも変化する。

問0123 （1）　　　　『[5] ピストン・エンジン』3-3-4「断熱変化」
（1）○：外部との熱の出入りを完全に遮断した状態変化を断熱変化といい、外部との熱のやりとりがないので断熱圧縮では圧縮熱により圧力および温度はともに上がる。

問0124 （4）　　　　『[5] ピストン・エンジン』3-3-4「断熱変化」
（4）○：外部との熱の出入りを完全に遮断した状態変化を断熱変化といい、外部との熱のやりとりがないので断熱膨張では内部エネルギを使い圧力および温度はともに下がる。

問0125 （5）　　　　『[7] タービン・エンジン』3-2-2-d「完全ガスの状態変化・断熱変化」
（5）：無し
（A）×：気体の加熱は断熱変化ではない。
（B）×：内燃機関の加熱行程は断熱変化ではない。
（C）×：断熱圧縮では外部との熱の出入りがないため圧縮熱により温度が上がる。
（D）×：断熱膨張では膨張に必要な熱は内部エネルギを消費するため温度が下がる。

問0126 （1）　　　　『[7] タービン・エンジン』3-2-2「完全ガスの状態変化」
（C）○：定容変化では外部から加えられた熱量はすべて内部エネルギとなる。
（A）×：外部との熱の出入りを完全に遮断した断熱膨張では外部から熱の供給がないので膨張に必要な熱を内部エネルギから消費するため温度が下がる。
（B）×：等温変化で外部から加えられた熱量は全て外部への仕事に変わる。
（D）×：常に若干の熱の出入りを伴う断熱変化と違った変化をポリトロープ変化といい、断熱変化と等温変化の中間にある。

問0127 （3）　　　　『[7] タービン・エンジン』3-2「完全ガスの性質と状態変化」
（B）（C）（D）：○
（B）：圧力が一定の状態では気体の容積は温度に正比例する（シャルルの法則）。
（C）：一定量の気体の容積は圧力に反比例し絶対温度に正比例する（ボイル・シャルルの法則）。
（D）：一般の気体は完全ガスにほぼ等しい性質を持っており、内燃機関の作動ガスは各種気体の混合物であるため完全ガスと見なされる。
（A）×：温度が一定の状態では気体の容積は圧力に反比例する（ボイルの法則）。

問0128 （1）　　　　『[7] タービン・エンジン』3-2「完全ガスの性質と状態変化」
（D）○：一般の気体は完全ガスにほぼ等しい性質を持っており、内燃機関の作動ガスは各種気体の混合物であるため、完全ガスと見なされる。
（A）×：ボイル・シャルルの法則は「一定量の気体の容積は圧力に反比例し、絶対温度に正比例する」ことである。
（B）×：ボイルの法則は「温度が一定状態では、気体の容積は圧力に反比例する」ことである。
（C）×：シャルルの法則は「圧力が一定の状態では、気体の容積は温度に比例する」ことである。

発動機

問題番号	解 答

問0129 (1) 　　　『[7] タービン・エンジン』3-2「完全ガスの性質と状態変化」
(C)：○
(A)×：ボイル・シャルルの法則は「一定量の気体の容積は圧力に反比例し、絶対温度に正比例する」ことである。
(B)×：一般の気体は完全ガスにほぼ等しい性質を持っており、内燃機関の作動ガスは各種気体の混合物であるため、完全ガスと見なされる。
(D)×：シャルルの法則は「圧力が一定の状態では、気体の容積は温度に比例する」ことである。

問0130 (4) 　　　『[7] タービン・エンジン』3-2-2「完全ガスの状態変化」
(A)(B)(C)(D)：○
(A)：温度一定の状態変化を等温変化といい、等温変化では膨張させることにより一定温度とするため、外部から加えられた熱量はすべて外部への仕事に変わる。
(B)：容積一定の変化を等容変化（定容変化）といい、等容変化では外部から加えられた熱量は温度と圧力の上昇となってすべて内部エネルギとなる。
(C)：外部との熱の出入りを完全に遮断した状態変化を断熱変化といい、断熱膨張では外部から膨張に必要な熱の供給がないため内部エネルギを消費して温度が下がる。
(D)：常に若干の熱の出入りを伴う断熱変化と違った変化をポリトロープ変化といい、実際の内燃機関では断熱変化と等温変化の中間にある。

問0131 (4) 　　　『[7] タービン・エンジン』3-2-2「完全ガスの状態変化」
(A)(B)(C)(D)：○
(A)：温度一定の状態変化を等温変化といい、等温変化では膨張させることにより一定温度とするため、外部から加えられた熱量はすべて外部への仕事に変わる。
(B)：容積一定の変化を等容変化（定容変化）といい、等容変化では外部から加えられた熱量は温度と圧力の上昇となってすべて内部エネルギとなる。
(C)：外部との熱の出入りを完全に遮断した状態変化を断熱変化といい、断熱膨張では外部から膨張に必要な熱の供給がないため内部エネルギを消費して温度が下がる。
(D)：常に若干の熱の出入りを伴う断熱変化と違った変化をポリトロープ変化といい、実際の内燃機関では断熱変化と等温変化の中間にある。

問0132 (3) 　　　『[5] ピストン・エンジン』3-3「完全ガスの状態変化」
(A)(B)(D)：○
(C)×：完全ガスの状態変化には定温変化、定圧変化、定容変化、断熱変化およびポリトロープ変化がある。定量は入らない。

問0133 (4) 　　　『[7] タービン・エンジン』3-2-2「完全ガスの状態変化」
(A)(B)(C)(D)：○
(A)：等温変化は温度一定の状態変化であり、外部から熱量が加えられても一定温度に維持するよう膨張させて外部に仕事をさせるため、外部から加えられた熱量はすべて外部への仕事に変わる。
(B)：定容変化は容積一定の変化であり、容積が一定であるため外部から加えられた熱量は温度と圧力の上昇となってすべて内部エネルギとなる。
(C)：定圧変化は圧力一定の変化であり、外部から加えられた熱量はすべてエンタルピの変化となる。
(D)：常に若干の熱の出入りを伴う断熱変化と違った変化をポリトロープ変化といい、実際の内燃機関では断熱変化と等温変化の中間にある。

問0134 (2) 　　　『[7] タービン・エンジン』3-2「完全ガスの性質と状態変化」
(C)(D)：○
(A)×：シャルルの法則は「圧力が一定の状態では、気体の容積は温度に正比例する」ことである。
(B)×：ボイルの法則は「温度が一定状態では、気体の容積は圧力に反比例する」ことである。

問0135 (4) 　　　『[5]ピストン・エンジン』3-3「完全ガスの状態変化」
(A)(B)(C)(D)：○
完全ガスの状態変化にはこの他、「ポリトロープ変化」がある。

問0136 (4) 　　　『[7] タービン・エンジン』3-2「完全ガスの性質と状態変化」
(4)○：（エ）の式は断熱変化の式であり、断熱変化では気体の膨張に必要な熱は内部エネルギを消費するため温度が下がる。
(1)×：（ア）の式は圧力と温度が変数であるため定容変化の式である。
(2)×：（イ）の式は圧力と容積が変数であるため等温変化の式である。
(3)×：（ウ）の式は容積と温度が変数であるため定圧変化の式であり、定圧変化では外部から得る熱量は全てエンタルピの変化となる。

問0137 (2) 　　　『[7] タービン・エンジン』3-2「完全ガスの性質と状態変化」
(C)(D)：○
(C)：（ウ）の式は容積と温度で示されているため定圧変化の式であり、外部から得る熱量は全てエンタルピの変化となる。
(D)：（エ）の式は断熱変化の式であり、気体の膨張に必要な熱は内部エネルギを消費するため温度が下がる。
(A)×：（ア）の式は圧力と温度で示されているため定容変化の式である。
(B)×：（イ）の式は圧力と容積で示されているため等温変化の式である。

問題番号		解　答

問0138 (3)　　　『[5] ピストン・エンジン』3-2-1「定義」
(3)○：温度が一定の状態では気体の体積は圧力に反比例する（ボイルの法則）
(1)×：一定量の気体の容積は圧力に反比例し絶対温度に正比例する（ボイル・シャルルの法則）
(2)×：一定量の気体の容積は圧力に反比例し絶対温度に正比例する（ボイル・シャルルの法則）
(4)×：圧力が一定の状態では気体の容積は温度に比例する（シャルルの法則）

問0139 (4)　　　『[7] タービン・エンジン』3-2「完全ガスの性質と状態変化」
(4)○：シャルルの法則は「圧力が一定の状態では、気体の容積は温度に比例する」ことである。

問0140 (1)　　　『[7] タービン・エンジン』3-3「質量の保存」
(1)：○
連続の式から各断面を流れる空気流の体積流量は等しいため断面積と流速の積が等しくなることから、
体積流量＝A点の断面積×A点の速度＝B点の断面積×B点の速度
B点の速度＝A点の断面積×A点の速度／B点の断面積
これに与えられた数値を代入すると、
B点の速度＝$1.0^2×\pi×220.0／1.4^2×\pi＝112.2$
から、(1)120が最も近い値となる。

問0141 (3)　　　『[7] タービン・エンジン』3-3「質量の保存」
(3)×：連続の式において体積流量は流束と断面積の積に比例する。
(1)○：安定した流体の動きにおいて質量の連続は流線で表現される。
(2)○：質量の連続とは、流束のどの断面でも同量の流体が流れていることを意味する。
(4)○：質量保存の法則はダイバージェント・ダクトおよびコンバージェント・ダクトにおいて成り立つ。

問0142 (3)　　　『[7] タービン・エンジン』3-3「質量の保存」
(3)×：連続の式において体積流量は流束と断面積の積に比例する。
(1)○：質量は消滅しないという原則で成り立つ。
(2)○：質量の連続とは、流束のどの断面でも同量の流体が流れていることを意味し、消滅することはない。
(4)○：質量保存の法則はダイバージェント・ダクトおよびコンバージェント・ダクトにおいて成り立つ。

問0143 (3)　　　『[7] タービン・エンジン』3-4-a「熱力学の第一法則」
(3)○：熱と仕事はどちらもエネルギの一つの形態であり、相互に変換することが出来る（熱力学の第1法則）。
(1)×：熱と仕事はどちらもエネルギの一つの形態であり、相互に変換することが出来る（熱力学の第1法則）。
(2)×：仕事はエネルギの消費形態ではなく、エネルギの一つの形態であり、相互に変換することが出来る。
(4)×：熱エネルギと機械的仕事とのエネルギ保存の法則を言い換えたものが、熱力学の第1法則である。

問0144 (4)　　　『[7] タービン・エンジン』3-4-a「熱力学の第1法則」
(4)：○
(1)×：熱と仕事はどちらもエネルギの一つの形態であり、相互に変換することが出来る（熱力学の第1法則）。
(2)×：仕事はエネルギの消費形態ではなく、エネルギの一つの形態であり、相互に変換することが出来る。
(3)×：熱と仕事は固有のエネルギ形態ではなく、どちらもエネルギの一つの形態であり相互に変換することが出来る。

問0145 (4)　　　『[7] タービン・エンジン』3-4「エネルギの保存」
(4)×：熱と機械的仕事が相互に変わる場合の機械的仕事と熱量の比は常に一定である。
(1)○：熱と仕事はどちらもエネルギの一つの形態であり、相互に変換することが出来る（熱力学の第1法則）。
(2)○：熱エネルギと機械的仕事の相互の交換率として1kcalの熱量は426.9kg・mの仕事量に相当することが実験的に求められている。
(3)○：熱エネルギと機械的仕事との間のエネルギ保存の法則を言い換えたものが熱力学の第一法則である。

問0146 (4)　　　『[5] ピストン・エンジン』3-1-2「熱力学第1法則」
(4)○：熱力学の第1法則はエネルギ保存の法則である。
(1)×：熱と仕事はどちらもエネルギの一つの形態であり、相互に変換することが出来る（熱力学の第1法則）。
(2)×：熱の仕事当量と仕事の熱当量の関係は反比例する。
(3)×：熱と仕事は固有のエネルギ形態ではなく、どちらもエネルギの一つの形態であり相互に変換することが出来る。

問0147 (4)　　　『[7] タービン・エンジン』3-4-a「熱力学の第1法則」
(4)○：熱量から機械的仕事への交換率を熱の仕事当量とよび、この逆数が機械的仕事から熱量への交換率となり仕事の熱当量とよぶ。
(1)×：熱と仕事はどちらもエネルギの一つの形態であり、相互に変換することが出来る（熱力学の第1法則）。
(2)×：仕事はエネルギの一つの形態であり、相互に変換することが出来る。
(3)×：熱と仕事は固有のエネルギ形態ではなく、どちらもエネルギの一つの形態であり相互に変換することが出来る。

問0148 (3)　　　『[7] タービン・エンジン』3-4「エネルギの保存」、3-5-1「熱力学の第2法則」
(A)(C)(D)：○
(B)×：第1法則では機械的仕事と熱量の比が常に一定である。

発動機

問題番号	解 答

問0149 (2)　　　『[7] タービン・エンジン』3-4-a「熱力学の第1法則」
(A)(C)：○
(A)：熱と仕事はどちらもエネルギの一つの形態であり相互に変換することが出来、エネルギ保存の法則を言い換えたものである。
(C)：機械的仕事と熱量の比は常に一定である。
(B)×：熱を機械的仕事に変えるには高温の物体から低温の物体に熱を与える必要があるのは熱力学の第2法則である。
(D)×：第2法則では、熱のエネルギを仕事に変えるには熱源だけでは仕事に変えることができず、媒体として作動流体などが必要とされている。

問0150 (3)　　　『[7] タービン・エンジン』3-4「エネルギの保存」
(A)(B)(D)：○
(A)：熱エネルギと機械的仕事との間のエネルギ保存の法則を言い換えたものが熱力学の第一法則である。
(B)：熱エネルギと機械的仕事の相互の交換率として1kcalの熱量は426.9kg・mの仕事量に相当することが実験的に求められている。
(D)：熱と仕事はどちらもエネルギの一つの形態であり、相互に変換することが出来る（熱力学の第1法則）
(C)×：熱と機械的仕事が相互に変わる場合の機械的仕事と熱量の比は常に一定である。

問0151 (3)　　　『[7] タービン・エンジン』 3-4「エネルギの保存」、3-5-1「熱力学の第2法則」
(A)(C)(D)：○
(B)×：第1法則では機械的仕事と熱量の比が常に一定である。

問0152 (2)　　　『[7] タービン・エンジン』3-4「エネルギの保存」、3-5-1「熱力学の第2法則」
(2)×：第1法則では、機械的仕事と熱量のh比が常に一定である。

問0153 (4)　　　『[7] タービン・エンジン』3-4「エネルギの保存」、3-5-1「熱力学の第2法則」
(A)(B)(C)(D)：○

問0154 (2)　　　『[7] タービン・エンジン』3-4「エネルギの保存」、3-5-1「熱力学の第2法則」
(A)(B)：○
(C)×：第2法則は、熱のエネルギを仕事に変えるには熱源だけでは仕事に変えることが出来ず、媒体としての作動流体と熱源の温度より低い低熱源が必要である。
(D)×：第2法則では、熱を機械的仕事に変えるには高温の物体から低温の物体に熱を与える場合に限る。

問0155 (4)　　　『[7] タービン・エンジン』3-5「内燃機関のサイクル」
(4)○：ブレイトン・サイクルはタービン・エンジンの基本サイクルで、定圧燃焼が行なわれるため定圧サイクルである。
(1)×：オット・サイクルはガソリン・エンジンの基本サイクルであり、容積が一定（定容）のまま燃焼室内の圧力が急上昇するため定容サイクルである。
(2)×：ディーゼル・エンジンは噴射される燃料が最適空燃比の部分から自ら燃焼が始まり圧力一定のまま容積が増えてゆくため定圧サイクルまたはディーゼル・サイクルと言われる。
(3)×：サバティ・サイクルは、加熱が定容と定圧の両方の状態で行われる複合サイクルで、高速ディーゼル・エンジンの基本サイクルである。

問0156 (2)　　　『[5] ピストン・エンジン』4-2-1「4サイクル・エンジン」
(2)×：始動時を除き、通常運用時の点火時期はBTC（上死点前）である。

問0157 (2)　　　『[5]ピストン・エンジン』4-3-2「インジケータ線図」
(2)○：点火から最大圧力までには遅れがあり、上死点を少し過ぎた位置で最大となる。
(1)×：点火の位置は圧縮行程の途中で行われる。
(3)×：この位置での圧力は最大圧力に達していない。
(4)×：圧力は最も低い。

問0158 (3)　　　『[5] ピストン・エンジン』 4-3-1「行程容積および圧縮比」、4-3-2「インジケータ線図」、
　　　　　　　　　　　　　　　　　　　　　4-3-4「正味馬力と摩擦馬力」
(3)×：摩擦馬力を加えるのではなく、差し引く、正味馬力＝指示馬力－摩擦馬力が正しい。

問0159 (2)　　　『[7] タービン・エンジン』3-5-3「内燃機関のサイクル」
(2)×：燃焼室では定圧燃焼が行われる。
(1)○：ブレイトン・サイクルはガス・タービンの基本サイクルである。
(3)○：タービンでは断熱膨張が行われる。
(4)○：大気への放出は定圧放熱である。

問0160 (4)　　　『[7] タービン・エンジン』3-5-4「タービン・エンジンのサイクル」
(4)○：フリー・タービン型ターボプロップ・エンジンでは、3～4でガス・ジェネレータ・タービンにおいて断熱膨張し、4～6で断熱膨張によりフリー・タービンを駆動して6～7で排気ガスを排出する。
(1)×：1～2では空気流がインレットから入り断熱圧縮される。
(2)×：2～3では定圧加熱により圧縮された空気に熱量が加えられる。
(3)×：ジェット推進エンジンの場合には3～4でタービンにおいて断熱膨張し、4～5において排気ノズルで断熱膨張してジェット推力が得られる。
(5)×：5～1では大気中で定圧放熱される。
(6)×：フリー・タービン型タービン・エンジンでは7～1で大気中に定圧放熱が行われる。

－ 128 －

問題番号	解　答

問0161 （3）　　　『[7] タービン・エンジン』3-5-4「タービン・エンジンのサイクル」
(3)○：ターボファン・エンジンでは3〜4でタービンにおいて断熱膨張し、4〜5において排気ノズルで断熱
　　　膨張してジェット推力が得られる。
(1)×：1〜2では空気流がインレットから入り断熱圧縮される。
(2)×：2〜3では定圧加熱により圧縮された空気に熱量が加えられる。
(4)×：フリー・タービンにより出力を取り出すターボプロップ・エンジンでは、3〜4でタービンにおいて断
　　　熱膨張し、4〜6でフリー・タービンにより断熱膨張して、6〜7で排気ノズルにおいて断熱膨張して
　　　ジェット推力が得られる。
(5)×：ターボファン・エンジンでは5〜1では大気中で定圧放熱される。
(6)×：フリー・タービンを使用した軸出力型エンジンではエンジンでは7〜1で大気中に定圧放熱される。

問0162 （5）　　　『[7] タービン・エンジン』3-5-4「タービン・エンジンのサイクル」
(5)○：ターボファン・エンジンは5〜1で大気中に定圧放熱される。
(1)×：1〜2では空気流がインレットから入り断熱圧縮される。
(2)×：2〜3では定圧加熱により圧縮された空気に熱量が加えられる。
(3)×：ターボファン・エンジンでは3〜4でタービンにおいて断熱膨張し、4〜5において排気ノズルで
　　　ジェット推力が得られる。
(4)×：フリー・タービンにより出力を取り出すターボプロップ・エンジンでは、3〜4でタービンにおいて断
　　　熱膨張し、4〜6でフリー・タービンにより断熱膨張して、6〜7で排気ノズルにおいて断熱膨張して
　　　ジェット推力が得られる。
(6)×：フリー・タービン型タービン・エンジンでは7〜1で大気中に定圧放熱が行われる。

問0163 （2）　　　『[7] タービン・エンジン』3-5-4「タービン・エンジンのサイクル」
(2)○：2〜3では定圧加熱により圧縮された空気に熱量が加えられる。
(1)×：1〜2では空気流がインレットから入り断熱圧縮される。
(3)×：ターボファン・エンジンでは3〜4でタービンにおいて断熱膨張し、4〜5において排気ノズルで断熱
　　　膨張してジェット推力が得られる。
(4)×：フリー・タービンにより出力を取り出すターボプロップ・エンジンでは、3〜4でタービンにおいて断
　　　熱膨張し、4〜6でフリー・タービンにより断熱膨張して、6〜7で排気ノズルにおいて断熱膨張して
　　　ジェット推力が得られる。
(5)×：5〜1では大気中で定圧放熱される。
(6)×：フリー・タービン型タービン・エンジンでは7〜1で大気中に定圧放熱が行われる。

問0164 （4）　　　『[7] タービン・エンジン』3-5-4「タービン・エンジンのサイクル」
(4)：○
・吸入された空気流は1〜2の間で断熱圧縮されるため、容積の減少と圧力の上昇は左図が該当し、断熱圧縮に
　よる圧力と温度の上昇は右図が該当する。
・燃焼室において2〜3の間で定圧加熱が行われる。
・タービンにおける3〜4の間の断熱膨張による圧力の減少と容積の増加は左図が該当し、断熱膨張による圧
　力と温度の減少は右図が該当する。
上記現象から（ア）は圧力、（イ）は容積、（ウ）は圧力、（エ）は温度と判断できる。
（参考）
ブレイトン・サイクルはタービン・エンジンの基本サイクルで、定圧燃焼が行なわれるため定圧サイクルであ
り、順にコンプレッサで断熱圧縮、燃焼器で定圧加熱、タービンで断熱膨張、排気孔で定圧放熱が行われる過
程から成り立っている。

問0165 （4）　　　『[7] タービン・エンジン』 3-5-3「内燃機関のサイクル」
(4)：○
・ブレイトン・サイクルは定圧サイクルで、ガス・タービンのサイクルである。
・ディーゼル・サイクルは定圧サイクルで、低速ディーゼル・エンジンのサイクルである。
・サバティ・サイクルは複合サイクルで高速ディーゼルのサイクルである。
・オット・サイクルはピストン・エンジンのサイクルで、定容サイクルである。

問0166 （4）　　　『[7] タービン・エンジン』 3-5-3「内燃機関のサイクル」
(4)：○
・ブレイトン・サイクルは定圧サイクルで、ガス・タービンのサイクルである。
・ディーゼル・サイクルは定圧サイクルで、低速ディーゼル・エンジンのサイクルである。
・サバティ・サイクルは複合サイクルで高速ディーゼルのサイクルである。
・オット・サイクルはピストン・エンジンのサイクルで、定容サイクルである。

問0167 （1）　　　『[7] タービン・エンジン』3-5-4「タービン・エンジンのサイクル」
(B)：○
(A)×：ブレイトン・サイクルは、定圧サイクルである。
(C)×：コンプレッサにおける変化は1〜2の部分で、ここでは断熱圧縮が行われる。
(D)×：フリー・タービンを使用したターボプロップ・エンジンでは7〜1で大気中に定圧放熱が行われる。

問0168 （4）　　　『[7] タービン・エンジン』3-5-2「サイクルと熱効率」
(4)×：この世のあらゆる現象は不可逆変化であり不可逆サイクルで構成されている。

問0169 （4）　　　『[7] タービン・エンジン』3-5-2「サイクルと熱効率」
(4)×：この世のあらゆる現象は不可逆変化であり不可逆サイクルで構成されている。

発動機

問題番号	解　答

問0170　(1)
『[7] タービン・エンジン』3-5-3「内燃機関のサイクル」
(1)×：ピストン・エンジンの基本サイクルはオット・サイクルで、容積一定（定容）状態で燃焼焼室内の圧力が急上昇するため定容サイクルである。
(2)○：カルノ・サイクルは、カルノが考案した理論的可逆サイクルである。
(3)○：低速ディーゼル・エンジンは、噴射される燃料が最適空燃比の部分から自ら燃焼が始まり圧力一定で容積が増えるため定圧サイクルである。
(4)○：タービン・エンジンの基本サイクルはブレイトン・サイクルで、燃焼がが定圧で行なわれるため定圧サイクルである。

問0171　(3)
『[7] タービン・エンジン』3-5-3-(4)「ブレイトン・サイクル」
(3)○：ガス・タービンの基本サイクルであるブレイトン・サイクルは、順にコンプレッサで断熱圧縮、燃焼器で定圧加熱、タービンで断熱膨張、排気孔で定圧放熱が行われる過程から成り立っている。

問0172　(3)
『[7] タービン・エンジン』3-5-2「サイクルと熱効率」
(A)(B)(C)：○
(D)×：この世のあらゆる現象は不可逆変化であり不可逆サイクルで構成されている。

問0173　(1)
『[7] タービン・エンジン』3-5-2「サイクルと熱効率」
(A)：○
(B)×：作動流体が一つの状態から他の状態に移り、再び元の状態に戻ったとき外界に何の変化も残さないような状態変化を可逆変化という。
(C)×：作動流体が一つの状態から他の状態に移り、再び元の状態に戻ったとき外界に何らかの変化を残すような状態変化を不可逆変化という。
(D)×：実際に発生するあらゆる現象は不可逆変化であり、不可逆サイクルで構成されている。

問0174　(1)
『[7] タービン・エンジン』3-5-3「内燃機関のサイクル」
(1)×：ピストン・エンジンの基本サイクルは、容積一定状態で燃焼室内圧力が急上昇するため定容サイクルである。
(2)○：カルノ・サイクルは、カルノが考案した理論的可逆サイクルで、2つの可逆等温変化と2つの可逆断熱変化で構成されており現実には存在し得ない。
(3)○：高速ディーゼル・エンジンの基本サイクルは複合サイクルもしくはサバテ・サイクルとも呼ばれる。
(4)○：ブレイトン・サイクルはタービン・エンジンの基本サイクルで、定圧燃焼が行なわれるため定圧サイクルである。

問0175　(4)
『[7] タービン・エンジン』3-5-2「サイクルと熱効率」
(4)×：タービン・エンジンの基本サイクルはブレイトン・サイクルで、燃焼が定圧で行なわれるため定圧サイクルであるが、大気中に排出されるため密閉サイクルではない。
(1)○：ピストン・エンジンは容積一定状態で圧力が急上昇するため定容サイクルである。
(2)○：カルノ・サイクルは、カルノが考案した理論的可逆サイクルで現実には存在し得ない。
(3)○：低速ディーゼル・エンジンは、噴射される燃料が燃焼に最も適した空燃比の部分から自ら燃焼が始まり燃料が供給されながら燃焼が進行することから、圧力が一定のまま容積が増えてゆくとみなされ定圧サイクルである。

問0176　(4)
『[7] タービン・エンジン』3-5-3「内燃機関のサイクル」
(4)×：低速ディーゼル・エンジンは、噴射される燃料が最適空燃比の部分から自ら燃焼が始まり圧力一定で容積が増えるため定圧サイクルである。

問0177　(1)
『[5]ピストン・エンジン』3-4「サイクル」、3-5-3『[7]タービン・エンジン』
(1)×：低速ディーゼル・エンジンの基本サイクルは定圧サイクルである。

問0178　(1)
『[7] タービン・エンジン』3-5-3「内燃機関のサイクル」
(1)×：オット・サイクルはピストン・エンジンの基本サイクルで、容積一定（定容）状態で燃焼焼室内の圧力が急上昇するため定容サイクルである。
(2)○：カルノ・サイクルは、カルノが考案した理論的可逆サイクルである。
(3)○：低速ディーゼル・エンジンは、噴射される燃料が最適空燃比の部分から自ら燃焼が始まり圧力一定で容積が増えるため定圧サイクルである。
(4)○：タービン・エンジンの基本サイクルはブレイトン・サイクルで、燃焼が定圧で行われるため定圧サイクルである。

問0179　(3)
『[7] タービン・エンジン』3-5-3「内熱機関のサイクル」
(3)○：高速ディーゼル・エンジンの基本サイクルは複合サイクルである。
(1)×：ピストン・エンジンの基本サイクルは、容積が一定（定容）状態のまま燃焼室内の圧力が急上昇するものとみなされ定容サイクルである。
(2)×：タービン・エンジンの基本サイクルはブレイトン・サイクルである。
(4)×：カルノ・サイクルは理論サイクルであるため熱効率は最も優れており、ブレイトン・サイクルの値より大きい。

問0180　(3)
『[7] タービン・エンジン』3-5-3「内熱機関のサイクル」
(3)×：低速ディーゼル・エンジンは、ディーゼル・サイクルで、噴射される燃料が燃焼に最も適した空燃比の部分から自ら燃焼が始まり燃料が供給されながら燃焼が進行することから、圧力が一定のまま容積が増えてゆく定圧サイクル）である。
(1)○：ピストン・エンジンの基本サイクルは、理論的には容積が一定（定容）状態のまま燃焼室内の圧力が急上昇するものとみなされるため定容サイクルである。
(2)(4)○：タービン・エンジンの基本サイクルはブレイトン・サイクルで、燃焼が定圧で行なわれるため定圧サイクルである。

－ 130 －

問題番号	解答

問0181 (2)　　『[5] ピストン・エンジン』3-4-3「内燃機関のサイクル」
(A)(B)○：オット・サイクルはピストン・エンジンの基本サイクルで、容積一定（定容）状態で燃焼焼室内の圧力が急上昇するため定容サイクルである。
(C)×：低速ディーゼル・エンジンは、噴射される燃料が最適空燃比の部分から自ら燃焼が始まり圧力一定で容積が増えるため定圧サイクルである。
(D)×：タービン・エンジンの基本サイクルはブレイトン・サイクルで、燃焼が定圧で行われるため定圧サイクルである。

問0182 (2)　　『[7] タービン・エンジン』3-5-2-(3)「カルノ・サイクル」
(C)(D)：○
(A)×：カルノ・サイクルは2つの可逆等温変化と2つの可逆断熱変化によって構成される。
(B)×：カルノ・サイクルはカルノが考案した理論的可逆サイクルで現実には存在し得ない。

問0183 (3)　　『[5] ピストン・エンジン』3-4-3「内燃機関のサイクル」
(3)×：定容サイクルの理論熱効率は圧縮比と比熱比のみにより決まり大きくなるほど増加する。
(1)○：オット・サイクルはピストン・エンジンの基本サイクルで、容積一定（定容）状態で燃焼焼室内の圧力が急上昇するため定容サイクルである。
(2)○：外部との熱交換がない断熱圧縮・断熱膨張行程では温度と圧力が変化する。
(4)○：定容（オット―）、定圧（ディーゼル）と合成（サバテ）の三つの基本サイクルはいづれも圧縮比を高くするほど理論熱効率は増大するが、同じ圧縮比で熱効率を比較すると定容＞合成＞定圧の順になる。ただし、実用上は圧縮比の制限があり順が変わる場合がある。

問0184 (1)　　『[5] ピストン・エンジン』3-4-2「カルノ・サイクル」図3-3 定容サイクル（オットー・サイクル）
(1)：○
(A)：圧力 (B)：容積 (C)：断熱圧縮 (D)：断熱膨張である。

問0185 (4)　　『[5]ピストン・エンジン』3-4-3「内燃機関（ピストン機関）のサイクル」
(A)(B)(C)(D)：○

問0186 (3)　　『[5] ピストン・エンジン』3-4-3「内燃機関のサイクル」
(3)○：オット・サイクルはピストン・エンジンの基本サイクルで、容積一定（定容）状態で燃焼焼室内の圧力が急上昇するため定容サイクルである。
(1)×：ブレイトン・サイクルはタービン・エンジンの基本サイクルで、定圧燃焼が行なわれるため定圧サイクルである。
(2)×：サバティ・サイクルは、加熱が定容と定圧の両方の状態で行われる複合サイクルで、高速ディーゼル・エンジンの基本サイクルである。
(4)×：ディーゼル・エンジンは、噴射される燃料が最適空燃比の部分から自ら燃焼が始まり圧力一定で容積が増えるため定圧サイクルである。

問0187 (4)　　『[7] タービン・エンジン』3-5-2「サイクルと熱効率」
(4)×：大気圧のもとで吸・排気がなされ、吸・排気には抵抗はない。

問0188 (3)　　『[7] タービン・エンジン』3-5-2「サイクルと熱効率」
(3)×：大気圧のもとで吸・排気がなされ、吸・排気には抵抗はないものとする。
(1)○：作動流体として使われる一般の空気は完全ガスにほぼ等しい性質を持っており、内燃機関の作動ガスは各種気体の混合物であるため作動流体は完全ガスとみなす。
(2)○：圧縮・膨張行程は断熱変化とする。
(4)○：発熱量に相当する熱量は外部から供給される。

問0189 (3)　　『[7] タービン・エンジン』3-5-2「サイクルと熱効率」
(A)(C)(D)：○
(A)：内燃機関の作動ガスは各種気体の混合物であり、空気などの一般の気体は完全ガスとほとんど等しい性質を持つことから完全ガスと見なして取り扱われる。
(C)：発熱量に相当する熱量が外部より供給され、膨張行程完了後に残りの熱量が排出される。
(D)：吸・排気に抵抗はなく、大気圧のもとで吸・排気が行われる。
(B)×：理論空気サイクルでは圧縮・膨張過程は断熱変化とする。

問0190 (3)　　『[7] タービン・エンジン』3-4「エネルギの保存」、3-5-1「熱力学の第2法則」
(A)(B)(D)：○
(C)×：第2法則は、熱のエネルギを仕事に変えるには熱源だけでは仕事に変えることが出来ず、媒体としての作動流体と熱源の温度より低い低熱源が必要である。

問0191 (4)　　『[7] タービン・エンジン』4-1「推進の原理」
(4)×：ジェット推進の原理は、噴出するガスが大気を押して推進するものではなく反作用によって生ずるものであるため、真空中でも有効である。

問0192 (1)　　『[7] タービン・エンジン』4-1「推進の原理」
(1)×：ジェット推進の原理は、ニュートンの運動の第3法則「物体に力を作用させた場合、作用させた力と同じ大きさの反力を反対方向に生ずる」に基づくものである。
(2)(3)○：風船が飛んだり散水機が回るのは「噴出する空気または水の質量×噴出速度」に相当する反力（推力）によるものでジェット推進の原理にかなっている。
(4)○：ジェット推進の原理は、噴出するガスが大気を押して推進するものではなく反作用によって生ずるものであるため、大気中または真空中に関わらず有効である。

発動機

問題番号		解　答

問0193 (3)　　　『[7] タービン・エンジン』4-1「推進の原理」
(3)×：芝生の散水機が回転するのは「噴出する水の質量×噴出速度」に相当する反力（推力）を生じて回転させるため、ジェット推進原理にかなっている。
(1)○：ジェット推進の原理は、ニュートンの運動の第3法則「物体に力を作用させた場合、作用させた力と同じ大きさの反力を反対方向に生ずる」に基づくものである。
(2)○：風船から空気が噴出する場合は「噴出する空気の質量×噴出速度」に相当する反力（推力）を生じて風船を移動させるため、ジェット推進原理にかなっている。
(4)○：ジェット推進の原理は、噴出するガスが大気を押して推進するものではなく反作用によって生ずるものであるため、大気中または真空中に関わらず有効である。

問0194 (3)　　　『[7] タービン・エンジン』4-1「推進の原理」
(3)○：風船が飛ぶのは、噴出する空気の質量×噴出速度に相当する反力（推力）によるものでありジェット推進の原理にかなっている。
(1)×：ジェット推進の原理は、噴出するガスが大気を押して推進するものではなく反作用によって生ずるものであるため、大気圧の大小にかかわらず真空中でも有効である。
(2)×：芝生の散水機が回るのは、噴出する水の質量×噴出速度に相当する反力（推力）を生じて回るものでジェット推進の原理にかなっている。
(4)×：ジェット推進の原理は、ニュートンの運動の第3法則の作用反作用の原理によるものである。

問0195 (2)　　　『[7] タービン・エンジン』4-1「推進の原理」
(2)：○
(1)×：ジェット推進は排気ジェットが空気を押して推力を発生するのではなく、噴出する排気ジェットの反作用が推力となるため、大気中または真空中に関わらず有効である。
(3)×：ニュートンの運動の第2法則は「物体に力を加えた場合、加えられた力に比例した大きさの加速度を生ずる。」である。
(4)×：ニュートンの運動の第3法則は「物体に力が作用した場合、作用した力と同じ大きさの反対方向の力（反作用）を生ずる。」である。

問0196 (2)　　　『[7] タービン・エンジン』4-1「推進の原理」
(2)×：ゴム風船の飛ぶ原理においては〔噴出空気の質量×噴出速度〕に相当する反力が推力となる。
（参考）
ニュートンの第3法則
「物体に力が作用した場合は、作用した力と同じ大きさの反対方向の力を生ずる。」という作用反作用の法則を述べている。

問0197 (2)　　　『[7] タービン・エンジン』4-1「推進の原理」
(2)×：ゴム風船をふくらませて口をしばらずに手を離すと、風船は空気の噴出方向と反対方向に飛ぶが、これは噴出する空気の反力によるもので、外気を押すことで生まれるものではない。
(1)○：ジェット推進の原理は、ニュートンの運動の第3法則「物体に力を作用させた場合、作用させた力と同じ大きさの反力を反対方向に生ずる」に基づくものである。
(3)○：芝生の散水機が回転するのは「噴出する水の質量×噴出速度」に相当する反力（推力）を生じて回転させるため、ジェット推進原理と同じである。
(4)○：ジェット推進の原理は、噴出するガスが大気を押して推進するものではなく反作用によって生ずるものであるため、大気中または真空中に関わらず有効である。

問0198 (3)　　　『[7] タービン・エンジン』4-1「推進の原理」
(3)○：ジェット推進とロケット推進の原理は同じである。
(1)×：ジェット推進は排気ジェットが空気を押して推力を発生するのではなく、噴出する排気ジェットの反作用が推力となるため大気圧の低い高空でも有効である。
(2)×：芝生の散水機が回るのは噴出する水の質量×噴出速度に相当する反力（推力）によるものでジェット推進の原理にかなっている。
(4)×：ゴム風船をふくらませ手を離したとき、空気の噴出方向と反対方向に風船が飛ぶのは、噴出される空気の反力が推力を発生するためである。

問0199 (4)　　　『[7] タービン・エンジン』4-1「推進の原理」
(4)×：無風状態でヒバリが羽ばたいて舞い上がれるのは羽根の揚力によるものでジェット推進の原理とは異なる。
(1)○：ジェット・エンジンとロケット・エンジンは共に排気ジェットの反力により推力を得るもので、推進の原理は同じである。
(2)○：ゴム風船が飛ぶのは排気の質量と排気速度の積の反力によるもので、ジェット推進の原理によるものである。
(3)○：芝生の散水機が回る力は、排出される水の質量と排出速素の積の反力によるものでジェット推進の原理によるものである。

問0200 (2)　　　『[7] タービン・エンジン』4-1「推進の原理」
(B)(C)：○
(A)×：風船から噴出する空気の質量と噴出速度の積に相当する大きさの反力が風船の前方内壁に働いて飛散するもので、噴出する空気が大気を押して飛散するものではない。
(D)×：噴出する空気の反力で推力を得るため空気のない宇宙空間でも有効である。
（参考）
ニュートンの第3法則
「物体に力が作用した場合は、作用した力と同じ大きさの反対方向の力を生ずる。」という作用反作用の法則を述べている。

問題番号	解　答

問0201 (2)　　『[7] タービン・エンジン』4-1「推進の原理」
(C)(D)：○
(C)：芝生の散水装置では推力は噴射する水の反力がノズルの前方に働いて散水パイプが反対側に回る。
(D)：ジェット推進の原理は、噴出するガスが大気を押して推進するものではなく反作用によって生ずるものであるため、大気中または真空中に関わらず有効である。
(A)×：ジェット推進の原理は、ニュートンの運動の第3法則「物体に力を作用させた場合、作用させた力と同じ大きさの反力を反対方向に生ずる」に基づくものである。
(B)×：ゴム風船が飛ぶ原理においては〔噴出空気の質量×噴出速度〕に相当する反力が得られる。

問0202 (3)　　『[7] タービン・エンジン』4-1「推進の原理」
(A)(B)(C)：○
(A)：ジェット・エンジンとロケット・エンジンは共に排気ジェットの反力により推力を得るもので、推進の原理は同じである。
(B)：ゴム風船が飛ぶのは排気の質量と排気速度の積の反力によるもので、ジェット推進の原理によるものである。
(C)：芝生の散水機が回る力は、排出される水の質量と排出速素の積の反力によるものでジェット推進の原理によるものである。
(D)×：推力は噴出するガスの排気速度と質量の積の反力により発生するもので、大気を押すことにより推力を得るものではない。

問0203 (1)　　『[7] タービン・エンジン』4-1「推進の原理」
(D)：○
(A)×：運動の第一法則は「静止しているかまたは動いている物体は外部から力が働かない限り永久にその状態を持続する。」であり、「力は質量と加速度の積」では説明できない。
(B)×：推力は物体に働く反力で説明されるのは、運動の第三法則の作用反作用の法則である。
(C)×：運動の第2法則は「物体に力を加えた場合、加えられた力に比例した大きさの加速度を生ずる。」であり、重量は質量と重力加速度の積となる。

問0204 (1)　　『[7] タービン・エンジン』4-1「推進の原理」
(A)：○
(B)×：ニュートンの運動の第2法則は「物体に力を加えた場合、加えられた力に比例した大きさの加速度を生ずる。」で、力（F）＝質量×加速度で表わされる。
(C)×：ニュートンの運動の第3法則は「物体に力が作用した場合、作用した力と同じ大きさの反対方向の力（反作用）を生ずる。」である。
(D)×：作用反作用の法則は噴出する空気の反力により推力を発生するもので、噴出する空気が外気を押して推力を生ずるものではない。

問0205 (3)　　『[7] タービン・エンジン』4-2-1「タービン・エンジンの特徴」
(3)○：タービン・エンジンは、ピストン・エンジンの間欠的運転と異なり連続燃焼が行われるため、エンジン重量当たりの出力が大きく、同じ重量のエンジンではピストン・エンジンの2～5倍上の出力が得られる。
(1)×：フリー・タービン・エンジンにおいても、離陸時の最大回転数を許容値内に制限しなければならない。
(2)×：エンジン始動時には回転数の上昇に比較して排気ガス温度が急激に上昇してピークを形成し、状況によってはホット・スタートを発生する恐れがあるため、始動操作時には燃焼ガス温度限界に配慮する必要がある。
(4)×：タービン・エンジンは、構造が回転部分だけで摺動部が無く、しかも主に転がり軸受けが使用されているので寒冷時においても始動が容易で、ピストン・エンジンのように始動後に潤滑性を確保するためのウォーミング・アップをほとんど必要とせず直ちに最高出力までの加速が可能である。

問0206 (1)　　『[7] タービン・エンジン』4-2-1「タービン・エンジンの特徴」
(1)×：連続燃焼であるため単位重量当たりの出力は大きい。
(2)○：高オクタン価航空ガソリンではなく、ケロシンを燃料とするため燃料単価は安価である。
(3)○：タービン・エンジンはすべて回転体で構成されており、ピストン・エンジンのような往復部分がないため振動が少ない。
(4)○：ロータで構成されているため慣性力が大きく加速、減速に時間を要する。

問0207 (3)　　『[7] タービン・エンジン』4-2-1「タービン・エンジンの特徴」
(3)×：タービン・エンジンは回転体で構成されており、高速で回転し慣性力が大きいため加速、減速に時間を要する。
(1)○：タービン・エンジンは摺動部がなく転がり軸受を多用しているため始動が容易である。
(2)○：タービン・エンジンは燃焼室内で等圧連続燃焼しているためノッキングの問題はない。
(4)○：タービン・エンジンは回転体で構成されており、ピストン・エンジンのような往復部分がないため振動が極めて少ない。

問0208 (2)　　『[7] タービン・エンジン』4-2-1「タービン・エンジンの特徴」
(2)×：タービン・エンジンは連続燃焼であるためタービン部の温度が高温となり、燃焼温度を許容温度以下に制限する必要があるため熱効率は悪くなる。
(1)○：高価な高オクタン価航空ガソリンではなく、安価なケロシンを燃料とするため燃料単価は安価である。
(3)○：連続燃焼であるためエンジン重量当たりの出力が大きいことから、出力当たりの重量は小さくなる。
(4)○：熱効率を良くするよう燃焼温度を上げるために、高価な耐熱材料が必要となる。

発動機

問題番号	解　答

問0209 (1)

『[7] タービン・エンジン』4-2-1「タービン・エンジンの特徴」
(1)×：連続燃焼であるため単位重量当たりの出力は大きい。
(2)○：高オクタン価の航空ガソリンではなく、ケロシンを燃料とするため燃料単価は安価である。
(3)○：タービン・エンジンはすべて回転体で構成されており、ピストン・エンジンのような往復部分がないため振動が少ない。
(4)○：ピストン・エンジンのような摺動部分がないため滑油の消耗がなく滑油消費量が少ない。

問0210 (3)

『[7] タービン・エンジン』4-2-1「タービン・エンジンの特徴」
(3)○：タービン・エンジンは、ピストン・エンジンの間欠的運転と異なり連続燃焼が行われるため、エンジン重量当たりの出力が大きく、同じ重量のエンジンではピストン・エンジンの2～5倍上の出力が得られる。
(1)×：フリー・タービン・エンジンにおいても、離陸時の最大回転数を許容値内に制限しなければならない。
(2)×：エンジン始動時には回転数の上昇に比較して排気ガス温度が急激に上昇してピークを形成し、状況によってはホット・スタートを発生する恐れがあるため、始動操作時には燃焼ガス温度限界に配慮する必要がある。
(4)×：タービン・エンジンは、構造が回転部分だけで摺動部が無く、しかも主に転がり軸受けが使用されているので寒冷時においても始動が容易で、ピストン・エンジンのように始動後に潤滑性を確保するためのウォーミング・アップをほとんど必要とせず直ちに最高出力までの加速が可能である。

問0211 (2)

『[7] タービン・エンジン』4-2-1「タービン・エンジンの特徴」
(2)○：タービン・エンジンはピストン・エンジンより低い圧力で等圧燃焼を行なう。
(1)×：燃焼ガス温度が高いほど熱効率が良くなるが、タービン・エンジンは連続燃焼であるためタービン入口温度が高く、タービンの耐熱温度による制約のため熱効率が劣り燃料消費率が高い。
(3)×：タービン・エンジンは連続燃焼であるためタービン入口温度が高くなるため、タービンの耐熱温度による制約のため燃焼温度が制約される。
(4)×：高速回転により慣性力が大きいことから、加速・減速に時間を要する。

問0212 (2)

『[7] タービン・エンジン』4-2-1「タービン・エンジンの特徴」
(2)×：燃焼温度が高いほど熱効率が良いが、タービン・エンジンはタービンの耐熱温度により燃焼温度が制約されるためピストン・エンジンより燃焼温度が低く熱効率が劣る。
(1)○：ピストン・エンジンは定容燃焼であり、タービン・エンジンは等圧燃焼であることから、燃焼圧力はタービン・エンジンのほうが低い。
(3)○：タービン・エンジンはピストン・エンジンより燃焼温度が低く、熱効率が劣るため燃料消費率が高い。
(4)○：燃焼ガス温度を可能な限り上げて熱効率を上げるための高価な耐熱材料の使用や高速回転のために高い加工精度が求められ製造コストが高い。

問0213 (4)

『[7] タービン・エンジン』4-2-1「タービン・エンジンの特徴」
(4)×：燃焼ガス温度が高いほど熱効率が良いが、タービンの耐熱温度による制約のため熱効率が劣り燃料消費率が高い。
(1)○：タービン・エンジンは連続燃焼であり、ピストン・エンジンに較べて重量当たりの出力が2～5倍である。
(2)○：摺動部がなく転がり軸受を多用しているため始動は容易であるが、コンプレッサおよびタービンが回転体で構成されているため、加速・減速時は慣性により時間を要する。
(3)○：燃焼ガス温度を上げて熱効率を上げるための高価な耐熱材料の使用や高速回転のために高い加工精度が求められ製造コストが高い。

問0214 (4)

『[7] タービン・エンジン』4-2-1「タービン・エンジンの特徴」
(A)(B)(C)(D)：○
(A)：タービン・エンジンは回転体で構成されており、高速で回転し慣性力が大きいため加速、減速に時間を要する。
(B)：タービン・エンジンは連続燃焼であり、ピストン・エンジンに較べて重量当たりの出力が2～5倍である。
(C)：タービン・エンジンは摺動部がなく転がり軸受を多用しているため始動が容易であり、摩擦によりオイルを消耗する部分がないため滑油の消費量が少ない。
(D)：燃焼ガス温度を上げて熱効率を上げるための高価な耐熱材料の使用や冷却や高速回転のために高い加工精度が求められ製造コストが高い。

問0215 (4)

『[7] タービン・エンジン』4-2-1「タービン・エンジンの特徴」
(A)(B)(C)(D)：○
(A)：タービン・エンジンは等圧燃焼であるため燃焼圧力は一定に抑えられており、定容燃焼のピストン・エンジンの燃焼圧力よりも低い。
(B)：燃焼ガス温度が高いほど熱効率が良くなるが、タービン・エンジンではタービンの耐熱温度により燃焼ガス温度が制約されるため熱効率は燃焼ガス温度の低いタービン・エンジンの方が劣る。
(C)：熱効率がピストン・エンジンより劣るため、燃料消費率はタービン・エンジンの方が大きくなる。
(D)：燃焼ガス温度を可能な限り上げて熱効率を良くするために冷却の導入などで構造が複雑になるとともに高価な耐熱材料が求められる他、高速回転するため高い加工精度が要求されるため製造コストはタービン・エンジンの方が高い。

― 134 ―

問題番号	解　答

問0216 (2)　　　『[7] タービン・エンジン』4-2-1「タービン・エンジンの特徴」
(A)(D)：○
(A)：連続燃焼で多量の空気を処理でき連続的に出力が得られるため重量当たりの出力が大きく、同じ重量の
エンジンでピストン・エンジンの2〜5倍の出力が得られる。
(D)：連続的に出力が得られるため重量当たりの出力が大きい。
(B)×：燃焼ガス温度が高いほど熱効率が良いが、タービンの耐熱温度による制約のため熱効率が劣る。
(C)×：プレーン・ベアリングやピストン部など滑油を消耗する潤滑部がないため、潤滑油の消費量は少ない。

問0217 (2)　　　『[7] タービン・エンジン』4-2-1「タービン・エンジンの特徴」
(C)(D)：○
(C)：タービン・エンジンの回転数は非常に高いため、プロペラを効率よく駆動するためには減速比の大きい
減速装置が必要である。
(D)：往復運動する部分を持たず回転部分のみで構成されているため振動が極めて少ない。
(A)×：ピストン・エンジンのような摺動部分がないため滑油の消耗がなく、滑油消費量が少ない。
(B)×：タービン・エンジンは連続燃焼が行われるので、同じ重量のガスタービンではピストン・エンジンの
2〜5倍以上の出力が得られる。

問0218 (4)　　　『[7] タービン・エンジン』4-2-1「タービン・エンジンの特徴」
(A)(B)(C)(D)：○
(A)：ピストン・エンジンは定容燃焼であるため燃焼圧力はタービン・エンジンより高い。
(B)：燃焼ガス温度が高いほど熱効率が良くなるが、タービン・エンジンではタービンの耐熱温度により燃焼
ガス温度が制約されるため熱効率が劣る。
(C)：タービン・エンジンは熱効率が劣るため燃料消費率は悪くなる。
(D)：タービン・エンジンは構造が複雑であり、熱効率向上のために耐熱合金が多用されているため製造コス
トは高い。

問0219 (1)　　　『[7] タービン・エンジン』4-2-1「タービン・エンジンの特徴」
(A)○：連続燃焼であるためエンジン重量当たりの出力が大きく、同重量のピストン・エンジンに比べて2〜5
倍以上の出力が得られる。すなわち、出力当たりの重量が小さい。
(B)×：上記理由から出力当たりの重量が小さく、出力当たりの容積も小さい。
(C)×：燃焼ガス温度が高いほど熱効率が良くなるが、タービン・エンジンでは連続燃焼であるためタービン
の耐熱温度により燃焼ガス温度が制約されるため熱効率が劣る。
(D)×：ピストン・エンジンに較べてタービン・エンジンの回転数は高く、特にターボシャフト・エンジンの
回転数は極めて高い。

問0220 (4)　　　『[7] タービン・エンジン』4-2-2-(2)「ターボファン・エンジン」
(4)×：排気速度が遅い大きな推力を創り出すことから推進効率が大きく改善され、燃料消費率は大きく改善
される。
(1)○：ダクテッド・ファンにより多量の空気流を加速して大きな推力を得ることができる。
(2)○：ファンにより多量の空気流を加速して大きな推力を得るため、低速時にターボジェットより大きな推
力が得られる。
(3)○：エンジンの排気速度が低いため排気騒音が大きく改善されている。

問0221 (3)　　　『[7] タービン・エンジン』4-2-1「タービン・エンジンの特徴」
(3)○：ターボファン・エンジンは多量の空気を加速するファンを駆動しているため、ターボジェット・エン
ジンよりも加速時間が劣る。
(1)ターボファン・エンジンはターボジェットと同等の推力が得られる。
(2)ターボファン・エンジンは高亜音速飛行性能に優れたエンジンである。
(4)ターボファン・エンジンはターボジェット・エンジンより燃料消費率が優れている。
(5)ターボファン・エンジンはターボジェット・エンジンよりも排気速度が低いため騒音は低い。

問0222 (2)　　　『[7] タービン・エンジン』4-2-2-(4)「ターボシャフト・エンジン」
(2)：○
ターボシャフト・エンジンはエンジンに供給された燃料が燃焼により熱エネルギとなって燃焼ガスに与えら
れ、ガス・ジェネレータ・タービンを駆動した後残りの燃焼ガスに残ったエネルギのほとんど全てでパワー・
タービンを駆動して出力を取り出す。
ガス・ジェネレータで概ね燃焼エネルギの2/3が費やされ、残りの約1/3がパワータービンを駆動して軸出力
を発生させる。

問0223 (4)　　　『[7] タービン・エンジン』4-2-2「タービン・エンジンの分類」
(A)(B)(C)(D)：○
(A)：ターボジェット・エンジンは一定量の空気を高速の排気速度により推力を得るよう設計されており、
ターボファン・エンジンは多量の吸入空気流を遅い排気速度で同じ推力が得られるよう設計されたエン
ジンである。
(B)：ターボファン・エンジンは排気ガス速度が大きくないため、飛行速度が速くなると推力は大きく減少
（推力逓減率が大）する。
(C)：ターボジェット・エンジンは排気速度が速いため飛行速度上昇による推力逓減率は小さく、また音速領
域以上になるとラム効果による影響で吸入空気流量も大きくなるので正味推力が大きくなる。
(D)：推進効率からみてターボジェット・エンジンは超音速領域での飛行に適し、ターボファン・エンジンは
亜音速領域での飛行に適している。

発
動
機

問題番号	解 答

問0224 (2)　　　『[7] タービン・エンジン』3-5「内燃機関のサイクル」
(B)(D)：○
(B)：ジェット・エンジンは排気ジェットの反力を直接推進に使う。
(D)：パルス・ジェット・エンジンは低い初速でも始動できるようラム・ジェット・エンジンのインテークにバルブを付けて改良した改良型である。
(A)×：タービン・エンジンは連続的に出力を出す内燃機関である。
(C)×：フリー・タービンはターボプロップ・エンジンのみならず、ターボシャフト・エンジンにも使用される。

問0225 (3)　　　『[7] タービン・エンジン』4-2-2-(4)「ターボシャフト・エンジン」
(3)×：ガス・ジェネレータで発生したエネルギはフリー・タービンの駆動にのみ使用され、ターボシャフト・エンジンは排気によるジェット推進は用いられない。

問0226 (4)　　　『[7] タービン・エンジン』4-2-2-(4)「ターボシャフト・エンジン」
(4)×：タービン・エンジンの回転数は極めて高いため回転翼の効率を損なうことなく使用するためには増速装置ではなく、高比率減速装置により回転数を減速する必要がある。
(1)○：ターボシャフト・エンジンではガス・ジェネレータで発生したエネルギはフリー・タービンの駆動にのみ使用され、排気によるジェット推進には用いられない。
(2)○：ガス・ジェネレータの回転数は燃料制御装置によって制御され、間接的にフリー・タービンの回転数をコントロールする。
(3)○：フリー・タービンは、ガスジェネレータとは機械的な接続は無く、ガス・ジェネレータが発生した高温高圧ガスから軸出力を取り出す働きのみを行なう。

問0227 (2)　　　『[7] タービン・エンジン』4-2-2-(4)「ターボシャフト・エンジン」
(B)(C)：○
(B)：軸出力はガス・ジェネレータの燃料流量をコントロールすることで制御される。
(C)：ターボシャフト・エンジンはガス・ジェネレータで発生したエネルギはフリー・タービンの駆動にのみ使用され、排気ジェットによる出力は使用されない。
(A)×：タービン・エンジンの原型となるエンジンはターボジェット・エンジンである。
(D)×：ガス・ジェネレータ・タービンは高温高圧ガスを発生させるガス・ジェネレータのタービンであり、パワー・タービンは出力を取り出すためのその後ろに設けられた別のタービンである。

問0228 (3)　　　『[7] タービン・エンジン』4-2-2-(3)「ターボプロップ・エンジン」
(3)×：フリー・タービンの出力軸の回転数は高速であるため、プロペラ効率を損なわずに稼動するために減速装置により減速する必要がある。
(1)○：小型ガスタービン・エンジンではエンジンの全長を短くするためにリバース・フロー型燃焼室が用いられている。
(2)○：ターボプロップ・エンジンでは軸出力の他に排気ジェットから5～10%の出力が得られる。
(4)○：ターボプロップ・エンジンでは出力の設定に、プロペラ駆動軸のトルクが用いられる。トルクは馬力に比例する。

問0229 (4)　　　『[7] タービン・エンジン』4-2-2-(3)「ターボプロップ・エンジン」
(4)×：フリー・タービン型式をターボプロップ・エンジンとして使用することは可能であり、最近のターボプロップ・エンジンには直接駆動型より効率が優れているためフリー・タービンを使ったものが多く使用されている。

問0230 (1)　　　『[7] タービン・エンジン』4-2-2-(3)「ターボプロップ・エンジン」
(1)○：エンジンの全長を短くするためにリバース・フロー型燃焼室が多く用いられている。
(2)×：フリー・タービン軸は出力を取り出すためだけに使われ、ガス・ジェネレータとは機械的接続はない。
(3)×：フリー・タービンの出力軸の回転数は高速であるため、プロペラ効率を損なわずに稼動するために減速装置により減速する必要がある。
(4)×：ターボプロップ・エンジンでは出力の設定に、プロペラ駆動軸のトルクが用いられる。トルクは馬力に比例する。

問0231 (4)　　　『[7] タービン・エンジン』4-2-2-(3)「ターボプロップ・エンジン」
(4)○：ターボプロップ・エンジンには直結型の1軸式とフリー・タービン型の2軸式がある。
(1)×：直結型ターボプロップではフリー・タービンを使用しない。
(2)×：フリー・タービン型であってもプロペラを効率的に回転させるためには減速装置が必要である。
(3)×：フリー・タービン型であっても排気ジェットを出力として使用する。

問0232 (3)　　　『[7] タービン・エンジン』4-2-2-(3)「ターボプロップ・エンジン」
(3)×：パワー・タービンはガス・ジェネレータで創られた高温高圧ガスで駆動されるため、ガス・ジェネレータの一部とはならない。
(1)○：小型ガスタービン・エンジンではエンジンの全長を短くするためにリバース・フロー型燃焼室が用いられている。
(2)○：ターボプロップ・エンジンでは軸出力の他に排気ジェットから5～10%の出力が得られる。
(4)○：ガス・ジェネレータの軸から減速装置に直接結合された1軸式（RR Dart Engine）のものがある。

問0233 (4)　　　『[7] タービン・エンジン』8-5「エンジン指示系統」
(4)：○
・ターボプロップ・エンジンの出力はトルク表示され、出力の設定にはトルク・メータの値（ft・lb）が使われる。トルク値は馬力に正比例する。
・トルク・メータは、一般的にプロペラ減速装置に組み込まれたヘリカル歯車が出力に応じて発生する軸方向の圧力を油圧に変えて指示する方法が多く使われている。

— 136 —

問題番号	解　答

問0234 (4)　　　『[7] タービン・エンジン』4-2-2-(3)「ターボプロップ・エンジン」
(A)(B)(C)(D)：○
(A)：ターボプロップ・エンジンの回転数は極めて高いため、プロペラの効率を損なわず使用するためには減速装置により回転数を減速する必要がある。
(B)：軸出力を取り出すためにエンジン回転数を直接取り出す方法と、フリー・タービンを使う方法がある。
(C)：軸出力はガス・ジェネレータの燃料流量をコントロールすることにより制御される。
(D)：飛行速度とラム圧によりエンジン効率が高められ排気ジェットからも5%以上の推力が得られる。

問0235 (2)　　　『[7] タービン・エンジン』4-2-2「タービン・エンジンの分類」
(2)○：ターボプロップ・エンジンのフリー・タービンは回転軸出力取り出し用としてのみ使用されるためガス・ジェネレータと機械的接続はなく低圧コンプレッサを駆動しない。
(1)×：現代のターボプロップ・エンジンは回転軸出力用にフリー・タービンを使った2軸式が多いが、過去には直結型1軸式（RRダート・エンジン等）が使われていた。
(3)×：パワー・タービンは回転軸出力の取り出しのみに使用されるため、ガス・ジェネレータと機械的接続はなくコンプレッサを駆動しない。
(4)×：フリー・タービンの回転数は極めて高いため、プロペラを効率良く使用するためには減速装置により回転数を減速する必要がある。

問0236 (4)　　　『[7] タービン・エンジン』4-2-2「タービン・エンジンの分類」
(4)×：ターボシャフト・エンジンは、出力の100%を回転軸出力として取り出すように設計されたエンジンである。
(1)○：ターボプロップ・エンジンは、出力の90%以上を軸出力として取り出し、残り約10%までの推進力を排気ジェット・エネルギから得るよう設計されている。
(2)○：ターボジェット・エンジンはエンジン出力の100%を排気ガスのジェット・エネルギとして取り出す。
(3)○：ターボファン・エンジンはターボジェット・エンジンに設けたダクト付ファンにより空気の大部分をそのまま比較的低速で噴出させて推力を得る型式のエンジンである。

問0237 (3)　　　『[7] タービン・エンジン』4-2-2「タービン・エンジンの分類」
(A)(B)(C)：○
(A)：ターボシャフト・エンジンではエンジンを短くするため逆流型燃焼室が採用される。
(B)：ターボファン・エンジンは、ターボジェットにダクテッド・ファンを導入して吸入空気量を増やしたものである。
(C)：ターボプロップ・エンジンは出力を取り出すためにフリー・タービンが使用され、出力を減速するために減速装置が使用される。
(D)×：パワー・タービンは、軸出力を取り出すためにのみ使用され、ガスジェネレータとは機械的な接続は無い。

問0238 (1)　　　『[7] タービン・エンジン』4-2-2「タービン・エンジンの分類」
(1)×：インレット・ダクトは、吸入空気速度をエンジンが受入可能な速度に減速してラム圧を上昇させるためにダイバージェント・ダクトが使用される。
(2)○：空気流量が多いため、低速時にターボジェット・エンジンよりも大きな推力を出すことができる。
(3)○：空気流量が多いため、排気ガス速度が同等推力のターボジェット・エンジンより推力燃料消費率は優れている。
(4)○：排気速度が低いので、排気騒音レベルは大きく低減している。

問0239 (1)　　　『[7] タービン・エンジン』4-2-2「タービン・エンジンの分類」
(1)×：インレット・ダクトは、吸入空気速度をエンジンが受入可能な速度に減速してラム圧を上昇させるためにダイバージェント・ダクトが使用される。
(2)○：空気流量が多いため、低速時にターボジェット・エンジンよりも大きな推力を出すことができる。
(3)○：ターボジェット・エンジンより空気流量が多く排気速度が遅いため、推進効率が大きく改善されている。
(4)○：排気速度が低いので、排気騒音レベルは大きく低減している。

問0240 (4)　　　『[7] タービン・エンジン』4-2-2「タービン・エンジンの分類」
(A)(B)(C)(D)：○
(A)：高バイパス比ターボファン・エンジンは一定空気量を高速で排出して推力を得るのではなく、多量の空気流を比較的低速で排出して推力を得るため、低速時にターボジェット・エンジンよりも大きな推力を出すことができる。
(B)：排出速度が遅いファン排出空気量が圧倒的に多く、コア・エンジンの排出空気量が極めて少ないため、高バイパス比ターボファン・エンジンとしての排気ガス速度は同等推力のターボジェット・エンジンより遅い。
(C)：高バイパス比ターボファン・エンジンの排気ガス速度が同等推力のターボジェット・エンジンより遅いことから、排気速度と飛行速度との差が小さくなるため推進効率は高くなる。
(D)：バイパス比が大きくなると物理的に構造が大きくなってファン騒音レベルが増大するため、バイパス比の小さいエンジンよりもファン騒音対策が求められる。

発動機

問題番号		解　答

問0241 (4)　『[7] タービン・エンジン』4-3「最新の民間航空機用タービン・エンジンの発達の推移」
(A)(B)(C)(D)：○
(A)：タービン入口温度の上昇により高い熱効率が得られ、燃料消費率が改善される。
(B)：コンプレッサ圧力比の増加により高い熱効率が得られ、燃料消費率が改善される。
(C)：バイパス比の増加により、エンジンの熱効率またはサイクル効率を変えずに空気流量を増やして燃料消費率を改善したもので、排気速度が飛行速度に近づくので推進効率も改善される。
(D)：推力重量比の増加により、小型化、軽量化が可能となり、有償荷重や航続距離の増加を図ることが出来る。

問0242 (1)　『[7] タービン・エンジン』5-2「推力・軸出力設定のパラメータ」
(1)○：現代のターボファン・エンジンではファンが創り出す推力が大きな割合を占めており、ダクト付固定ピッチ・プロペラに近いという考え方から推力設定パラメータとしてEPRのほかにファン回転速度N_1も多く使われている。
(2)(3)×：N_2およびEGTは推力設定パラメータとしては使用されない。
(4)×：トルクは軸出力エンジンの出力設定パラメータである。

問0243 (4)　『[7] タービン・エンジン』8-5「エンジン指示系統」
(4)：○
（参考）
・ターボプロップ・エンジンの出力はトルク表示され、出力の設定にはトルク・メータの値（ft・lb）が使われる。トルク値は馬力に正比例する。
・トルク・メータは、一般的にプロペラ減速装置に組み込まれたヘリカル歯車が出力に応じて発生する軸方向の圧力を油圧に変えて指示する方法が多く使われている。

問0244 (3)　『[7] タービン・エンジン』5-1-1「出力と馬力」
(3)○：ターボプロップ・エンジンの出力は軸出力の他に排気ジェットの推力も出力として使用されるため、総出力として軸出力と排気ジェットの推力を軸馬力に換算して加えた相当軸馬力で表わされる。

問0245 (4)　『[7] タービン・エンジン』8-5「エンジン指示系統」
(4)×：吸気圧力計はピストン・エンジンのパラメータである。
(1)○：トルク計はターボプロップ・エンジンの出力設定パラメータである。
(2)(3)○：ガス・ジェネレータ回転計および排気ガス温度計はターボプロップ・エンジンの状態をモニターするために使用される。

問0246 (2)　『[7] タービン・エンジン』8-5「エンジン指示系統」
(2)：○
・ターボシャフト・エンジンの出力はトルク表示され、出力の設定にはトルク・メータの値（ft・lb）が使われる。トルク値は馬力に正比例する。
・トルク・メータは、一般的にプロペラ減速装置に組み込まれたヘリカル歯車が出力に応じて発生する軸方向の圧力を油圧に変えて指示する方法が多く使われている。

問0247 (4)　『[7] タービン・エンジン』5-1-1「出力と馬力」
(4)×：ターボプロップ・エンジンの総出力を相当軸馬力という。

問0248 (3)　『[7] タービン・エンジン』5-1-1「出力と馬力」
(3)×：飛行機が静止しているときはラム抗力の発生がないため、正味スラストは総スラストと等しくなり、これを静止スラストと呼ぶ。
(1)○：総スラストは、吸入空気と供給される燃料の運動量変化によってエンジンが発生するスラストである。
(2)○：正味スラストとは、純粋に航空機を推進するスラストで、エンジンが発生する総スラストからラム抗力を引いたものである。
(4)○：飛行中にエンジンが実際に航空機を推進する推力が正味推力である。

問0249 (4)　『[7] タービン・エンジン』5-1-1「出力と馬力」
(A)(B)(C)(D)：○
(1)：総スラストは、吸入空気と供給される燃料の運動量変化によってエンジンが発生するスラストである。
(2)：正味スラストとは、純粋に航空機を推進するスラストで、エンジンが発生する総スラストからラム抗力を引いたものである。
(3)：飛行機が静止しているときはラム抗力の発生がないため、正味スラストは総スラストと等しくなり、これを静止スラストと呼ぶ。
(4)：飛行中にエンジンが実際に航空機を推進する推力が正味推力である。

問0250 (2)　『[7] タービン・エンジン』5-1-1「出力と馬力」
(A)(D)：○
(A)：総スラストは、吸入空気と供給される燃料の運動量変化によってエンジンが発生するスラストである。
(D)：飛行中にエンジンが実際に航空機を推進する推力が正味推力である。
(B)×：正味スラストとは、純粋に航空機を推進するスラストで、エンジンが発生する総スラストからラム抗力を引いたものである。
(C)×：飛行機が静止しているときはラム抗力の発生がないため、正味スラストは総スラストと等しくなり、これを静止スラストと呼ぶ。

問0251 (3)　『[7] タービン・エンジン』5-1-1「出力と馬力」
(A)(B)(C)：○
(D)×：高バイパス比ターボファン・エンジンにおいては推力設定にEPR、IEPR、N_1などが使用されるが、トルク・メータの値は使用しない。

— 138 —

問題番号		解　答

問0252 (4)　　『[7] タービン・エンジン』5-1-1「出力と馬力」
(4)×：総スラストと正味スラストとの差はラム抗力である。
(1)○：総スラストは、吸入空気と供給される燃料の運動量変化によってエンジンが発生するスラストである。
(2)○：飛行機が静止しているときはラム抗力の発生がないため、正味スラストは総スラストと等しくなり、これを静止スラストと呼ぶ。
(3)○：正味スラストとは、純粋に航空機を推進するスラストで、エンジンが発生する総スラストからラム抗力を引いたものである。

問0253 (3)　　『[7] タービン・エンジン』5-1-1「出力と馬力」
(A)(C)(D)：○
(A)：総スラストは、吸入空気と供給される燃料の運動量変化によってエンジンが発生するスラストである。
(C)：飛行機が静止しているときはラム抗力の発生がないため、正味スラストは総スラストと等しくなる。
(D)：正味推力とは純粋に航空機を推進するスラストである。
(B)×：正味推力はエンジンが発生する総スラストからラム抗力を引いたものである。

問0254 (4)　　『[7] タービン・エンジン』5-1-1「出力と馬力」
(4)×：ターボプロップ・エンジンの静止相当軸馬力は、プロペラに供給される軸馬力と正味ジェット・スラストを軸馬力に換算した推力馬力との合計である。静止状態では飛行速度が0となり推力馬力が算出できないため、排気ジェットによる正味推力を1軸馬力に相当する係数を使って換算し軸出力に加算したものである。

問0255 (2)　　『[7] タービン・エンジン』5-1-1-b「比推力」
(2)：○
比推力はエンジンに吸入される単位空気流量（毎秒1lbまたは1kg）当たりに得られる正味推力と定義され(2)の式が正しい。比推力が高いほどエンジン前面面積が小さく小型になる。

問0256 (3)　　『[7] タービン・エンジン』5-1-2「エンジン性能を表すパラメータ」
(3)：○
ジェット・エンジンの推力はジェット排気空気の質量と排気速度の積に相当することから、バイパス比はファン空気流と1次空気流量の比（重量比）をいう。

問0257 (4)　　『[7] タービン・エンジン』5-1-1「出力と馬力」
(4)×：IEPRは温度補正をしているのではなく、ファン圧力比とガス・ジェネレータのエンジン圧力比を各出口面積に応じて比例配分している。
(1)○：EPRはガス・ジェネレータのコンプレッサ入口全圧に対するタービン出口全圧の比である。
(2)○：EPRはエンジンが発生する推力の変化に比例する。
(3)○：バイパス比が大きくなるほどガス・ジェネレータの空気流量は少なくなるため、EPRの値は小さくなる。

問0258 (2)　　『[7] タービン・エンジン』5-1-1「出力と馬力」
(A)(B)：○
(A)：EPRはガス・ジェネレータのコンプレッサ入口全圧に対するタービン出口全圧の比である。
(B)：EPRはエンジンが発生する推力の変化に比例する。
(C)×：バイパス比が大きくなるほどガス・ジェネレータの空気流量は少なくなるため、EPRの値は小さくなる。
(D)×：IEPRは温度補正をしているのではなく、ファン圧力比とガス・ジェネレータのエンジン圧力比を各出口面積に応じて比例配分している。

問0259 (2)　　『[7] タービン・エンジン』5-1-1「出力と馬力」
(C)(D)○：EPRとはガス・ジェネレータのみのエンジン圧力比であるが、ファンが推力の多くの割合を創り出す高バイパス比・ターボファン・エンジンではガス・ジェネレータのエンジン圧力比とファン圧力比を出口面積の大きさで比例配分した圧力比（IEPR）を使用するものもある。
(A)×：EPRはコンプレッサ入口全圧に対するタービン出口全圧の比であり、エンジンが発生する推力に比例する。
(B)×：バイパス比が大きくなるとファンが推力の多くの割合を創り出すため、ガス・ジェネレータへの空気量は少なく、タービン出口全圧が減少してEPRの値も小さくなる。

問0260 (3)　　『[7] タービン・エンジン』5-1-1「出力と馬力」
(3)×：馬力を1分間当たりに換算するとメートル法では1分間当たり約4,500kg・mに相当する。
(1)○：馬力は単位時間当たりの仕事量の単位で、メートル法では1秒間当たり約75kg・m、フィート・ポンド法では1秒間当たり約550ft・lbに相当する。
(2)○：フィート・ポンド法では1馬力は1秒間当たり約550ft・lbに相当する。
(4)○：仕事率の単位としてワット（W）が定められており、1kg・m/secは9.8Wに相当することから、1英国馬力（HP）は約745Wである。

問0261 (4)　　『[7] タービン・エンジン』5-1-1「出力と馬力」
(4)×：馬力は単位時間当たりの仕事量の単位で、メートル法では1秒間当たり約75kg・m、フィート・ポンド法では1秒間当たり約550ft・lbに相当する。仕事の単位としてワット（W）が定められており、1kg・m/secは9.8Wに相当することから、1英国馬力（HP）は約745W、1仏馬力（PS）は約736Wである。

発動機

問題番号		解　答

問0262 (2)　　『[7] タービン・エンジン』5-1-1「出力と馬力」
(2)×：馬力は単位時間当たりの仕事量の単位で、メートル法では1秒間当たり約75kg・m、フィート・ポンド法では1秒間当たり約550ft・lbに相当する。これを1分間当たりに換算すると、1分間当たり約4,500kg・m、フィート・ポンド法では1分間当たり約33,000ft・lbに相当する。

(参考)
・エンジン出力を馬力で表す場合、一般に「ヤード・ポンド法重力単位」では英国馬力（HP）で表示され、「メートル法重力単位」では仏馬力（PS）で表示される。英国馬力は仏馬力と比較して僅かながら大きく、1HP＝1.014PSである。
・仕事率の単位としてワット（W）が定められており、1kg・m/secは9.8Wに相当することから、1英国馬力（HP）は約745W、1仏馬力（PS）は約736Wである。

問0263 (3)　　『[7] タービン・エンジン』5-1-1「出力と馬力」
(3)×：メートル法では1秒間当たり約75kg・mに相当し、1時間当たりに換算すると270,000kg・m/hrとなる。
(1)○：馬力は単位時間当たりの仕事量の単位である。
(2)○：フィート・ポンド法では1秒間当たり約550ft・lbに相当し、1分間当たりに換算すると33,000ft・lb/minとなる。
(4)○：仕事率の単位としてワット（W）が定められており、1kg・m/secは9.8Wに相当することから馬力は約745Wとなる。

問0264 (2)　　『[7] タービン・エンジン』5-1-1「出力と馬力」、3-6「単位」
(2)×：1馬力は1時間当たり約1,980,000ft・lbの仕事に相当する。
(1)○：1馬力は約0.745KWである。
(3)○：1馬力は1分間当たり約33,000ft・lbの仕事に相当する。
(4)○：馬力は動力の単位すなわち単位時間当たりの仕事である。

問0265 (3)　　『[7] タービン・エンジン』5-1-1「出力と馬力」
(3)×：メートル法では1秒間当たり約75kg・mである。
(1)○：馬力は動力の単位であり、単位時間当たりの仕事でもある。
(2)○：1馬力はフィート・ポンド法では1秒間当たり約550ft・lbである。
(4)○：仕事率の単位としてワット（W）が定められており、1kg・m/secは9.8Wに相当することから、1英国馬力（HP）は約745Wである。

問0266 (1)　　『[7] タービン・エンジン』5-1-1「出力と馬力」、3-6「単位」
(1)×：1馬力は1秒当たり550ft・lbの仕事に相当する。
(2)○：1馬力は75kg・m/sであるため1分間当たり4,500ｋg・mの仕事に相当する。
(3)○：馬力は単位時間当たりの仕事量の単位である。
(4)○：1HP（英国馬力）は0.745KWに相当する。

問0267 (2)　　『[7] タービン・エンジン』5-1-1「出力と馬力」、3-6「単位」
(A)(D)：○
(B)×：1馬力は1時間当たり約1,980,000ft・lbの仕事に相当する。
(C)×：1馬力は1分間当たり約4,500kg・mの仕事に相当する。

問0268 (3)　　『[7] タービン・エンジン』5-1-1「出力と馬力」
(3)○：馬力は単位時間当たりの仕事量の単位で、メートル法では1秒間当たり約75kg・m、フィート・ポンド法では1秒間当たり約550ft・lbに相当する。問題は1分間当たりのメートル法で出題されているので、1分間当たりに換算すると4,500kg・m/minに相当する。

問0269 (2)　　『[7] タービン・エンジン』5-1-1「出力と馬力」
(2)○：1馬力は550ft・lb/sであることから、1分間当たりでは約33,000ft・lbの仕事に相当する。

問0270 (3)　　『[7] タービン・エンジン』5-1-1「出力と馬力」
(3)：○
＊問0271の解説を参照

問0271 (3)　　『[7] タービン・エンジン』5-1-1「出力と馬力」
(3)○：馬力は単位時間当たりの仕事量の単位で、メートル法では1秒間当たり約75kg・m、フィート・ポンド法では1秒間当たり約550ft・lbに相当する。仕事率の単位としてワット（W）が定められており、1kg・m/secは9.8Wに相当することから、1英国馬力（HP）は約745W、1仏馬力（PS）は約736Wである。

問0272 (2)　　『[5]ピストン・エンジン』3-1-1-c「仕事・動力」
(2)：○
1馬力（HP）は、　75kg・m/s ＝735.5W≒736W（PS）
　　　　　　　　 550ft・lb/s ＝746W（HP）

問0273 (1)　　『[7] タービン・エンジン』5-1-1「出力と馬力」
(A)○：総スラストは、吸入空気と供給される燃料の運動量変化によってエンジンが発生するスラストである。
(B)×：飛行機が静止しているときはラム抗力の発生がないため、静止スラストは総スラストに等しい。
(C)×：飛行中にエンジンが実際に航空機を推進するスラストはラム抗力を引いた正味スラストである。
(D)×：正味推力は総スラストからラム抗力を引いたもので、ラム抗力は損失スラストに含まれる。

問題番号	解　答

問0274 **(2)**
『[7] タービン・エンジン』5-1-1「出力と馬力」
(2)○：通常ターボプロップ・エンジンの推進力は、プロペラを駆動する軸馬力（SHP）の他にジェット推力による推力馬力（THP）によって得られる。この両方を加えた値を相当軸馬力（ESHP）と呼び、ターボプロップ機のエンジン出力を示す場合に使われる。
相当軸馬力（ESHP）は次式で表される。相当軸馬力＝軸馬力＋推力馬力
したがって、ターボプロップ機の利用馬力は相当軸馬力×プロペラ効率で表される。

問0275 **(4)**
『[7] タービン・エンジン』5-1-3「推力と馬力の計算例」
(4)：○
飛行速度が"0"の場合の静止相当軸馬力では、排気ジェットによる有効推進仕事が"0"となって計算できないことから、米国馬力では1HP＝推力2.5lbと定められている。
これを使って計算すると、
SESHP＝SHP$_{PROP}$＋Fn／2.5＝550＋160／2.5＝614HP
となり、最も近い値は(4)610となる。

問0276 **(3)**
『[7] タービン・エンジン』5-1-3「推力と馬力」
(3)：○
回転数をN（rpm）とするとターボプロップ・エンジンの仕事量は、
2π×N（rpm）×13（kg・m）となり、軸出力は1分間あたりの馬力の単位量
75（kg・m）×60（sec）で割って得られることから、軸出力600（PS）は次式で示される：
　600（PS）＝2πN×13／（75kg・m×60sec）
この式から
　N（rpm）＝600（PS）×75（(kg・m)×60（sec）／{2π×13（kg・m）}
　　　　　＝33,072（rpm）
したがって、(3)が最も近い値となる。

問0277 **(2)**
『[7] タービン・エンジン』5-1-3「推力と馬力の計算例」
(2)：○
飛行相当軸馬力の場合の排気ジェットによる相当軸馬力は、プロペラの影響を除くため真の航空機速度においてエンジンが行う仕事量を求めなければならない。したがって、飛行速度をプロペラ効率で割った真の飛行速度を使って算出する。
飛行相当軸馬力は次式によって得られる。
FESHP
　＝SHP$_{PROP}$＋{（スラスト×飛行速度）／（550×プロペラ効率）}
　＝400　　＋{（200×270×5,280）／（550×0.6×60×60）}
　＝641.6HP
したがって、(2)640が最も近い値となる。

問0278 **(3)**
『[7] タービン・エンジン』5-1-3「推力と馬力の計算例」
(3)：○
飛行速度が"0"の場合の静止相当軸馬力では、排気ジェットによる有効推進仕事が"0"となって
計算できないことから、英国馬力では1HP＝推力2.6lbと定められている。
これを使って計算すると、
SESHP＝SHP$_{PROP}$＋Fn／2.6＝680＋185／2.6＝751HP
となり、最も近い値は(3)755となる。

問0279 **(1)**
『[7] タービン・エンジン』5-1-3「推力と馬力の計算例」
(1)：○
相当燃料消費率は燃料消費量を相当軸馬力で割ったものに相当し、次式で得られる。

相当燃料消費率＝燃料消費量／相当軸馬力＝400／680＝0.59

相当燃料消費率は0.59となるため、「小数点第一位」は選択肢(1)の5となる。

問0280 **(2)**
『[7] タービン・エンジン』5-1-3「推力と馬力の計算例」
(2)：○
6,000rpmで回転し、トルクが55kg・mのときの出力軸の仕事量は、
出力軸の仕事量＝2π×6,000rpm×55kg・mとなり、回転数rpmは毎分当りであるため、これを1分間当りの馬力の単位75kg・m×60minで割ると、
　軸出力＝（2π×6,000rpm×55kg・m）／（75kg・m×60min）＝460.5PS
したがって、最も近い数値は(2)460となる。
（注意）
回転数は分当り、馬力の単位は秒当りであるため、単位に注意のこと。

問0281 **(2)**
『[7] タービン・エンジン』5-1-3「推力と馬力の計算例」
(2)：○
タービン・エンジンの軸出力は、タービン・エンジンの仕事量を馬力当たりの単位量で割ることによって得られる。
エンジン回転数33,000rpm、パワー・タービン軸トルクはin・lbで示されているのでft・lbに換算すると
90ft・lbとなり、出力軸の仕事量は、以下となる。
　出力軸の仕事量＝2π×33,000rpm×90ft・lb
これを1分間当りの馬力の単位　550ft・lb×60secで割ると、
軸出力＝2π×33,000rpm×90ft・lb／（550ft・lb×60sec）
　　　　＝565.2HPとなり、(2)560が最も近い値となる。

発動機

問題番号	解　答

問0282 (3)　　　『[7] タービン・エンジン』5-1-1「出力と馬力」
(3)：○
ターボシャフト・エンジンの仕事量は、2π×33,000（rpm）×13（kg・m）
1分間あたりの馬力の単位量は、75（kg・m）×60（sec）となることから、軸馬力は次式で求められる：
軸馬力＝2πN（rpm）×T（ft・lb）÷（75（kg・m）×60（sec））
　　　　＝2π×33,000（rpm）×13（kg・m）÷（75（kg・m）×60（sec））＝599PS
　　N：回転数（rpm）、T：トルク（kg・m）
問題はKWでの軸出力を求めており、メートル法では1馬力（PS）は0.736KWであるため、
軸出力＝599（PS）×0.736（KW）＝440.643（KW）≒440（KW）
したがって、(3)440が最も近い値となる。

問0283 (3)　　　『[7] タービン・エンジン』5-1-3「推力と馬力の計算例」
(3)：○
タービン・エンジンの軸出力は、タービン・エンジンの仕事量を馬力当たりの単位量で割ることによって得られる。
エンジン回転数35,750rpm、パワー・タービン軸トルクはin・lbで示されているのでft・lbに換算すると
1,320／12ft・lbとなり、出力軸の仕事量は、以下となる。
　　出力軸の仕事＝2π×33,000rpm×（1,320／12）ft・lb
回転数rpmは毎分あたりなので、これを1分間当りの馬力の単位550ft・lb×60secで割ると、
　　軸出力＝2π×35,750rpm×（1,320／12）ft・lb／（550ft・lb×60sec）＝748.3HP
となり、(3)750が最も近い値となる。

問0284 (2)　　　『[7] タービン・エンジン』5-1-3「推力と馬力の計算例」
(2)：○
ターボシャフト・エンジンの仕事量は、
　　　　2π×33,000（rpm）×13（kg・m）
1分間あたりの馬力の単位量は、75（kg・m）×60（sec）となることから、
軸馬力は次式で求められる：
　　N：回転数（rpm）、T：トルク（kg・m）
軸馬力＝2πNT／（75kg・m×60sec）
　　　＝2π×33,000rpm×13kg・m／（75kg・m×60sec）
　　　＝598.7
したがって、最も近い値は(2)600となる。

問0285 (5)　　　『[7] タービン・エンジン』5-1-3「推力と馬力の計算例」
(5)：○
32,000rpmで回転し、トルクが14kg・mのときの出力軸の仕事量は、
　　　　出力軸の仕事量＝2π×32,000rpm×14kg・mとなるため、
これを1分間当りの馬力の単位75kg・m×60minで割ると、
軸出力＝2π×32,000rpm×14kg・m／（75kg・m×60min）＝625.2PS
よって最も近い数字は(5)の625である。
（注意）
回転数は分当り、馬力の単位は秒当りであるため、単位に注意のこと。

問0286 (2)　　　『[7] タービン・エンジン』5-1-3「推力と馬力の計算例」
(2)：○
回転数をN（rpm）とするとターボシャフト・エンジンの仕事量は、2π×N（rpm）×15kg・mとなり、
軸出力はこれを1分間あたりの馬力の単位量75kg・m×60secで割って得られることから、
軸出力500PSは次式で示される。
　　500PS＝2πN×15／（75kg・m×60sec）
この式から
　　N（rpm）＝ 500PS×（75kg・m×60sec）／（2π×15kg・m）
　　　　　　＝ 23,885rpm
したがって、(2)24,000回転が最も近い値となる。

問0287 (4)　　　『[7] タービン・エンジン』5-1-3「推力と馬力の計算例」
(4)：○
回転数をN（rpm）とするとターボシャフト・エンジンの仕事量は、
2π×N（rpm）×15kg・mとなり、
軸出力は1分間あたりの馬力の単位量75kg・m×60secで割って得られることから、
軸出力785PSは次式で示される：
　　785PS＝2πN×15／（75kg・m×60sec）
この式から
　　N（rpm）＝（785PS×75kg・m×60sec）／（2π×15kg・m）
　　　　　　＝ 37,500rpm
したがって、(4)が最も近い値となる。

問題番号	解　答

問0288 (2)　　　『[7] タービン・エンジン』5-1-3「推力と馬力の計算例」
(2)：○
タービン・エンジンの軸出力は、タービン・エンジンの仕事量を馬力当たりの単位量で割ることによって得られる。
エンジン回転数33,000rpm、パワー・タービン軸トルクは90ft・lbであることから、出力軸の仕事量は、
　出力軸の仕事量＝2π×33,000rpm×90ft・lb
これを1分間当たりの馬力の単位　550ft・lb× 60secで割ると、
軸出力＝2π×33,000rpm×90ft・lb／（550ft・lb×60sec）
　　　＝565.2HP
したがって、(2)560が最も近い値となる。

問0289 (4)　　　『[7] タービン・エンジン』5-1-3「推力と馬力の計算例」
(4)：○
回転数をN（rpm）とするとターボシャフト・エンジンの仕事量は、
2π×N（rpm）×15（kg・m）となり、軸出力は1分間あたりの馬力の単位量
75（kg・m）×60（sec）で割って得られることから、軸出力785（PS）は次式で示される：
　785（PS）＝2πN×15／（75kg・m×60sec）
この式から
　N（rpm）＝785（PS）× 5（（kg・m）×60（sec）／ {2π×15（kg・m）}
　　　　　＝37,500（rpm）
したがって、(4)が最も近い値となる。

問0290 (1)　　　『[7] タービン・エンジン』5-1-1「出力と馬力」
(1)：○
ターボシャフト・エンジンの仕事量は、2π×33,000（rpm）×13（kg・m）
1分間あたりの馬力の単位量は、75（kg・m）×60（sec）となることから、軸馬力は次式で求められる：
軸馬力＝2πN（rpm）×T（ft・lb）÷（75（kg・m）×60（sec））
　　　＝2π×33,000（rpm）×13（kg・m）÷（75（kg・m）×60（sec））
　　　＝599ps
　　N：回転数（rpm）、T：トルク（kg・m）
したがって、(1)600が最も近い値となる。

問0291 (4)　　　『[7] タービン・エンジン』5-1-1「出力と馬力」
(4)：○
この問題はトルク（N・m）を求める問題である。
エンジンが1回転したときの仕事率は、トルク値を半径とした円周として求められる。
　1回転したときの仕事率＝2π×T N・mとなるため、
6,000rpmしたときの仕事率は回転数を毎秒当りに換算して
　仕事率 ＝（6,000／60）×2π×T N・m＝471×1,000wとなり、
　T N・m＝ 471,000／2π×（6,000／60）＝750N・m
したがって、(4)750が最も近い値となる。

問0292 (2)　　　『[7] タービン・エンジン』5-1-3「推力と馬力の計算例」
(2)：○
回転数をN（rpm）とするとターボシャフト・エンジンの仕事量は、
2π×N（rpm）×15kg・mとなり、
軸出力は1分間あたりの馬力の単位量75kg・m×60secで割って得られることから、
軸出力500PSは次式で示される：
　　500PS ＝2πN×15／（75kg・m×60sec）
この式から
　N（rpm）＝（500PS×75kg・m×60sec）／（2π×15kg・m）
　　　　　＝23,855rpm
したがって、千の位は3となり、(2)3が答えになる。

問0293 (3)　　　『[7] タービン・エンジン』5-1-1「出力と馬力」
(3)：○
この問題は仕事率（kg・m/s）を求める問題である。
エンジンが1回転したときの仕事率は、トルク値を半径とした円周として求められる。
　1回転したときの仕事率＝2π×14kg・mとなるため、
32,000rpmしたときの仕事率は回転数を毎秒当りに換算して
　仕事率＝（32,000／60）×2π×14kg・m＝46,888kg・m/s
となり、仕事率の「千の位」は6となるため選択肢は(3)の6となる。

問0294 (1)　　　『[7] タービン・エンジン』5-1-3「推力と馬力の計算例」
(1)：○
回転数をN（rpm）とするとターボシャフト・エンジンの仕事量は、
2π×N（rpm）×20（kg・m）となり、軸出力は1分間あたりの馬力の単位量
75（kg・m）×60（sec）で割って得られることから、軸出力600（PS）は次式で示される：
　　600（PS）＝2πN×20／（75kg・m×60sec）
この式から
　N（rpm）＝ 600（PS）×75（（kg・m）×60（sec）／ {2π×20（kg・m）}
　　　　　＝ 21,497（rpm）
したがって、1分間当たりの回転数は21,497（rpm）の「千の位」は1となり、(1)が最も近い値となる。

発
動
機

問題番号	解　答

問0295　(2)

『[7] タービン・エンジン』5-1-2「エンジン性能を表すパラメータ」

(2)○：

ターボシャフト・エンジンの燃料消費率は、単位軸馬力につき1時間当たりの燃料重量消費量を言い、1時間当たりの燃料重量流量を軸馬力で割ったもので、次式で表される。

これに与えられた数値のうち該当する軸馬力と1時間当たりの燃料消費量を代入して、

SFC＝1時間当たりの燃料重量流量（lb/hr）／軸馬力（SHP）

＝400／680＝0.588

したがって、(2)0.59が最も近い値となる。

問0296　(3)

『[7] タービン・エンジン』5-1-3「推力と馬力の計算例」

(3)：○

正味推力（Fn：lb）は、次式で表される。

$Fn = Wa／g×（Vj－Va）$

Wa：空気流量（lb/sec）、Vj：排気ガス速度(ft/sec)、Va：飛行速度(ft/sec)

g：重力加速度（ft/sec²）

正味推力の式に与えられた数値を代入すると、

正味推力（Fn）＝（190／32.2）×（1,640－832 ）

＝ 4,767（lb）

計算に必要な数値は与えられているため、計算上飛行高度の数値は使用しない。

この結果から、答えは(3)の4,800lbが最も近い数値となる。

問0297　(1)

『[7] タービン・エンジン』5-1-3「推力と馬力の計算例」

(1)：○

推力馬力はエンジンが行う仕事量を1馬力の値で割ったものであり、単位をkg・m、毎時当たりに揃えると、エンジンが行う仕事量は21,000（kg）×900×1,000（m/hr）となるので、これを次式のように1時間当たりの1馬力の単位量（75 × 60 × 60kg・m/hr）で割ることにより、推力馬力が得られる。

推力馬力 ＝ 21,000(kg)×900×1,000(m/hr)／(75 × 60 × 60kg・m/hr)＝70,000ps

したがって、(1)70,000が最も近い値である。

問0298　(2)

『[7] タービン・エンジン』5-1-3「推力と馬力の計算例」

(2)：○

チョークド・ノズルを使用していない場合は排気ガスの速度のみがスラストを創ることから、総スラストは次式で得られる。

総スラスト ＝（吸入空気流量／重力加速度）×排気速度

上式に、与えられた数値を代入すると静止推力は、

Fn＝{700（lb/sec）／32.2（ft/sec²）}×2,000（ft/sec）

＝ 43,478.2（lb）

したがって、(2)43,500が最も近い値となる。

問0299　(2)

『[7] タービン・エンジン』5-1-3「推力と馬力の計算例」

(2)：○

チョークド・ノズルを使用していない場合は排気ガスの速度のみによりスラストが創られることから、総スラストは次式で得られる。

総スラスト ＝（吸入空気流量/重力加速度）×排気速度

上式に、与えられた数値を代入すると静止推力は、

Fn ＝ {724.5（lb/sec）／32.2（ft/sec²）}×1,960.0（ft/sec）

＝ 44,100（lb）

したがって、(2)44,100が最も近い値となる。

問0300　(4)

『[7] タービン・エンジン』5-1-3「推力と馬力の計算例」

(4)：○

・ヤード・ポンド法での推力馬力（THP）は次式で示される。

THP＝（Fn×Va）／550（hp）　　　　Fn：推力（lb）、Va：飛行速度

ここで、推力（Fn）は、

Fn＝（Wa／g）×（Vj－Va）＝（193.2／32.2）×（1,650－825）＝4,950（lb）

となるため、スラスト馬力（THP）は、

THP＝（4,950×825）／550＝7,425（HP）

したがって、推力馬力（THP）7,425（HP）の「千の位」は(4)の7が該当する。

問0301　(3)

『[7] タービン・エンジン』5-1-3「推力と馬力の計算例」

(3)：○

チョークド・ノズルを装備していない場合の正味推力（Fn：lb）は、次式で表される。

Fn＝Wa／g×（Vj－Va）

・g：重力加速度（ft/sec²）、Wa：空気流量（lb/sec）、Vj：排気ガス速度（ft/sec）

Va：巡航速度（ft/sec）

正味推力の式に与えられた数値を代入すると、

正味推力（Fn）＝（30／32.2）×（1,500－807）＝644.5（lb）

計算に必要な数値は与えられているため、計算上飛行高度の数値は使用しない。

したがって、答えは(3)の650lbが最も近い値となる。

問題番号	解　答

問0302 (5)　　　　　『[7] タービン・エンジン』5-1-3「推力と馬力の計算例」

(5)：○

チョークド・ノズルを使用している場合は大気圧より高い圧力の排気が排出されるため、正味推力は反動推力と圧力推力の和となり、次式で表わされる。

Fn＝Wa／g×（Vj－Va）＋Aj（Pj－Pam）

・g：重力加速度（ft/sec^2）、Wa：空気流量（lb/sec）、Vj：排気ガス速度（ft/sec）、
　Pj：排気ノズルにおける圧力、Pam：大気圧、Aj：排気ノズル面積

上記の式に与えられた数値を代入すると、

正味推力（Fn）＝{（30／32.2）×（1,500－807）}＋50（11.5－5.5）
　　　　　　　　＝944.5（lb）

したがって、(5)の950（lb）が最も近い値となる。

問0303 (2)　　　　　『[7] タービン・エンジン』5-1-3「推力と馬力の計算例」

(2)：○

チョークド・ノズルを使用していない場合は排気速度によってのみ推力が得られ、正味推力（Fn：kg）は、次式で表される。

Fn ＝Wa／g×（Vj－Va）

・g：重力加速度（9.8kg/sec^2）、Wa：空気流量(kg/sec)、Vj：排気ガス速度(m/sec)、
　Va：巡航速度（m/sec)

正味推力の式に与えられた数値を代入すると、

正味推力（Fn）＝（15／9.8）×（470－225）＝374.99（kg）

計算に必要な数値は与えられているため、計算上飛行高度の数値は使用しない。

したがって、答えは(2)の375kgが最も近い数値となる。

問0304 (4)　　　　　『[7] タービン・エンジン』5-1-3「推力と馬力の計算例」

(4)：○

ファン排気孔と一次空気排気孔が分離しているターボファン・エンジンの正味スラストは、ガス・ジェネレータを通過する一次空気による正味スラストと、ファンを通過するファン空気流による正味スラストの和で表され、これに与えられた数値を代入すると以下のようになる。ただし静止推力の場合は機速は0である。

Fn ＝161／g×（1,700－0）＋170／g×（1,127－0）
　　＝14,450

したがって、最も近い値は(4)14,500である。

（補足）

g：重力加速度9.8m/sec^{2}または32.2ft/sec^2

問0305 (2)　　　　　『[7] タービン・エンジン』5-1-2-b「比推力」

(2)：○

比推力はエンジンに吸入される単位空気流量（毎秒1lbまたは1kg）当たりに得られる正味推力と定義されており、正味推力をエンジン空気流量で割った値となる。

正味推力　＝1,476／32.2×985＋292／32.2×1,232＝56,323
エンジン空気流量　＝1,476＋292＝1,768
　　　　比推力　＝正味推力／エンジン空気流量＝56,323／1,768＝32

したがって、選択肢(2)32が最も近い値となる。

問0306 (4)　　　　　『[7] タービン・エンジン』5-1-3「推力と馬力の計算例」

(4)：○

ファン排気孔と一次空気排気孔が分離しているターボファン・エンジンの静止推力は、ガス・ジェネレータを通過する一次空気による静止推力と、ファンを通過するファン空気流による静止推力の和で表され、これに与えられた数値を代入すると以下のようになる。ただし静止推力の場合は機速は0である。

ファン空気流量は1,288lb/secであり、バイパス比が4.6であるため、

コア空気流量＝1,288／4.6＝280lb/sec
　　Fn ＝1,288／32.2×（900－0）＋280／32.2×（1,449－0）
　　　　＝48,600lb

したがって、最も近い値は(4)48,600 である。

問0307 (4)　　　　　『[7] タービン・エンジン』5-1-2-b「比推力」

(4)：○

比推力はエンジンに吸入される単位空気流量（毎秒1lbまたは1kg）当たりに得られる正味推力と定義されるため、与えられた正味推力を総吸入空気流量で割ることによって得られる。

被推力＝正味推力／総吸入空気流量＝945／30＝31.5

したがって、選択肢(4)32が最も近い値となる。

問0308 (4)　　　　　『[7] タービン・エンジン』5-1-3「推力と馬力の計算例」

(4)：○

ファン排気孔と一次空気排気孔が分離しているターボファン・エンジンの静止推力は、ガス・ジェネレータを通過する一次空気による静止推力と、ファンを通過するファン空気流による静止推力の和で表され、これに与えられた数値を代入すると以下のようになる。ただし静止推力の場合は機速は0である。

ファン空気流量は1,288lb／secであり、バイパス比が4.6であるため、

コア空気流量＝1,288／4.6＝280lb／sec
　　Fn ＝1,288／32.2×（900－0）＋280／32.2×（1,449－0）
　　　　＝48,600lb

したがって、エンジンの静止推力は48,600lbとなるため、この「千の位」は(4)8となる。

発
動
機

問題番号	解　答

問0309 (2)　　　『[7] タービン・エンジン』5-1-1「出力と馬力」
(C)(D)：○
(C)：スラスト馬力は、航空機の推進に必要な仕事量を軸馬力に換算したもので、ジェット・エンジンの推力を軸馬力に換算したものである。
(D)：ターボプロップ・エンジンの静止相当軸馬力は、プロペラに供給される軸馬力と正味ジェット・スラストを軸馬力に換算した推力との合計であるが、静止状態では飛行速度が0であるため推力馬力が算出できないため、排気ジェットによる正味推力を1軸馬力に相当する係数を使って換算し軸出力に加算したものである。
(A)×：「メートル法重力単位」でエンジン出力を馬力で表わす場合は仏馬力が使用され、PSで表示される。
(B)×：「ヤード・ポンド法重力単位」でエンジン出力を馬力で表す場合は英国馬力が使用されHPで表示される。

問0310 (4)　　　『[7] タービン・エンジン』5-2「推力・軸出力設定のパラメータ」
(4)○：TATは外気温度＋ラム・ライズを示しており、エンジンが吸入する空気流の温度も外気温度＋ラム・ライズとなるため。
(1)×：湿度とTATは直接の関係はない。
(2)×：推進効率は飛行速度と排気速度に関係し、TATとの関係はない。
(3)×：レイノルズ数による影響は飛行高度による気圧と外気温度の変化による影響で、TATとの直接の関係はない。

問0311 (4)　　　『[7] タービン・エンジン』5-1-1「出力と馬力」
(A)(B)(C)(D)：○
(A)：推力燃料消費率＝1時間当たりの燃料消費量／正味推力であることから
　　　　　正味推力＝1時間当たりの燃料消費量／推力燃料消費率
(B)：比推力＝正味推力／総吸入空気流量であることから正味推力＝比推力×総吸入空気流量
(C)：推力重量比＝正味推力／エンジン重量であることから正味推力＝推力重量比×エンジン重量
(D)：総推力からラム抗力を引くと、総吸入空気流量／重力加速度×（排気ガス速度－飛行速度）＝正味推力となる。

問0312 (3)　　　『[7] タービン・エンジン』5-1-1「出力と馬力」
(A)(B)(C)：○
(D)×：軸出力と回転力が単位時間当たりの仕事である。

問0313 (3)　　　『[7] タービン・エンジン』5-1-2「エンジン性能を表すパラメータ」
(3)：○
推力重量比はエンジンの単位重量当たりの発生スラストをいい、次式で表わされる。
　　　　推力重量比＝正味推力／エンジン重量
この式に与えられた数値を代入すると、
　　　　推力重量比＝正味推力／エンジン重量＝1,960／460＝4.26
したがって、(3)4.26と一致する。
（注意）
エンジン重量はエンジンから燃料、潤滑油、作動油などの液体の重量を除外したドライ・ウエイトの値を使用する。

問0314 (4)　　　『[6] プロペラ』4-1-1「プロペラ・ガバナ」
(A)(B)(C)(D)：○
(A)：各飛行状態においてプロペラ回転速度を一定に保つため、プロペラの羽根角を自動的に調整する定速制御装置である。
(B)：油圧式は、カウンタ・ウエイトまたはスプリングを併用して油圧ラインが1本の単動型と、往復の2本を持つ複動型に大別できる。
(C)：ガバナ内にあるフライウエイトは、エンジンが駆動する回転軸によって回転している。
(D)：ガバナ内にある、フライウエイト遠心力とスピーダ・スプリング張力との釣り合いにより、パイロット弁の位置を変化させ油路を変える。

問0315 (2)　　　『[5] ピストン・エンジン』4-4-1-c「回転軸の出力」
(2)：○
2,500rpmで回転し、トルクが75kg・mのときの出力軸の仕事量は、
　　　　出力軸の仕事量＝2π×2,500rpm×75kg・m　となるため、
これを1分間当りの馬力の単位　75kg・m×60min　で割ると、
軸出力＝2π×2,500rpm×75kg・m／（75kg・m×60min）＝261.9PS
したがって、最も近い数値は(2)260である。
（注意）
回転数は分当り、馬力の単位は秒当りであるため、単位に注意のこと。

問題番号		解　答

問0316 (3)　　『[7] タービン・エンジン』5-1-2「エンジン性能を表すパラメータ」
(3)：○
推力重量比はエンジンの単位重量当たりの発生スラストをいい、次式で表わされる。
推力重量比＝正味推力／エンジン重量
この式に与えられた数値を代入すると、
推力重量比＝正味推力／エンジン重量＝1,960／460＝4.26
したがって、推力重量比の「一の位」は4となるため(3)が該当する。
（注意）
エンジン重量はエンジンから燃料、潤滑油、作動油などの液体の重量を除外したドライ・ウエイトの値を使用する。

問0317 (3)　　『[7] タービン・エンジン』5-3「出力に影響を及ぼす外的要因」
(3)○：湿度の影響は湿度の変化による単位体積あたりの空気重量の変化と、これに伴う空燃比の変化による熱量の損失であるが、タービン・エンジンは多量の空気中で連続燃焼するため適正な空燃比に必要な空気量の不足は冷却・希釈空気により補充され熱量の損失はなく、湿度増加に伴う単位体積あたりの空気重量の減少による影響のみであるため出力の低下は極めて小さい。
（補足）
(1)大気温度：変化すると空気密度が変化し、流入空気流量が変化するため推力は変化する。
(2)大気圧力：変化すると空気密度が変化し、流入空気流量が変化するため推力は変化する。
(4)飛行速度：変化するとラム抗力が変化し、正味推力Fnは変化する。

問0318 (2)　　『[7] タービン・エンジン』5-3-1「大気状態の影響：気温、気圧、湿度」
(2)○：大気圧力が高くなると、空気密度が大きくなるためエンジンの空気流量（Wa）が増加し、コンプレッサ吐出圧力（CDP）が増加して出力は増加する。
(1)×：空気密度が小さくなると、単位体積当たりの空気重量が減り、吸入空気流量は小さくなるためコンプレッサ吐出圧力（CDP）が減少し出力は減少する。
(3)×：大気温度が高くなると空気密度が小さくなり空気流量（Wa）が減るため出力は減少する。
(4)×：大気圧力が低くなると単位体積当たりの空気重量が減少するため吸入空気流量が減少するため霧化の良否にかかわらず出力は減少する。

問0319 (4)　　『[7] タービン・エンジン』5-3「出力に影響を及ぼす外的要因」
(4)○：湿度により出力が変化するのは、水蒸気圧力分だけ単位体積あたりの空気量が影響するためである。
(1)×：大気温度が上昇すると空気密度が減少し単位体積あたりの空気重量は減少する。
(2)×：大気圧力が減少すると空気密度が減少するため単位体積あたりの空気重量は減少する。
(3)×：飛行高度が高くなると気圧の低下による影響が気温の低下による影響よりもはるかに大きい。

問0320 (2)　　『[7] タービン・エンジン』5-3「推力に影響を及ぼす外的要因」
(2)○：気圧が高くなると空気密度が大きくなってエンジンの流入空気量が増えるため出力は増加する。
(1)×：空気密度が小さくなると単位体積当たりの空気重量が減少してエンジンの流入空気量は減少するため推力は減少する。
(3)×：気温が高くなると空気密度が小さくなってエンジンの流入空気量が減少するため出力は減少する。タービン・エンジンにおいては、燃料を完全に燃焼させるために必要な空気量よりも多い空気中で連続運転されており、適正な空燃比に必要な空気流量の不足は冷却用空気で補充されることから霧化の良否による影響はない。
(4)×：気圧が低くなると空気密度が小さくなってエンジンの流入空気量が減少するため出力は減少する。

問0321 (4)　　『[7] タービン・エンジン』5-3「出力に影響を及ぼす外的要因」
(4)○：飛行高度が高くなると空気密度が小さくなって流入空気流量が減少するので出力は減少する。
(1)×：空気密度が増加すると単位体積当たりの空気重量が増加するためエンジンの流入空気量が増加し出力は増加する。
(2)×：大気温度が低下すると空気密度が増加してエンジンの流入空気量が増加するため出力は増加する。
(3)×：大気圧力が増加すると空気密度が増加してエンジンの流入空気量が増加するため出力は増加する。

問0322 (4)　　『[7] タービン・エンジン』5-3「出力に影響を及ぼす外的要因」
(4)○：気温が上昇すると空気密度が減少して流入空気重量が減少するので出力は低下する。
(1)(2)×：タービン・エンジンは、燃料の燃焼に必要な一次空気の他に冷却・希釈空気中で連続燃焼するため霧化の良否による影響は受けない。
(3)×：気圧が低下すると空気密度が減少してエンジンの流入空気量が減少するため出力は減少する。

問0323 (4)　　『[7] タービン・エンジン』5-3「出力に影響を及ぼす外的要因」
(4)×：空気密度が小さくなると単位体積当たりの空気重量が減少するためエンジンの流入空気量が減少し出力は低下する。
(1)○：気温が高くなると空気密度が小さくなってエンジンの流入空気量が減少するため出力は低下する。
(2)○：気圧が高くなると空気密度が高くなってエンジンの流入空気量が増加するため出力は増加する。
(3)○：飛行高度が高くなると空気密度が小さくなって流入空気流量が減少するので出力は低下する。

問0324 (3)　　『[7] タービン・エンジン』5-3「出力に影響を及ぼす外的要因」
(3)×：湿度による影響は水蒸気圧力分による空気量の減少であり出力はわずかに減少するが、その割合は極めて小さい。
(1)○：大気温度が上昇すると空気密度が小さくなってエンジンの流入空気量が減少するため出力は低下する。
(2)○：大気圧力が増加すると空気密度が高くなってエンジンの流入空気量が増加するため出力は増加する。
(4)○：飛行高度が高くなると空気密度が小さくなって流入空気流量が減少するので出力は低下する。

発動機

問題番号	解　答

問0325　(2)
『[7] タービン・エンジン』5-3「出力に影響を及ぼす外的要因」
(2)×：気圧が増加すると空気密度が高くなってエンジンの流入空気量が増加するため出力は大きくなる。
(1)○：気温が低下すると空気密度が大きくなってエンジンの流入空気量が増加するため出力は大きくなる。
(3)○：飛行高度が高くなると空気密度が小さくなって流入空気流量が減少するので出力は低下する。
(4)○：空気密度が減少すると単位体積当たりの空気重量が減少するためエンジンの流入空気量が減少し出力は小さくなる。

問0326　(4)
『[7] タービン・エンジン』5-3「出力に影響を及ぼす外的要因」
(4)×：大気温度が低下すると空気密度が増加して単位体積あたりの空気重量が増えるため吸入空気量が増え出力は大きくなる。
(1)○：飛行高度が高くなると気温の低下により推力が増加し、気圧の低下により推力は減少するが、気圧の低下による影響がはるかに大きいため飛行高度の増加とともに実際の推力は減少する。
(2)○：大気圧力が増加すると空気密度が増加するため同じ回転数では単位体積あたりの空気重量が増え吸入空気量が増え出力は大きくなる。
(3)○：飛行速度が増加するとエンジン出力は機速効果（ラム抗力）で減少するが、ラム効果により吸入空気密度が増して出力は増加するため、実際の出力はある程度までは一旦減少するが、その後ラム効果の影響の方が大きくなって出力は増加する。

問0327　(4)
『[7] タービン・エンジン』5-3「出力に影響を及ぼす外的要因」
(4)×：湿度が増加すると、その水蒸気圧力分だけ単位体積あたりの空気量が減少するため出力はわずかに低下する。
(1)：大気温度が低下すると空気密度が大きくなってエンジンの流入空気量が増加するため出力は大きくなる。
(2)：空気密度が増加すると単位体積当たりの空気重量が増加するためエンジンの流入空気量が増加し出力は増加する。
(3)：大気圧力が増加すると空気密度が高くなってエンジンの流入空気量が増加するため出力は大きくなる。

問0328　(3)
『[7] タービン・エンジン』5-3「出力に影響を及ぼす外的要因」
(3)×：空気密度が増加すると単位体積当たりの空気重量が増加するためエンジンの流入空気量が増加し出力は増加する。
(1)○：大気温度が上昇すると空気密度が減少してエンジンの流入空気量が減少するため出力は減少する。
(2)○：大気圧力が減少すると空気密度が減少してエンジンの流入空気量が減少するため出力は減少する。
(4)○：飛行高度が高くなると空気密度が小さくなって流入空気流量が減少するので出力は減少する。

問0329　(2)
『[7] タービン・エンジン』5-3「出力に影響を及ぼす外的要因」
(A)(D)：○
(A)：気温が低下すると空気密度が大きくなってエンジンの流入空気量が増加するため出力は大きくなる。
(D)：空気密度が減少すると単位体積当たりの空気重量が減少するためエンジンの流入空気量が減少し出力は小さくなる。
(B)×：気圧が増加すると空気密度が高くなってエンジンの流入空気量が増加するため出力は大きくなる。
(C)×：飛行高度が高くなって空気密度が小さくなって流入空気流量が減少するので出力は低下する。

問0330　(3)
『[7] タービン・エンジン』5-3「出力に影響を及ぼす外的要因」
(A)(B)(C)：○
(A)：大気温度が低下すると空気密度が大きくなってエンジンの流入空気量が増加するため出力は大きくなる。
(B)：空気密度が増加すると単位体積当たりの空気重量が増加するためエンジンの流入空気量が増加し出力は増加する。
(C)：大気圧力が増加すると空気密度が高くなってエンジンの流入空気量が増加するため出力は大きくなる。
(D)×：湿度が増加すると、その水蒸気圧力分だけ単位体積あたりの空気量が減少するため出力はわずかに低下する。

問0331　(2)
『[7] タービン・エンジン』5-3「出力に影響を及ぼす外的要因」
(A)(B)：○
(A)：空気密度が増加すると単位体積当たりの空気重量が増加するためエンジンの流入空気量が増加し出力は増加する。
(B)：大気温度が低下すると空気密度が大きくなってエンジンの流入空気量が増加するため出力は大きくなる。
(C)×：大気圧力が増加すると空気密度が高くなってエンジンの流入空気量が増加するため出力は大きくなるが、タービン・エンジンは燃料の燃焼に必要な一次空気の他に冷却・希釈空気中で連続燃焼するため霧化の良否による影響は受けない。
(D)×：湿度が増加すると、その水蒸気圧力分だけ単位体積あたりの空気量が減少するため出力はわずかに低下する。

問題番号		解 答

問0332 (4)　　『[7] タービン・エンジン』5-3「出力に影響を及ぼす外的要因」
(A)(B)(C)(D)：○
(A)：飛行高度が高くなると気温の低下により推力が増加し、気圧の低下により推力は減少するが、気圧の低下による影響がはるかに大きいため飛行高度の増加とともに実際の推力は減少する。
(B)：大気圧が増加すると空気密度が増加するため同じ回転数では単位体積あたりの空気重量が増え吸入空気量が増え出力は大きくなる。
(C)：飛行速度が増加するとエンジン出力は機速効果（ラム抗力）で減少するが、ラム効果により吸入空気密度が増して出力は増加するため、実際の出力はある程度までは一旦減少するが、その後ラム効果の影響の方が大きくなって出力は増加する。
(D)：大気温度が低下すると空気密度が増加して単位体積あたりの空気重量が増えるため吸入空気量が増え出力は大きくなる。

問0333 (3)　　『[7] タービン・エンジン』5-3「出力に影響を及ぼす外的要因」
(A)(C)(D)：○
(B)×：ラム温度が上昇すると空気密度が減少しエンジン出力は減少する。ラム圧の上昇による空気密度の増加はラム温度の上昇による空気密度の減少よりはるかに大きい。

問0334 (2)　　『[7] タービン・エンジン』5-3-4「レイノルズ数効果」
(A)(B)：○
(A)：レイノルズ数が低下すると粘性力が優勢となり、ブレードの抵抗と摩擦損失が増加してコンプレッサ効率が低下する現象をレイノルズ数効果という。
(B)：空気密度は温度と圧力により変化し、粘度は温度でのみ変化する。
(C)×：36,000ft以下では気温の低下が気圧の低下より小さい。
(D)×：36,000ft以上では気温が一定となるが気圧は低下を続ける。

問0335 (5)　　『[7] タービン・エンジン』5-3「出力に影響を及ぼす外的要因」
(5)：無し
(A)×：大気温度が高くなると空気密度が減少するため単位体積あたりの空気重量が減少して出力は減少する。
(B)×：大気圧力が減少すると空気密度が減少するため単位体積あたりの空気重量が減少して出力は減少する。
(C)×：飛行高度が高くなると気圧の低下による影響が気温の低下による影響よりもはるかに大きい。
(D)×：湿度による影響は水蒸気圧力分による空気量の減少であり出力はわずかに減少するが、タービン・エンジンではその割合は極めて小さい。

問0336 (1)　　『[7] タービン・エンジン』5-3「推力に影響を及ぼす外的要因」
(D)○：湿度による影響は水蒸気圧力分による空気量の減少であり出力はわずかに減少するが、その割合は極めて小さい。
(A)×：大気温度が高くなると密度が減少し単位体積当たりの空気重量が減るため出力は減少する。
(B)×：大気圧力が減少すると空気密度が減少するため単位体積あたりの空気重量が減少し吸入空気量が減るため出力は減少する。
(C)×：飛行高度が高くなると気圧の低下による影響が気温の低下による影響よりもはるかに大きい。

問0337 (3)　　『[7] タービン・エンジン』5-3「出力に影響を及ぼす外的要因」
(A)(B)(D)：○
(A)：大気圧力が増加すると空気密度が増加するため単位体積あたりの空気重量が増えて吸入空気量が増え出力は大きくなる。
(B)：大気温度が低くなると空気密度が増加するため単位体積あたりの空気重量が増えて吸入空気量が増え出力は大きくなる。
(D)：湿度による影響は水蒸気圧力分による空気量の減少であり出力はわずかに減少するが、タービン・エンジンではその割合は極めて小さい。
(C)×：飛行高度が高くなると気圧の低下による影響が気温の低下による影響よりもはるかに大きい。

問0338 (3)　　『[7] タービン・エンジン』5-3-1「大気状態の影響：気温、気圧、湿度」
(3)×：タービン・エンジンにおいては燃焼領域の周りに多量の希釈・冷却空気があるため空燃比に必要な空気は補われることから不適切な空燃料比とはならず、単位体積あたりの空気量の減少による影響のみである。
(1)○：湿度が増加すると、その水蒸気圧力分だけ単位体積あたりの空気量が減少するため出力はわずかに低下する。
(2)○：湿度が減少すると、その水蒸気圧力分だけ単位体積あたりの空気量を増加させるため、出力はわずかに増加する。
(4)○：タービン・エンジンにおいては湿度の影響は、水蒸気圧による空気量減少のみであり、空燃比には影響しないためその割合は極めて小さい。

問0339 (1)　　『[7] タービン・エンジン』5-3-1「大気状態の影響：気温、気圧、湿度」
(1)：○
湿度がエンジンの出力に及ぼす影響は次の二つの要因によるものである。
・湿度の増加に伴う単位体積あたりの空気重量の減少。
・空気量の減少に伴う空燃比の過濃状態による熱エネルギの損失。
タービン・エンジンの湿度による影響は水蒸気圧力分による空気量の減少のみであり、多量の空気中で燃焼するため不適切な空燃比による熱量の損失はなく、出力はわずかに減少するがその割合は極めて小さい。

発動機

問題番号	解　答

問0340 (5)　　　『[7] タービン・エンジン』5-3-1「大気状態の影響：気温、気圧、湿度」
(5)：無し
(A)×：湿度が増加すると、その水蒸気圧力分だけ単位体積あたりの空気量が減少するため出力はわずかに低下する。
(B)×：湿度が増加すると、水蒸気圧力分だけによる空気量の減少はわずかであるため出力はわずかに減少する。
(C)×：湿度が減少すると、減少した水蒸気圧力分だけ単位体積あたりの空気量を増加するため、出力はわずかに増加する。
(D)×：タービン・エンジンにおいては湿度の影響は、水蒸気圧による空気量減少のみであり、空燃比には影響しないためその割合は極めて小さい。

問0341 (3)　　　『[7] タービン・エンジン』5-3「出力に影響を及ぼす外的要因」
(3)○：飛行速度の増加に伴いラム圧の上昇により流入空気量が増加して推力は増加し、ラム温度の上昇により推力が減少するが、ラム圧の影響の方がはるかに大きく、この変化を合成したものがラム効果と呼ばれ推力は増加する。
(1)×：飛行速度が増加すると、ラム圧が上昇するのに伴ってラム温度が上昇する。
(2)×：飛行速度の増加に伴う空気密度の変化では、ラム温度よりラム圧による影響の方がはるかに大きい。
(4)×：正味スラストはラム抗力の影響により飛行速度の増加に伴い減少するが、飛行速度が増加するとラム効果により正味推力は増加するため、実際の正味スラストはある飛行速度までは一時的に減少するが、更に飛行速度が増加するとラム効果が勝り正味推力は増加する。

問0342 (1)　　　『[7] タービン・エンジン』5-3「出力に影響を及ぼす外的要因」
(C)○：飛行速度の増加に伴いラム圧の上昇により流入空気量が増加して推力は増加し、ラム温度の上昇推力が減少するが、ラム圧の影響の方がはるかに大きく、この変化を合成したものがラム効果と呼ばれ推力は増加する。
(A)×：飛行速度が増加すると、ラム圧が上昇するのに伴って圧縮温度であるラム温度が上昇する。
(B)×：飛行速度の増加に伴う空気密度の変化では、ラム温度よりラム圧による影響の方がはるかに大きい。
(D)×：正味スラストはラム抗力の影響により飛行速度の増加に伴い減少するが、飛行速度が増加するとラム効果により正味推力は増加するため、実際の正味スラストはある飛行速度までは一時的に減少するが、更に飛行速度が増加するとラム効果が勝り正味推力は増加する。

問0343 (3)　　　『[7] タービン・エンジン』5-3-1「大気状態の影響：気温、気圧、温度」
(A)(C)(D)：○
(A)：気温が低い方が空気密度が増加するため、一定回転数では吸入空気流量が大きくなり、冬季の方がエンジン出力は大きくなる。
(C)：湿度があるとその水蒸気圧の分だけ空気量を減少させるため、湿度が低い方が空気量が増えてエンジン出力は大きくなる。
(D)：風に正対する場合はある程度のラム圧が発生するが、背風の場合は負圧となりエンジンが吸入する空気量が少なくなるためエンジン出力は小さくなり、風速が強いほどこれが顕著になるため、風向風速はエンジン出力に影響する。
(B)×：松本空港は高度が高いため気圧は低く、気圧が低いと空気密度が減少するため一定回転数では吸入空気流量が減少してエンジン出力は小さくなるためエンジン出力は小さくなる。

問0344 (4)　　　『[7] タービン・エンジン』5-3「出力に影響を及ぼす外的要因」
(4)○：エンジンの推力は吸入する空気量により大きく影響されるが、空気量は空気密度により大きく影響されるため、密度高度が最も適している。

問0345 (3)　　　『[7] タービン・エンジン』5-3「出力に影響を及ぼす外的要因」
(3)：○
・飛行速度が増加するとラム効果により吸入空気圧力が増大して吸入空気密度が大きくなり流入空気量が増えるため、飛行速度の増加に伴ってスラストは図の曲線（ア）のように増大する。
・飛行速度が増加すると飛行速度の影響によりラム抗力が増加して正味スラストは機速の増加に伴って図の曲線（ウ）のように減少する。
・実際のスラストはこれらの影響が合成されて曲線（イ）のように推力は一時的に減少するが、機速の増加に伴ってラム効果の影響が優るため推力は増加する。

問0346 (2)　　　『[7] タービン・エンジン』5-4-1「タービン・エンジンの効率・向上策」
(2)○：総合効率は、供給燃料エネルギが推進仕事に有効に使われた比を表すもの、すなわち熱効率と推進効率の積であり、次式で表わせられる。
　　　総合効率＝熱効率×推進効率
　　　　　　　＝有効推進仕事／供給燃料エネルギとなる。
(1)×：有効推進仕事／エンジン出力エネルギは、推進効率である。
(3)×：エンジン出力エネルギ／供給燃料エネルギは、熱効率である。
(4)×：エンジン出力エネルギ／有効推進仕事は推進効率の逆数である。

問題番号		解　答

問0347　(1)　　　　『[7] タービン・エンジン』5-4-2「エンジン効率の計算例」
(1)：〇
総合効率　＝　有効推進仕事／供給燃料エネルギ
　　　　　＝（正味推力×飛行速度）／（供給燃料仕事当量）
　　　　　＝（正味推力×飛行速度）／（燃料流量×低発熱量×熱の仕事当量）
これに与えられた数値を代入すると、
総合効率　＝（11,000lb×561mph×5,280ft）／（5,600lb×18,780Btu/lb×778ft・lb/Btu）
　　　　　＝0.398
すなわち39.8％となり、(1)40が最も近い値となる。

問0348　(3)　　　　『[7] タービン・エンジン』5-4-1「タービン・エンジンの効率・向上策」
(3)〇：推進効率は、エンジン出力エネルギに対する有効推進仕事の比で、
　　　　推進効率＝有効推進仕事／エンジン出力エネルギ
(1)×：これは総合効率である。
(2)×：これは熱効率である。
(4)×：これは推進効率の逆数である。

問0349　(3)　　　　『[7] タービン・エンジン』5-4-1「ガスタービンの効率・向上策」
(3)：〇
推進効率は、排気ガス速度と飛行速度が近いほど高くなり、ターボプロップ・エンジンはプロペラの特性により、巡航速度が毎時約375マイル（マッハ約0.5）付近で最高の推進効率となる。

問0350　(3)　　　　『[7] タービン・エンジン』5-4-1「ガスタービンの効率・向上策」
(3)：〇
マッハ2〜3の領域で推進効率が最大となるエンジンは、最も速度の速いエンジンとなることから、ターボジェット・エンジンである。

問0351　(1)　　　　『[7] タービン・エンジン』5-4-1「ガスタービンの効率・向上策」
(C)：〇
(C)：ターボプロップ・エンジンはプロペラの特性により、巡航速度が毎時約375マイル（マッハ約0.5）付
　　　近で推進効率が約80％となり最高となる。
(A)×：推進効率は有効推進仕事をエンジン出力エネルギで割ったものである。
(B)×：推進効率はプロペラ後流と機体速度の比較として推進効率＝2×飛行速度/（飛行速度＋プロペラ後
　　　流）として表すことが出来る。
(D)×：推進効率は排気ガス速度と飛行速度が近いほど高くなるが、マッハ数が約0.5付近では高バイパス比
　　　ターボファン・エンジンの排気速度がプロペラ後流速度より速いため排気ガス速度と飛行速度の差が
　　　大きくなり、ターボプロップ・エンジンの方が推進効率は良い。

問0352　(4)　　　　『[7] タービン・エンジン』5-4-1「ガスタービンの効率・向上策」
(A)(B)(C)(D)：〇
(A)：推進効率は有効推進仕事をエンジン出力エネルギで割ったものである。
(B)：推進効率はプロペラ後流と機体速度の比較として推進効率＝2×飛行速度/（飛行速度＋プロペラ後流）
　　　として表すことが出来る。
(C)：ターボプロップ・エンジンはプロペラの特性により、巡航速度が毎時約375マイル（マッハ約0.5）付
　　　近で推進効率が約80％となり最高となる。
(D)：推進効率は排気ガス速度と飛行速度が近いほど高くなるが、マッハ数が約0.5付近では高バイパス比
　　　ターボファン・エンジンの排気速度がプロペラ後流速度より速いため排気ガス速度と飛行速度の差が大
　　　きくなり、ターボプロップ・エンジンの方が推進効率は良い。

問0353　(4)　　　　『[7] タービン・エンジン』5-4-1「ガスタービンの効率・向上策」
(4)〇：推進効率は、排気ガス速度と飛行速度が近くなるほど高くなり、排気速度の遅いものから順に飛行速
　　　度が増加する。
(ア)：ターボプロップ・エンジンはプロペラの特性により、巡航速度が毎時約375マイル（マッハ約0.5）
　　　付近で最高の推進効率となる。
(イ)：ターボジェット・エンジンは、排気ガス速度が極めて高速であるため、超音速（マッハ1.2〜3）で
　　　は高い推進効率となるが、亜音速領域では推進効率は悪い。
(ウ)(エ)：ターボファン・エンジンは排気ガス速度が比較的遅いため高亜音速での推進効率が優れてお
　　　り、高バイパス比エンジンではマッハ0.8〜0.9領域で、低バイパス比ターボファン・エンジ
　　　ンではマッハ1.0前後の領域における推進効率が高くなる。

問0354　(2)　　　　『[7] タービン・エンジン』5-4-1「タービン・エンジンの効率・向上策」
(2)〇：熱効率はエンジン出力エネルギと供給燃料エネルギとの比で、熱効率＝エンジン出力エネルギ／供給
　　　燃料エネルギとなる。
(1)×：推進効率の式を示めす。
(3)×：総合効率の式を占めす。
(4)×：推進効率の逆数の式を表している。

問0355　(3)　　　　『[7] タービン・エンジン』5-4-1「タービン・エンジンの効率・向上策」
(3)〇：有効推進仕事と後流に捨て去ったエネルギの和はエンジン出力エネルギに相当するため、「エンジン
　　　出力エネルギ／供給燃料エネルギ」となって熱効率の式となる。
(1)×：この式は推進効率の式である。
(2)×：この式は総合効率の式である。
(4)×：この式は推進効率の式の逆数である。

発動機

— 151 —

問題番号	解答

問0356 (1)

『[7] タービン・エンジン』5-4-1「タービン・エンジンの効率・向上策」
(1)○：有効推進仕事と後流に捨て去ったエネルギの和はエンジン出力エネルギに相当するため、「エンジン出力エネルギ／供給燃料エネルギ」となって熱効率の式となる。
(2)×：この式は「有効推進仕事／エンジン出力エネルギ」に相当するため推進効率の式である。
(3)×：「有効推進仕事／エンジン出力エネルギ」は推進効率の式であり、「エンジン出力エネルギ／供給燃料エネルギ」は熱効率の式で、この両者の積は総合効率となる。
(4)×：有効推進仕事と後流に捨て去ったエネルギの和はエンジン出力エネルギに相当するため「エンジン出力エネルギ／有効推進仕事」となり、推進効率の式の逆数になる。

問0357 (4)

『[7] タービン・エンジン』5-4-1「タービン・エンジンの効率・向上策」
(4)×：コンプレッサの圧力比を高くすると熱効率は向上することから、コンプレッサ圧力比に関係する。
(1)○：熱効率は出力に対する燃料流量計の指示から供給燃料エネルギを計算して出すことができる。
(2)○：熱効率は機体では直接測定する方法はない。
(3)○：熱効率は供給燃料エネルギに対するエンジン出力エネルギの比である。

問0358 (1)

『[7] タービン・エンジン』5-4-1「タービン・エンジンの効率・向上策」
(1)×：排気ノズルでの排気速度を減少させても熱効率は向上しない。
(2)○：熱効率を向上させる最も基本的な方法は、エンジンの各構成要素の効率（特に圧縮機とタービン）を向上させ、エンジン内部損失を減少させることである。
(3)○：コンプレッサの圧力比を高くすることにより理論熱効率を向上することができるが、タービン入口温度によって熱効率のピーク位置が変わるので、タービン入口温度に応じた最適圧力比にすることが必要。
(4)：ラム効果によって吸入空気の温度および圧力が増大するため熱効率が向上する。

問0359 (2)

『[7] タービン・エンジン』5-4-2「エンジン効率の計算例」
(2)：○

熱効率＝ エンジン出力エネルギ／供給燃料エネルギ
　　　＝ エンジン軸馬力／供給燃料相当軸馬力
供給燃料相当軸馬力＝（燃料流量×低発熱量×熱の仕事当量）／（550ft・lb/sec×60×60）
　　　　　　　　　＝（300lb/hr×18,730Btu/lb×778ft・lb/Btu）／（550ft・lb/sec×60×60）
　　　　　　　　　＝ 2,208HPとなることから、
熱効率＝ 725Shp／2,208HP
　　　＝ 0.328

すなわち32.8％となり、(2)33が最も近い値となる。

問0360 (3)

『[7] タービン・エンジン』5-4-2「エンジン効率の計算例」
(3)：○

熱効率　＝ エンジン出力エネルギ／供給燃料エネルギ
　　　　＝ エンジン軸馬力／供給燃料相当軸馬力
燃料の仕事量　＝（燃料流量×低発熱量×熱の仕事当量）／（550ft・lb/s×60×60）
　　　　　　　＝（300lb/h×18,730Btu/lb×778ft・lb/Btu）／（550ft・lb/s ×60×60）
　　　　　　　＝ 2,208HPとなることから、
熱効率　＝ 軸馬力／供給燃料相当軸馬力
　　　　＝ 654Shp／2,208 HP
　　　　＝ 0.296

すなわち29.6％となり、(3)30が最も近い値となる。

問0361 (2)

『[7] タービン・エンジン』5-4-2「タービン・エンジンの効率の計算例」
(2)：○
熱効率（ηth）は、エンジン出力エネルギと、供給燃料エネルギとの比を言い、次式で表される。これに与えられた数値を代入して、下記解答値を得る。

ηth ＝ ｛Wa（Vj²－Va²）／（2g×J×H×Wf）｝×100
　　　＝ ｛315（1,430－0²）／（2×32.2×778×18,400×2.28）｝×100
　　　＝ 30.6
したがって、(2)の30が最も近い値となる。

問0362 (2)

『[7] タービン・エンジン』5-4-2「エンジン効率の計算例」
(2)：○

熱効率　＝ エンジン出力エネルギ／供給燃料エネルギ
　　　　＝ エンジン軸馬力／供給燃料相当軸馬力

供給燃料相当軸馬力　＝（燃料流量×低発熱量×熱の仕事当量）／（550ft・lb/s×60×60）
　　　　　　　　　　＝（360lb/s×18,730Btu/lb×778ft・lb/Btu）／（550ft・lb/s×60×60）
　　　　　　　　　　＝ 2,649HPとなることから、
熱効率　＝（軸馬力／供給燃料相当軸馬力）×100
　　　　＝（654Shp／2,649HP）×100
　　　　＝ 24.6％
　　　　となり、(2)24が最も近い値となる。

問0363 (2)

『[7] タービン・エンジン』5-5-1「エンジン内部の作動ガスの流れ状態」
(2)○：エンジン内部の作動ガス流の温度は、燃焼器内で2,000℃近くまで上昇するが、燃焼器内の構成部品は大量の冷却空気で保護されているため入口から徐々に上昇し出口で最高となり、エンジン構成部品のうち最も高温となるのはタービン入口部分にある1段目のノズル・ガイド・ベーンとなる。

－ 152 －

問題番号	解　答

問0364 (3)　『[7] タービン・エンジン』5-5-1「エンジン内部の作動ガスの流れ状態」
(3)○：エンジン内部の作動ガス流の温度は、燃焼器内で上昇し燃焼器出口で最高となるが、燃焼器内の構成部品は大量の冷却空気で保護されているため、エンジン構成部品のうち最も高温となるのはタービン入口部分にある1段目のノズル・ガイド・ベーンとなる。
(1)×：燃焼ガスはタービン・ブレードの前の1段目ノズル・ガイド・ベーンで膨張して速度のエネルギに変換されるため、温度はノズル・ガイド・ベーンより低い。
(2)×：燃料ノズルは多量の冷却空気で冷却保護されるため温度は低い。
(4)×：1段目タービン・ディスクは直接高温の燃焼ガスにはさらされないため、1段目のノズル・ガイドベーンより温度は低い。

問0365 (2)　『[7] タービン・エンジン』5-5-1「エンジン内部の作動ガスの流れ状態」
(2)○：タービン・ノズル・ガイド・ベーンは圧力および温度のエネルギを可能な限り速度エネルギに変換するため、タービン・ノズル出口でガス速度は最大となる。
(1)×：コンプレッサでは速度のエネルギを圧力に変換するため、コンプレッサ出口における速度はコンプレッサ入口と変わらず速度は低い。
(3)×：タービン・ロータの回転でエネルギが消耗されるためタービン出口の速度は低下する。
(4)×：ディフューザはコンプレッサを出た空気流の速度エネルギをさらに圧力に変換するため速度はコンプレッサ出口よりさらに減少する。

問0366 (2)　『[7] タービン・エンジン』5-5-1「エンジン内部の作動ガスの流れ状態」
(2)×：火炎温度は燃焼室内部で 2,000℃付近となる。構成部品は冷却・希釈空気により冷却されるため燃焼室出口で部品温度が最大となる。
(1)○：ディフューザは燃焼室への空気の流入速度を適正な速度とするために、ダイバージェント・ダクトにより速度エネルギを圧力エネルギに変換して流入速度を減速しており、ディフューザ出口で最大となる。
(3)○：圧縮機は各段で動翼による加速空気流速度を圧力に変換して昇圧するため、速度は圧縮機出口まで増減して全段の平均空気流速度はほぼ一定となる。
(4)○：タービン・ノズルでの断熱膨張によりガス流速度は大きくなるが動翼の駆動により速度は低下し、これを各段で繰り返すため速度変化が大きい。

問0367 (3)　『[7] タービン・エンジン』5-5-1「エンジン内部の作動ガスの流れ状態」
(3)×：タービンでは熱エネルギを与えられた燃焼ガスが速度エネルギに変換されるため、速度は圧縮機出口より与えられた熱エネルギ分大きくなる。
(1)○：エンジンの吸入空気は圧縮機で加圧されて圧力が上昇するが、高圧圧縮機を出た後燃焼器への空気速度を最適とするためにディフューザ内で速度のエネルギを圧力エネルギに変換するため圧力はさらに上昇し最高に達する。
(2)○：燃焼器内の燃焼温度は約2,000℃となり、吸入空気の75%を冷却空気として燃焼器周囲の部品を冷却するため、構成部品温度は後方ほど高くなるが、火炎温度は燃焼室中間で最大となる。
(4)○：タービンでは燃焼ガスの持つエネルギを速度エネルギに変換してタービンを回転させるが、各段で消費されるエネルギが大きいため、各段における速度変化が大きい。

問0368 (1)　『[7] タービン・エンジン』5-5-1「エンジン内部の作動ガスの流れ状態」
(1)○：エンジンの吸入空気は圧縮機で加圧されて圧力が上昇するが、高圧圧縮機を出た後の燃焼器への空気速度を最適とするよう減速するためにディフューザ内で速度のエネルギを圧力エネルギに変換し圧力はさらに上昇するため圧力は最高に達する。
(2)×：燃焼器内では等圧燃焼により圧力はほぼ横ばいで燃焼器出口では入口より多少低くなるため圧力はディフューザ出口よりも低くなる。
(3)×：タービンでは圧力エネルギはタービン・ノズルにおいて速度のエネルギに変換されるためタービン出口の圧力はさらに低下する。
(4)×：排気ダクト内では等圧放熱されるため圧力はタービンよりさらに低くなる。

問0369 (1)　『[7] タービン・エンジン』5-5-1「エンジン内部の作動ガスの流れ状態」
(1)○：エンジンの吸入空気は圧縮機で加圧された後燃焼器への空気速度を最適とするためにディフューザ内で速度エネルギを圧力エネルギに変換するため圧力はさらに上昇し最高に達する。しかし遠心圧縮機はディフューザがインペラ・ケース内に設けられており、インペラ・ケースと燃焼器との接続はディスチャージ・チューブで行われるため、最も圧力が高くなるのはディフューザを出た後、すなわちディスチャージ・チューブ入口となる。
(2)×：燃焼器内では等圧燃焼により圧力はほぼ横ばいで燃焼器出口では入口より多少低くなるため圧力はディフューザ出口よりも低くなる。
(3)×：圧力エネルギはタービン・ノズルにおいて速度のエネルギに変換されるためタービン出口の圧力はさらに低下し、その後にパワー・タービンが設置されるため圧力は低くなる。
(4)×：ディフューザ入口はまだ空気流速が圧力に変換され始めたところであり、最も圧力が高くなるのはディフューザ出口となる。

問0370 (1)　『[7] タービン・エンジン』5-5-1「エンジン内部の作動ガスの流れ状態」
(1)○：エンジンの吸入空気は圧縮機で加圧されて圧力が上昇するが、高圧圧縮機を出た後燃焼器への空気速度を最適とするためにディフューザ内で速度のエネルギを圧力エネルギに変換するため圧力はさらに上昇し最高に達する。
(2)×：燃焼器内では等圧燃焼により圧力はほぼ横ばいで燃焼器出口では入口より多少低くなるため圧力はディフューザ出口よりも低くなる。
(3)×：タービンでは圧力エネルギはタービン・ノズルにおいて速度のエネルギに変換されるためタービン出口の圧力はさらに低下する。
(4)×：排気ダクト内では等圧放熱されるため圧力はタービンよりさらに低くなる。

発動機

問題番号		解　答

問0371 (2)　　『[7] タービン・エンジン』5-5-1「エンジン内部の作動ガスの流れ状態」
(2)×：燃焼室では等圧燃焼が行われ、全空気量の75%の空気が冷却・希釈空気として使われるため火炎温度は2,000℃くらいまで上がるが、燃焼器構成部品の温度は徐々に上昇し、出口のタービン・ノズル・ガイド・ベーンで最高となる。
(1)○：空気流はコンプレッサで断熱圧縮されて圧力と温度が上昇し、燃焼器への空気速度を最適とするためにコンプレッサを出た後ディフューザで速度のエネルギが圧力エネルギに変換される。
(3)○：タービン・ノズル・ガイド・ベーンで膨張により作動ガスの圧力と温度は低下し、圧力エネルギは速度エネルギに変換される。
(4)○：排気ダクトにより残った圧力と温度のエネルギは速度エネルギに変換されて推力を発生するが、ターボシャフト・エンジンは排気は使用されないため、排気は加速されずに排出される。

問0372 (2)　　『[7] タービン・エンジン』5-5-1「エンジン内部の作動ガスの流れ状態」
(A)(C)：○
(A)：ディフューザは燃焼室への空気の流入速度を適正な速度とするために、ダイバージェント・ダクトにより速度エネルギを圧力エネルギに変換して流入速度を減速している。
(C)：燃焼室では火炎温度が高くなるが構成部品は冷却・希釈空気により冷却されるため、燃焼室出口のタービンで最高温度となる。
(B)×：燃焼室では等圧燃焼が行われ、温度が上昇する。
(D)×：タービン・ノズル部ではタービン・ブレードへのガスの流速を増速するためコンバージェント・ノズルにおいて断熱膨張が行われ圧力エネルギを速度エネルギに変換する。

問0373 (4)　　『[7] タービン・エンジン』5-5-1「エンジン内部の作動ガスの流れ状態」
(A)(B)(C)(D)：○
(A)：空気流はコンプレッサで断熱圧縮されて圧力と温度が上昇し、燃焼器への空気速度を最適とするためにコンプレッサを出た後ディフューザで速度のエネルギが圧力エネルギに変換される。
(B)：燃焼室では等圧燃焼が行われ、全空気量の75%の空気が冷却・希釈空気として使われるため火炎温度は2,000℃くらいまで上がるが、燃焼器構成部品の温度は徐々に上昇し、出口のタービン・ノズル・ガイド・ベーンで最高となる。
(C)：タービン・ノズル・ガイド・ベーンで膨張により作動ガスの圧力と温度は低下し、圧力エネルギは速度エネルギに変換される。
(D)：排気ダクトにより残った圧力と温度のエネルギは速度エネルギに変換されて推力を発生するが、ターボシャフト・エンジンは排気は使用されないため、排気は加速されずに排出される。

問0374 (2)　　『[7] タービン・エンジン』5-5-1「エンジン内部の作動ガスの流れ状態」
(A)(D)：○
(A)：燃焼器への空気流速度を最適とするためにコンプレッサを出た後、ディフューザで速度のエネルギが圧力エネルギに変換される。
(D)：ターボシャフト・エンジンは排気は使用されないため、排気は加速されずに排出される。
(B)×：燃焼室では等圧燃焼が行われる。
(C)×：タービン・ノズル・ガイド・ベーンで膨張により作動ガスの圧力と温度は低下し速度エネルギが増加する。

問0375 (2)　　『[7] タービン・エンジン』5-5-1「エンジン内部の作動ガスの流れ状態」
(A)(C)：○
(A)：ディフューザは燃焼室への空気の流入速度を適正な速度とするために、ダイバージェント・ダクトにより速度エネルギを圧力エネルギに変換して流入速度を減速している。
(C)：燃焼室では火炎温度が2,000℃付近となるが、構成部品は冷却・希釈空気により冷却されるため、部品温度はこれよりもかなり低い。
(B)×：燃焼室では等圧燃焼が行われ、温度が上昇する。
(D)×：タービン・ノズル部ではタービン・ブレードへのガスの流速を増速するためコンバージェント・ノズルにおいて断熱膨張が行われ圧力エネルギを速度エネルギに変換する。断熱膨張により流速を上げるため圧力および温度が低下する。

問0376 (2)　　『[7] タービン・エンジン』5-5-1「エンジン内部の作動ガスの流れ状態」
(A)(D)：○
(A)：空気流はコンプレッサで断熱圧縮されて圧力と温度が上昇し、燃焼器への空気速度を最適とするためにコンプレッサを出た後ディフューザで速度のエネルギが圧力エネルギに変換される。
(D)：ターボシャフト・エンジンは排気は使用されないため、排気は加速されずに排出される。
(B)×：燃焼室では等圧燃焼が行われ、全空気量の75%の空気が冷却・希釈空気として使われるため火炎温度は2,000℃くらいまで上がるが、燃焼器構成部品の温度は徐々に上昇し、出口のタービン・ノズル・ガイド・ベーンで最高となる。
(C)×：タービン・ノズルにより作動ガスの圧力エネルギが速度エネルギに変換される。

問0377 (1)　　『[7] タービン・エンジン』5-5-1「エンジン内部の作動ガスの流れ状態」
(A)○：空気流はコンプレッサで断熱圧縮されて圧力と温度が上昇するが、燃焼器への空気速度を最適とするためにコンプレッサを出た後ディフューザで減速され速度のエネルギが圧力エネルギに変換される。
(B)×：燃焼室では等圧燃焼が行われ、全空気量の75%の空気が冷却・希釈空気として使われるため火炎温度は2,000℃くらいまで上がるが、燃焼器構成部品の温度は後方に行くほど徐々に上昇し、燃焼器出口のタービン・ノズル・ガイド・ベーンで最高となる。
(C)×：タービン・ノズルにおける膨張により作動ガスの圧力と温度は低下し、圧力エネルギは速度エネルギに変換される。
(D)×：ターボファン・エンジンでは一般的にフリー・タービンを出た排気は排気ダクトの形状により加速されて高速で排出される。

— 154 —

問題番号		解　答

問0378 (1)　　『[7] タービン・エンジン』5-5-1「エンジン内部の作動ガスの流れ状態」
(A)○：ディフューザは燃焼室への空気の流入速度を適正な速度とするために、ダイバージェント・ダクトにより速度エネルギを圧力エネルギに変換して流入速度を減速している。
(B)×：燃焼室では等圧燃焼が行われて温度が上昇するが、燃焼室構成部品は冷却空気で冷却されるため、燃焼室出口で最高温度となる。
(C)×：タービン・ノズル部ではタービン・ブレードへのガスの流速を増速するためコンバージェント・ノズルにおいて断熱膨張が行われ圧力エネルギを速度エネルギに変換する。断熱膨張により流速を上げるため圧力および温度が低下する。
(D)×：ターボシャフト・エンジンにかかわらず、ガス・ジェネレータ・タービン1段めの入口速度が最も速くなる。

問0379 (4)　　『[7] タービン・エンジン』5-5-1「エンジン内部の作動ガスの流れ状態」
(A)(B)(C)(D)：○
(A)：燃焼器出口圧力は圧縮してディフューザを出た後の圧力で等圧燃焼した圧力なので、インペラ入口 ＜ 燃焼器出口となる。
(B)：ディフューザ入口圧力はディフューザで昇圧する前の圧力であり、ガス・ジェネレータ・タービン入口圧力はディフューザを出た後の圧力で等圧燃焼した圧力なので、ディフューザ入口 ＜ ガス・ジェネレータ・タービン入口となる。
(C)：燃焼器出口圧力は、ディフューザ出口圧力で等圧燃焼した後の圧力であるが、燃焼器における圧力損失により圧力は低下するため、ディフューザ出口 ＞ 燃焼器出口となる。
(D)：パワー・タービン入口圧力は燃焼器出口圧力をガス・ジェネレータ・タービンで消耗した後の圧力であるため、燃焼器出口 ＞ パワー・タービン入口となる。

問0380 (1)　　『[7] タービン・エンジン』9-3「タービン・エンジン材料の特異現象」
(1)：○
クリープ現象とは、極端な熱や機械的応力を受けたとき、時間とともに材料の応力方向に塑性変形が増加する現象で、運転中最も大きな熱負荷と遠心力にさらされる場合に発生するため離陸時の最大排気ガス温度が通常5分間に制限される。

問0381 (2)　　『[7] タービン・エンジン』5-5-5「エンジン性能の修正」
(2)：○
実際の排気ガス温度は℃で与えられているため、エンジン入口温度を℃に換算すると、
エンジン入口温度75（℉）＝5／9（75－32）＝23.9（℃）
温度修正係数θを求めると、θ＝（23.9＋273）／288＝1.03
よって修正排気ガス温度は
修正排気ガス温度＝排気ガス温度／θ＝（470＋273）／1.03＝721.4（K）
問題は℉で求めているため、（K）を（℉）に換算すると、
721.4（K）＝℃＋273.15℃＝721.4－273.15＝448.25（℃）
　　　　（℉）＝9／5（448.25＋32）＝838.85（℉）

838.85（℉）は、選択肢(2)780に僅かに近いため、正解は(2)780となる。

問0382 (2)　　『[7] タービン・エンジン』5-6「エンジンのステーション表示」
(2)×：Pは圧力、tは総圧、2は低圧圧縮機入口またはファン入口のステーションを示すことから、P_{t2}は低圧圧縮機またはファン入口における総圧を示す。
(1)○：Pは圧力、tは総圧、7はタービン出口のステーションを示すことから、P_{t7}はタービン出口の全圧を示す。
(3)○：Pamとは大気圧を示す。
(4)○：Tは温度、tは総温度、7は低圧タービン出口のステーションを示すことから、T_{t7}は低圧タービン出口における全温度を示す。

問0383 (4)　　『[7] タービン・エンジン』5-5-3「エンジン定格」
(4)×：最大上昇定格は上昇時に保証されるエンジンの最大推力で、使用時間の制限は無い。

問0384 (4)　　『[7] タービン・エンジン』5-5-3「エンジン定格」
(4)×：エンジン定格はエンジン運転時に保証される推力値で、「離陸」、「最大連続」、「最大上昇」、「最大巡航」の各定格があるが、「最大復行定格」は存在しない。

問0385 (3)　　『[7] タービン・エンジン』5-5-3「エンジン定格」
(3)×：エンジン定格はエンジン運転時に保証される推力値で、「離陸」、「最大連続」、「最大上昇」、「最大巡航」の各定格があるが、「最大復行定格」はない。

問0386 (4)　　『[7] タービン・エンジン』5-5-3「エンジン定格」
(4)：○
(1)×：最大連続定格は緊急時の使用を想定して地上または空中で連続して出すことが出来る最大推力で、上昇時に保証されるエンジンの最大推力は最大上昇定格である。
(2)×：最大巡航定格は巡航時に保証されているエンジンの最大推力で、通常離陸定格の80％前後の出力である。
(3)×：グランド・アイドルは地上において運転可能な最小出力で、離陸定格の5〜8％程度の出力の場合が多い。

問0387 (3)　　『[7] タービン・エンジン』5-5-3「エンジン定格」
(3)×：エンジン定格はエンジン運転時に保証される推力値で、「離陸」、「最大連続」、「最大上昇」、「最大巡航」の各定格があるが、「最小降下定格」はない。

発動機

問題番号	解　答

問0388 (4)　　『[7] タービン・エンジン』5-5-3「エンジン定格」
　　　　　　　(A)(B)(C)(D)：○

問0389 (1)　　『[7] タービン・エンジン』5-5-3「エンジン定格」
　　　　　　　(D)：○
　　　　　　　(A)×：最大連続定格は緊急時の使用を想定して地上または空中で連続して出すことが出来る最大推力で、上昇時に保証されるエンジンの最大推力は最大上昇定格である。
　　　　　　　(B)×：最大巡航定格は巡航時に保証されているエンジンの最大推力で、通常離陸定格の80％前後の出力である。
　　　　　　　(C)×：グランド・アイドルは地上において運転可能な最小出力で、離陸定格の5～8％程度の出力の場合が多い。

問0390 (4)　　『[7] タービン・エンジン』5-5-3「エンジン定格」
　　　　　　　(4)：○
　　　　　　　(1)×：最大連続定格は緊急時の使用を想定して地上または空中で連続して出すことが出来る最大推力で、上昇時に保証されるエンジンの最大推力は最大上昇定格である。
　　　　　　　(2)×：最大巡航定格は巡航時に保証されているエンジンの最大推力で、通常離陸定格の80％前後の出力である。
　　　　　　　(3)×：グランド・アイドルは地上において運転可能な最小出力で、離陸定格の5～8％程度の出力の場合が多い。

問0391 (4)　　『[7] タービン・エンジン』5-5-3「エンジン定格」
　　　　　　　(4)×：フラット・レートは定格推力において外気温度が低い領域において最大出力を一定に設定した部分のことであり、グランド・アイドルでの出力レバー位置ではない。

問0392 (4)　　『[7] タービン・エンジン』5-5-3「エンジン定格」
　　　　　　　(A)(B)(C)(D)：○
　　　　　　　(A)：定格推力は圧縮機強度やタービン入口温度により制限されている。
　　　　　　　(B)：ディレーティングとは状況に応じて定格離陸推力より低い推力を使用する方法である。
　　　　　　　(C)：リレーティングとは定格推力よりも低い離陸推力でエンジンの型式証明を受け、これにより常時低い推力での運用が義務付けられた方法である。
　　　　　　　(D)：ディレーティングは運用において減格離陸推力を適用する方法なので、操縦室の推力設定系統でディレーティングのレベルを変更できる。

問0393 (1)　　『[7] タービン・エンジン』5-1-2「エンジン性能を表すパラメータ」
　　　　　　　(1)：○
　　　　　　　推力燃料消費率（TSFC：Thrust Specific Fuel Consumption）は、単位正味推力につき1時間当たりの燃料重量流量をいうため、単位は燃料重量流量（lb）/単位時間（hr）/正味推力（lb）となり、(1)が正しい。

問0394 (1)　　『[7] タービン・エンジン』5-1-2「エンジン性能を表すパラメータ」
　　　　　　　(1)○：TSFC（Thrust Specific Fuel Consumption：スラスト燃料消費率）とは、単位正味スラストlb（または1kg）につき1時間当たりの燃料重量消費量を言い、1時間当たりの燃料重量流量をスラストで割ったもので、次式で表される。
　　　　　　　TSFC（lb/hr/lbまたはkg/hr/kg）
　　　　　　　＝1時間当たりの燃料重量流量（lb/hr）／正味スラスト（lb）

問0395 (1)　　『[7] タービン・エンジン』 5-1-2「エンジン性能を表すパラメータ」、
　　　　　　　　　　　　　　　　5-2-a「EPR（エンジン圧力比）」
　　　　　　　(1)○：ジェット・エンジンの推力はジェット排気空気の質量と排気速度の積の反力に相当することから、バイパス比はファン空気流と1次空気流の重量比をいう。
　　　　　　　(2)×：ファン通過エアとコンプレッサ通過エアの容積比ではない。
　　　　　　　(3)×：コンプレッサ入口圧力とタービン出口圧力との比は、エンジン圧力比（EPR）である。
　　　　　　　(4)×：同じ推力ではバイパス比が大きいほどジェット排気速度が遅くなるため、ジェット排気騒音は軽減される。ジェット排気の音響出力は排気ガス速度の8乗に比例するといわれている。

問0396 (2)　　『[7] タービン・エンジン』5-1-2「エンジン性能を表すパラメータ」
　　　　　　　(2)○：一般にバイパス比2 未満を低バイパス、4 以上を高バイパスという。
　　　　　　　(1)×：1時間当たりの燃料消費量を正味推力で割ったものは推力燃料消費率である。
　　　　　　　(3)×：ジェット・エンジンの推力は「ジェット排気空気の質量×ジェット排気速度」に相当する反力であることから、バイパス比はファン空気流と1次空気流の重量比をいう。
　　　　　　　(4)×：バイパス比はファン空気流量と一次空気流量との重量比をいう。

問0397 (4)　　『[7] タービン・エンジン』5-1-2「エンジン性能を表すパラメータ」
　　　　　　　(4)：○
　　　　　　　推力重量比はエンジンの単位重量当たりの発生スラストをいい、次式で表わされる。
　　　　　　　　　　　　推力重量比＝正味推力／エンジン重量
　　　　　　　エンジン重量はエンジンから燃料、潤滑油、作動油などの液体の重量を除外したドライ・ウエイトの値を使用する。

問題番号	解　答

問0398 **(3)**　　『[7] タービン・エンジン』5-5-5「エンジン性能の修正」
(3)：○
修正正味スラストは次式により求められる。
修正正味スラスト＝正味スラスト／圧力修正係数（δ）
正味スラスト＝（144.9／32.2）×（1,500−0）＋（161.0／32.2）×（1,000−0）＝11,750
圧力修正係数＝30.22／29.92＝1.01
したがって、
修正正味スラスト＝正味スラスト／圧力修正係数（δ）＝11,750／1.01＝11,633.7
この数値は選択肢(3)の11,600に最も近い。

問0399 **(3)**　　『[7] タービン・エンジン』5-4-5「エンジン性能の修正」
(3)○：修正回転速度 N_c は $N/\sqrt{\theta}$ である。

問0400 **(2)**　　『[7] タービン・エンジン』5-6「エンジンのステーション表示」
(2)×：Pは圧力、tは総圧、2は低圧圧縮機入口またはファン入口の位置を示すことから、P_{t2} は低圧圧縮機またはファン入口における総圧を示す。
(1)○：EPRはエンジン圧力比で、圧縮機入口全圧（P_{t2}）に対するタービン出口全圧（P_{t7}）の比である。
(3)○：P_{am} とは大気圧を示す。
(4)○：T_{t7} はステーション7（低圧タービン出口）における全温度を示す。

問0401 **(4)**　　『[7] タービン・エンジン』5-6「エンジンのステーション表示」
(4)：○
(1)×：インテーク前方のエンジンの影響を受けない点はステーション0である。
(2)×：コア・エンジンの排気出口の点はステーション9で終わる。
(3)×：ファン排気ノズルの出口の点はステーション14で終わる。

問0402 **(3)**　　『[7] タービン・エンジン』5-6「エンジンのステーション表示」
(3)○：燃焼室入口はステーション3や4がある。
(1)×：インテーク前方のエンジンの影響を受けない点はステーション0である。
(2)×：コア・エンジンの排気出口の点はステーション9で終わる。
(4)×：ファン排気ノズルの出口の点はステーション14で終わる。

問0403 **(4)**　　『[7] タービン・エンジン』5-6「エンジンのステーション表示」
(A)(B)(C)(D)：○
(A)：エンジン内の各位置におけるガス流の状態やエンジン性能の把握などに使用される。
(B)：ステーションは通常、数字で表される。
(C)：ガスの状態を示す略号は、圧力は頭に大文字のP、温度はTを使う。
(D)：大文字のP、Tの後に続けて静止状態を示す小文字のsまたは総合を示すtを付けた後にステーション番号を示す。

問0404 **(2)**　　『[7] タービン・エンジン』5-6「エンジンのステーション表示」
(A)(C)：○
(A)：P_{s2} はステーション2（低圧圧縮機またはファン入口）における静圧を示す。
(C)：P_{am} とは大気圧を示す。
(B)×：T_{t7} はステーション7（低圧タービン出口）における全温度を示す。
(D)×：P_b とはバーナー・プレッシャーすなわち燃焼室圧力を示す。
（補足）
ガスの状態を示す略号は、圧力を示す場合は頭に大文字のP、温度を示す場合はTが使われ、これに続いて静止状態を示す小文字の s または総合を示す t が付けられ、最後の数字はステーション番号を示す。

問0405 **(2)**　　『[7] タービン・エンジン』5-6「エンジンのステーション表示」
(A)(C)：○
(A)：P_{s2} はステーション2（低圧圧縮機またはファン入口）における静圧を示す。
(C)：P_{am} とは大気圧を示す。
(B)×：T_{t7} はステーション7（低圧タービン出口）における全温度を示す。
(D)×：EPRはエンジン圧力比で、タービン圧縮機入口全圧（P_{t2}）に対するタービン出口全圧（P_{t7}）の比（P_{t7}/P_{t2}）である。
＊問0404の（補足）を参照

問0406 **(1)**　　『[7] タービン・エンジン』5-7「減格離陸推力」
(1)：○
(2)×：ディレーティングは離陸推力に余裕がある場合に応じて定格離陸推力より低い離陸推力を使用する方法である。
(3)×：リレーティングはエンジンのもつ定格離陸推力より低い離陸推力でエンジン型式証明を受けているため、エンジンに余裕があってもそれより大きな離陸推力は使用できない。
(4)×：ディレーティングは離陸推力に余裕がある場合に応じて定められた低い推力を適用できるが、リレーティングは低い離陸推力でエンジン型式証明を受けているため、これより大きな離陸推力は使用できない。

発動機

問題番号	解　　答

問0407　(3)　『[7] タービン・エンジン』5-7「減格離陸推力」
(3)×：ディレーティングは離陸推力に余裕がある場合に、状況に応じて定格離陸推力より低い離陸推力を使用する方法である。
(1)○：リレーティングおよびディレーティングはエンジンの寿命延長の目的で使用される。
(2)○：リレーティングはエンジンの持つ定格離陸推力よりも低い離陸推力でエンジン型式証明を受けており、コクピットの操作パネルで変更できない。
(4)○：ディレーティングは法律上最大25%の低減に制限される。

問0408　(1)　『[7] タービン・エンジン』5-7「減格離陸推力」
(A)：○
(B)×：ディレーティングは離陸推力に余裕がある場合に応じて定格離陸推力より低い離陸推力を使用する方法である。
(C)×：リレーティングはエンジンのもつ定格離陸推力より低い離陸推力でエンジン型式証明を受けているため、エンジンに余裕があってもそれより大きな離陸推力は使用できない。
(D)×：ディレーティングは離陸推力に余裕がある場合に応じて定められた低い推力を適用できるが、リレーティングは低い離陸推力でエンジン型式証明を受けているため、これより大きな離陸推力は使用できない。

問0409　(4)　『[7] タービン・エンジン』5-7「減格離陸推力」
(A)(B)(C)(D)：○

問0410　(4)　『[7] タービン・エンジン』6-1-2「構造上の用語と構造区分」
(4)○：エンジン構造の内、直接高温の燃焼ガスにさらされる燃焼器、タービン、排気部分をホット・セクションとよび、これ以外の空気取入口、ファン、コンプレッサおよびアクセサリ・ギア・ボックスをコールド・セクションと呼んで区分する。
(1)(2)×：コア・エンジンは元来ターボファン・エンジンの中心をなす高温、高圧ガスを発生するターボジェット・エンジンに相当する部分で、コンプレッサ、燃焼器およびタービンから構成される。エンジンの高温高圧ガスを発生する部分であることから、一般的にはガス・ジェネレータとも呼ばれる。
(3)×：モジュールはエンジンを5～7つのグループに分割した整備単位であり、それぞれが互換性を持ちエンジン全体を分解せずにモジュール単体での交換が可能である。タービン・ブレード1枚1枚はモジュールを構成する単体部品である。

問0411　(3)　『[7] タービン・エンジン』6-1-2「構造上の用語と構造区分」
(3)○：パワー・タービンはコア・エンジンであるガス・ジェネレータで駆動される出力取出し用タービンでコア・エンジンには含まれない。
(1)×：ガス・ジェネレータはフリー・タービンを回すための高温、高圧ガスを創り出すターボジェットに相当する構成部分で、コンプレッサ、燃焼器およびタービンで構成される。
(2)×：フリー・タービンはガス・ジェネレータで駆動される出力取出し用タービンであり燃焼ガスに直接さらされるためホット・セクションに含まれる。
(4)×：ホット・セクションは直接高温の燃焼ガスにさらされる部分であり、アクセサリ・ドライブはコールド・セクションに含まれる。

問0412　(2)　『[7] タービン・エンジン』6-1-2「構造上の用語と構造区分」
(2)×：ガス・ジェネレータはフリー・タービンを駆動するために高温、高圧ガスを発生する部分であり、フリー・タービンは含まれない。

問0413　(4)　『[7] タービン・エンジン』6-1-2「構造上の用語と構造区分」
(4)：○
(1)×：コア・エンジンはターボファン・エンジンの中心をなす高温、高圧ガスを発生する構成部分（ターボジェットに相当する部分）である。
(2)×：ガス・ジェネレータは高温、高圧ガスを発生するターボジェットに相当する構成部分で、コンプレッサ、燃焼器およびタービンで構成される。
(3)×：ホット・セクションは直接高温の燃焼ガスにさらされる部分であり、リダクション・ギア・ボックスはコールド・セクションに分類される。
（参考）
エンジン構造の内、直接高温の燃焼ガスにさらされる燃焼器、タービン、排気部分をホット・セクションとよび、これ以外の空気取入口、ファン、コンプレッサおよびアクセサリ・ギア・ボックスをコールド・セクションと呼ぶ。

問0414　(2)　『[7] タービン・エンジン』6-1-2「構造上の用語と構造区分」
(C)(D)：○
(A)×：ガス・ジェネレータは高温、高圧ガスを発生する構成部分で、圧縮機、燃焼器およびタービンで構成されるが、アクセサリ・ギアボックスは含まない。
(B)×：フリー・タービンはガス・ジェネレータで発生した高温、高圧ガスにより駆動されて軸出力を取りだす構成となっており、ガス・ジェネレータには含まれない。

—158—

問題番号		解　答

問0415 (1)　　　『[7] タービン・エンジン』6-1-2「構造上の用語と構造区分」
(D)：○
(A)×：コア・エンジンはターボファン・エンジンの中心をなす高温、高圧ガスを発生する構成部分（ターボジェット相当部分）であり、ファンは含まれない。
(B)×：ガス・ジェネレータはコア・エンジンと同様、高温、高圧ガスを発生する構成部分で、コンプレッサ、燃焼器およびタービンで構成される。
(C)×：ターボファン・エンジンは、ガス・ジェネレータ（またはコア・エンジン）にファンを組み合わせた構造であり、ファン・セクションは独立したモジュールとして取扱われる。

問0416 (1)　　　『[7] タービン・エンジン』6-1-2「構造上の用語と構造区分」
(A)○：ガス・ジェネレータはフリー・タービンを回すための高温高圧ガスを創る部分をいい、圧縮機および燃焼室は高温高圧ガスを創るために必要な部位でガス・ジェネレータに含まれる。
(B)×：ホット・セクションとは燃焼室で造られた高温高圧ガスに曝される部分をいい、圧縮機は高温高圧ガスには曝されない。
(C)×：フリー・タービンはガス・ジェネレータで造られた高温高圧ガスで駆動されるため、ガス・ジェネレータとは別にガス・ジェネレータの後方に位置する。
(D)×：減速装置はフリー・タービンで造られた出力を減速するための装置でコア・エンジンには含まれない。

問0417 (2)　　　『[7] タービン・エンジン』6-1-2「構造上の用語と構造区分」
(B)(C)：○
(B)：ホット・セクションは直接高温の燃焼ガスにさらされる部品であるが、フリー・タービンは直接高温の燃焼ガスにさらされるためホット・セクションに分類される。
(C)：ガス・ジェネレータはパワー・タービンを回すための高温、高圧ガスを発生するターボジェットに相当する構成部分で、コンプレッサ、燃焼器およびタービンで構成される。
(A)×：コンプレッサは直接高温の燃焼ガスにさらされないためコールド・セクションに分類される。
(D)×：パワー・タービンはガス・ジェネレータで発生した高温高圧ガスで駆動されるため、ガス・ジェネレータには含まれない。

問0418 (3)　　　『[7] タービン・エンジン』6-1-2「構造上の用語と構造区分」
(3)○：エンジン構造の内、直接高温の燃焼ガスにさらされる部分、すなわち燃焼室、タービンおよび排気ノズルの各セクションをホット・セクションとよび、それ以外の空気取入口、ファン、圧縮機、ギア・ボックスの部分をコールド・セクションとよぶ。

問0419 (3)　　　『[7] タービン・エンジン』6-1-2「構造上の用語と構造区分」
(3)○：エンジン構造の内、直接高温の燃焼ガスにさらされる部分、すなわち燃焼室、タービンおよび排気ノズルの各セクションをホット・セクションとよび、それ以外の空気取入口、ファン、圧縮機、ギア・ボックスの部分をコールド・セクションとよぶ。

問0420 (2)　　　『[7] タービン・エンジン』6-1-2「構造上の用語と構造区分」
(2)○：エンジン構造の内、直接高温の燃焼ガスにさらされる部分をホット・セクションとよぶ。ディフューザはコンプレッサと燃焼室との間にあり、直接高温の燃焼ガスにはさらされないためホット・セクションには含まれない。

問0421 (1)　　　『[7] タービン・エンジン』6-1-2「構造上の用語と構造区分」
(1)×：ホット・セクションは直接高温の燃焼ガスにさらされる部分であり、ガス・ガスジェネレータを構成するコンプレッサ部分はコールド・セクションである。
(2)○：直接高温の燃焼ガスにさらされる排気ノズルは当然ホット・セクションに含まれる。
(3)○：ホット・セクションは高温ガスが部品寿命に及ぼす影響が大きいため、整備上コールド・セクションとは区別して取り扱うことが必要である。
(4)○：ホット・セクションは高温ガスにより大きな熱応力を受けるため、寿命に及ぼす影響が大きい。

問0422 (2)　　　『[7] タービン・エンジン』6-1-2「構造上の用語と構造区分」
(2)○：エンジン構造の内、直接高温の燃焼ガスにさらされる部分、すなわち燃焼室、タービンおよび排気ノズルの各セクションをホット・セクションとよび、それ以外の空気取入口、ファン、圧縮機、ギア・ボックスの部分をコールド・セクションとよぶ。高圧圧縮器は温度はある程度上昇するが、燃焼ガスには曝されないためコールド・セクションに分類される。

問0423 (1)　　　『[7] タービン・エンジン』6-1-2「構造上の用語と構造区分」
(1)：×
コア・エンジンは元来ターボファン・エンジンの中心をなす高温、高圧ガスを発生する基本部分（ターボジェット・エンジンに相当する部分）で、コンプレッサ、燃焼器およびタービンから構成される。
ターボファン・エンジンは、コア・エンジンにファンを組み合わせた構造で、ファンはコア・エンジンには含まれない。

問0424 (1)　　　『[7] タービン・エンジン』6-1-2「構造上の用語と構造区分」
(1)：○
ガス・ジェネレータとはフリー・タービン等を駆動するための高温高圧ガスを発生させるセクションをいい、圧縮機、燃焼室、タービンで構成される。エア・インテークは含まない。

発動機

問題番号	解　答

問0425　(4)　　　『[7] タービン・エンジン』6-1-1「基本構造」
(4)：○
図の軸出力型タービン・エンジンの構成は、ガス・ジェネレータで高温高圧ガスが造られ、この高温高圧ガスによりパワー・タービンを駆動して出力を取り出す構成である。
(ア)(イ)(ウ)がガス・ジェネレータを構成しており、(ア)がコンプレッサ(C)、(イ)が燃焼室(B)、(ウ)がガス・ジェネレータ・タービン(TG)を示している。また(エ)が出力を取り出すパワー・タービン(TP)で(オ)が出力(L)となる。
したがって、選択肢(4)が正しい。

問0426　(3)　　　『[7] タービン・エンジン』6-1-2「構造上の用語と構造区分」
(3)○：タービン・エンジンのモジュール構造は、エンジンの分解整備が必要な部分のみを単独で取り卸して整備出来るよう各セクションを機能別に分割した構造で、エンジンの整備工期の短縮および予備エンジン保有台数を最小限とすることができる。

（参考）
エンジン構造の内、直接高温の燃焼ガスにさらされる部分、すなわち燃焼室、タービンおよび排気ノズルの各セクションをホット・セクションとよび、それ以外の空気取入口、ファン、圧縮機、ギア・ボックスの部分をコールド・セクションとよぶ。

問0427　(3)　　　『[7] タービン・エンジン』6-1-3「モジュール構造」
(3)×：モジュールは独自にシリアル・ナンバーを有しており、単体として管理される。

問0428　(3)　　　『[7] タービン・エンジン』6-1-3「モジュール構造」
(A)(B)(D)：○
(C)×：モジュールは独自にシリアル・ナンバーを有しており、単体として管理される。

問0429　(2)　　　『[7] タービン・エンジン』6-1-5「エンジン・マウント」
(2)×：ユニ・ボール・フィッティングは熱膨張による動きを吸収するのに使われる。
(1)○：後方エンジン・マウントの多くはタービン・リア・フレームに取り付けられている。
(3)○：エンジン・マウントはエンジン・ケースの変形を防止する。
(4)○：エンジンの温度変化による半径方向および軸方向の膨張・収縮を吸収する。

問0430　(2)　　　『[7] タービン・エンジン』6-1-5「エンジン・マウント」
(2)×：温度変化による半径方向の膨張・収縮も吸収できる。

問0431　(2)　　　『[7] タービン・エンジン』6-1-5「エンジン・マウント」
(A)(B)：○
(C)×：前方エンジン・マウントは垂直荷重、横荷重および推力・逆推力を伝達するがトルク荷重は伝達しない構造になっている。
(D)×：後方エンジン・マウントは垂直荷重、横荷重およびトルクを伝達する構成になっている。

問0432　(4)　　　『[7] タービン・エンジン』6-1-5「エンジン・マウント」
(A)(B)(C)(D)：○
(A)：前方エンジン・マウントは垂直荷重、横荷重および推力・逆推力を伝達するがトルク荷重は伝達しない構造になっている。
(B)：後方エンジン・マウントは垂直荷重、横荷重およびトルクを伝達する構造になっている。
(C)：エンジン・マウントはエンジンが発生する推力を機体の構造部材へ伝達する役割を持っている。
(D)：エンジンの温度変化による半径方向および軸方向の膨張・収縮を吸収し、エンジン・ケースの変形を防止する。

問0433　(2)　　　『[7] タービン・エンジン』6-1-6「軸受とシール」
(2)：○
(1)(3)×：ボール・ベアリング（軸受）はスラスト荷重とラジアル荷重を支える。
(4)×：ボール・ベアリング（軸受）はロータの位置を定める機能を持っているため熱膨張の伸びを逃がすことは出来ない。
（補足）
ラジアル荷重を支えるとともに熱膨張の伸びを逃がすためにはローラ・ベアリング（軸受）が使われ、各ロータはラジアル荷重、スラスト荷重を受け熱膨張による 伸びを逃がすために、ボール・ベアリング（軸受）とローラ・ベアリング（軸受）が組合わされている。

問0434　(4)　　　『[7] タービン・エンジン』6-1-6「軸受とシール」
(4)○：オイル・ダンプ・ベアリングは、ベアリング・アウタ・レースとベアリング支持構造との間に間隙を設けてここに圧力油を導入することにより、ベアリングの支持剛性を下げてロータの振動を吸収し減衰させるものである。
(1)×：ローラ・ベアリングはラジアル荷重のみを支持する。
(2)×：ボール・ベアリングはスラスト荷重とラジアル荷重を支え、ロータの位置を保持する役目を持っており、アウタ・レースはエンジン構造部材に固定される。
(3)×：熱膨張による伸びはインナ・レースがフラットな構造になっているローラ・ベアリング（軸受）が吸収する。

— 160 —

問題番号	解　答

問0435 (4)
『[7] タービン・エンジン』6-1-6「軸受とシール」
(4)○：ボール・ベアリング（軸受）はスラスト荷重とラジアル荷重を支える。
(1)×：ローラ・ベアリング（軸受）はラジアル荷重のみを支持する。
(2)×：ボール・ベアリング（軸受）はスラスト荷重とラジアル荷重を支え、ロータの位置を保持する役目を持っており、アウタ・レースはエンジン構造部材に固定される。
(3)×：ローラ・ベアリング（軸受）はラジアル荷重を支えるとともに、熱膨張による伸びを逃がすようインナ・レースがフラットな構造となっている。

問0436 (4)
『[7] タービン・エンジン』6-1-6「軸受とシール」
(4)○：オイル・ダンプド・ベアリングは、ベアリング・アウタ・レースとベアリング支持構造との間に間隙を設けてここに圧力油を導入することにより、ベアリングの支持剛性を下げてロータの振動を吸収し減衰させるものである。
(1)×：ローラ・ベアリングはラジアル荷重のみを支持する。
(2)×：ボール・ベアリングはスラスト荷重とラジアル荷重を支え、ローラ・ベアリングと同等のラジアル荷重を受ける。
(3)×：熱膨張による伸びはインナ・レースがフラットな構造になっているローラ・ベアリングで、ローラが軸方向に移動することにより吸収する。

問0437 (4)
『[7] タービン・エンジン』6-1-6「軸受とシール」
(4)○：オイル・ダンプ・ベアリングは、ベアリング・アウタ・レースとベアリング支持構造との間に間隙を設けてここに圧力油を導入することにより、ベアリングの支持剛性を下げてロータの振動を吸収し減衰させるものである。
(1)×：ローラ・ベアリングはラジアル荷重のみを支持する。
(2)×：ローラ・ベアリングはラジアル荷重のみを支持するため発熱量が少なくホット・セクションに多く取付けられるが、環境温度が低いコールド・セクションには過熱防止のためベアリングのスラスト荷重とラジアル荷重の支持により発熱量の大きなボール・ベアリングが多く取付けられる。
(3)×：熱膨張による伸びはインナ・レースがフラットな構造になっているローラ・ベアリング（軸受）が吸収する。

問0438 (4)
『[7] タービン・エンジン』6-1-6「軸受とシール」
(4)○：オイル・ダンプ・ベアリングは、ベアリング・アウタ・レースとベアリング支持構造との間に間隙を設けてここに圧力油を導入することにより、ベアリングの支持剛性を下げてロータの振動を吸収し減衰させるものである。
(1)×：ローラ・ベアリングはラジアル荷重のみを支持する。
(2)×：ローラ・ベアリングは衝撃荷重を受けるとレース上にくぼみが出来るため不具合の原因となる。
(3)×：熱膨張による伸びはインナ・レースがフラットな構造になっているローラ・ベアリング（軸受）が吸収する。

問0439 (4)
『[7] タービン・エンジン』6-1-6「軸受とシール」
(4)○：ボール・ベアリングはスラスト荷重とラジアル荷重を支持するためローラ・ベアリングより発熱量が大きく、一般にコールド・セクションに取り付けられる。
(1)×：ローラ・ベアリングはラジアル荷重のみを支持する。
(2)×：ボール・ベアリングはスラスト荷重およびラジアル荷重を支持する。
(3)×：ボール・ベアリングはスラスト荷重を支持するため構造的に軸方向の動きを抑え、熱膨張による軸方向の動きはローラ・ベアリングが吸収する。

問0440 (4)
『[7] タービン・エンジン』6-1-6「軸受とシール」
(4)×：ボール・ベアリングはスラスト荷重を支持できるが、ローラ・ベアリングはスラスト荷重を支持できない。
(1)○：摩擦が少なく熱の発生が少ないため、高速回転に適する。
(2)○：回転要素がレース上を転がるため摩擦熱の発生が少ない。
(3)○：摩擦が少ないため駆動トルクが小さい。

問0441 (1)
『[7] タービン・エンジン』6-1-6「軸受とシール」
(A)○：タービン・エンジンは回転速度が高く摩擦熱を発生するため主軸にプレーン・ベアリングは使用されない。
(B)×：ボール・ベアリングはラジアル荷重とともにスラスト荷重を支持するためロータの位置を決める役割を持っており、ローラ・ベアリングはラジアル荷重を支持するとともにロータの熱膨張を逃がすことが出来る構造であるため、ロータは片側をボール・ベアリングで支持し、中間部および他端をローラ・ベアリングで支持する構成となっている。
(C)×：ボール・ベアリングはスラスト荷重とラジアル荷重を受けるため発熱量が大きく、一般にコールド・セクションに取り付けられる。接触面積はローラ・ベアリングの方が大きい。
(D)×：スクイズ・フィルムはボール・ベアリングとローラ・ベアリングの双方に適用できるが、ボール・ベアリングの場合はスラスト荷重も受けるため、アウタ・レースにフレキシブル・バーが使用される。

問0442 (3)
『[7] タービン・エンジン』6-1-6「軸受とシール」
(B)(C)(D)：○
(A)×：ローラ・ベアリングはラジアル荷重のみを支持する。

問0443 (1)
『[7] タービン・エンジン』6-1-6「軸受とシール」
(1)○：ラジアル荷重のみを支える。
(2)×：ローラ・ベアリングにはボールは使用していない。
(3)×：ローラ・ベアリングはラジアル荷重のみを支持するため、スラスト荷重も受けるボール・ベアリングより発熱量は少ない。
(4)×：ロータの熱膨張による伸びを逃がすようインナ・レースがフラットな構造となっている。

発動機

問題番号		解　答

問0444 (4)　『[7] タービン・エンジン』6-1-6「軸受とシール」
(4)×：衝撃荷重を受けるとレース上にくぼみ（ブリネリング）を生じるため、衝撃荷重に弱い。
(1)○：摩擦が少なく熱の発生が少ないため高速回転に適する。
(2)○：回転要素がレース上を転がるため摩擦熱の発生が少ない。
(3)○：摩擦が少ないため駆動トルクが小さい。

問0445 (2)　『[7] タービン・エンジン』6-1-6「軸受とシール」
(2)×：衝撃荷重により転送面が損傷して故障の原因となる恐れがあるため衝撃荷重に弱い。
(1)○：転がり摩擦のみで摩擦が少ないため駆動トルクが小さい。
(3)○：転がり摩擦のみのため摩擦熱の発生が少ない。
(4)○：摩擦熱による潤滑油を消耗する構造がないため潤滑油量が少なくてよい。

問0446 (2)　『[7] タービン・エンジン』6-1-6「軸受とシール」
(2)×：ベアリングのアウタ・レースとエンジン構造部材との間にオイル・フィルム設ける構造である。
(1)○：スクイズ・フィルム・ベアリングはベアリングの支持剛性を下げてロータの振動を吸収し減衰させるために使用される。
(3)○：米国製エンジンではオイル・ダンプド・ベアリングと呼ばれる。
(4)○：ボール・ベアリングとローラ・ベアリングの両方に適用できるが、ボール・ベアリングに使用する場合は軸方向の負荷伝達と、半径方向の中心維持と負荷伝達のためにフレキシブル・バーが使用される。

問0447 (5)　『[7] タービン・エンジン』6-1-6「軸受とシール」
(5)：無し
(A)×：スラスト荷重を支持するボール・ベアリングの場合は、軸方向の負荷伝達および中心維持と負荷伝達のためにアウタ・レースにフレキシブル・バーをつけることにより使用できる。
(B)×：英国系エンジンで呼ばれるスクイズ・フィルム・ベアリングは米国系エンジンではオイル・ダンプド・ベアリングと呼ばれるが、オイル・フィルム・ベアリングの名称は使われない。
(C)×：ローラ・ベアリング使用の場合には、軸方向の負荷伝達をしないためアウタ・レースにフレキシブル・バーは使用しない。
(D)×：ベアリングのアウター・レースとエンジン構造部材との間にオイル・フィルムを設ける構造である。

問0448 (2)　『[7] タービン・エンジン』6-1-6「軸受とシール」
(A)(C)：○
(A)：スクイズ・フィルム・ベアリングはベアリングの支持剛性を下げてロータの振動を吸収し減衰させるために使用される。
(C)：オイルは、ベアリング・ハウジングの軸方向の閉鎖された間隙に充填される。
(B)×：ベアリングのアウタ・レースとエンジン構造部材との間にオイル・フィルム設ける構造である。
(D)×：ボール・ベアリングとローラ・ベアリングの両方に適用できるが、ボール・ベアリングに使用する場合は軸方向の負荷伝達と、半径方向の中心維持と負荷伝達のためにフレキシブル・バーが使用される。

問0449 (2)　『[7] タービン・エンジン』6-1-6「軸受とシール」
(A)(C)：○
(A)：スクイズ・フィルム・ベアリングはベアリングの支持剛性を下げてロータの振動を吸収し減衰させるために使用される。
(C)：ベアリング前後のオイル保持のためにピストン・リング・シールが使用されるものもある。
(B)×：ロータの振動を吸収し減衰させるためにベアリングのアウタ・レースとエンジン構造部材との間にオイル・フィルム設けたダンピング構造である。
(D)×：ボール・ベアリングとローラ・ベアリングの両方に適用できるが、ボール・ベアリングに使用する場合は軸方向の負荷伝達と、半径方向の中心維持と負荷伝達のためにフレキシブル・バーが使用される。

問0450 (3)　『[7] タービン・エンジン』6-1-6「軸受とシール」
(A)(B)(C)：○
(A)：スクイズ・フィルム・ベアリングはベアリングの支持剛性を下げてロータの振動を吸収し減衰させるために使用される。
(B)：ロータの振動を吸収し減衰させるためにベアリングのアウタ・レースとエンジン構造部材との間にオイル・フィルム設けたダンピング構造である。
(C)：ベアリング前後のオイル保持のためにピストン・リング・シールが使用されるものもある。
(D)×：ボール・ベアリングとローラ・ベアリングの両方に適用できる。

問0451 (1)　『[7] タービン・エンジン』6-1-6「軸受とシール」
(1)×：カーボン・シールにはオイルの圧力によりシール面を密着させる方法は使われていない。
(2)○：カーボン・シールは、スプリング力によりシール面を密着させてシールするものが多い。
(3)○：シール・セグメントを磁化して、磁力の吸引力により密着させるものもある。
(4)○：シールにはカーボン製およびグラファイト製シール・リングを使用する。

問0452 (1)　『[7] タービン・エンジン』6-1-6-b「シール」
(1)×：ベアリング・サンプはラビリンス・シールを使用して構成される。
(2)○：ブラシ・シールは摩耗防止のために回転側の接触面にはセラミック・コーティングが施される。
(3)○：ブラシ・シールは静止側の剛毛部分と回転側のラブ・リングと接触させてシールしているもので、接触型シールである。
(4)○：カーボン・シールでは接触度をあげてシール効果を向上する為に磁力を利用する場合がある。

問題番号	解 答

問0453 (4) 　　『[7] タービン・エンジン』6-1-6-b「シール」
(A)(B)(C)(D)：○

問0454 (2) 　　『[7] タービン・エンジン』6-1-6-b「シール」
(C)(D)：○
(C)：ブラシ・シールは静止側の剛毛部分と回転側のラブ・リングと接触させてシールしているもので、摩耗
　　防止のために接触面にはセラミック・コーティングが施される。
(D)：カーボン・シールでは接触度をあげてシール効果を向上する為に磁力を利用する場合がある。
(A)×：高温部分ではラビリンス・シールの回転部分がステータとの熱膨張差により接触・摩耗し不具合が発
　　生するため、主にコールド・セクションに使用される。
(B)×：カーボン・シールは、ラビリンス・シールが使用できないホット・セクションに多用されている。

問0455 (2) 　　『[7] タービン・エンジン』6-1-6-b「シール」
(A)(D)：○
(A)：オイル・シールには、ラビリンス・シール、カーボン・シール、ブラシ・シールがある。
(D)：ブラシ・シールは、ブラシの前後の圧力差を利用してシールしている。
(B)×：ラビリンス・シールをホット・セクションに使用すると、熱膨張によりロータとステータが接触して
　　摩耗を生ずるため、ホット・セクションには使用しない。
(C)×：カーボン・フェイス・シールは、ロータの端面との面接触によりシールしている。

問0456 (2) 　　『[7] タービン・エンジン』6-1-6「軸受とシール」
(2)：○
（参考）
ラビリンス・シールは、回転部分に多数のナイフ・エッジを有する金属性シール・リングを使った非接触型
シールで、軸受部を低圧にしておき外部に圧縮機からの高圧空気を導き、この圧力差で滑油が外部に漏れない
ようにした一種の空気シールである。
空気漏れ量が増加するとブリーザ圧が上昇して滑油がブリーザ・エアとともに外部に排出されるため滑油消費
量の増加になる。

問0457 (1) 　　『[7] タービン・エンジン』6-1-6「軸受とシール」
(1)×：ラビリンス・シールはシール・リングとステータの間にシール・エアを流してシールする非接触型
　　シールである。
(2)○：回転部分に多数のナイフ・エッジで形成されるシール・ダムによりロータとステータの間を流れる
　　シール・エアをコントロールする。
(3)○：ベアリング・ハウジングを低圧にしておき、この圧力差により滑油が外部に漏れないようシール・エ
　　アをベアリング・ハウジングに流れるようにしている。
(4)○：空気流入量が増加するとブリーザ圧が上昇して滑油と空気が分離されず滑油がブリーザ・エアととも
　　に外部に排出されるため滑油消費量の増加になる。
＊問0456の（参考）を参照

問0458 (3) 　　『[7] タービン・エンジン』6-1-6「軸受とシール」
(3)×：ベアリング・ハウジング外部を高圧にし、外部からシール・エアを導いている。
＊問0456の（参考）を参照

問0459 (2) 　　『[7] タービン・エンジン』6-1-6「軸受とシール」
(2)×：非接触型シールであるためラブ・リングは使用せずステータを使用する。ラブ・リングはロータのナ
　　イフ・エッジと接触させる場合の静止部材である。
(1)○：ラビリンス・シールはシール・エアを使った非接触型のシールである。
(3)○：ベアリング・ハウジングの内部にシール・エアが流れるよう圧力差がある。
(4)○：シール・エアの空気漏れ量が増加するとブリーザ圧が上昇して滑油がブリーザ・エアとともに外部に
　　排出されるため滑油消費量の増加になる。

問0460 (3) 　　『[7] タービン・エンジン』6-1-6「軸受とシール」
(3)×：ラビリンス・シールは、回転部分に多数のナイフ・エッジを有する金属性シール・リングを使った非
　　接触型シールで、軸受部を低圧にしておき外部に圧縮機からの高圧空気を導き、この圧力差で滑油が
　　外部に漏れないようにした一種の空気シールである。

問0461 (3) 　　『[7] タービン・エンジン』6-1-6「軸受とシール」
(A)(B)(D)：○
(C)×：ラビリンス・シールは、回転部分に多数のナイフ・エッジを有する金属性シール・リングを使った非
　　接触型シールで、軸受部を低圧にしておき外部に圧縮機からの高圧空気を導き、この圧力差で滑油が
　　外部に漏れないようにした一種の空気シールである。

問0462 (1) 　　『[7] タービン・エンジン』6-1-6「軸受とシール」
(B)：○
シール・ダムはシール・エアの流量を調量するよう回転部分に多数のナイフ・エッジを有している。
(A)×：ステータ側に金属製剛毛エレメントが固定されているのはブラシ・シールである。
(C)×：シール・ダムに磁力を利用したものはない。
(D)×：ラビリンス・シールは非接触型シールである。

発
動
機

問題番号	解　答

問0463 (4)　　　『[7] タービン・エンジン』6-1-6「軸受とシール」
(4)○：カーボン・フェイス・シールは、カーボン・シールをローター側シール・プレート側面に接触させて
　　　シールするもので、シール・セグメントを磁化して、磁力により密着させるものもある。
(1)×：ピストン・リング状をしたカーボン製のリングを軸方向に数本並べたものは、カーボン・リング・
　　　シールである。
(2)×：ナイフ・エッジ・タイプのシールを使用したシール・ダムによりベアリング・コンパートメント内に
　　　流れる空気流量を調量するのは、ラビリンス・シールである。
(3)×：ステータ側の金属製剛毛エレメントが回転側のカーボン製ラブ・リングと接触することでシールする
　　　のは、ブラシ・シールである。

問0464 (2)　　　『[7] タービン・エンジン』6-1-6-b「シール」
(2)×：ブラシ・シールは、ステータ側に固定された金属製剛毛エレメントが回転軸に接触してシールするた
　　　め、半径方向のロータの偏移と同様、軸方向のロータの偏移にも適応できる。
(1)○：ステータ側に金属製剛毛エレメントが固定されている。
(3)○：剛毛エレメント前後の圧力差を利用したシールである。
(4)○：オイル・シール以外にエア・シールとしても使われる。

問0465 (3)　　　『[7] タービン・エンジン』6-1-6-b「シール」
(3)×：ブラシ・シールは、ステータ側に固定された金属製剛毛エレメントが回転軸に接触してシールするた
　　　め、半径方向のロータの偏移と同様、軸方向のロータの偏移にも適応できる。
(1)○：ステータ側に金属製剛毛エレメントが固定されている。
(2)○：半径方向のロータの偏移に適応できる。
(4)○：オイル・シール以外にエア・シールとしても使われる。

問0466 (3)　　　『[5] ピストン・エンジン』5-2-3-c「プロペラ減速装置」
(3)：○
遊星歯車装置は太陽歯車、遊星歯車キャリアおよび環状内歯車のそれぞれが入力、出力および固定歯車に
様々な選択で組合されて使用されるため、一般に減速比として次式が使用されている。
　　遊星歯車装置の減速比＝（駆動歯車の歯数＋固定歯車の歯数）／駆動歯車の歯数
ピニオン・ギアの歯数は減速比に関係しない。

問0467 (3)　　　『[7] タービン・エンジン』6-1-7「出力軸減速装置」
(3)：○
遊星歯車装置は太陽歯車、遊星歯車キャリアおよび環状内歯車のそれぞれが入力、出力および固定歯車に
様々な選択で組合されて使用されるため、一般に減速比として次式が使用されている。
　　減速比＝（入力歯車の歯数＋固定歯車の歯数）／入力歯車の歯数
エンジンで多く使用されている太陽歯車を入力軸とする場合、これは出力軸から見た入力軸の減速比となるの
で出力軸の回転数を算出するためにはこの逆数を使用しなければならない。

問0468 (2)　　　『[7] タービン・エンジン』6-1-7「出力軸減速装置」
(2)○：噛合歯数が少ないため1枚当たりの歯面荷重が非常に大きくなる。
(1)×：構造は簡素であるが大きくなり、減速装置の重量が大きくなる。
(3)×：入力軸と出力軸は同一線上にはならない。
(4)×：構造が簡素であり、減速比の選定が容易である。

問0469 (4)　　　『[5] ピストン・エンジン』5-2-3-c「プロペラ減速装置」
(4)×：構成部品が多く、構造が複雑であり、減速比を自由に選べない。
(1)○：入力軸と出力軸を同一線上に揃えることが出来る
(2)○：減速装置の全長を短くできる。
(3)○：歯数が多いため噛合う歯数が多く1歯当りの負荷が小さく小型軽量に出来る。

問0470 (1)　　　『[7] タービン・エンジン』6-1-7「出力減速装置」
(A)○：負荷伝達能力が高く、全体としてコンパクトでかつ大きな減速比が得られる。
(B)×：噛合歯数が多いため1枚当たりの歯面荷重が小さい。
(C)×：遊星歯車式減速装置では、歯車の組合せで構成されるため、容易に入力軸と出力軸を同一線上にする
　　　ことができる。
(D)×：構造が複雑で部品点数が多く、減速比の選定で若干の制約がある。

問0471 (1)　　　『[7] タービン・エンジン』6-1-7「出力減速装置」
(1)○：負荷伝達能力が高く、全体としてコンパクトでかつ大きな減速比が得られる。
(2)×：噛合歯数が多いため1枚当たりの歯面荷重が小さい。
(3)×：遊星歯車式減速装置では、歯車の組合せで構成されるため、容易に入力軸と出力軸を同一線上にする
　　　ことができる。
(4)×：構造が複雑で部品点数が多く、減速比の選定で若干の制約がある。

問0472 (5)　　　『[7] タービン・エンジン』6-1-7「出力軸減速装置」
(5)：無し
(A)×：構造は簡素であるが大きくなり、減速装置の重量が大きくなる。
(B)×：噛合歯数が少ないため1枚当たりの歯面荷重が非常に大きくなる。
(C)×：入力軸と出力軸は同一線上にはならない。
(D)×：構造が簡素であり、減速比の選定が容易である。

問0473 (5)　　　『[7] タービン・エンジン』6-1-7「出力減速装置」
(5)：無し

問題番号	解答

問0474 (4)　　　『[7] タービン・エンジン』6-1-7「出力軸減速装置」
(4)：○
遊星歯車の回転数のみが与えられているため、出力軸の回転数は次のように算出する。
太陽歯車（入力歯車）が左回転であるため、これに噛み合う遊星歯車は右回転して固定歯車上を左方向に転がり、遊星歯車の歯数が45、固定歯車の歯数が100であるため、遊星歯車が1回転した時に遊星歯車を支えるキャリアは回転数45／100rpmで左側に転がる。
したがって、遊星歯車が2,000回転した時のキャリアの回転数は、
　キャリアの回転数＝2,000×（45／100）＝900rpmで左回転となる。
この結果から、遊星歯車を支持し出力軸に結合されているキャリア、すなわち出力軸も900rpmで左回りとなり、解答(4)となる。

問0475 (4)　　　『[5] ピストン・エンジン』5-2-3-c「プロペラ減速装置」
(4)：○
入力歯車から見た減速比は、
　　　減速比 ＝｛入力（主動）歯車の歯数＋固定歯車の歯数｝／入力（主動）歯車の歯数
求める入力歯車の歯数を76,固定歯車の歯数152として数値を代入すると、
　　　減速比 ＝（76+152）／76
　　　　　　＝3
したがって、求める減速比は(4)3となる。
この時遊星歯車の歯数は減速比に関係しないことに注意する。

問0476 (3)　　　『[5] ピストン・エンジン』5-2-3-c「プロペラ減速装置」
(3)：○
駆動歯車から見た減速比は、
　　　減速比 ＝｛駆動（主動）歯車の歯数＋固定歯車の歯数｝／駆動（主動）歯車の歯数
求める駆動歯車の歯数をNa,固定歯車の歯数Ncとして、与えられた数値を代入すると、
　　　3.0 ＝（Na+152）／Na
この式から2.0D ＝ 152　　D（駆動歯車歯数）＝76
求める 駆動歯車の歯数は76である。
したがって、最も近い数値は(3)76となる。
この時遊星歯車の歯数は減速比に関係しないことに注意する。

問0477 (2)　　　『[7] タービン・エンジン』6-1-7-b「遊星歯車減速装置」
(2)：○
遊星歯車減速装置の減速比と出力軸回転数は遊星歯車の歯数に関係なく、次式で表される。
　　　減速比 ＝（入力歯車の歯数＋固定歯車の歯数）／入力歯車の歯数
減速比は3と与えられているため、固定歯車の歯数をNとしてこれに与えられた数値を代入すると、
　　　減速比 ＝（76+N）／76 ＝3　　となり、
　　　　N＝3×76−76 ＝152　であり、固定歯車の歯数は152であるため、この「十の位」は5となるため、解答(2)5である。

問0478 (3)　　　『[7] タービン・エンジン』6-1-7-b「遊星歯車減速装置」
(3)：○
腕(H)が固定軸の周りを反時計方向に回ると歯車(B)も歯車(A)の周りを反時計方向に回り、歯車(B)の起点（●）が再び歯車(A)に接するとき、歯車(A)の歯数が100、歯車(B)の歯数が20であるため歯車(B)は図のように｛1回転＋360°×（20／100）｝回転している。腕(H)が固定軸の周りを1周すると、歯車(B)の起点は歯車(A)に5回接するため歯車(B)の回転数は｛1回転＋72°｝×5＝6回転となり、歯車(B)は歯車(A)の周りを6回転する。
したがって、最も近い値は(3)6回転となる。

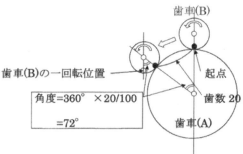

発動機

問題番号	解答

問0479　(1)　　　　　　『[7] タービン・エンジン』6-1-7「出力軸減速装置」
　　　　　　　　(1)：○
　　　　　　　腕(H)が反時計方向に回ると歯車(B)も反時計方向に回り、歯車(B)が回転して接点(●)が再び
　　　　　　　歯車(A)に接するとき、歯車(B)は(1回転＋90度)回転している。腕(H)が1回転すると
　　　　　　　歯車(B)の接点●は歯車(A)に4回接するため歯車(B)は(1回転＋90度)×4回＝5回転する。
　　　　　　　腕(H)が1回転すると歯車(B)の回転により歯車(C)は歯数5×20だけ反時計方向に回転するが、
　　　　　　　歯車(C)を押し出す歯車(B)自体も歯車(A)の周りを5回転して移動するため歯車(C)を回す歯数は
　　　　　　　倍の200となり、歯車(C)は200／160＝1.25回転となり、選択肢(1)1.5が最も近い値となる。

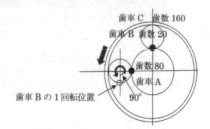

問0480　(3)　　　　　　『[7] タービン・エンジン』6-1-7-b「遊星歯車減速装置」
　　　　　　　　(3)：○
　　　　　　　まず入力軸と出力軸の式から変速比の公式を求める。
　　　　　　　腕(H)と歯車(B)の関係は
　　　　　　　　腕(H)回転数　＝（歯車(B)歯数／歯車(A)歯数）×歯車(B)回転数・・・①
　　　　　　　歯車(C)は歯車(B)の回転と腕(H)の回転により廻されるため、
　　　　　　　　歯車(C)回転数＝｛（歯車(B)歯数／歯車(C)歯数）×歯車(B)回転数｝＋腕(H)回転数・・・②
　　　　　　　式②に式①を代入して整理すると、
　　　　　　　　歯車(C)回転数＝｛（歯車(C)歯数＋歯車(A)歯数）／（歯車(C)歯数×歯車(A)歯数）｝
　　　　　　　　　　　　　　　　×歯車(B)歯数×歯車(B)回転数・・・③
　　　　　　　式①と式③から変速比を求めると、
　　　　　　　　変速比　＝　出力軸回転数／入力軸回転数
　　　　　　　　　　　　＝　歯車(C)回転数／腕(H)回転数
　　　　　　　　　　　　＝（歯車(A)歯数＋歯車(C)歯数）／歯車(C)歯数
　　　　　　　与えられた数値から、
　　　　　　　歯車(C)の回転数＝腕(H)の回転数×変速比＝4×(100＋200)／200＝4×1.5＝6
　　　　　　　となり、正解は選択肢(3)6が最も近い値となる。

問0481　(5)　　　　　　『[7] タービン・エンジン』6-7-2「補機駆動機構」
　　　　　　　　(5)：○
　　　　　　　平歯車を噛合わせた場合の回転比は次のようになる。
　　　　　　　・回転比＝駆動歯車の歯数／被駆動歯車の歯数
　　　　　　　回転比と駆動歯車の回転数の積で被駆動歯車の回転数が得られる。
　　　　　　　・歯車(A)と歯車(C)間の速度比が3であるため歯車(C)の回転数と回転方向は次のようになる。
　　　　　　　　　歯車(C)の回転数＝1,200rpm×3＝3,600rpm、
　　　　　　　・歯車(B)と歯車(C)の回転数および回転方向は同じであることから、歯車(B)と歯車(D)の間で歯車(D)の回
　　　　　　　転数は次のようになる。
　　　　　　　　　歯車(D)の回転数＝3,600rpm×(60／20)＝10,800rpm、
　　　　　　　したがって、歯車(D)の回転数および回転方向は(5)10,800rpmとなる。

問0482　(3)　　　　　　『[7] タービン・エンジン』6-1-7-b「遊星歯車減速装置」
　　　　　　　　(3)：○
　　　　　　　一般に遊星歯車減速装置の減速比は減速の大きさ（出力軸から見た入力軸の回転数）を表すもので、遊星歯車
　　　　　　　の歯数に関係なく次式で表される。
　　　　　　　　減速比＝（入力歯車の歯数＋固定歯車の歯数）／入力歯車の歯数
　　　　　　　したがって、入力軸から見た出力軸の回転数を求める場合は次式のように入力軸回転数に減速比の逆数を掛け
　　　　　　　なければならない。
　　　　　　　この問題は出力軸の回転数が与えられており入力軸の回転数を求める問題であるため、次式のように計算す
　　　　　　　る。
　　　　　　　　出力軸回転数　＝入力軸回転数×｛（入力歯車の歯数＋固定歯車の歯数）／入力歯車の歯数｝
　　　　　　　　　　　　　　　＝912×｛(76＋152)／76｝＝304rpmとなり、
　　　　　　　出力軸回転数304rpmの「百の位」は3となるため、解答は(3)である。

問題番号		解　答

問0483 （2）　　　　『[7] タービン・エンジン』6-1-7-b「遊星歯車減速装置」
（2）：○
一般に遊星歯車減速装置の減速比は減速の大きさ（出力軸から見た入力軸の回転数）を表しており、遊星歯車の歯数に関係なく次式で表される。
　減速比＝（入力歯車の歯数＋固定歯車の歯数）／入力歯車の歯数
したがって、入力軸から見た出力軸の回転数を求める場合は次式のように入力軸回転数に減速比の逆数を掛けなければならない。
　出力軸回転数　＝入力軸回転数×（1／減速比）出力軸回転数
　　　　　　　　＝入力軸回転数×｛入力歯車の歯数／（入力歯車の歯数＋固定歯車の歯数）｝
　　　　　　　　＝920×｛86／（85＋145）｝＝339.9rpmとなり、
（2）の 340が最も近い値となる。

問0484 （3）　　　　『[7] タービン・エンジン』6-1-7-b「遊星歯車減速装置」
（3）：○
一般に遊星歯車減速装置の減速比は減速の大きさ（出力軸から見た入力軸の回転数）を表すもので、遊星歯車の歯数に関係なく次式で表される。
　減速比＝（入力歯車の歯数＋固定歯車の歯数）／入力歯車の歯数
したがって、入力軸から見た出力軸の回転数を求める場合は次式のように入力軸回転数に減速比の逆数を掛けなければならない。
この問題は出力軸の回転数が与えられており入力軸の回転数を求める問題であるため、次式のように計算する。
　入力軸回転数　＝出力軸回転数×｛（入力歯車の歯数＋固定歯車の歯数）／入力歯車の歯数｝
　　　　　　　　＝532×｛（76＋152）／76｝＝1,596rpmとなり、
（3）の 1,600が最も近い値となる。

問0485 （1）　　　　『[11] ヘリコプタ』7-4-4-b「遊星歯車装置の減速比」
（1）：○
i：歯車(減速比)比、Z_s：太陽歯車の歯数、Z_r：内歯車の歯数、
n_p：出力軸(遊星歯車キャリア)の回転数 (rpm)
n_s：入力軸(太陽歯車)の回転数 (rpm)
$i＝(Z_s＋Z_r)／Z_s＝(76＋152)／76＝228／76＝3$
$n_p＝n_s／i＝912／3＝304$ (rpm)
よって、答え(1)

問0486 （5）　　　　『[7] タービン・エンジン』6-1-7「出力軸減速装置」
（5）：無し
（A）×：減速比は入力歯車と固定歯車の歯数で決まるため、出力回転数は遊星歯車の歯数とは無関係である。
（B）×：出力回転数は固定歯車の歯数のみならず入力歯車の歯数により決まる。
（C）×：出力回転数は減速比の逆数に比例する。
（D）×：出力回転数は入力歯車と固定歯車の歯数で決まる。
一般に減速比として次式が使用されている。
　減速比＝（入力歯車の歯数＋固定歯車の歯数）／入力歯車の歯数
エンジンで多く使用されている太陽歯車を入力軸とする場合、これは出力軸から見た入力軸の減速比となるので出力軸の回転数を算出するためにはこの逆数を使用しなければならない。

問0487 （4）　　　　『[7] タービン・エンジン』6-2-1「エア・インレットの概要」
（4）×：流入空気の速度エネルギを減らし、入口空気静圧を上昇させる。

問0488 （1）　　　　『[7] タービン・エンジン』6-2-1「エア・インレットの概要」、
　　　　　　　　　　　　　　　　　　6-2-2-b「亜音速エア・インレット」
（A）：○
（B）×：ダイバージェント・ダクト効果によりラム・エア速度をエンジン入口で可能な限り高い静圧に変換する。
（C）×：エンジンに流入する空気速度をエンジンが受入れ可能な速度以下にしなければならない。
（D）×：インレット・ディストーションは空気抵抗が増加することから、これによりダクトの空気抵抗を最小限に保つことはできない。

問0489 （2）　　　　『[7] タービン・エンジン』6-2-1「エア・インレットの概要」、
　　　　　　　　　　　　　　　　　　6-2-2-b「亜音速エア・インレット」
（A）（B）：○
（C）×：エンジンに流入する空気速度をエンジンが受入れ可能な速度以下にしなければならない。
（D）×：ダクトの空気抵抗をできるだけ小さくする。

問0490 （2）　　　　『[7] タービン・エンジン』6-2-1「エア・インレットの概要」
（2）×：亜音速ディフューザでは容積が増加すると速度は減少する。
（1）○：亜音速ディフューザは単純な末広がりの形状のダクトである。
（3）○：超音速流の物理的特性は亜音速流の場合とは逆になり、超音速流では流体の体積の変化率が速度の変化率よりも大きいことから、超音速の空気流を拡散させるためにはコンバージェント・ダクトを使用しなければならない。
（4）○：超音速ディフューザでは容積が減少すると速度も減少する。

発動機

問題番号	解　答

問0491 (4)　　『[7] タービン・エンジン』6-2-1「エア・インレットの概要」
(4)×：亜音速ディフューザでは容積が増加すると速度は減少する。
(1)○：ディフューザは静圧を上昇させる部分に多く使用される。
(2)○：超音速ディフューザでは容積が減少すると速度も減少する。
(3)○：亜音速ディフューザは単純な末広がりの形状のダクトである。

問0492 (4)　　『[7] タービン・エンジン』6-2-1「エア・インレットの概要」、
　　　　　　　　　　　　　　6-2-2「エア・インレット・ダクトとディフューザ」
(4)×：ダイバージェント・ダクトは断面が末広がり形状をしており、流入空気を拡散させて速度のエネルギ
　　　を圧力のエネルギに変換するもので、空気流の速度を減速して静圧を上昇させる。

問0493 (4)　　『[7] タービン・エンジン』6-2-4「ターボプロップ/ターボシャフトのエア・インレット」
(4)○：空気取入口の一部を湾曲させるなどしてその遠心力を利用して吸入空気に含まれる土砂や氷片などの
　　　異物を除去する。

問0494 (3)　　『[7] タービン・エンジン』6-2-4「ターボプロップ/ターボシャフトのエア・インレット」
(3)×：小型ターボプロップ機やヘリコプタの不整地での運用において、土砂や氷片などの異物の吸入を防ぐ
　　　ために、空気取入口の一部を湾曲させるなどして吸入空気に急激な旋回運動を与え、その遠心力を利
　　　用して土砂や氷片などの異物を除去するパーティクル・セパレータを備えたものがある。その場合、
　　　インレット・スクリーンも併用されているが、金属片を吸着分離する機能は持っていない。

問0495 (1)　　『[7] タービン・エンジン』6-2-4「ターボプロップ/ターボシャフトのエア・インレット」
(1)×：ボルテックス・ジェネレータ・ベーンは空気流にエネルギを与えるもので、異物の除去には使用され
　　　ていない。
(2)○：異物除去率は90%～98%程度である。
(3)○：パーティクル・セパレータは遠心力による慣性力を利用して機外に放出する方法を使用している。
(4)○：大量の空気を吸入するため圧力損失が大きくなる問題があるため、1つが数センチと小さいセパレー
　　　タが多数配置されている。

問0496 (3)　　『[7] タービン・エンジン』6-2-4「ターボプロップ/ターボシャフトのエア・インレット」
(3)×：パーティクル・セパレータはフィルタに比べて圧力損失が小さくなる構造としている。
(1)○：エンジン本体に機能を組み込んだものがある。
(2)○：慣性力により小さな異物まで分離できる。
(4)○：遠心式では旋回流を利用する。

問0497 (2)　　『[7] タービン・エンジン』6-2-4「ターボプロップ/ターボシャフトのエア・インレット」
(A)(C)：○
(A)：遠心力を利用して土砂や氷片などの異物を除去する。
(C)：空気取入口の一部を湾曲させるなどしてその遠心力を利用して土砂や氷片などの異物を除去する。
(B)×：異物などの固形物の除去にのみ有効であり、ガスは分離できない。
(D)×：金属片を吸着分離する機能は持っていない。

問0498 (3)　　『[7] タービン・エンジン』6-2-4「ターボプロップ/ターボシャフトのエア・インレット」
(A)(C)(D)：○
(A)：空気取入口の一部を湾曲させるなどしてその遠心力を利用して土砂や氷片などの異物を除去する。
(C)：遠心力を利用して土砂や氷片などの異物を除去する。
(D)：インレット・スクリーンと併用したものが多い。
(B)×：異物などの固形物の除去にのみ有効であり、ガスは分離できない。

問0499 (2)　　『[7] タービン・エンジン』6-2-4「ターボプロップ/ターボシャフトのエア・インレット」
(C)(D)：○
(C)：異物は遠心力で外側に寄せられて（イ）から排出される。
(D)：遠心力により異物が排除された中心部（ウ）の空気をエンジン吸気に送り込む。
(A)×：図は遠心式パーティクル・セパレータである。
(B)×：（ア）は吸入した異物を遠心力で外側に寄せる渦発生ベーンである。

問0500 (2)　　『[7] タービン・エンジン』6-2-4「ターボプロップ/ターボシャフトのエア・インレット」
(A)(D)：○
(B)×：インレット・スクリーンは圧力損失が小さく、インレット・フィルタは細かい異物まで除去できるが
　　　圧力損失が大きい。
(C)×：インレット・パーティクル・セパレータは異物除去率が90%～98%であり、圧力損失も比較的小さ
　　　い。

問0501 (3)　　『[7] タービン・エンジン』6-2-4「ターボプロップ/ターボシャフトのエア・インレット」
(A)(B)(D)：○
(A)：パーティクル・セパレータは遠心力による慣性力を利用して機外に放出する方法を使用している。
(B)：異物除去率は90%～98%程度である。
(D)：大量の空気を吸入するため圧力損失が大きくなる問題があるため、1つが数センチと小さいセパレータ
　　　が多数配置されている。
(C)×：ボルテックス・ジェネレータ・ベーンは空気流にエネルギを与えるもので、異物の除去には使用され
　　　ていない。

問題番号		解 答

問0502 (2)　　『[7] タービン・エンジン』6-2-4「ターボプロップ/ターボシャフトのエア・インレット」
(A)(D)：○
(B)×：インレット・スクリーンは圧力損失が小さく、インレット・フィルタは細かい異物まで除去できるが圧力損失が大きい。
(C)×：インレット・パーティクル・セパレータは異物除去率が90%～98%であり、圧力損失も比較的小さい。

問0503 (4)　　『[7] タービン・エンジン』6-2-4「ターボプロップ/ターボシャフトのエア・インレット」
(A)(B)(C)(D)：○

問0504 (4)　　『[7] タービン・エンジン』6-3-1「ファン」
(A)(B)(C)(D)：○
(A)：ファン・ケースの主要な機能は、空気流路の外壁の形成と、ファン・ブレードまたはケースの破片が飛散しないよう包含することである。
(B)：飛散するファン・ブレードのエネルギは非常に大きく、ファン・ブレードを包含するためにはファン・ケースに高い強度と高い延性が必要である。
(C)：ファン・ケースにはアルミニウム合金および強度確保のために低合金鋼やアラミド繊維と樹脂との複合材などが使用されている。
(D)：アラミド繊維と樹脂との複合材の使用により、ファン・ケースの強度を確保し軽量化を図っている。

問0505 (2)　　『[7] タービン・エンジン』6-3-1「ファン」
(A)(B)：○
(A)：ファン・ブレードに後退角を持たせたスウェプト・ファン・ブレードを採用することにより空気流速を低くしている。
(B)：エア・インレット・ダクトに亜音速ディフューザを採用することにより、エンジンに流入する空気流速を低くしている。
(C)×：コンプレッサ前段部のインレット・ガイド・ベーンは衝撃波の発生には影響しない。
(D)×：ミド・スパン・シュラウドは運転中に生ずるファン・ブレードの振動や捻じれを抑制することが目的である。

問0506 (2)　　『[7] タービン・エンジン』6-3-1-a「ファン・ブレード」
(2)×：スウェプト・ファン・ブレードはブレードのコードを増大して強度を増し空力的に悪影響のあるスナバーを排除している。
(1)○：チタニウム合金の鍛造製や中空の溶接構造、複合材料製のものが実用化されている。
(3)○：空力的に注意深く整形されているためファンが発生するトーン・ノイズの量を減少させる効果がある。
(4)○：ブレードに発生する衝撃波による損失を大きく減らして空気量を増加させる。

問0507 (3)　　『[7] タービン・エンジン』6-3-1「ファン」
(B)(C)(D)：○
(A)×：ブレードのコードの増大によりブレードの強度を増して、空力的に悪影響を及ぼすミド・スパン・シュラウドを排除している。

問0508 (2)　　『[7] タービン・エンジン』6-3-1-a「ファン・ブレード」
(2)○：ファン・ブレードの振動や軸方向の空気力による捩れを抑制するためにファン・ブレードのスパンの中間部にブレードを相互に支えるシュラウドが設けられている。
(1)×：ミド・スパン・シュラウドと流入空気量とは直接の関係はない。
(3)×：異物吸入による損傷を直接防止する機能は持っていない。
(4)×：シュラウドの無いワイド・コード・ファン・ブレードの方が騒音は低い。

問0509 (2)　　『[7] タービン・エンジン』6-3-1-a「ファン・ブレード」
(2)○：ファン・ブレードはコードに較べてスパンが長いため運転中に振動が発生しやすく、これを抑制するためにファン・ブレードのスパンの中間部にブレードを相互に支えるシュラウドが設けられている。これをミッド・スパン・シュラウドまたはスナバと呼んでいる。これはファン性能の障害ともなるので、最新のターボファン・エンジンでは、ファン・ブレードの構造や取り付け方法を改善してミッド・スパン・シュラウドを無くしたものがある。

問0510 (3)　　『[7] タービン・エンジン』6-3-2「コンプレッサの種類と構造」
(3)：○
遠心式コンプレッサは、中心部のインペラと外周に設けられたマニフォールドが一体になった固定型ディフューザで構成されており、圧力の上昇は、インペラとディフューザの両方で行われる。吸入された空気流の圧力上昇の50%がインペラにより外周方向に加速圧縮され、残る50%は外周のディフューザにより高速空気流の運動エネルギが圧力エネルギに変換されて加圧される。

問0511 (2)　　『[7] タービン・エンジン』6-3-2「コンプレッサの種類と構造」
(2)○：ディフューザでは速度エネルギを圧力エネルギに変換する。
(1)×：インペラでは空気流を外周方向に加速圧縮する。
(3)×：ディフューザ出口で圧力が最も高くなる。
(4)×：ターボシャフト・エンジンは排気ガスは出力として使用されないため、排気ノズルでは加速されずに排出される。

発・動・機

－ 169 －

問題番号		解　答

問0512　(1)　　　『[7] タービン・エンジン』6-3-2「コンプレッサの種類と構造」
(1)×：構造的に簡素で頑丈なため異物の吸入に対して強い。
(2)○：1段当たりの圧力比は4程度となり大きい。
(3)○：構造的に高圧力比を得るための多段化が困難である。
(4)○：構造が簡素なため製作が容易で製造コストが安い。

問0513　(2)　　　『[7] タービン・エンジン』6-3「ファンおよびコンプレッサ」
(A)(C)：○
(B)×：インペラは放射状にベーンが配置されているが、円周方向に行くに従ってコンプレッサ・ケースがインペラ側に喰い込んで断面積が狭くなり流路がコンバージェント・ダクトを形成している。
(D)×：ディフューザはインペラから出た空気流を減速して圧力エネルギに変換するため、ダイバージェント・ダクトを形成している。

問0514　(4)　　　『[7] タービン・エンジン』6-3-2「コンプレッサの種類と構造」
(A)(B)(D)：○
(A)：遠心式コンプレッサは、中心部のインペラと外周に設けられたマニフォールドが一体になった固定型ディフューザで構成されている。
(B)：吸入された空気流はインペラにより外周方向に加速圧縮され、外周のディフューザにより高速空気流の運動エネルギーが圧力エネルギに変換される。
(C)：圧力の上昇は、インペラとディフューザの両方で行われる。
(D)：回転数を上げると圧力比は上昇するが、インペラから吐出される空気流が超音速となって衝撃波を発生する恐れがある。

問0515　(1)　　　『[7] タービン・エンジン』6-3-2「コンプレッサの種類と構造」
(B)：○
(B)：ディフューザでは速度エネルギを圧力エネルギに変換する。
(A)×：インペラでは空気流を外周方向に加速圧縮する。
(C)×：ディフューザ出口で圧力が最も高くなる。
(D)×：ターボシャフト・エンジンは排気ガスは出力として使用されないため、排気ノズルでは加速されずに排出される。

問0516　(4)　　　『[7] タービン・エンジン』6-3-2「コンプレッサの種類と構造」
(4)×：構造的に高圧力比を得るための多段化が困難である。
(1)○：1段当たりの圧力比は4程度となり大きい。
(2)○：構造的に簡素で頑丈なため異物の吸入に対して強い。
(3)○：構造が簡素なため製作が容易で製造コストが安い。

問0517　(2)　　　『[7] タービン・エンジン』6-3-2「コンプレッサの種類と構造」
(A)(D)：○
(A)：1段当たりの圧力比は大きいが、構造的に高圧力比を得るための多段化が困難である。
(D)：構造的に簡素で頑丈なため異物の吸入に対して強い。
(B)×：吸入した空気流を遠心力で円周方向に加速昇圧するため、吸入空気の割に前面面積が大きく、多量の空気を処理できない。
(C)×：構造が簡素なため製作が容易で製造コストが安い。

問0518　(3)　　　『[7] タービン・エンジン』6-3-2「コンプレッサの種類と構造」
(A)(B)(C)：○
(A)：インペラの回転による遠心力で圧力上昇するため空気流量の割に前面面積が大きい。
(B)：1段で得られる圧力比が4前後と大きいため空力的に安定した運転が得られるが、構造的に多段化が困難である。
(C)：構造が簡素であるため異物の吸入に対して強い。
(D)×：構造が簡素であるため製作が容易で製造コストが安い。

問0519　(4)　　　『[7] タービン・エンジン』6-3-2「コンプレッサの種類と構造」
(4)×：軸流・遠心コンプレッサに使用されているブリード・バルブは、軸流コンプレッサ前段のストール防止の他に、軸流コンプレッサと遠心コンプレッサとのマッチングを図るよう軸流コンプレッサと遠心コンプレッサとの間に装備されている。

問0520　(2)　　　『[7] タービン・エンジン』6-3-2「コンプレッサの種類と構造」
(B)(C)：○
(A)×：遠心式コンプレッサのディフューザは回転しない。
(D)×：軸流・遠心式コンプレッサは前段の軸流式コンプレッサの後に遠心式コンプレッサを配置している。

問0521　(2)　　　『[7] タービン・エンジン』6-3-3「軸流式コンプレッサの作動原理」
(2)：○
(1)×：速度エネルギを圧力エネルギに変換するためにダイバージェント流路を使用する。ダイバージェント空気流路は、入口が狭く出口が広い流路である。
(3)×：動翼が空気流を加速し、動翼と静翼の翼列で圧力エネルギに変換して圧縮する。
(4)×：圧縮は動翼と静翼の翼列で圧力エネルギに変換することによって行われる。

問題番号		解　答

問0522 (3)　　『[7] タービン・エンジン』6-3-3「軸流式コンプレッサの作動原理」
(3)○：コンプレッサでは動翼が空気流を加速し、加速された空気流を動翼と静翼の両方の翼列が形成するダイバージェント流路で圧力エネルギに変換して圧縮する。したがって、静翼を通る時には速度エネルギは圧力エネルギに変換されるため静圧は上がり速度は下がる。
(1)×：動翼を通る時には空気流は加速され動翼が形成するダイバージェント翼列で減速されるもののまだ静翼を通過していないため全体として速度は上がる。
(2)×：動翼が形成するダイバージェント翼列で速度は減速され静圧は上がる。
(4)×：静翼では静翼が形成するダイバージェント翼列で速度は減速され静圧は上がる。

問0523 (3)　　『[7] タービン・エンジン』6-3-3「軸流式コンプレッサの作動原理」
(3)○：コンプレッサのステータの翼列は、空気流路の入口が狭く出口が広い配列であるため、ベルヌーイの定理による拡散作用により速度エネルギの一部が圧力エネルギ（静圧）に変換されて静圧が増加し、速度は低下する。

問0524 (3)　　『[7] タービン・エンジン』6-3-3「軸流式コンプレッサの作動原理」
(3)：○
＊問0523の解説を参照

問0525 (3)　　『[7] タービン・エンジン』6-3-3「軸流式コンプレッサの作動原理」
(3)：○
＊問0523の解説を参照

問0526 (1)　　『[7] タービン・エンジン』6-3-3「軸流式コンプレッサの作動原理」
(1)○：コンプレッサはローターが加速した空気流速を動翼列が形成するダイバージェント流路により圧力に変換するとともに、ダイバージェント流路を形成するステータ翼列でも圧力に変換することにより圧力上昇が図られて圧縮される。

問0527 (4)　　『[7] タービン・エンジン』6-3-3「軸流式コンプレッサの作動原理」
(A)(B)(C)(D)：○
(A)：αは動翼と流入空気の相対速度がなす迎角である。
(B)：uは動翼の回転速度である。
(C)：cは流入空気の絶対速度である。
(D)：wは流入空気の絶対速度と動翼の回転速度がなす流入空気の相対速度である。

問0528 (3)　　『[7] タービン・エンジン』6-3-4「コンプレッサの性能」
(3)○：コンプレッサの圧力比は、コンプレッサ出口全圧とコンプレッサ入口全圧との比で、圧力比が大きいほどコンプレッサ性能が優れていることを示し、コンプレッサ出口全圧/コンプレッサ入口全圧で示される。

問0529 (4)　　『[7] タービン・エンジン』6-3-4「コンプレッサの性能」
(4)：○
＊問0528の解説を参照

問0530 (3)　　『[7] タービン・エンジン』6-3-4「コンプレッサの性能」
(3)○：コンプレッサ効率は「理想的圧縮仕事」に対する「実際の圧縮仕事」の達成率を表すもので、「実際の圧縮仕事」が分母となる。「実際の圧縮仕事」には損失を含んでいるため、「理想的圧縮仕事」より大きな仕事が必要になる。

問0531 (3)　　『[7] タービン・エンジン』6-3-4「コンプレッサの性能」
(3)：○
＊問0530の解説を参照

問0532 (4)　　『[7] タービン・エンジン』6-3-4「コンプレッサの性能」
(4)×：コンプレッサの圧力比は、コンプレッサ入口全圧に対するコンプレッサ出口全圧の比で、コンプレッサ出口全圧/コンプレッサ入口全圧で示される。
コンプレッサ入口全圧およびコンプレッサ出口全圧は、コンプレッサ回転速度、外気温度、外気圧力に影響されるが、排気ガス温度の影響は受けない。

問0533 (1)　　『[7] タービン・エンジン』6-3-3「軸流式コンプレッサの作動原理」
(1)○：軸流コンプレッサのロータ・ブレードへの流入空気の迎え角は、ロータの回転速度と流入空気の絶対流入速度の合成によって決まる。すなわち、コンプレッサ回転数と流入空気の速度変化で決まる。

問0534 (2)　　『[7] タービン・エンジン』6-3-6「コンプレッサのストール」
(2)○：軸流コンプレッサのロータ・ブレードへの流入空気の迎え角は、ロータの回転速度と流入空気の絶対流入速度の合成によって決まる。すなわち、コンプレッサ回転数と流入空気の速度変化で決まる。

問0535 (4)　　『[7] タービン・エンジン』8-1-3「燃料制御系統」図8-3
(4)○：加速時は燃料流量を増加することによって加速するため、コンプレッサの劣化等により空気流量が少ない場合、空燃比が大きくなってストール・ゾーンに入りストールを発生する可能性が高い。
(1)×：始動時はストールよりも燃料過濃によるエンジン消火が問題になる。
(2)×：離陸出力時は定常運転ライン上にあるためストール・ゾーンから離れており、ストール発生の可能性は少ない。
(3)×：減速時はストールよりも燃料過薄によるエンジン消火が問題になる。

発
動
機

問題番号	解答

問0536 (4)　『[7] タービン・エンジン』6-3-6「コンプレッサのストール」
(4)×：オフ・アイドル・ストールとは、エンジンの加速中にアイドルから少し上の推力で発生するストールをいい、緩速推力時（アイドル）では発生しない。
(1)○：インレット・ディストーションはエア・インレット・ダクト内での流入空気の乱れをいい、リバース時に逆流空気流を吸入して発生することがある。
(2)○：加速時には回転質量の大きい低圧ロータの加速が遅く低圧コンプレッサ出口圧力が低下するため高圧コンプレッサの空気流速が遅くなって高圧コンプレッサでストールを発生し易い。
(3)○：飛行高度の増加に伴い、レイノルズ数は臨界レイノルズ数より小さくなり、ストールを発生する。

問0537 (1)　『[7] タービン・エンジン』6-3-6「コンプレッサのストール」
(1)○：2軸式コンプレッサでは、低圧計ロータと高圧系ロータの質量の違いから加速減速時の回転速度に差を生じ易くストールを発生する。
(2)×：ストールが発生すると、大きな爆発音や振動を伴った瞬間的な出力低下を生じ、計器の指示は瞬間的である。
(3)×：2軸式コンプレッサでは、加速時には高圧ロータが先に加速して低圧コンプレッサ出口圧力が低下して高圧コンプレッサにストールを発生し、減速時には回転質量の小さい高圧コンプレッサが先に減速して低圧コンプレッサ出口が閉塞して低圧コンプレッサにストールを発生する。
(4)×：軸流圧縮機は構造的に安定運転領域が狭くストールを起こしやすい。

問0538 (2)　『[7] タービン・エンジン』6-3-6「コンプレッサのストール」
(2)○：リバース・スラスト時に高温排気ガスを吸入した場合には、インテーク内の吸入空気温度分布が不均一になりストールを発生する。
(1)×：加速時には回転質量の小さな高圧コンプレッサが先に加速するため充分な空気流が得られず高圧コンプレッサでストールを発生するが、減速時は慣性の大きい低圧コンプレッサの減速が遅く低圧コンプレッサ出口が閉塞して低圧コンプレッサの空気流速が遅くなるため定圧コンプレッサでストールを発生する。
(3)×：出力を下げるときは高圧コンプレッサに比べて慣性の大きな低圧コンプレッサの減速が遅く低圧コンプレッサ出口が閉塞して低圧コンプレッサの空気流速が遅くなるため低圧コンプレッサでストールを発生する。
(4)×：遠心式コンプレッサは空力的方法によらず空気流の質量を遠心力により加速昇圧するため安定領域が広いがストールを発生しないわけではない。

問0539 (3)　『[7] タービン・エンジン』6-3-6「コンプレッサのストール」
(3)○：急激な機体操作などでエンジン入口と流入空気の角度が大きいとインレット・ディストーションを生じコンプレッサ・ストールを発生し易くなる。
(1)×：ストール発生では大きな爆発音や振動を伴い瞬間的出力低下を生じる。
(2)×：2軸式コンプレッサでは、加速時には高圧ロータが先に加速して低圧コンプレッサ出口圧力が低下して高圧コンプレッサにストールを発生し、減速時には回転質量の小さい高圧コンプレッサが先に減速して低圧コンプレッサ出口が閉塞して低圧コンプレッサにストールを発生する。
(4)×：軸流圧縮機は構造的に安定運転領域が狭いためストールを起こしやすいが、遠心圧縮機は安定運転領域が広いが環境条件によってストールを起こすことがある。

問0540 (3)　『[7] タービン・エンジン』6-3-6「コンプレッサのストール」
(3)○：コンプレッサ・ブレードの迎え角は流入空気速度や回転速度によって決まることから、コンプレッサ・ブレードに対する流入空気の迎え角が小さ過ぎると流入空気速度や回転速度の変化により迎角が変化しやすいためコンプレッサ・ストールを発生しやすい。
(1)×：ストールが発生すると指示が変化し、大きな爆発音や振動を伴った瞬間的な出力低下を生ずる。
(2)×：2スプール・コンプレッサでは、加速時には高圧ロータが先に加速するため低圧コンプレッサ出口の圧力が低下して高圧コンプレッサにストールを発生し、減速時には回転質量の小さい高圧コンプレッサが先に減速するため、低圧コンプレッサ出口が閉塞して、低圧コンプレッサにストールを発生する。
(4)×：軸流圧縮機は構造的に安定運転領域が狭いためストールを起こしやすいが、遠心圧縮機は安定運転領域が広いが環境条件によってストールを起こすことがある。

問0541 (3)　『[7] タービン・エンジン』6-3-6-2「ストールの原因」
(3)×：追風で飛行していてもエンジン・エア・インレットへの空気は前方から入るので、流入空気の速度、方向に乱れがない限りコンプレッサ・ストールの原因とはならない。

問0542 (3)　『[7] タービン・エンジン』6-3-5「コンプレッサの作動特性」
(3)：○
エンジン始動時や低出力時のコンプレッサ回転数が低いときには、コンプレッサの（前段）が（後段）へ送る空気流量が（多すぎ）て閉塞を生ずるため、前段部の流入空気の絶対速度が遅くなって動翼に対する迎え角が（大きく）なり、結果、（前段）でストールを生ずる。

問0543 (1)　『[7] タービン・エンジン』6-3-5「コンプレッサの作動特性」
(1)：○
・コンプレッサが設計回転数より高回転の場合、後段が要求する空気流量を満すことが徐々に厳しくなり後段における流速が遅くなるため動翼に対する迎え角が大きくなり、後段部でストールを生じやすくなることから直線（ア）は高回転が該当する。
・コンプレッサが設計回転数より低回転の場合、コンプレッサを流れる空気流の絶対量が少ない上、前段の断面積が大きいため前段部を流れる空気の絶対速度が遅くなり動翼に対する迎え角が大きくなって前段部でストールを生ずるが、後段部は充分な流入速度でストールは発生しないことから直線（イ）は低回転が該当する。
・上記文章から（ウ）は前段、（エ）は後段が適当。

問題番号	解　答

問0544 (1)　『[7] タービン・エンジン』6-3-7-(2)「多軸エンジン」
(1)：○
高圧コンプレッサは高圧タービンで駆動されるが、高圧タービンは燃焼器から出た高温高圧ガスから最初にエネルギを受けるため、高速で回転する。後段の低圧コンプレッサを駆動する低圧タービンの回転数は高圧タービンよりも低くなる。

問0545 (1)　『[7] タービン・エンジン』6-3-5「コンプレッサの作動特性」
(1)：○
軸流コンプレッサのロータ・ブレードへの流入空気の迎え角は、ロータの回転速度と流入空気の絶対流入速度の合成ベクトルの方向によって決まる。すなわち、コンプレッサ回転数と流入空気の速度変化で決まる。
したがって、流入空気の速度が変化すると迎角が変化する。

問0546 (1)　『[7] タービン・エンジン』6-3-5「コンプレッサの作動特性」
(1)：○
＊問0545の解説を参照

問0547 (3)　『[7] タービン・エンジン』6-3-5「コンプレッサの作動特性」
(3)：○
コンプレッサの流入空気の絶対速度は、回転数が一定の場合、大気温度比の平方根に比例し、次式で表わされる。

流入空気の絶対速度 ＝ 標準温度での絶対流入速度 $\times \sqrt{大気温度比}$

問0548 (2)　『[7] タービン・エンジン』6-3-7-(2)「多軸エンジン」
(2)○：高圧コンプレッサは高圧タービンで駆動されるが、高圧タービンは燃焼器から出た高温高圧ガスから最初にエネルギを受けて高速で回転する。後段の低圧コンプレッサを駆動する低圧タービンの回転数は高圧タービンよりも低くなる。

問0549 (2)　『[7] タービン・エンジン』6-3-7-(2)「多軸エンジン」
(2)：○
＊問0548の解説を参照

問0550 (2)　『[7] タービン・エンジン』6-3-5「コンプレッサの作動特性」
(A)(B)：○
(C)×：絶対速度が増加すると動翼に対する迎角は減少し圧力比は低下する。
(D)×：流入空気の絶対速度が一定の場合、動翼の回転速度が変化すると合成ベクトルである流入空気の相対速度が変化する。

問0551 (3)　『[7] タービン・エンジン』6-3-5「コンプレッサの作動特性」
(B)(C)(D)：○
(A)×：流入空気の絶対速度はc で示され、相対速度はw で示される。

問0552 (4)　『[7] タービン・エンジン』6-3-5「コンプレッサの作動特性」
(A)(B)(C)(D)：○
(A)：加速時には高圧コンプレッサは急激に加速して多量の空気を吸入するが、回転質量が大きい低圧コンプレッサは加速が遅れ空気流量が増加しないため低圧コンプレッサ出口（高圧コンプレッサ入口）の圧力が低下する。
(B)：減速時には高圧コンプレッサが処理する空気流量はすぐに減少するが、回転質量の大きな低圧コンプレッサが送り出す空気量はすぐには減少しないため、高圧コンプレッサの入口で空気流のチョークを生じる。
(C)：加速時には低圧コンプレッサ出口（高圧コンプレッサ入口）の圧力が低下するため高圧コンプレッサの流入空気の絶対速度のベクトルが小さくなり迎角が増加して高圧コンプレッサでストールを発生する。
(D)：減速時には高圧コンプレッサの入口で空気流のチョークを生じるため低圧コンプレッサの空気流速が小さくなって迎角が大きくなりストールを発生する。

問0553 (4)　『[7] タービン・エンジン』6-4-6「軸流圧縮機のストール防止構造」
(4)×：アクティブ・クリアランス・コントロールは、コンプレッサおよびタービンのブレード先端の間隙を小さく維持して高効率を確保する方法であり、コンプレッサ・ストール防止の方法ではない。
(1)○：コンプレッサ・ブリード・バルブ：低速時のコンプレッサ前段部のストール防止のために軸流圧縮機の中段または後段に抽気弁を設け、始動時や低出力時に抽気してストールを防止する。
(2)○：マルチ・スプール：コンプレッサを別の回転体構造に分離して、各コンプレッサの圧力比を5以下にして安定運転範囲を確保する。
(3)○：バリアブル・ステータ・ベーン：コンプレッサの静翼を可変式にして、流入空気量の変化に応じて、動翼に対する迎角を常に最適に保つ。

問0554 (3)　『[7] タービン・エンジン』6-3-7「コンプレッサのストール防止構造」
(3)○：エンジンの始動時や低出力運転時には流入空気量が少ないため、圧縮機前段部では空気流量に対して断面積が大き過ぎて流入空気の軸流速度が遅くなり、動翼に対する迎角が大きくなってストールを起こしやすくなる。コンプレッサ前段部のストール防止対策として、圧縮空気の一部を軸流圧縮機の中段または後段部から抽気することによって、流入空気の絶対速度が抽気空気量分増加し動翼に対する迎え角を減少してストールを防止するものである。

問0555 (1)　『[7] タービン・エンジン』6-3-7「コンプレッサのストール防止構造」
(1)：○
＊問0554の解説を参照

発動機

問題番号	解　答

問0556 (2)　『[7] タービン・エンジン』6-3-7「コンプレッサのストール防止構造」
(A)(B)：○
(A)：コンプレッサの静翼を可変式にして、流入空気流量の変化に応じて、動翼に対する迎角を常に最適に保つことによりストールを防止する。
(B)：低速時における圧縮機の前段部のストールを防止するためにエンジンの始動時や低出力時に軸流圧縮機の中段または後段から抽気することにより圧縮機前段部の流入空気速度を増加して、動翼に対する迎角を減少してストールを防止する。
(C)×：機械的に独立したフリー・タービンとしても、ストールとは無関係である。
(D)×：リバース・フロー型燃焼室はエンジンの全長を短くするために導入されるもので、コンプレッサ・ストール防止のための構造ではない。

問0557 (2)　『[7] タービン・エンジン』6-3-7「コンプレッサのストール防止構造」
(A)(D)：○
(A)：始動時や低出力時に圧縮空気の一部を外気へ放出する。
(D)：可変式のバリアブル・ブリード・バルブを装備したエンジンもある。
(B)×：抽気バルブが開くことで、コンプレッサの流入空気量が増えるため空気流の絶対速度は増加する。
(C)×：軸流コンプレッサと遠心コンプレッサの回転による能力差の影響を減らすためにブリード・バルブは軸流コンプレッサと遠心コンプレッサの間に装備されている。

問0558 (2)　『[7] タービン・エンジン』6-3-7「コンプレッサのストール防止構造」
(A)(B)：○
(A)：軸流・遠心コンプレッサ（Axi-CF 型コンプレッサ）はターボシャフト・エンジンに多く使用されているため、ブリード・バルブも装備されている。
(B)：低回転時のストール防止以外に軸流コンプレッサと遠心コンプレッサの能力差による影響を減らすためにも使用するために装備されている。
(C)×：軸流コンプレッサの流入空気の絶対速度が遅くなるのは低回転時である。
(D)×：軸流コンプレッサと遠心コンプレッサの回転による能力差の影響を減らすためにブリード・バルブは軸流コンプレッサと遠心コンプレッサの間に装備されている。

問0559 (2)　『[7] タービン・エンジン』6-3-7「コンプレッサのストール防止構造」
(2)×：流入空気の絶対速度が空気温度の平方根に比例するため、一般に圧縮機入口温度（CIT）と回転数（N）を関数として制御される。
(1)○：ロータ・ブレードに対する迎え角を常に最適に保つ役目を持っている。
(3)○：低回転領域でストール発生の可能性が高い圧縮機前段部の流入空気の絶対速度を増加させてロータ・ブレードに対する迎え角を減少させるためのエア・ブリードを併用したエンジンが多い。
(4)○：インレット・ガイド・ベーンにもバリアブル・インレット・ガイド・ベーンとして使用されている。

問0560 (2)　『[7] タービン・エンジン』6-3-7「コンプレッサのストール防止構造」
(2)×：流入空気の絶対速度が空気温度の平方根に比例するため、一般に圧縮機入口温度（CIT）と回転数（N）を関数として制御される。

問0561 (3)　『[7] タービン・エンジン』6-3-7「コンプレッサのストール防止構造」
(3)×：流入空気の絶対速度が空気温度の平方根に比例するため、一般に圧縮機入口温度（CIT）と回転数（N）を関数として制御される。
(1)○：軸流コンプレッサの入口案内板や一部のステータを可動構造にしたものである。
(2)○：ロータ・ブレードに対する迎え角を常に最適に保つため使用されている。
(4)○：流入空気量が多いとアイドル回転で流入速度が遅くなり、ブレードの迎え角が大きくなってストール発生の原因となるため、流入空気量を減らして流入空気速度を増し迎え角を減らす。

問0562 (2)　『[7] タービン・エンジン』6-3-7「コンプレッサのストール防止構造」
(2)×：コンプレッサ・ロータ・ブレードに対する迎え角は流入空気の絶対速度とロータ回転速度により決まる。
(1)○：軸流コンプレッサの入口案内板や一部のステータを可動構造にしたものである。
(3)○：流入空気の絶対速度が空気温度の平方根に比例するため、一般に圧縮機入口温度（CIT）と回転数（N）を関数として制御される。
(4)○：ロータ・ブレードに対する迎え角が適正となるため、固定型ステータ・ベーンに比べ、所定の回転数では高い圧力比で作動することができる。

問0563 (1)　『[7] タービン・エンジン』6-3-7「コンプレッサのストール防止構造」
(A)○：N2の回転数が95％付近は最大出力に近く、多量の空気量を必要とするため全開となる。
(B)×：バリアブル・インレット・ガイド・ベーンはコンプレッサの入口にある。
(C)×：ユニソン・リングは全ステータ・ベーンに角度を与える目的で取り付けられている。
(D)×：コンプレッサ・ロータ・ブレードに対する迎角を常に最適な状態に保つ。

問0564 (4)　『[7] タービン・エンジン』6-3-8-2「コンプレッサ・ロータ」
(4)×：コンプレッサ・ロータの構造でリム型は使用されていない。
(1)○：ドラム型は、ディスクとスペーサを溶接構造でドラム型としたもので、コンプレッサ・ロータに多く使われる。
(2)○：ディスク型は、ディスクとスペーサを重ね合わせてタイ・ボルトで取り付けて構成したもので、コンプレッサ・ロータに多く使われる。
(3)○：ブリスク構造は、ディスクとブレードを一体化して造られた構成で、最近のエンジンで使われている。

問題番号		解　答

問0565 (4)　　『[7] タービン・エンジン』6-3-8-2「コンプレッサ・ロータ」
(4)○：コンプレッサ・ブレードをディスク外周上に固定する方法としては、ダブテール・ロック方式が多く使われている。ハブ・アンド・タイロッド方式、ベーン・アンド・シュラウド方式、ウイング・ディスク方式は存在しない。

問0566 (3)　　『[7] タービン・エンジン』6-3-8「コンプレッサの構成」
(A)(B)(C)：○
(A)：ディスクへの取付方法には一般にダブテール方式が多用されている。
(B)：コンプレッサ・ブレードは減速流内で作動するため転向角が大きくできないため、一般的に翼型断面には薄肉尖頭の円弧断面型翼型が使用される。
(C)：空気流の半径方向の流速を一定にするために、ブレードの根元から先端にかけ大きなねじれが付けられている。
(D)×：コンプレッサの後段ほど圧力が高くなり容積が小さくなるため、ブレードの長さは後段ほど短くなるが、枚数は減少しない。

問0567 (3)　　『[7] タービン・エンジン』6-3-3「軸流式コンプレッサの作動原理」
(A)(C)(D)：○
(A)：ブリスクはブレードとディスクを一体化した構成であり、鍛造や機械加工によって作られる。
(C)：ブレード取付部の余分な材料や取り付け用部品が不要であるため重量軽減ができる。
(D)：ブレード取付部が無いためディスクの直径を小さくできる。
(B)×：ブリスクはブレードとディスクを一体化した構造であるため、ディスクにブレードを取り付ける部分はない。

問0568 (4)　　『[7] タービン・エンジン』6-3-10「ディフューザ・セクション」
(4)○：コンプレッサで昇圧した後、燃焼室に送るに余分な空気流の速度エネルギを静圧に変換するため、圧力はコンプレッサ吐出圧力より高くなり、エンジンの中で最も圧力が高い。
(1)×：ディフューザは燃焼室への早すぎる空気流速を静圧に変換して減速するためコンプレッサ出口と燃焼室との間にある。
(2)×：燃焼室に送るのに早すぎる空気流速を静圧に変換して減速するため末広がりのダイバージェント・ダクトを形成している。
(3)×：ディフューザは燃焼室への早すぎる空気流速を減速するため末広がりダクトであり、エンジンの中で最も圧力が高くなるが、空気流速はむしろ減速されている。

問0569 (4)　　『[7] タービン・エンジン』6-3-10「ディフューザ・セクション」
(4)○：コンプレッサで昇圧した後、燃焼室に送るに余分な空気流の速度エネルギを静圧に変換するため、圧力はコンプレッサ吐出圧力より高くなり、エンジンの中で最も圧力が高い。
(1)×：ディフューザはコンプレッサ出口と燃焼室との間にある部分をいう。
(2)×：燃焼室に送るのに早すぎる空気流速を静圧に変換して減速するため末広がりのダイバージェント・ダクトを形成している。
(3)×：エンジン内で最も高温になるのは燃焼した後であるが、燃焼室内は冷却・希釈空気で冷却されるので、エンジンの中で最も高温になるのはタービン入口である。

問0570 (2)　　『[7] タービン・エンジン』6-3-10「ディフューザ・セクション」
(C)(D)：○
(A)×：ディフューザはコンプレッサ出口と燃焼室との間にある部分をいう。
(B)×：空気流速を静圧に変換するため末広がりのダイバージェント・ダクトを形成している。

問0571 (3)　　『[7] タービン・エンジン』6-3-10「ディフューザ・セクション」
(A)(B)(D)：○
(A)：ディフューザはコンプレッサ出口と燃焼室との間にある部分をいう。
(B)：空気流速を静圧に変換するため末広がりのダイバージェント・ダクトを形成している。
(D)：空気流の速度が低過ぎると空気流が壁面から剥離して乱流となるため空気流の速度には下限がある。
(C)×：コンプレッサから吐出された空気流の速度エネルギが静圧に変換されるためコンプレッサ吐出圧力より高く、エンジンの中で最も圧力が高い。

問0572 (4)　　『[7] タービン・エンジン』6-3-9「コンプレッサの性能回復」
(4)×：ブロック・ドライアイスを使用する方法は使われていない。
(1)○：コンプレッサ・ブレードの汚れは、エンジンをモータリングしながらエア・インテークから水（および洗剤）を散布吸入することによるエンジン・ウォータ・ウォッシュにより性能回復が可能である。
(2)○：エンジンによっては性能回復にエンジンをアイドル運転しながら微細な石炭の粉末を吸入させることによりブラスト効果でブレード表面の汚れを取るコーク・クリーニングが認められている。
(3)○：アイドル運転しながら胡桃の殻の粉末を吸入させてブレード表面の汚れを取るカーボ・ブラストがある。

問0573 (3)　　『[7] タービン・エンジン』6-4-1「燃焼室の種類と特徴」
(A)(B)(C)：○
(A)：使用できる空間を最も有効に使うことができる。
(B)：使用できる空間を最も有効に使用できるため、同じ空気量では直径を小さくできる。
(C)：ドーナツ状の一体の燃焼室であるため構造が簡素で軽量である。
(D)×：燃焼が安定で有害排気ガスの発生が少ない。

問0574 (2)　　『[7] タービン・エンジン』6-4-1「燃焼室の種類と特徴」
(2)×：燃焼器は構造的にカン型、アニュラ型、カニュラ型に分類され、ダクト型は存在しない。

発動機

－ 175 －

問題番号	解　答

問0575　(4)
『[7] タービン・エンジン』6-4-1「燃焼室の種類と特徴」
(4)×：燃焼が安定で有害排気ガスの発生が少ない。

問0576　(1)
『[7] タービン・エンジン』6-4-1「燃焼室の種類と特徴」
(1)○：燃焼室ケースとライナーで構成された小型の燃焼缶がエンジン軸を中心として円周上等間隔に配置されるため、燃焼缶の表面の大部分が湾曲した構造であり高い強度があり歪に対して強い。
(2)×：小型の燃焼缶がエンジン軸を中心として円周上等間隔に配置されるため、各燃焼缶の間に空間が出来て使用できる空間が有効に使用できない。
(3)×：個々の燃焼室は燃焼室ケースとライナーで構成され、各燃焼缶はインターコネクタで結合された複雑な構造となっており、必要な容積を覆う板金の表面積が非常に大きくなる。
(4)×：燃焼室ライナは各燃焼缶ごとに冷却が行われるため、必要な冷却空気は多くなる。

問0577　(1)
『[7] タービン・エンジン』6-4-1「燃焼室の種類と特徴」
(A)○：燃焼室ケースとライナーで構成された小型の燃焼缶がエンジン軸を中心として円周上等間隔に配置されるため、燃焼缶の表面の大部分が湾曲した構造であり高い強度があり歪に対して強い。
(B)×：小型の燃焼缶がエンジン軸を中心として円周上等間隔に配置されるため、各燃焼缶の間に空間が出来て使用できる空間が有効に使用できない。
(C)×：個々の燃焼室は燃焼室ケースとライナーで構成され、各燃焼缶はインターコネクタで結合された複雑な構造となっており、必要な容積を覆う板金の表面積が非常に大きくなる。
(D)×：燃焼室ライナは各燃焼缶ごとに冷却が行われるため、必要な冷却空気は多くなる。

問0578　(4)
『[7] タービン・エンジン』6-4-1「燃焼室の種類と特徴」
(4)○：構造が簡素な一体型であるためライナ冷却に必要な空気は他の型より15％ほど少ない。
(1)×：構造が簡素で大きいため、他の型より強度の面で劣る。
(2)×：エンジン周囲の使用できる空間を最も有効に使用できるため、同じ空気流量では他の型より直径が小さくなる。
(3)×：燃焼器ライナの内側は一体空間であるためインタ・コネクタは不要である。

問0579　(1)
『[7] タービン・エンジン』6-4-1「燃焼室の種類と特徴」
(1)×：燃焼が安定で有害排気ガスの発生が少ない。

問0580　(1)
『[7] タービン・エンジン』6-4-1「燃焼室の種類と特徴」
(1)×：空気が燃焼室に入る前に余熱されるのは、欠点ではなく、方向転換による効率の損失を補う利点である。
(2)○：燃焼の流れの方向は180度変化する。
(3)○：燃焼ガスの方向転換により効率の損失を生ずる。
(4)○：リバース・フロー型燃焼室はアニュラ型燃焼室の変形である。

問0581　(4)
『[7] タービン・エンジン』6-4-2「燃焼室の作動原理」
(4)○：総空気量の約75％の空気流は燃焼ガスを希釈し、出口温度を許容されるタービン入口温度まで均一に下げると同時に、燃焼器ライナの壁面を冷却して壁面材料を保護し、燃焼器の耐久性を増す働きをする。
(1)×：ケロシンの燃焼に必要な理論空燃比は15対1である。
(2)×：ケロシンの燃焼に必要な理論空燃比とするためコンプレッサからの総空気量の25％を1次空気として燃焼領域に使用し、残りの75％を2次空気として冷却・希釈用空気に使用する。
(3)×：スワラー（旋回案内羽根）は取り入れる空気流に高い旋回速度を与えることにより軸方向の速度を減らして燃料との混合および燃焼にかかる時間を長くする。

問0582　(4)
『[7] タービン・エンジン』6-4-2「燃焼室の作動原理」
(4)：○
（参考）
ジェット・エンジンの燃料には、通常ケロシンが使用されているが、ケロシンの燃焼に必要な理論空燃比は重量比で15対1であるが、燃焼器へ送り込まれる全空気流量の空燃比は40〜120対1と空燃比の6倍もあるため、最適な空燃比が常時保たれるように1次空気の流入量を約25％に制限している。残る約75％の空気流は、燃焼ガスを希釈し、出口温度を許容されたタービン入口温度まで均一に下げると同時に、燃焼器ライナの壁面を冷却して壁面材料を保護し、燃焼器の耐久性を増す働きをしている。

問0583　(1)
『[7] タービン・エンジン』6-4-2「燃焼室の作動原理」
(1)×：流入空気はスワラーで渦を発生することにより、直線速度を減らし燃焼時間を確保する。
(2)○：タービン・エンジンの燃焼は等圧連続燃焼である。
(3)○：燃焼領域の燃焼温度は1,600〜2,000℃である。
(4)○：燃焼に適した空燃比とするため、一次空気流の割合は総空気量の約25％に制限される。

問0584　(1)
『[7] タービン・エンジン』6-4-2「燃焼室の作動原理」
(1)○：ジェット・エンジンの燃料には、通常ケロシンが使用されているが、ケロシンの燃焼に必要な理論空燃比は重量比で15対1であるが、燃焼器へ送り込まれる空気流量は40〜120対1と空燃比の6倍もあるため、最適な空燃比が常時保たれるように1次空気の流入量を約25％に制限している。残る約75％の空気流は、燃焼ガスを希釈し、出口温度を許容されたタービン入口温度まで均一に下げると同時に、燃焼器ライナの壁面を冷却して壁面材料を保護し、燃焼器の耐久性を増す働きをしている。

問題番号		解　答

問0585 (1)　　　『[7] タービン・エンジン』6-4-2「燃焼室の作動原理」
(1)×：ケロシンの燃焼に必要な燃焼領域の空燃比は15対1であるため、効率よく熱量を得るために燃焼領域での空燃比は14～18対1の最適空燃比としている。
(2)○：タービン・エンジンの燃焼は等圧連続燃焼である。
(3)○：燃焼領域の燃焼温度は1,600～2,000℃である。
(4)○：燃焼に適した空燃比とするため、一次空気流の割合は総空気量の約25%に制限される。

問0586 (2)　　　『[7] タービン・エンジン』6-4-2「燃焼室の作動原理」
(2)×：二次空気は燃焼器ライナ外側を流れての壁面を冷却して壁面材料を保護し、燃焼器ライナの孔からライナの内部に流入して燃焼ガスを希釈して出口温度を許容されるタービン入口温度まで均一に下げる働きをする。
(1)○：ケロシンの燃焼に必要な理論空燃比とするためコンプレッサからの総空気量の25%を1次空気として燃焼領域に使用し、残りの75%を2次空気として冷却・希釈用空気に使用する。
(3)○：スワラー（旋回案内羽根）は取り入れる空気流に高い旋回速度を与えることにより軸方向の速度成分を減らして燃料との混合および燃焼にかかる時間を長くする。
(4)○：ケロシンの燃焼に必要な理論空燃比は15対1である。

問0587 (2)　　　『[7] タービン・エンジン』6-4-2「燃焼室の作動原理」
(A)(C)：○
(B)×：燃焼領域の燃焼温度は1,600～2,000℃である。
(D)×：ケロシンの燃焼に必要な理論空燃比は重量比で15対1である。

問0588 (3)　　　『[7] タービン・エンジン』6-4-2「燃焼室の作動原理」
(B)(C)(D)：○
(A)×：適正空燃比とするために総空気量の25%を1次空気として燃料ノズルの周りから燃焼領域に取り入れる。

問0589 (3)　　　『[7] タービン・エンジン』6-4-2「燃焼室の作動原理」
(B)(C)(D)：○
(B)：ケロシンの燃焼に必要な理論空燃比とするためコンプレッサからの総空気量の25%を1次空気として燃焼領域に使用し、残りの75%を2次空気として冷却・希釈用空気に使用する。
(C)：スワラー（旋回案内羽根）は取り入れる空気流に高い旋回速度を与えることにより軸方向の速度を減らして燃料との混合および燃焼にかかる時間を長くする。
(D)：総空気量の約75%の空気流は燃焼ガスを希釈し、出口温度を許容されるタービン入口温度まで均一に下げると同時に、燃焼器ライナの壁面を冷却して壁面材料を保護し、燃焼器の耐久性を増す働きをする。
(A)×：ケロシンの燃焼に必要な理論空燃比は15対1である。

問0590 (1)　　　『[7] タービン・エンジン』6-4-2「燃焼室の作動原理」
(D)○：総空気量の約75%の空気流は燃焼ガスを希釈し、出口温度を許容されるタービン入口温度まで均一に下げると同時に、燃焼器ライナの壁面を冷却して壁面材料を保護し燃焼器の耐久性を増す働きをする。
(A)×：ケロシンの燃焼に必要な理論空燃比は重量比で15対1である。
(B)×：ケロシンの燃焼に必要な理論空燃比付近とするためコンプレッサからの総空気量の25%を1次空気として燃焼領域に使用し、残りの75%を 2 次空気として冷却・希釈用空気に使用する。
(C)×：スワラー（旋回案内羽根）は燃焼領域の前部において取り入れる空気流に高い旋回速度を与えることにより軸方向の速度を減らして燃料との混合および燃焼にかかる時間を長くする。

問0591 (3)　　　『[7] タービン・エンジン』6-4-2「燃焼室の作動原理」
(B)(C)(D)：○
(B)：燃焼のために適正な空燃比を確保し、総空気量に熱エネルギを付与するために燃焼器の内部は機能別に燃焼領域と混合・冷却領域とに分けられる。
(C)：燃焼領域の燃焼温度は1,600～2,000℃である。
(D)：燃焼に適した空燃比とするため、一次空気流の割合が総空気量の約25%に制限される。
(A)×：燃焼室に送り込まれる空気流量全体の空燃比は40～120対1であるが、燃焼に必要な燃焼領域の空燃比は14～18対1となっている。

問0592 (2)　　　『[7] タービン・エンジン』6-4-2「燃焼室の作動原理」
(B)(C)：○
(A)×：燃焼に適した空燃比とするため一次空気流の割合は総空気量の約25%に制限される。
(D)×：ケロシンの燃焼に必要な燃焼領域の空燃比は重量比で15対1である。

問0593 (4)　　　『[7] タービン・エンジン』6-4-3「燃焼室の性能」
(4)×：燃焼室における単位時間内の単位容積当たりの発熱量を燃焼負荷率と言い、これが大きいほど小型軽量にできるため大きいことが求められる。
(1)○：燃焼による流入空気流のエンタルピ（全エネルギ）増加と供給熱量との比を燃焼効率と呼び、燃焼効率が高いことが要求される。
(2)○：燃焼室入口から出口までの全圧力損失（通常5%程）を燃焼室の圧力損失と言い、圧力損失が少ないことが要求される。
(3)○：タービンへの影響をなくすため出口温度は均一であることが求められる。

問0594 (4)　　　『[7] タービン・エンジン』6-4-3「燃焼室の性能」
(4)×：燃焼効率は高いことが求められる。
(1)○：安定燃焼が得られ、フレーム・アウトが起こらないことが必要である。
(2)○：燃焼室入口から出口までの全圧力損失を燃焼室の圧力損失と言い、これが小さいことが求められる。
(3)○：有害排出物が少ないことが求められる。

発動機

問題番号		解　答

問0595 (2)　　『[7] タービン・エンジン』6-4-3「燃焼室の性能」
(B)(D)：○
(B)：燃焼室入口から出口までの全圧力損失を燃焼室の圧力損失と言い、これが小さいことが必要である。
(D)：燃焼室後流にあるタービンへの影響を最小限とするために出口温度分布が均一であることが求められる。
(A)×：燃焼室には反動度はない。
(C)×：燃焼室における単位時間内の単位容積当たりの発熱量を燃焼負荷率と言い、これを大きくすることにより小型軽量にできるため、大きいことが求められる。

問0596 (3)　　『[7] タービン・エンジン』6-4-3「燃焼室の性能」
(3)×：振動減衰率は燃焼室の性能を表す指標ではない。
(1)○：流入空気の全エネルギ増加と供給熱量の比が燃焼効率で、燃焼室の性能を表す。
(2)○：燃焼室における単位時間内の単位圧力容積当たりの発熱量が燃焼負荷率である。
(4)○：燃焼安定性は、広い運転領域における滑らかな燃焼をする能力で、燃焼室の性能を表す。

問0597 (4)　　『[7] タービン・エンジン』6-4-3「燃焼室の性能」
(4)×：高空再着火性能は飛行速度に左右されるが、飛行高度により流入空気の圧力および温度が低くなるため、飛行高度にも大きく影響される。
(1)○：燃焼効率は流入空気の圧力および温度が高いほど高くなり、海面高度での離陸出力時はほぼ100%に達する。
(2)○：圧力損失は燃焼負荷率や燃焼効率などとともに燃焼室の性能を表す指標である。
(3)○：燃焼室における単位時間内の単位容積当たりの発熱量を燃焼負荷率と言い、燃焼負荷率はアニュラ型燃焼室が最も大きい。

問0598 (2)　　『[7] タービン・エンジン』6-4-3「燃焼室の性能」
(2)×：燃焼負荷率は大きくなるほど小型化できるが、熱負荷が大き過ぎると燃焼器の耐久性が悪くなる。

問0599 (2)　　『[7] タービン・エンジン』6-4-3「燃焼室の性能」
(A)(C)：○
(B)×：燃焼負荷率は大きくなるほど小型化できるが、熱負荷が大き過ぎると燃焼器の耐久性が悪くなる。
(D)×：タービン・ノズルやブレードの熱衝撃の可能性を減らすためには、ライナの出口断面におけるガス流に均等な温度分布が厳しく求められる。

問0600 (3)　　『[7] タービン・エンジン』6-4-3「燃焼室の性能」
(A)(B)(C)：○
(D)×：飛行高度により流入空気の圧力および温度が低くなるため、高空再着火性能は大きく影響される。

問0601 (2)　　『[7] タービン・エンジン』6-4-3「燃焼室の性能」
(C)(D)：○
(A)×：燃焼室における単位時間内の単位容積当たりの発熱量を燃焼負荷率といい、アニュラ型燃焼室は燃焼負荷率を最も大きくすることができる。
(B)×：高空再着火性能は飛行速度に左右されるが、飛行高度により流入空気の圧力および温度が低くなるため、高空再着火性能に大きく影響する。

問0602 (4)　　『[7] タービン・エンジン』6-4-3「燃焼室の性能」
(4)○：実際に燃料が熱量の発生に有効に使用された度合いを燃焼効率と呼び、流入空気の圧力および温度が高いほど向上し、流入速度および空燃比が大きいほど低下する。燃料に対する空気量が小さいほど向上する。

問0603 (4)　　『[7] タービン・エンジン』6-4-3「燃焼室の性能」
(4)○：燃焼負荷率は燃焼室における単位時間内の単位容積当たりの発熱量をいい、燃焼室内筒容積に対する燃焼による発熱量の比で、燃焼負荷率が大きければ燃焼室を小型にできる。

問0604 (1)　　『[7] タービン・エンジン』6-4-3「燃焼室の性能」
(1)○：燃焼負荷率は燃焼室における単位時間内の単位容積当たりの発熱量をいい、燃焼室内筒容積に対する燃焼による発熱量の比で、燃焼負荷率が大きければ燃焼室を小型にできる。

問0605 (4)　　『[7] タービン・エンジン』6-4-3「燃焼室の性能」
(4)×：燃焼室における単位時間内の単位容積当たりの発熱量を燃焼負荷率といい、アニュラ型燃焼室は燃焼負荷率を最も大きくすることができる。

問0606 (4)　　『[7] タービン・エンジン』6-4-3-d「燃焼安定性」
(4)：○
安定燃焼限界は広い運転領域において滑らかに燃焼する領域をいう。
縦軸の空燃比について見ると、空燃比が大きいと希薄領域となり、逆に空燃比が小さいと過濃領域となってフレーム・アウト（燃焼火炎が消える現象）を生じるため、燃焼領域には上下に空燃比による希薄限界および過濃限界がある。また横軸の空気流量でみると、空気流量が増加すると不安定燃焼領域となるため空気流量の増加が制限される。

問0607 (3)　　『[7] タービン・エンジン』6-4-4「燃焼室の構成」
(A)(B)(C)：○
(D)×：セラミックのタイルを使用することにより、冷却に必要な空気量が少なくなるため本流への空気量を増加することができ、有害排気ガスの発生を抑えることに使用出来る。

問題番号		解　答

問0608　(4)
『[7] タービン・エンジン』6-5-1「タービンの種類と特徴」
(4)×：有害排出物は燃焼室で造られ、タービンとは無関係である。タービンは燃焼室を出た高温高圧ガスを膨張させ、その熱エネルギを圧縮機やファンなどを駆動するための機械仕事として取り出す回転機械で、その具備すべき条件は次の通りである。

問0609　(1)
『[7] タービン・エンジン』6-5-1「タービンの種類と特徴」
(1)×：1段あたりの膨張比が大きいこと。

問0610　(3)
『[7] タービン・エンジン』6-5-1「タービンの種類と特徴」
(A)(B)(C)：○
(D)×：有害排出物は燃焼室で造られ、タービンとは無関係である。タービンは燃焼室を出た高温高圧ガスを膨張させ、その熱エネルギを圧縮機やファンなどを駆動するための機械仕事として取り出す回転機械で、その具備すべき条件は次の通りである。
タービンの具備条件は、高い効率が得られること、1段あたりの膨張比が大きいこと、信頼性が高く寿命が長いこと、である。

問0611　(1)
『[7] タービン・エンジン』6-5-1「タービンの種類と特徴」
(1)×：ラジアル・タービンは、燃焼ガスが外周の固定ノズルからタービン・ホイールの中心方向へ流れ込んで駆動するもので、遠心式圧縮機とはガス流の方向とロータの回転方向は異なる。
(2)○：ラジアル・タービンは、燃焼ガスがタービン・ホイール外周の固定ノズルからタービン・ホイールの中心方向へ流れ込んで駆動する。
(3)○：軸流タービンにおける個々のベーンをノズル・ガイド・ベーンとよび、これらを組み合わせたものをタービン・ノズルという。
(4)○：軸流タービンは、タービン・ステータとタービン・ロータで構成され、構造としては軸流コンプレッサに類似しているが、静翼と動翼の位置のみ入れ替わる。

問0612　(4)
『[7] タービン・エンジン』6-5-1「タービンの種類と特徴」
(4)×：ノズルと動翼一組（一段）におけるガス膨張のうち動翼が受け持つ膨張の割合を反動度という。

問0613　(3)
『[7] タービン・エンジン』6-5-2「タービンの作動原理」
(3)×：タービンでは燃焼ガスが膨張するため、ガス速度の上昇に伴って温度および静圧は減少する。
(1)○：タービンは燃焼ガスのエネルギをコンプレッサおよび補機等を駆動するための軸馬力に変換する役目を持っている。
(2)○：ノズル・ガイド・ベーンとタービン・ロータの各段で構成される。
(4)○：ノズル・ガイド・ベーンの入口面積を増すと所定の圧力を得るよう燃料が増加されるため燃料消費が高くなる。

問0614　(3)
『[7] タービン・エンジン』6-5-1「タービンの種類と特徴」
(A)(B)(D)：○
(A)：ディスクの高い遠心負荷と高温負荷により使用寿命が短い。
(B)：ガス流からの運動エネルギを100％抽出できる。
(D)：ラジアル・タービンは燃焼ガスが中央に向かって噴射された後軸方向に排出されるため軸流式タービンに比べて軸方向の排気速度が遅い。
(C)×：ラジアル・タービンは比較的効率が良く1段で4程度の膨張比が得られるが、多段化すると効率が低下するため使用されない。

問0615　(2)
『[7] タービン・エンジン』6-5-1「タービンの種類と特徴」
(2)×：ノズル・ガイド・ベーンの翼列が形成する通路断面は、圧力エネルギを速度エネルギに変換するために入口が広く出口が狭いコンバージェント流路となっている。
(1)○：タービン・ノズルは、ノズル・ガイド・ベーンとタービン・ノズル支持構造で構成される。
(3)○：ノズル・ガイド・ベーンは、コバルト基またはニッケル基耐熱合金製である。
(4)○：燃焼ガス温度の高い1段および2段のノズル・ガイド・ベーンには、コンベクション冷却、インピンジメント冷却、フイルム冷却などによる空冷での冷却が行われている。

問0616　(2)
『[7] タービン・エンジン』6-5-1「タービンの種類と特徴」
(A)(D)：○
(B)×：ノズル・ガイド・ベーンが形成するコンバージョン流路により高温高圧ガス流を膨張、減圧させて速度エネルギに変換する。
(C)×：入口面積が大き過ぎると所定のタービン出口圧力を確保するよう燃料流量が増えるため燃料消費率の増加とEGTの上昇を招き、入口面積が小さ過ぎるとコンプレッサ出口の背圧が増加するためコンプレッサのストールを生じやすい。

問0617　(1)
『[7] タービン・エンジン』6-5-1「タービンの種類と特徴」
(1)×：燃焼ガス流を膨張、減圧させて圧力エネルギを速度エネルギに変換する働きをする。
(2)○：ノズルからのガス流が動翼に対して最適な角度で流れるよう方向を与える働きをする。
(3)○：ノズル開口面積はタービン設計上最も重要な部分であり、面積が小さいと最大出力時に流れがせき止められて背圧が上昇して圧縮機にストールを生じやすくなる。
(4)○：ノズルの入口面積が大き過ぎるとタービン効率が低下して、同じ性能を得るために燃料消費率が増加しEGTの上昇を招く。

発動機

問題番号	解 答

問0618 (2)
『[7] タービン・エンジン』6-5-1「タービンの種類と特徴」
(2)×：ノズル・ガイド・ベーンの翼列が形成する通路断面は、圧力エネルギーを速度エネルギに変換するために入口が広く出口が狭いコンバージェント流路となっている。
(1)○：タービン・ノズルは、タービン・ロータの前にタービン・ノズル・サポートで支持されている。
(3)○：ノズル・ガイド・ベーンは、コバルト基またはニッケル基耐熱合金製である。
(4)○：燃焼ガス温度の高い1段および2段のノズル・ガイド・ベーンには、コンベクション冷却、インピンジメント冷却、フイルム冷却などによる空冷での冷却が行われている。

問0619 (3)
『[7] タービン・エンジン』6-5-1「タービンの種類と特徴」
(A)(C)(D)：○
(A)：ノズルからのガス流が、動翼に対して最適な角度で流れるよう流れの方向を与える働きをする。
(C)：ノズル開口面積を大きくすると背圧が小さくなってエンジンの加速特性が改善されるが、必要な圧力を得るためにはタービン効率が低下して燃料消費率の増加とEGTの上昇を招く。
(D)：圧力エネルギを速度エネルギに変換するために翼列が形成する通路断面が先細となっている。
(B)×：高温高圧ガス流を膨張、減圧させて圧力エネルギを速度エネルギに変換することにより動翼にエネルギを与える。

問0620 (3)
『[7] タービン・エンジン』6-5-2「タービンの作動原理」
(A)(C)(D)：○
(A)：軸流タービンの各段における膨張のうち、タービン・ブレードが受け持つ膨張の比率を反動度という。
(C)：反動度はリアクション型タービンが最も大きく、次いでリアクション・インパルス型タービン、インパルス型タービンの順となる。
(D)：高い段効率を得るためには、反動度は50%前後がよいことが実証されている。
(B)×：理論的に可能な膨張仕事に対する実際の膨張仕事との比はタービン効率である。

問0621 (2)
『[7] タービン・エンジン』6-5-2「タービンの作動原理」
(2)：○
ノズルと動翼一組（一段）のガス膨張のうち動翼が受け持つ膨張の割合を反動度という。
したがって、タービンはノズルの後に動翼が位置するため、段全体のガス膨張（ノズル入り口圧力－動翼出口圧力）に対する動翼が受け持つ膨張（ノズル出口圧力－動翼出靴圧力）の比で示される。反動度の大きさにより、反動タービン、衝動タービンおよび反動衝動タービンに分類される。

問0622 (4)
『[7] タービン・エンジン』6-5-3「タービンの性能」
(4)：○
タービン効率は理想的な膨張と比べた実際の膨張の百分率であり、次式で表わされる。
タービン効率 ＝ ｛（実際の膨張仕事）／（断熱膨張仕事）｝ ×100
近年のタービンでは、この効率は90%台である。

問0623 (1)
『[7] タービン・エンジン』6-5-3「タービンの性能」
(1)○：タービン膨張比とは、タービン出口ガス全圧に対するタービン入口ガス全圧の比をいい、これが大きいほどタービン効率が良いことを示す。

問0624 (2)
『[7] タービン・エンジン』6-5-4-3「空冷タービン・ブレードおよびノズル・ガイド・ベーン」
(2)×：タービン・ブレードの冷却にトランスピレーション冷却は使われていない。
(1)○：コンベクション冷却はブレード内部の空洞に冷却空気を対流させる方法である。
(3)○：フィルム冷却はブレード表面の無数の小孔からの冷却空気の膜で燃焼ガスが直接ブレードに接しないようにして冷却する方法である。
(4)○：インピンジメント冷却はブレード内部の筒からブレード内壁に冷却空気を吹き付ける方法である。

問0625 (4)
『[7] タービン・エンジン』6-5-4-3「空冷タービン・ブレードおよびノズル・ガイド・ベーン」
(4)○：空冷式のタービン・ブレードに供給される冷却空気は、ブレードの根元から供給される。

問0626 (2)
『[7] タービン・エンジン』6-5-4-3「空冷タービン・ブレードおよびノズル・ガイド・ベーン」
(2)○：インピンジメント冷却方式とは、タービン翼内部の小さな横笛状の筒の小さな孔から冷却空気を吹き出しブレードを内側より冷却する方式である。
(1)×：コンベクション冷却：ブレード内部の空洞部分に冷却空気を対流させて冷却する方法。
(3)×：フィルム冷却：ブレード表面の多数の小穴から吹出した冷却空気によりブレード表面に冷却空気の膜を形成して高温ガスが直接ブレードに触れないようにして冷却する。

問0627 (1)
『[7] タービン・エンジン』6-5-4-3「空冷タービン・ブレードおよびノズル・ガイド・ベーン」
(1)○：コンベクション冷却は、ブレード内部の空気流路に冷却空気を対流させて冷却した後、ブレードの先端または後縁から排出するもっとも簡素な冷却方法である。
(2)×：インピンジメント冷却：ブレード内部の筒からブレード内面に冷却空気を吹き付ける方法。
(3)×：フィルム冷却：ブレード表面の多数の小穴から吹出した冷却空気によりブレード表面に冷却空気の膜を形成して高温ガスが直接ブレードに触れないようにして冷却する。

問0628 (3)
『[7] タービン・エンジン』6-5-4-3「空冷タービン・ブレードおよびノズル・ガイド・ベーン」
(3)○：フィルム冷却：ブレード表面の多数の小穴から吹出した冷却空気によりブレード表面に冷却空気の膜を形成して高温ガスが直接ブレードに触れないようにして冷却する方法である。
(1)×：コンベクション冷却は、ブレード内部の空気流路に冷却空気を対流させて冷却した後、ブレードの先端または後縁から排出するもっとも簡素な冷却方法である。
(2)×：インピンジメント冷却：ブレード内部の筒からブレード内面に冷却空気を吹き付ける方法。

問題番号		解 答

問0629 (3)
『[7] タービン・エンジン』6-5-4-3「空冷タービン・ブレードおよびノズル・ガイド・ベーン」
(3)○：コンベクション冷却は、ブレード内部の空気流路に冷却空気を対流させて冷却した後、ブレードの先端または後縁から排出するもっとも簡素な冷却方法である。
(1)×：内部にチューブがあり、冷却空気をブレード内側に吹き付けるのはインピンジメント冷却である。
(2)(4)×：ブレード表面に多数の小孔があり、冷却空気の膜をブレードの表面に形成するのはフィルム冷却である。

問0630 (5)
『[7] タービン・エンジン』6-5-4-3「空冷タービン・ブレードおよびノズル・ガイド・ベーン」
(5)：無し
(A)(B)×：フィルム冷却は高圧タービン・ブレードやノズル・ガイド・ベーンに採用されている。
(C)(D)×：フィルム冷却は、ブレード表面の多数の小穴から吹出した冷却空気によりブレード表面に冷却空気の膜を形成して高温ガスが直接ブレードに触れないようにして冷却する方式であり、複雑な構成の冷却方法である。

問0631 (2)
『[7] タービン・エンジン』6-5-4-3「空冷タービン・ブレードおよびノズル・ガイド・ベーン」
(A)(D)○
(B)×：インピンジメント冷却は中空ブレード内部のチューブの孔からブレード内壁に冷却空気を吹き付けブレード内壁から冷却する方法である。
(C)×：コンベクション冷却は中空ブレード内部に冷却空気を対流させて冷却する方式である。

問0632 (4)
『[7] タービン・エンジン』6-5-4-2「タービン・ロータ」
(4)○：シュラウド型タービン・ブレードは、回転中のブレードの共振を防止するとともにブレード先端のガス漏れを防ぐことを目的としており、翼断面が薄くて空力特性が優れたブレードを造ることが出来る利点がある。反面、ブレード先端に錘がついたような形になるためブレード根元にかかる遠心力が大きくなる欠点がある。

問0633 (3)
『[7] タービン・エンジン』6-5-4-2「タービン・ロータ」
(3)×：シュラウドはブレードの冷却効果とは無関係である。
(1)○：ブレード先端のシュラウドがブレードを相互に支持して振動を防止する。
(2)○：シュラウドがシールを形成するためブレード先端のガス損失が減少する。
(4)○：ブレードを相互に支持して共振を防止するため翼断面が薄くて空力特性が優れたブレードを造ることが出来る。

問0634 (4)
『[7] タービン・エンジン』6-5-4-2「タービン・ロータ」
(4)：×
・タービン・ブレードの先端にシュラウドが付いた構造のものが多く使用されているが、これはブレードの共振を防止し、ブレード先端のガス漏れを防ぐ効果があり、また翼断面が薄くて空力特性が優れたブレードを造ることが出来る利点がある。反面、ブレード先端に錘がついたような形になり、ブレード根元にかかる遠心力が大きくなる欠点がある。
・タービン・ブレードのシュラウドは、ブレードの冷却とは無関係である。

問0635 (4)
『[7] タービン・エンジン』6-5-4-2「タービン・ロータ」
(4)：○
(1)×：シュラウドによりブレード先端の重量が増えてブレードの遠心力が大きくなる。
(2)×：シュラウドが形成するシールによりガス損失が減少するため、タービン効率は上がる。
(3)×：ブレード先端のシュラウドがブレードを相互に支持して共振を防止する。

問0636 (2)
『[7] タービン・エンジン』6-5-4-2「タービン・ロータ」
(B)(D)：○
(B)：シュラウドが形成するシールによりガス損失が減少するため、タービン効率は上がる。
(D)：ブレード先端のガス・リークが減少する。
(A)×：シュラウドによりブレード先端の重量が増えてブレードの遠心力が大きくなる。
(C)×：ブレード先端のシュラウドがブレードを相互に支持して共振を防止する。

問0637 (2)
『[7] タービン・エンジン』6-5-4-5「タービン・ケース及び構造部」
(2)×：構造部材は内部のシャフト・ベアリング・サポートをケーシングに結合し、ベアリング負荷をケースに伝達するとともにタービン部分の強度を支持する。

問0638 (4)
『[7] タービン・エンジン』6-5-4-4「パワー・タービン」
(A)(B)(C)(D)：○

問0639 (2)
『[7] タービン・エンジン』6-5-4-4「パワー・タービン」
(A)(B)：○
(A)：各タービンの効率を最適に設計できるため、エンジン全体の性能が改善される。
(C)×：パワー・タービンの回転数は極めて高いので出力軸を減速する必要がある。
(D)×：始動時はガス・ジェネレータ・タービンのみを回すため、始動が容易でスタータは小型軽量にできる。

発
動
機

― 181 ―

問題番号	解　答

問0640　(2)　　　『[7] タービン・エンジン』6-6-3「逆推力装置」
(A)(D)○：
(A)：航空機の着陸接地後および離陸中止時に、エンジンの推力を制動力として利用するための装置である。
(D)：ロード・シェアリング・タイプのスラスト・リバーサ・ドアは、リバーサ・ドアの剛性を高めることで外力によるエンジン・ケースの変形を防止する。
(B)×：ブロッカ・ドアは、通常運転時にはトランスレート・カウルの内壁面を形成し、逆推力時にはブロッカ・ドアが回転しファン・エアの出口を塞ぐ。
(C)×：ターゲット型は、通常運転時には排気ダクトの外壁面を形成し、逆推力時にはメカニカル・スポイラが作動し排気ガス出口後方を塞ぐ。

問0641　(4)　　　『[7] タービン・エンジン』6-6-1「排気ダクトと排気ノズル」
(4)×：テール・コーンはガス流路の断面積を急激に変化させないために取り付けられている。

問0642　(3)　　　『[7] タービン・エンジン』8-6-1「排気ダクトと排気ノズル」
(3)×：テール・コーンはガス流路の断面積を急激に変化させないために取り付けられている。

問0643　(4)　　　『[7] タービン・エンジン』6-6-1「排気ダクトと排気ノズル」
(A)(B)(C)(D)：○

問0644　(2)　　　『[7] タービン・エンジン』6-6-1「排気ダクトと排気ノズル」
(B)(C)：○
(B)：チョークド・ノズルを使用している場合は大気圧より高い圧力の排気が排出されるため、正味推力は反動推力と圧力推力の和となる。
(C)：排気ダクト入口圧と排気ノズル圧との圧力比が増加し、排気ノズルでのガス流が音速に達すると、圧力比が更に増加しても音速の状態を維持する。
(A)×：排気ガス速度が音速に達しなければもチョークは発生しない。
(D)×：排気ノズルがチョークしない場合は、排気速度は排気ダクトの形状により加速されるが、圧力エネルギは増加しない。

問0645　(3)　　　『[7] タービン・エンジン』6-6-1「排気ダクトと排気ノズル」
(A)(B)(C)：○
(D)×：排気ノズルの面積により排気速度が決まるためエンジンの推力に影響する。

問0646　(3)　　　『[7] タービン・エンジン』6-6-5「ターボプロップ/ターボシャフトの排気系統」
(A)(B)(D)：○
(A)：排気を使用しないため排気口の背圧を小さくして排気をスムーズに行う。
(B)：排気が胴体、尾翼に当たらないよう排気管を外向きに曲げているものもある。
(D)：エンジンの冷却に、排気流のエジェクタ効果を利用してエンジン室内に空気流を発生させて冷却する方法を使用したものもある。
(C)×：排気管は高温になるためアルミニウム合金は使用されない。

問0647　(1)　　　『[7] タービン・エンジン』　6-2-4「ターボプロップ/ターボシャフトのエア・インレット」
　　　　　　　　　　　　　　　　　　　　6-6-5「ターボプロップ/ターボシャフトの排気系統」
(D)○：エンジンの冷却に、排気流のエジェクタ効果を利用してエンジン室内に空気流を発生させて冷却する方法を使用したものもある。
(A)×：インレット・フィルターは圧力損失が大きくなる。
(B)×：インレット・パーティクル・セパレータは、空気流の慣性力を利用して遠心力により異物を除去する。
(C)×：排気管は排気が胴体、尾翼に当たらないよう排気管を外向きに曲げることが多い。

問0648　(2)　　　『[7] タービン・エンジン』6-6-1「排気ダクトと排気ノズル」
(A)(B)：○
(C)×：テール・コーンはガス流路の断面積を急激に変化させないよう取り付けられている。
(D)×：チョークド・ノズルでは排気ジェット速度が音速に達するが、音速以上になることはない。

問0649　(2)　　　『[7] タービン・エンジン』12-1-3「騒音低減対策」
(B)(C)：○
(B)(C)：減衰し難い低い周波数の音の発生を抑えて高い周波数とするために鋸歯状の排気ノズルとしている。
(A)×：排気ジェットを分割しているのはローブ型排気ノズルである。
(D)×：ローブ型排気ノズルと構造は異なり、鋸歯状の排気ノズルとしている。

問0650　(4)　　　『[7] タービン・エンジン』6-6-5「ターボプロップ/ターボシャフトの排気系統」
(A)(B)(C)(D)：○
(A)：ターボシャフト・エンジンは排気による推力は使用しないため推力を発生しないダイバージェント型になっている。
(B)：ターボシャフト・エンジンは排気による推力は使用しないため排気口における背圧をできるだけ小さくしている。
(C)：排気騒音を抑制するために波板型の消音装置が使用される。
(D)：排気をエジェクタとして利用しエンジン室の換気の吸入を行うものがある。

問題番号		解　答

問0651　(3)
『[7] タービン・エンジン』6-7-3「回転翼航空機のアクセサリ・ドライブ」
(3)×：ハイドロリック・ポンプは、エンジンが停止してオートローテーションで飛行する場合でも油圧系統を利用可能状態とするためにトランスミッションに取り付けられており、アクセサリ・ギア・ボックスでは駆動されない。

問0652　(1)
『[7] タービン・エンジン』6-7-1「アクセサリ・ドライブ一般」
(A)：○
(B)×：スタータはアクセサリ・ドライブを介して高圧コンプレッサを駆動する。
(C)×：オイル・ポンプなどの一次エンジン補機ユニットには故障によりただちにエンジンが停止することを防ぐためシア・ネック軸は設けられない。
(D)×：補機駆動用のパッドに必ずしもシール・ドレイン・チューブはない。

問0653　(4)
『[7] タービン・エンジン』6-7-2「補機駆動機構」
(4)：○
平歯車を噛合わせた場合の回転比は次のようになる。
・回転比＝駆動歯車の歯数／被駆動歯車の歯数
　回転比と駆動歯車の回転数の積で被駆動歯車の回転数が得られる。
・歯車(A)と歯車(C)の間で歯車(C)の回転数と回転方向は次のようになる。
　歯車(C)の回転数＝1,200rpm×(45／20)＝2,700rpm、
・歯車(B)と歯車(C)の回転数および回転方向は同じであることから、歯車(B)と歯車(D)の間で歯車(D)の回転数は次のようになる。
　歯車(D)の回転数＝2,700rpm×(40／15)＝7,200rpm、
したがって、歯車(D)の回転数および回転方向は(4)7,200rpmとなる。

問0654　(4)
『[7] タービン・エンジン』6-7-2「補機駆動機構」
(4)：○
平歯車を噛合わせた場合の回転比は次のようになる。
・回転比＝駆動歯車の歯数／被駆動歯車の歯数
回転比と駆動歯車の回転数の積で被駆動歯車の回転数が得られ、回転方向は反対となる。
・歯車(A)と歯車(B)の間で歯車(B)の回転数と回転方向は次のようになる。
　歯車(B)の回転数＝6,000rpm×(200／400)＝3,000rpm、左回り
・歯車(B)と歯車(C)の回転数および回転方向は同じであることから、歯車(C)と歯車(D)の間で歯車(D)の回転数と回転方向は次のようになる。
　歯車(D)の回転数＝3,000rpm×(300／450)＝2,000rpm、右回り
したがって、歯車(D)の回転数および回転方向は(4)2,000rpm：右回りとなる。

問0655　(3)
『[7] タービン・エンジン』6-7-2「補機駆動機構」
(3)○：歯車の間に遊び歯車(B)が入っている場合の最終歯車(C)の回転比は回転比は次のようになる：
　回転比＝(駆動歯車(A)の歯数／遊び歯車(B)の歯数)×(遊び歯車(B)の歯数／最終歯車(C)の歯数)
　回転比に駆動歯車の回転数をかけると被駆動歯車の回転数が得られ、最終歯車(C)の回転方向は駆動歯車(A)と同じになる。
　これに与えられた数値を代入すると回転数は、
　回転数＝(360／450)×9,000rpm＝7,200rpm
したがって、歯車(C)の回転数および回転方向は(3)7,200rpm、右回りとなる。

問0656　(2)
『[7] タービン・エンジン』7-1-1「ジェット燃料の具備すべき要素」
(2)×：揮発性が低いと低温時の始動性や高空での再着火性が悪化する、また、高いとベーパ・ロックが発生する。よって、適度の揮発性であることが求められる。
（補足）
ジェット燃料の具備すべき必要条件は次の通りである。
・発熱量が大きい　・揮発性が適当　・安定性が良い
・燃焼性が良い　　・凍結しにくい　・腐食性が少ない

問0657　(3)
『[7] タービン・エンジン』7-1-1「ジェット燃料の具備すべき要素」
(3)×：タービン・エンジンの出力は発熱量に比例するため、高い発熱量が要求される。
(1)○：燃焼の持続性や少ないカーボンの蓄積のために燃焼性の良いことが求められる。
(2)○：含有成分や燃焼生成物によってエンジン構成部品や補機の腐蝕を防止するために腐食性が少ないことが求められる。
(4)○：燃料貯蔵中の酸化またはガム質の析出がないことや、作動中の熱安定性などの安定性の高いことが求められる。

問0658　(4)
『[7] タービン・エンジン』7-1-3「発熱量」
(4)：○
(1)×：燃焼によって生じた水蒸気を凝縮させた水の潜熱を含む発熱量は総発熱量である。
(2)×：燃焼によって生じた水蒸気の凝縮による潜熱を除外した発熱量は燃焼発熱量である。
(3)×：単位量の燃料が完全燃焼したときに発生する熱量は燃焼発熱量である。

問0659　(4)
『[7] タービン・エンジン』7-1-1「ジェット燃料の具備すべき要素」
(4)×：燃料中の含有硫黄分が多いほどタービン・ブレードに浸食を発生しやすい。

問題番号	解　答

問0660 (3)　　　『[7] タービン・エンジン』7-1-5「燃料の規格と成分」
(3)：○
(1)×：ケロシン系が灯油であり、ワイド・カット系は低蒸気圧ガソリンである。
(2)×：ケロシン系燃料はケロシンを主体としナフサを含んでいない。
(4)×：ケロシン系の方が析出点が高く凍結しやすい。

問0661 (4)　　　『[7] タービン・エンジン』7-1-1「ジェット燃料の具備すべき要素」
(4)×：燃料はコンプレッサ・ブレードに直接触れることは無いため燃料中の含有硫黄分によりコンプレッ
　　　サ・ブレードが浸食されることはない。

問0662 (3)　　　『[7] タービン・エンジン』7-1-1「ジェット燃料の具備すべき要素」
(A)(B)(C)：○
(D)×：ベーパ・ロックは燃料中に含まれる空気が膨張してエンジンへの円滑な燃料供給を阻害する現象であ
　　　る。

問0663 (4)　　　『[7] タービン・エンジン』7-1-1「ジェット燃料の具備すべき要素」
(4)○：高空での着火性に直接影響するのは揮発性が良いことであるが、揮発性が良すぎるとベーパ・ロック
　　　を発生するので、揮発性は高すぎず低過ぎず両者のバランスがとれた適当であることが求められる。

問0664 (1)　　　『[7] タービン・エンジン』7-1-2「蒸留曲線」
(1)：○
ケロシンは石油の広い領域におよぶ精製品で、定義上、（50）℃の最低引火点と（300）℃までの終点と定
義されている。
引火点は（火元があれば着火する蒸気を生ずる）燃料温度で、終点は液体すべてが（蒸発する）燃料温度であ
る。
（補足）
・ケロシンは石油の広い領域におよぶ精製品で、ASTM蒸留曲線では50℃の最低引火点と300℃までの終点
　と定義されている。
・引火点は燃料を加熱して行き、これに規定の大きさの炎を近づけた時、燃料の蒸気に引火する最低温度をい
　う。
・ASTM蒸留法において最初の1滴が滴下したときの温度を初留点、以降10％留出するごとに％留出温度と
　し、液体が全て蒸発したときの温度（最高温度）を終点と呼ぶ。

問0665 (3)　　　『[7] タービン・エンジン』7-1-2「蒸留曲線」
(3)×：ケロシン系燃料は10％留出温度、ワイド・カット系燃料は20％留出温度の最大値がジェット燃料規
　　　格に規定されている。
(1)○：ASTM蒸留曲線では、燃料が留出し始めた温度を初留点、液体が全て蒸発したときの温度を終点と呼
　　　ぶ。
(2)○：低温時の始動特性、蒸発損失、ベーパ・ロックおよび引火性は10％および20％留出温度と密接に関
　　　係している。
(4)○：50％および90％留出温度が高い場合は、燃料の揮発性が不十分なため不完全燃焼を起こし、燃焼室
　　　の炭素の堆積や排気ガスに煤の発生を起こしやすい。

問0666 (4)　　　『[7] タービン・エンジン』7-1-5「燃料の規格と成分」
(4)：○
(1)×：JetA-1のタイプは灯油形（低析出点）であるが揮発性の低い燃料である。
(2)×：JetA-1は亜音速航空機用に開発されたJetAより析出点が低い燃料である。
(3)×：JetBはワイド・カット系であり、低温および高空での着火性に優れた燃料である。

問0667 (2)　　　『[7] タービン・エンジン』7-1-5「燃料の規格と成分」
(2)：○
(1)×：ケロシン系の方が析出点が高く凍結しやすい。
(3)×：ケロシン系燃料はケロシンを主体としておりナフサを含んでいない。
(4)×：ケロシン系は灯油であり、ワイド・カット系は低蒸気圧ガソリンである。

問0668 (3)　　　『[7] タービン・エンジン』7-1-5「燃料の規格と成分」
(3)○：JetA-1は長距離亜音速航空機用に開発されたJetAより析出点のみ低い燃料である。
(1)×：タービン・エンジン用燃料にはガソリン系はない。
(2)×：ワイド・カット系は主に軍用タービン・エンジンに使用される。
(4)×：ケロシン系はナフサを含んでいない。

問0669 (3)　　　『[7] タービン・エンジン』7-1-5「燃料の規格と成分」
(3)○：ワイド・カット系は広範囲沸点形で低温および高空で着火性に優れた燃料である。
(1)×：タービン・エンジン用燃料にはガソリン系はない。
(2)×：ワイド・カット系は主に軍用タービン・エンジンに使用される。
(4)×：ケロシン系はナフサを含んでいない。

問0670 (1)　　　『[7] タービン・エンジン』7-1-5「燃料の規格と成分」
(1)：○
(2)×：ケロシン系でワイド・カット系に比べ低温および高空での着火性が劣る。
(3)(4)×：JetA-1はケロシン系燃料である。

問0671 (4)　　　『[7] タービン・エンジン』7-1-5「燃料の規格と成分」
(4)○：JetA-1はJetAの析出点を改善し凍結し難くした燃料である。
(1)(2)×：JetA-1はケロシン系である。
(3)×：JetA-1は揮発性が低く引火点の高い燃料である。

－ 184 －

問題番号		解　答

問0672 (3)　『[7] タービン・エンジン』7-1-5「燃料の規格と成分」
(3)×：広範囲沸点形はワイド・カット系である。
(1)○：ワイド・カット系の方が析出点が低く凍結し難い。
(2)○：ワイド・カット系燃料はケロシン留分とナフサ留分が混合された燃料である。
(4)○：ケロシン系は灯油であり、ナフサを含んでいない。

問0673 (2)　『[7] タービン・エンジン』7-1-5「燃料の規格と成分」
(2)×：ケロシン系燃料はケロシンを主体としており、ナフサは含んでいない。

問0674 (3)　『[7] タービン・エンジン』7-1-5「燃料の規格と成分」
(3)×：流動性降下剤は添加されない。
（参考）
ジェット燃料の性質を改善するために添加される最も一般的な添加剤は次のものである。
a.酸化防止剤
b.金属不活性剤
c.腐蝕防止剤
d.氷結防止剤
e.静電気防止剤
f.微生物殺菌剤

問0675 (2)　『[7] タービン・エンジン』7-1-5「燃料の規格と成分」
(2)×：添加剤として燃料中の浮遊金属を不活性化する金属不活性剤は添加されるが金属活性剤は添加されない。
＊問0674の（参考）を参照

問0676 (2)　『[7] タービン・エンジン』7-1-5「燃料の規格と成分」
(2)×：不純物除去剤は添加されない。
＊問0674の（参考）を参照

問0677 (2)　『[7] タービン・エンジン』7-1-5「燃料の規格と成分」
(2)：×：摩耗防止剤は添加されない。
＊問0674の（参考）を参照

問0678 (1)　『[7] タービン・エンジン』7-1-5「燃料の規格と成分」
(C)：○
(A)×：ケロシン系は灯油であり、ワイド・カット系は低蒸気圧ガソリンである。
(B)×：ケロシン系燃料はケロシンを主体としている。
(D)×：ケロシン系の方が析出点が高く凍結しやすい。

問0679 (2)　『[7] タービン・エンジン』7-1-5「燃料の規格と成分」
(A)(B)：○
(C)×：ケロシン系燃料はケロシン燃料である。
(D)×：ケロシン系の方が析出点が高く凍結しやすい。

問0680 (2)　『[7] タービン・エンジン』7-1-5「燃料の規格と成分」
(B)(C)：○
(A)×：ケロシン系が灯油であり、ワイド・カット系は低蒸気圧ガソリンである。
(D)×：ケロシン系の方が析出点が高く凍結しやすい。

問0681 (4)　『[7] タービン・エンジン』7-1-5「燃料の規格と成分」
(A)(B)(C)(D)：○

問0682 (1)　『[7] タービン・エンジン』7-1-5「燃料の規格と成分」
(D)：○
(A)×：JetA-1のタイプは灯油形（低析出点）であるが揮発性の低い燃料である。
(B)×：JetA-1は亜音速航空機用に開発されたJetAより析出点が低い燃料である。
(C)×：JetBはガソリン系であるが、低温および高空での着火性に優れた燃料である。

問0683 (4)　『[7] タービン・エンジン』7-1-6「緊急代替燃料使用時の制約」
(4)×：燃料搭載量の制限は特に制限されていない。
(1)○：ジェット燃料より潤滑性が劣り燃料ポンプに過度の磨耗を生ずるため、エンジン・オイルの添加が求められる。
(2)○：キャビテーションを発生するため、飛行高度、燃料温度に制限が加えられる。
(3)○：航空ガソリンに含まれる四エチル鉛が高温のタービン・ブレードに接触することにより、タービン・ブレードの腐食の原因となるため、使用運転時間が制限される。

問0684 (1)　『[7] タービン・エンジン』7-1-6「緊急代替燃料使用時の制約」
(1)×：キャビテーションは燃料フィルタでは発生せず、燃料ポンプで発生しやすいため、飛行高度、燃料温度に制限が加えられる。
(2)○：ジェット燃料よりレイド蒸気圧が高いため、ベーパ・ロックを起こしやすく、飛行高度および燃料温度が通常より低く制限される。
(3)○：ジェット燃料より潤滑性が劣り、燃料ポンプに過度の磨耗を生ずるため、エンジン・オイルの添加が求められる。
(4)○：航空ガソリンに含まれる四エチル鉛が高温のタービン・ブレードに接触することにより、タービン・ブレードの腐食の原因となるため、使用運転時間が制限される。

発動機

問題番号	解 答

問0685 (4)　　　『[7] タービン・エンジン』7-1-6「緊急代替燃料使用時の制約」
(4)×：ベーパー・ロックを防止するためには飛行高度および燃料温度が制限されるが、ベーパー・ロックと四エチル鉛には直接の関係はない。
(1)○：ジェット燃料より潤滑性が劣り燃料ポンプに過度の磨耗を生ずるため、鉱物油の添加が求められる。
(2)○：キャビテーションおよびベーパーロックを防ぐために飛行高度、燃料温度に制限が加えられる。
(3)○：航空ガソリンに含まれる四エチル鉛が高温のタービン・ブレードに接触することにより、タービン・ブレードの腐食の原因となりエンジン性能が低下するため、使用運転時間が制限される。

問0686 (2)　　　『[7] タービン・エンジン』7-2「タービン・エンジン用滑油一般」
(2)×：粘度指数が高い潤滑油ほど、温度変化に対する粘度変化が少ないことから、粘度指数の高いことが望まれる。
(1)○：タービン・エンジンの発達に対応して、潤滑油は粘度指数がより高く、酸化安定性が良く、耐熱性が優れた合成油系が主流となっている。
(3)○：TypeⅡオイルは、ガスタービンの高性能化に伴ってより過酷な使用条件に適合するよう、さらに耐熱性に優れ、酸化安定性の良いオイルとして開発されたものである。
(4)○：合成潤滑油は二塩基酸エステル系基油に種々の添加剤を加えたものである。

問0687 (1)　　　『[7] タービン・エンジン』7-2-1「タービン・エンジン用滑油の具備条件」
(1)：○
(2)×：全酸価は滑油の酸化を表す指数であり、全酸価の値が大きいほど劣化し酸性度が強い事を示す。
(3)×：粘度指数が高いほど温度変化に対する粘度変化が少ないことを示す。
(4)×：高空における蒸発損失を最小限とし、エンジン停止後の高温でも蒸発による再始動時の潤滑不足がないようにする必要があるために、揮発性による影響は具備条件の対象となる。

問0688 (2)　　　『[7] タービン・エンジン』8-6「エンジン滑油系統」
(2)○：エンジン滑油系統の目的は緩衝、冷却、洗浄および防錆作用であるが、冷却も重要な役割を果たしている。

問0689 (1)　　　『[7] タービン・エンジン』7-2「タービン・エンジン用滑油一般」
(1)×：石油系の滑油は鉱物油とよばれる。

問0690 (2)　　　『[7] タービン・エンジン』7-2「タービン・エンジン用滑油一般」
(C)(D)：○
(C)：滑油のコーキングは熱分解で発生するスラッジの炭化により起こる。
(D)：滑油の役割は潤滑、冷却、洗浄、防錆などである。
(A)×：石油系の滑油は鉱物油とよばれる。
(B)×：現代のタービン・エンジンでは合成油が多用されている。

問0691 (4)　　　『[7] タービン・エンジン』7-2-1「タービン・エンジン用滑油の具備条件」
(4)×：全酸価（Total Acidity）とは、滑油の酸化を表す指数をいい、全酸価の値が大きいほど劣化しており酸性度が強い事を示す。
（参考）
タービン・エンジン用滑油の具備条件
a.良好な油性
b.適当な粘度
c.粘度指数が高いこと
d.高引火点が高いこと
e.酸化しないこと、などである。

問0692 (1)　　　『[7] タービン・エンジン』7-2-1「タービン・エンジン用滑油の具備条件」
(1)○：油性とは摩擦面で金属が直接接触しないようにする滑油の油膜構成力で、金属表面への粘着性をいう。
(2)×：全酸価は滑油の酸化を表す指数であり、全酸価の値が大きいほど劣化し酸性度が強い事を示す。
(3)×：粘度指数が高いほど温度変化に対する粘度変化が少ないことを示す。
(4)×：高空における蒸発損失を最小限とし、エンジン停止後の高温でも蒸発による再始動時の潤滑不足がないようにする必要があるために、揮発性による影響は具備条件の対象となる。

問0693 (2)　　　『[7] タービン・エンジン』7-2-1「タービン・エンジン用滑油の具備条件」
(2)×：温度による粘度変化を表す尺度として一般に粘度指数が用いられ、粘度指数が高いエンジン・オイルほど温度が変化しても粘度変化が少ないことから、粘度指数の高いことが要求される。
(1)○：温度が変化しても粘度変化が少ないことが求められる。
(3)○：潤滑油の酸化を示す尺度として全酸価が使われ、この値が大きいほど劣化が進んでいることを表すため全酸価は小さいことが要求される。
(4)○：潤滑部分の冷却のために熱伝導率が高いことが求められる。

問0694 (4)　　　『[7] タービン・エンジン』7-2-1「ガスタービン用滑油の具備条件」
(4)×：滑油の酸化を示す尺度として全酸価が使われ、この値が大きいほど劣化が進んでいることを表すため全酸価は小さいことが要求される。
(1)○：温度による粘度変化を表す尺度として一般に粘度指数が用いられ、粘度指数が高いエンジン・オイルほど温度が変化しても粘度変化が少ないことから、粘度指数の高いことが要求される。
(2)○：高温の軸受等に直接噴射するので引火点が高いことが求められる。
(3)○：高空における蒸発損失を最小限とするため揮発性が低いことが求められる。

問題番号	解　答
問0695 (4)	『[7] タービン・エンジン』7-2-1「ガスタービン用滑油の具備条件」 (4)×：規格の異なる滑油を混用すると性状が異なるため使用できない。 (1)○：温度による粘度変化を表す尺度である粘度指数が高いほど、温度が変化しても粘度の変化が少ない。 (2)○：エンジン・オイルは高温度に曝されると熱分解や酸化を受けやすく、酸化安定度が良く耐熱性の優れたエンジン・オイルが必要になる。 (3)○：エンジン始動時などの低温時にも充分な潤滑性が必要であるため、低温における流動性が要求される。
問0696 (3)	『[7] タービン・エンジン』7-2-1「ガスタービン用滑油の具備条件」 (3)：○ (1)×：高温の軸受等に直接噴射するため、引火点が高いことが求められる。 (2)×：エンジン停止後の高温でも、蒸発による再始動時の潤滑不足がないよう揮発性が低いことが求められる。 (4)×：エンジン部品の冷却や燃料との熱交換のため、比熱および熱伝導率は高いことが求められる。
問0697 (4)	『[7] タービン・エンジン』7-2-1「タービン・エンジン用滑油の具備条件」 (4)×：潤滑部分の冷却のために熱伝導率が高いことが求められる。
問0698 (4)	『[7] タービン・エンジン』7-2-1「タービン・エンジン用滑油の具備条件」 (4)×：粘度指数が高いエンジン・オイルほど温度が変化しても粘度変化が少ないことから、粘度指数の高いことが要求される。
問0699 (4)	『[7] タービン・エンジン』7-2-1「ガスタービン用滑油の具備条件」 (4)×：滑油は冷却の役目を持っており、また燃料/滑油熱交換器により冷却するので、比熱および熱伝導率は高いことが求められる。 (1)○：温度による粘度変化を表す尺度である粘度指数が高いほど、温度が変化しても粘度の変化が少ない。 (2)○：エンジン・オイルは高温度に曝されると熱分解や酸化を受けやすく、酸化安定度が良く耐熱性の優れたエンジン・オイルが必要になる。 (3)○：エンジン始動時などの低温時にも充分な潤滑性が必要であるため、低温における流動性が要求される。
問0700 (4)	『[7] タービン・エンジン』7-2-1「タービン・エンジン用滑油の具備条件」 (4)×：エンジン部品の冷却のため熱を吸収し、また熱交換器を介して燃料との熱交換で冷却するため、比熱および熱伝導率が高いことが要求される。 (1)○：全酸価は滑油の酸化を表す指数であり、全酸価の値が大きいほど滑油の劣化が進んでいることを示すため小さいことが要求される。
問0701 (3)	『[7] タービン・エンジン』7-2-1「タービン・エンジン用滑油の具備条件」 (3)：○
問0702 (2)	『[7] タービン・エンジン』7-2-1「タービン・エンジン用滑油の具備条件」 (A)(C)：○ (A)：粘度指数が高いほど温度変化に対する粘度変化が少ないことを示す。 (C)：全酸価は滑油の酸化を表す指数であり、全酸価の値が大きいほど 滑油の劣化が進行していることを示す。 (B)×：高空における蒸発損失を最小限とすることが要求される。 (D)×：エンジン部品の冷却のため熱を吸収し、また熱交換器を介して燃料との熱交換により冷却するため、比熱および熱伝導率が高いことが要求される。
問0703 (1)	『[7] タービン・エンジン』7-2-2「滑油の規格および成分」 (C)：○ (A)×：全酸価は滑油の酸化を表す指数であり、全酸価の値が大きいほど劣化し酸性度が強い事を示す。 (B)×：粘度指数が高いほど温度変化に対する粘度変化が少ないことを示す。 (D)×：高空における蒸発損失を最小限とし、エンジン停止後の高温でも蒸発による再始動時の潤滑不足がないようにする必要があるために、揮発性による影響は具備条件の対象となる。
問0704 (4)	『[7] タービン・エンジン』7-2-2「滑油の規格および成分」 (A)(B)(C)(D)：○
問0705 (2)	『[7] タービン・エンジン』7-2-2「滑油の規格および成分」 (B)(D)：○ (A)×：温度による粘度変化の傾向を表す粘度指数は大きいほど良質である。 (C)×：タービン・エンジンでは、鉱物油よりも合製油が使用されている。
問0706 (2)	『[7] タービン・エンジン』7-2-1「タービン・エンジン用滑油の具備条件」 (C)(D)：○ (A)×：高温の軸受等に直接噴射するため、引火点が高いことが求められる。 (B)×：エンジン停止後の高温でも、蒸発による再始動時の潤滑不足がないよう揮発性が低いことが求められる。

発動機

問題番号	解　答

問0707 （2）　　『[7] タービン・エンジン』7-2-1「ガスタービン用滑油の具備条件」
(B)(D)：○
(A)×：滑油の酸化を示す尺度として全酸価が使われ、この値が大きいほど劣化が進んでいることを表すため全酸価は小さいことが要求される。
(C)×：温度による粘度変化を表す尺度として一般に粘度指数が用いられ、粘度指数が高いエンジン・オイルほど温度が変化しても粘度変化が少ないことから、粘度指数の高いことが要求される。

問0708 （4）　　『[7] タービン・エンジン』7-2-1「ガスタービン用滑油の具備条件」
(A)(B)(C)(D)：○
(A)：温度による粘度変化を表す尺度である粘度指数が高いほど、温度が変化しても粘度の変化が少ない。
(B)：高い荷重でも滑油フィルムの強度が大きい粘度と流動性が求められる。
(C)：優れた粘着性および付着性を持った良好な油性が求められる。
(D)：滑油は冷却の役目を持っており、また燃料／滑油熱交換器により冷却するので、比熱および熱伝導率は高いことが求められる。

問0709 （3）　　『[7] タービン・エンジン』7-2-2「滑油の規格および成分」
(3)×：タービン・エンジン用滑油に使用されているTypeⅠ、TypeⅡオイル、アドバンスド・TypeⅡオイルなどは合成油である。

問0710 （1）　　『[7] タービン・エンジン』7-2-2「滑油の規格および成分」
(D)○：コーキングとは滑油の流れを阻害する熱分解で発生するスラッジの炭化をいい、アンチ・コーキング特性とはこの防止特性をいう。
(A)×：タイプⅠオイル、タイプⅡオイル、アドバンスド・タイプⅡオイルなどは合成潤滑油である。
(B)×：タイプⅡオイルはガスタービンの高性能化に伴ってより過酷な使用条件に適合するよう、さらに耐熱性に優れ、酸化安定性の良いオイルとして開発されたものである。
(C)×：タイプⅡオイルは耐熱特性に優れているため引火点が高い。

問0711 （2）　　『[7] タービン・エンジン』7-2-2「滑油の規格および成分」
(2)○：タイプⅡオイルは耐熱性を向上した油として開発された。
(1)×：タイプⅡオイルは合成油である。
(3)×：タイプⅠに比べて耐熱性向上に伴い引火点は高い。
(4)×：タイプⅡはMIL-L-23699に相当する。

問0712 （5）　　『[7] タービン・エンジン』7-2-2「滑油の規格および成分」
(5)×：一般にエンジン用滑油の添加剤として次のものが添加されているが、滑油は始動時以外は温度の高い状態で使用されるため氷結防止剤は添加されない。
（補足）
一般にエンジン用滑油の添加剤として次のものが添加されている。
a. 粘度指数向上剤
b. 酸化防止剤
c. 油性向上剤
d. 流動性降下剤
e. 極圧添加剤

問0713 （2）　　『[7] タービン・エンジン』7-2-2「滑油の規格および成分」
(2)×：一般にエンジン用滑油の添加剤としては次のものが添加されており、乳化促進剤は添加されていない。
＊問0712の（補足）を参照

問0714 （4）　　『[7] タービン・エンジン』8-1-4-a「燃料フィルタ」
(4)○：エレメントが閉塞して入口圧と出口圧が大きくなった場合に差圧の増大をフィルタ差圧スイッチが感知して閉塞を知らせる。
(1)×：燃料フィルタは燃料中の異物をろ過するための装置で水分を排出する機能はない。
(2)×：燃料フィルタは燃料中の固形異物や氷片を取り除くための装置である。
(3)×：エレメントが閉塞した場合に燃料の遮断を防ぐためにバイパスさせる、燃料をタンクへ戻す機能はない。

問0715 （2）　　『[7] タービン・エンジン』8-1-4-a「燃料フィルタ」
(2)○：燃料フィルタは燃料中の固形異物や氷片を取り除くための装置であり、固形物となった氷片の除去にも有効である。
(1)×：燃料フィルタは燃料中の固形異物や氷片を取り除くが水分を分離する機能は持っていない。
(3)×：バイパス・バルブはエレメントが閉塞した場合に燃料の流れが止まることを防ぐために燃料をバイパスさせる機能を持っており、タンクへ戻す機能は持っていない。
(4)×：燃料フィルタはフィルタの閉塞による差圧の増大をフィルタ・バイパス・スイッチが感知して閉塞を知らせる。

問0716 （3）　　『[7] タービン・エンジン』8-1-4-a「燃料フィルタ」
(3)×：エレメントが閉塞した場合に燃料の遮断を防ぐためにバイパスさせる。
(1)(2)○：燃料フィルタは燃料中の固形異物や氷片を取り除くための装置である。
(4)○：エレメントが閉塞して入口圧と出口圧が大きくなった場合に差圧の増大をフィルタ差圧スイッチが感知して閉塞を知らせる。

— 188 —

問題番号		解　答

問0717 (1)　　　　『[7] タービン・エンジン』8-1-4「燃料分配系統」
(1)×：タービン・エンジンの燃料の氷結を防ぐ方法として、通常、オイルとの熱交換器および圧縮機エアによる燃料ヒータによって暖められる方法がとられているが、タービン・エンジンではグロー・ヒータとの熱交換により加熱する方法はとられていない。

問0718 (2)　　　　『[7] タービン・エンジン』8-1-4c「P&Dバルブまたはダンプ・バルブ」
(C)(D)：○
(C)：P&Dバルブおよびダンプ・バルブは、エンジン停止後燃焼器内への燃料の流入や配管中の燃料の炭化を防ぐため燃料マニフォールド内の残留燃料をドレンする。
(D)：P&Dバルブおよびダンプ・バルブから排出された燃料は、エジェクタ・ポンプ等を使用し低圧燃料ポンプ入口へ戻されて再使用される。
(A)×：P&Dバルブはデュアル・ライン型デュプレックス燃料ノズルを使用する場合に、燃料マニフォールドへの一次燃料と二次燃料を分配するために使われる。
(B)×：ダンプ・バルブはP&Dバルブを使用しないシングル・ライン型およびシングル・ライン型デュプレックス燃料ノズルの場合に使用される。

問0719 (3)　　　　『[7] タービン・エンジン』8-1-2b「可変流量型燃料ポンプ」
(3)×：サーボ・ピストンのストロークは燃料ポンプへの出口圧力によって決定される。

問0720 (3)　　　　『[7] タービン・エンジン』8-1-2b「可変流量型燃料ポンプ」
(3)×：サーボ・ピストンのストロークは燃料ポンプの出口圧力によって決定される。
(1)○：駆動軸からの回転をピストンの軸方向往復運動に変換して燃料を加圧している。
(2)○：吐出量は、エンジン回転数とサーボ・ピストンのストロークによって決定される。
(4)○：ピストンの往復運動は、ポンプ吐出圧力の変化によって位置が決まるサーボ・ピストンで制御されるアングル・カム・プレートの傾きによって変化する。

問0721 (3)　　　　『[7] タービン・エンジン』8-1-2b「可変流量型燃料ポンプ」
(A)(B)(D)：○
(A)：駆動軸からの回転をピストンの軸方向往復運動に変換して燃料を加圧している。
(B)：吐出量は、エンジン回転数とサーボ・ピストンのストロークによって決定される。
(D)：ピストンの往復運動は、ポンプ吐出圧力の変化によって位置が決まるサーボ・ピストンで制御されるアングル・カム・プレートの回転によって発生させる。
(C)×：サーボ・ピストンのストロークは燃料ポンプの出口圧力によって決定される。

問0722 (3)　　　　『[7] タービン・エンジン』8-1-2「燃料ポンプ」
(3)○：遠心式ポンプはインペラの回転による遠心力で燃料を送り出すためギア・ポンプよりベーパ・ロックに強い。
(1)×：定容積型燃料ポンプでは、低圧段は遠心式ポンプ、高圧段はギア・ポンプとした構成が多用されている。
(2)×：定容積型燃料ポンプの吐出量は、エンジンが必要とする量より多い量の燃料を継続的に供給し、過剰な燃料はポンプ・インレットに戻されるよう設計されている。
(4)×：遠心式ポンプは、インペラの回転による遠心力で燃料を送り出すため、ギア・ポンプより大きく重くなる。

問0723 (4)　　　　『[7] タービン・エンジン』8-1-2「燃料ポンプ」
(4)○：ギア・ポンプの長所は、軽量で、かつ、吐出圧が高いことである。
(1)×：定容積型燃料ポンプでは、低圧段は遠心式ポンプ、高圧段はギア・ポンプとした構成が多用されている。
(2)×：定容積型燃料ポンプの吐出量は、エンジンが必要とする量より多い量の燃料を継続的に供給し、過剰な燃料はポンプ・インレットに戻されるよう設計されている。
(3)×：遠心式ポンプはインペラの回転による遠心力で燃料を送り出すためギア・ポンプよりもベーパ・ロックに強い。

問0724 (3)　　　　『[7] タービン・エンジン』8-1-2「燃料ポンプ」
(3)×：定容積型燃料ポンプにはプランジャ・ポンプが使用されている。
(1)○：燃料ポンプには遠心式ポンプやギヤ・ポンプが多く使用されている。
(2)○：定容積型燃料ポンプでは、低圧段は遠心式ポンプ、高圧段はギア・ポンプとした構成が多用されている。
(4)○：過剰な燃料は燃料制御装置から燃料ポンプ入口に戻される。

問0725 (3)　　　　『[7] タービン・エンジン』8-1-2「燃料ポンプ」
(3)×：プランジャ・ポンプは可変容積型燃料ポンプに使用される。
(1)○：燃料ポンプには遠心式ポンプとギヤ・ポンプが組み合わされたものが多く使用されている。
(2)○：定容積型燃料ポンプでは、低圧段は遠心式ポンプ、高圧段はギア・ポンプとした構成が多用されている。
(4)○：定容積型燃料ポンプの吐出量は、エンジンが必要とする量より多い量の燃料を継続的に供給し、過剰な燃料はポンプ・インレットに戻されるよう設計されている。

発動機

問題番号	解　答

問0726 (3)　　『[7] タービン・エンジン』8-1-2「燃料ポンプ」
(3)：○
(1)×：定容積型燃料ポンプでは、低圧段は遠心式ポンプ、高圧段はギア・ポンプとした構成が多用されている。
(2)×：定容積型燃料ポンプの吐出量は、エンジンが必要とする量より多い量の燃料を継続的に供給し、過剰な燃料はポンプ・インレットに戻されるよう設計されている。
(4)×：可変流量型燃料ポンプの吐出量は、エンジン回転数とポンプ吐出圧力によって決定される。

問0727 (1)　　『[7] タービン・エンジン』8-1-2「燃料ポンプ」
(D)：○
(A)×：定容積型燃料ポンプでは、低圧段は遠心式ポンプ、高圧段はギア・ポンプとした構成が多用されている。
(B)×：定容積型燃料ポンプの吐出量は、エンジンが必要とする量より多い量の燃料を継続的に供給し、過剰な燃料はポンプ・インレットに戻されるよう設計されている。
(C)×：ジロータ・ポンプは可変流量型ポンプではない。

問0728 (1)　　『[7] タービン・エンジン』8-1-2「燃料ポンプ」
(B)：○
(A)×：可変流量型燃料ポンプには、低圧段は遠心式ポンプ、高圧段はギア・ポンプとした構成は使われていない。
(C)×：定容積型燃料ポンプにはプランジャ・ポンプは使われていない。
(D)×：可変流量型燃料ポンプにはジロータ・ポンプは使用されていない。

問0729 (2)　　『[7] タービン・エンジン』8-1-3「燃料制御系統」
(C)(D)：○
(C)：A - B - C - Dは始動ラインである。
(D)：G - H - I - Dは減速ラインである。
(A)×：（ア）は過濃消火領域を示す。
(B)×：（イ）はストール領域、（ウ）は過薄消火領域を示す。

問0730 (4)　　『[7] タービン・エンジン』8-1-3-1「電子制御式（FADEC）燃料系統」
(A)(B)(C)(D)：○

問0731 (5)　　『[7] タービン・エンジン』8-1-4「燃料分配系統」
(5)：無し
(A)×：低圧燃料フィルタは低圧燃料ポンプのすぐ下流に配置されている。
(B)×：定容積型燃料ポンプの高圧ポンプにはセーフティ・バルブが並列に配置されている
(C)×：燃料流量トランスミッタは燃料制御装置とは別にライン交換可能ユニットとして装備されている。
(D)×：燃料は燃料制御装置に入る前に燃料ヒータで温められる。

問0732 (3)　　『[7] タービン・エンジン』8-1-1「エンジン燃料系統一般」
(B)(C)(D)：○
(A)×：グロー・ヒータとの熱交換により加熱しているエンジンはない。

問0733 (1)　　『[7] タービン・エンジン』8-1-4-d「燃料噴射ノズル」
(1)×：限られた時間内で燃焼しなければならないため、燃焼速度が速いことが求められる。

問0734 (4)　　『[7] タービン・エンジン』8-1-4-d「燃料噴射ノズル」
(4)×：噴霧式燃料ノズルは、シンプレックス燃料ノズル、デュプレックス燃料ノズル、およびエア・ブラスト型燃料ノズルであり、ベーパライザ燃料ノズルは気化型燃料ノズルに該当する。

問0735 (2)　　『[7] タービン・エンジン』8-1-4-d「燃料噴射ノズル」
(2)×：一次燃料は着火を良くするために燃料噴射角度を大きくしているが、二次燃料はライナの焼損を防ぐよう燃料噴射角度が一次燃料より小さくなっている。
(1)○：シンプレックス型燃料ノズルは噴射された燃料が渦をつくることによって軸方向の速度を遅くして霧化するよう、スピン・チャンバがある。
(3)○：デュプレックス型燃料ノズルは、ノズル自体に一次燃料と二次燃料に分ける機能を持ったシングル・ライン型と、P&Dバルブで一次燃料と二次燃料に分けるデュアル・ライン型がある。
(4)○：回転式燃料ノズルは遠心力で燃料を噴射して霧化する。

問0736 (2)　　『[7] タービン・エンジン』8-1-4-d「燃料噴射ノズル」
(A)(B)：○
(A)：回転噴射ノズルは、回転軸にある燃料デストリビュータにより回転する噴射ホイールの周囲オリフィスから遠心力で噴射するためL字型アニュラ燃焼室に使用が限定される。
(B)：気化型燃料ノズルは、燃料ノズル周囲の燃焼熱により加熱蒸発した混合気を燃焼室上流に向けて燃焼領域へ排出するもので、特に低回転時において霧化型より安定燃焼が得られる。
(C)×：エア・ブラスト型燃料ノズルは、高速空気を使って高度に霧化して噴射するもので、燃料に特に高い作動圧は要求されない。
(D)×：シンプレックス型、デュプレックス型、およびエア・ブラスト型燃料ノズルは噴霧式燃料ノズルである。

問題番号		解　答

問0737 (2)　　　『[7] タービン・エンジン』8-1-4-d「燃料噴射ノズル」
(A)(C)：○
(A)：シンプレックス型燃料ノズルは噴射された燃料が渦をつくることによって軸方向の速度を遅くして霧化するよう、スピン・チャンバがある。
(C)：デュプレックス型燃料ノズルは、ノズル自体に一次燃料と二次燃料に分ける機能を持ったシングル・ライン型と、P&Dバルブで一次燃料と二次燃料に分けるデュアル・ライン型がある。
(B)×：一次燃料は着火を良くするために燃料噴射角度を大きくしているが、二次燃料はライナの焼損を防ぐよう燃料噴射角度が一次燃料より小さくなっている。
(D)×：回転式燃料ノズルは遠心力で燃料を噴射して霧化する。

問0738 (2)　　　『[7] タービン・エンジン』8-1-4-d「燃料噴射ノズル」
(B)(C)：○
(B)：シンプレックス型燃料ノズルには、噴射された燃料が渦を作ることによって軸方向の速度を遅くするスピン・チャンバが導入されている。
(C)：デュプレックス型燃料ノズルには、燃料ノズルに入る燃料ラインが1本のシングル・ライン型とP&Dバルブで配分された燃料を別々に受け入れるデュアル・ライン型がある。
(A)×：気化型燃料ノズルは噴霧式燃料ノズルには該当しない。
(D)×：気化式燃料ノズルは一次空気と燃料が気化チューブ内を通過する間に周囲の燃焼熱により加熱蒸発した混合気を燃焼室の上流に向けて排出する燃料ノズルである。

問0739 (4)　　　『[7] タービン・エンジン』8-1-4-d「燃料噴射ノズル」
(A)(B)(C)(D)：○

問0740 (2)　　　『[7] タービン・エンジン』8-1-4-d「燃料噴射ノズル」
(A)(B)：○
(C)×：回転噴射ノズルは、回転軸にある燃料デストリビュータにより回転する噴射ホイールの周囲オリフィスから遠心力で噴射し霧化する。
(D)×：気化型燃料ノズルは、燃料ノズル周囲の燃焼熱により過熱蒸発した混合気を燃焼室上流に向けて燃焼領域へ排出する。

問0741 (1)　　　『[7] タービン・エンジン』8-1-4-d「燃料噴射ノズル」
(B)○：始動時には着火を容易にするために一次燃料オリフィスから広い角度で燃料を噴射する。
(A)×：始動時および低出力時に一次燃料オリフィスから一次燃料を噴射し、それ以外の出力では二次燃料オリフィスからも噴射する。
(C)×：低出力時は一次燃料オリフィスから燃料を噴射し、高出力時はライナ焼損を防ぐよう二次燃料オリフィスから狭い範囲で噴射する。
(D)×：均等な燃焼が得られるよう低出力時は一次燃料オリフィスより燃料を広い範囲で噴射し、高出力時は狭い範囲で二次燃料オリフィスから燃料を噴射する。

問0742 (2)　　　『[7] タービン・エンジン』8-1-4-d「燃料噴射ノズル」
(A)(B)：○
(C)×：エア・ブラスト型燃料ノズルは、始動時の霧化にも有効である。
(D)×：エア・ブラスト型燃料ノズルは、燃料に特に高い作動圧は要求されない。

問0743 (4)　　　『[7] タービン・エンジン』8-1-5「燃料指示系統」
(4)×：シンクロナス・マス・フロー式は流量トランスミッタである。

問0744 (3)　　　『[7] タービン・エンジン』　8-2-1「点火系統の概要」
　　　　　　　　　　　　　　　　　　　　　　8-2-3「ハイテンション・リードおよび点火プラグ」
(3)×：エア・ガス・タイプは放電面積が広くスパークの発生に約25,000Vの高電圧が必要である。
(1)○：機能はエキサイタからの電流の放電によるプラズマ・アークにより燃料/空気の混合気に点火することである。
(2)○：エア・ガス・タイプでは中心電極先端にタングステン・チップが使用される。
(4)○：点火プラグ先端はフレーム・チューブに約0.1inほど突き出している。

問0745 (1)　　　『[7] タービン・エンジン』　8-2-2「イグニッション・エキサイタ」
　　　　　　　　　　　　　　　　　　　　　　8-2-3「ハイテンション・リードおよび点火プラグ」
(1)×：帯電の可能性をなくすためエキサイタへのインプットである一次配線を最初に外さなければならない。
(2)○：ハイ・テンション・リードには、無線妨害等を防ぐためシールド・ワイヤが使用されているものもある。
(3)○：イグニッション・エキサイタには低電圧のACまたはDC電源を必要とする。
(4)○：サーフェイス・ディスチャージ・タイプのイグナイタ・プラグでは、プラグの円周電極と中心電極の間に半導体が埋め込まれており、電流が流れることにより半導体が白熱状態となり空気をイオン化するため低電圧で作動する。

発動機

問題番号	解　答

問0746　(4)　　　『[7] タービン・エンジン』 8-2-2「イグニッション・エキサイタ」
　　　　　　　　　　　　　　　　　8-2-3「ハイテンション・リードおよび点火プラグ」
　　(4)×：サーフェイス・ディスチャージ・タイプのイグナイタ・プラグはプラグの円周電極と中心電極の間に
　　　　　半導体が埋め込まれており、点火時に電流が流れることにより半導体が白熱状態となり空気をイオン
　　　　　化するため2,000Vの低電圧で作動する。
　　(1)○：帯電の可能性をなくすためエキサイタへのインプットである一次配線を最初に外さなければならな
　　　　　い。
　　(2)○：ハイ・テンション・リードには、無線妨害等を防ぐためシールド・ワイヤが使用されているものもあ
　　　　　る。
　　(3)○：イグニッション・エキサイタには低電圧の AC またはDC 電源を必要とする。

問0747　(4)　　　『[7] タービン・エンジン』 8-2-2「イグニッション・エキサイタ」
　　　　　　　　　　　　　　　　　8-2-3「ハイテンション・リードおよび点火プラグ」
　　(A)(B)(C)(D)：○

問0748　(4)　　　『[7] タービン・エンジン』 8-2-2「イグニッション・エキサイタ」
　　　　　　　　　　　　　　　　　8-2-3「ハイテンション・リードおよび点火プラグ」
　　(A)(B)(C)(D)：○

問0749　(4)　　　『[7] タービン・エンジン』 8-2-2「イグニッション・エキサイタ」
　　　　　　　　　　　　　　　　　8-2-3「ハイテンション・リードおよび点火プラグ」
　　(A)(B)(C)(D)：○

問0750　(2)　　　『[7] タービン・エンジン』 8-2-2「イグニッション・エキサイタ」
　　　　　　　　　　　　　　　　　8-2-3「ハイテンション・リードおよび点火プラグ」
　　(A)(B)：○
　　(C)×：エア・ガス・タイプはボディと中心電極の間に空間があり、スパークに約25,000Vが必要である。
　　(D)×：サーフェース・ディスチャージ・タイプは中心電極先端に半導体が充填されており、電流により空気
　　　　　がイオン化されることにより約2,000Vの低い電圧でスパークを発生する。

問0751　(1)　　　『[7] タービン・エンジン』 8-2-2「イグニッション・エキサイタ」
　　(1)○：エキサイタは高空において空気密度が低下すると絶縁不良によるフラッシュ・オーバ（閃光短絡）を
　　　　　生じ、点火性能が低下するので完全密閉構造となっている。

問0752　(1)　　　『[7] タービン・エンジン』 8-2-3「ハイテンション・リードおよび点火プラグ」
　　(1)○：サーフェース・ディスチャージ・タイプの点火プラグは電極間の半導体に電流が流れることにより半
　　　　　導体が白熱され空気がイオン化されるため、約2,000Vくらいの比較的低電圧で火花を発生させる。

問0753　(1)　　　『[7] タービン・エンジン』 8-2-3「ハイテンション・リードおよび点火プラグ」
　　(1)：○
　　・サーフェイス・ディスチャージ・タイプのイグナイタ・プラグでは、プラグの円周電極と中心電極の間に半
　　　導体が埋め込まれており、電流が流れることにより半導体が白熱状態となり空気をイオン化するため低電圧
　　　で作動する。
　　・イグナイタ・プラグの電極は、作動時間とジュール数に比例して消耗されるため、一定使用回数で交換が必
　　　要になる。

問0754　(4)　　　『[7] タービン・エンジン』 8-2-3「ハイテンション・リードおよび点火プラグ」
　　(4)○：エア・ガス・タイプが約25,000Vの高電圧で放電するのに対して、約2,000Vくらいの比較的低電
　　　　　圧で火花を発生させる。
　　(1)×：ボディと中心電極の間は空間ではなく半導体が充填されている。
　　(2)×：電極間の半導体に電流が流れるため半導体が白熱され空気がイオン化され低い電圧で作動する。
　　(3)×：放電は中心電極から円周電極へ行われる。

問0755　(2)　　　『[7] タービン・エンジン』 8-3-2「内部冷却空気系統」
　　(2)×：高圧圧縮機は直接燃焼ガスには曝されないためコールド・セクションである。
　　(1)○：ホット・セクションの冷却にはラム・エアは使用せず圧縮機からの抽気を使用する。
　　(3)○：冷却空気との温度差が大きいと構造材料に熱応力ひずみ等を生じて材質の劣化を招くため、冷却場所
　　　　　の温度に応じて適当な温度差の抽気が使用される。

問0756　(2)　　　『[7] タービン・エンジン』 8-3-2「内部冷却空気系統」
　　(2)×：高圧コンプレッサ・ブレードは環境温度が高温であるため防氷は必要としない。
　　(1)○：ホット・セクションの冷却にはラム・エアは使用せず圧縮機からの抽気を使用する。
　　(3)○：冷却空気との温度差が大きいと構造材料に熱応力ひずみ等を生じて材質の劣化を招くため、冷却場所
　　　　　の温度に応じて適当な温度差の抽気が使用される。
　　(4)○：内部を冷却した空気は排気流に放出される。

問0757　(1)　　　『[7] タービン・エンジン』 8-3-2「内部冷却空気系統」
　　(1)○：冷却空気温度は、高過ぎると冷却効果が少なく、また低すぎると使用温度との温度差が大きくなって
　　　　　構造材料に熱応力ひずみ等を生じて材質の劣化を招くため、冷却場所の温度に応じて、適当な温度差
　　　　　を持った抽気が使用される。
　　(2)×：燃焼器やタービンの各構成部品などには高圧圧縮機の抽気が使われ、ラム圧は使用されない。
　　(3)×：通常はファンまたは圧縮機からの抽気を使って冷却が行われており、ラム圧は使用しない。
　　(4)×：内部冷却空気はすべてオイルタンクの加圧には使用されない。

問題番号	解 答

問0758 (4)　　　『[7] タービン・エンジン』8-3-3-2「アクティブ・クリアランス・コントロール」
(A)(B)(C)(D)：○

問0759 (3)　　　『[7] タービン・エンジン』8-3-3-1「コンプレッサ・ボア・クーリング」
(A)(C)(D)：○
コンプレッサ・ボア・クーリングとはファン・エアの一部をコンプレサ・ロータ内側に導いて冷却することによりエンジン運転中のコンプレッサ・ブレードの熱膨張変化を吸収してコンプレッサ・ケースとの間隙（チップ・クリアランス）を一定にして性能を維持する方式である。
(B)×：性能を維持するためにはコンプレッサ・ステータとケースの間隙は調整の必要はない。

問0760 (3)　　　『[7] タービン・エンジン』8-3-4-1「エンジン防氷系統一般」
(3)：×
（参考）
タービン・エンジンの防氷系統に使用する熱源として、コンプレッサ後段から抽気された高温空気、または電熱ヒータが使われている。

問0761 (1)　　　『[7] タービン・エンジン』8-3-4-1「エンジン防氷系統一般」
(1)○：回転体は氷の付着が起きにくいため防氷は行われず、エンジン防氷部位はエンジン・インレット・カウル前縁などの静止部位が中心である。

問0762 (1)　　　『[7] タービン・エンジン』8-3-4-1「エンジン防氷系統一般」
(1)○：着氷し難い回転体や、高温の圧力空気が通るブリード・バルブやディフューザは防氷しないが、前縁に着氷し易くエンジン性能に影響するエア・インテーク・カウリングには防氷が施される。

問0763 (4)　　　『[7] タービン・エンジン』8-4-3「FADECシステムの機能と構成」
(A)(B)(C)(D)：○
（参考）
回転翼航空機のFADECは次の機能を持っている。
a.オートマチック・スタート
b.ロータ・スピードの変化に対する出力調整、加速/減速のコントロール
c.エンジン・サージングの回避、回復
d.フレーム・アウトの検知および自動再点火
e.エンジン状態の監視
f.OEI定格の設定およびオーバー・リミットの回避
g.双発エンジン間のトルク・マッチング
h.自己診断機能

問0764 (4)　　　『[7] タービン・エンジン』8-4-3「FADECシステムの機能と構成」
(A)(B)(C)(D)：○
＊問0763の（参考）を参照

問0765 (3)　　　『[7] タービン・エンジン』8-4-3「FADECシステムの機能と構成」
(B)(C)(D)：○
(B)：FADECはエンジン燃料流量を制御する。
(C)：ストール防止のためコンプレッサ・ブリード・バルブの開閉を行う。
(D)：性能維持のためにストール防止用コンプレッサ・ブリード・バルブが制御される。
(A)×：滑油圧力はエンジン制御に直接関係しないためFADECでは制御されない。

問0766 (3)　　　『[7] タービン・エンジン』8-4-3「FADECシステムの機能と構成」
(A)(B)(D)：○
(A)：燃料コントロールに代わって、エンジン出力および燃料流量制御を行う。
(B)：コンプレッサ可変静翼角度およびサージ抽気バルブ制御を行う。
(D)：冷却用空気量を制御するためアクティブ・クリアランス・コントロールの制御を行う。
(C)×：滑油圧力および温度はエンジン制御に直接関係しないためFADECでは制御されない。

問0767 (4)　　　『[7] タービン・エンジン』8-4-3「FADECシステムの機能と構成」
(A)(B)(C)(D)：○
(A)：燃料コントロールに代わって、エンジン出力および燃料流量制御を行う。
(B)：コンプレッサ可変静翼角度およびサージ抽気バルブ制御を行う。
(C)：スラスト・レバーをリバース位置にすると、リバーサを作動させる必要条件が満たされていればEECが機体側作動システムを制御しモニターする。
(D)：冷却用空気量を制御するためアクティブ・クリアランス・コントロールの制御を行う。

問0768 (1)　　　『[7] タービン・エンジン』8-4-3「FADECシステムの機能と構成」
(1)○：電子制御装置はショック・アブソーバにより振動から保護されている。
(2)(3)×：回転翼航空機では電子制御装置には機体側の電力が供給され、専用の直流発電機は持っていない。
(4)×：性能維持のためにサージ抽気バルブと可変静翼（VSV）の制御が制御行われる。

問0769 (3)　　　『[7] タービン・エンジン』8-4-3「FADECシステムの機能と構成」
(3)○：制御要求に対してフィード・バックを得て制御するクローズド・ループ・コントロールによる制御を行う。
(1)×：回転翼航空機では電子制御装置には機体側の電力が供給され、専用の直流発電機は持っていない。
(2)×：エンジンが停止している場合および故障発生時には、機体側の電力が供給される。
(4)×：FADECは滑油圧力の制御は行わない。

－ 193 －

問題番号	解　答

問0770 (4)
『[7] タービン・エンジン』8-4-3「FADECシステムの機能と構成」
(4)×：専用の交流電源を電源としている。
(1)○：制御にはフィード・バック・シグナルが必要である。
(2)○：スラスト・リバーサの制御およびモニターを行う。
(3)○：エンジンが停止している場合および故障発生時には自動的に機体側の電力が供給される。

問0771 (4)
『[7] タービン・エンジン』8-4-3「FADECシステムの機能と構成」
(4)×：滑油圧力はエンジン性能に直接関係しないためFADECでは制御されない。
(1)○：FADECは、従来の油圧機械式が発展した全デジタル電子式で、最も効率的な燃料流量の制御を行う。
(2)○：効率的な燃料流量の制御を行っており、保護機能として 過回転時の燃料の制御を行う。
(3)○：コンプレッサ・サージ発生時の制御としてバリアブル・ステータ・ベーンの制御やコンプレッサ・ブリード・バルブの開閉が制御される。

問0772 (1)
『[7] タービン・エンジン』8-5-2-a「EPR（エンジン圧力比）指示系統」
(1)○：EPR計はコンプレッサ入口全圧（Pt_2）に対するタービン出口全圧（Pt_7）の比（EPR ＝ Pt_7/Pt_2）を指示し、EPRは正味推力とほぼ直線的に比例するためガスタービン・エンジンの出力を知るパラメータとして使われる。

問0773 (1)
『[7] タービン・エンジン』5-1-2「エンジン性能を表すパラメータ」
(1)○：EPRはエンジン圧力比であり、タービン出口とコンプレッサ入口の全圧の比である。

$$EPR = \frac{P_{t7}（タービン出口全圧）}{P_{t2}（コンプレッサ入口全圧）}$$

問0774 (4)
『[7] タービン・エンジン』8-5「エンジン指示系統」
(4)：○
ターボプロップ・エンジンの出力はトルク表示され、出力の設定にはトルク・メータの値（ft・lb）が使われる。トルク値は馬力に正比例する。

問0775 (3)
『[7] タービン・エンジン』8-5-3「軸出力指示系統」
(3)×：2種類の異種金属により発生する電圧はトルクの検出には使用できない。
(1)○：油圧式では減速ギアボックスのヘリカル歯車の噛合いで発生する軸方向の推力に釣合う油圧をトルク・メータ油圧として検知指示する。
(2)○：電子式では減速ギアボックスへの駆動軸のねじれ角を電圧に変換して検知指示する。
(4)○：直接馬力（HPまたはPS）で表されているものもある。

問0776 (3)
『[7] タービン・エンジン』8-5-3「軸出力指示系統」
(3)×：減速装置の歪計により発生する電流を検出して行うトルク・メータは使われていない。
(1)○：油圧式では減速ギアボックスのヘリカル歯車の噛合いで発生する軸方向の推力に釣合う油圧をトルク・メータ油圧として検知指示する。
(2)○：電子式では減速ギアボックスへの駆動軸のねじれ角を電圧に変換して検知指示する。
(4)○：直接馬力（HPまたはPS）で表されているものもある。

問0777 (2)
『[7] タービン・エンジン』8-5-3「軸出力指示系統」
(2)×：EECでは回転数をトルクには変換しない。
(3)○：油圧式では減速ギアボックスのヘリカル歯車の噛合いで発生する軸方向の推力に釣合う油圧をトルク・メータ油圧として検知指示する。
(1)○：電子式では減速ギアボックスへの駆動軸のねじれ角を電圧に変換して検知指示する。
(4)○：直接馬力（HPまたはPS）で表されているものもある。

問0778 (2)
『[7] タービン・エンジン』8-5-3「軸出力指示系統」
(A)(D)：○
(B)×：出力軸の振動はトルクの関数ではないためトルクは検出できない。
(C)×：減速装置に入力される回転数の変化はトルクの関数ではないため、トルクの検出はできない。

問0779 (2)
『[7] タービン・エンジン』8-5-3「軸出力指示系統」
(A)(B)：○
(A)：電子式では、減速ギア・ボックスへの駆動軸のねじれ角度を電圧に変換して検出する。
(B)：機械式では、減速ギア・ボックスへの駆動軸のねじれ角度を機械的に油圧に変換して検出する。
(C)×：減速装置に入力される回転数の変化からはトルクは検出できない。
(D)×：ピエゾ電気型センサは振動計のセンサであり、トルクは検出できない。

問0780 (3)
『[7] タービン・エンジン』8-5-4「回転数指示系統」
(3)×：パワー・タービン回転数は負荷によって変化するため、ガス・ジェネレータ回転数と常に同じとはならない。

問0781 (4)
『[7] タービン・エンジン』8-5-4「回転数指示系統」
(4)×：オート・ローテーションの状態ではパワー・タービン回転数とロータ回転数の針は重ならない。

問題番号		解　答

問0782 (2)　　『[7] タービン・エンジン』8-5-6「振動計」
(C)(D)：○
(A)×：ピエゾ電気型ピックアップは結晶体の上に錘（質量）があり、振動により結晶体が錘の圧力を受けて振動による加速度に応じた電圧を発生させて振動値を指示するもので、可動永久磁石は使用していない。
(B)×：速度型ピックアップはスプリングで保持された磁石棒が振動によりコイル内を移動する相対運動により、コイルに振動量に応じて発生する交流電流をシグナル出力とする。

問0783 (3)　　『[7] タービン・エンジン』8-5-5「排気ガス温度指示系統」
(3)：○
(1)×：プローブにはサーモカップル（熱電対）が使われる。
(2)×：熱起電力の原理を応用したサーモカップル（熱電対）が使われるため原理的に機体電源がなくても指示できる。
(4)×：プローブを直列に複数接続すると合計温度が指示され、また一つが断線すると指示しなくなるため、常に平均温度を指示するよう並列に接続される。

問0784 (3)　　『[7] タービン・エンジン』8-5-5「排気ガス温度指示系統」
(3)：○
(1)×：プローブに熱起電力の原理を応用したサーモカップル（熱電対）が用いられる。
(2)×：プローブを直列に複数接続すると合計温度が指示され、また一つが断線すると指示しなくなるため、常に平均温度を指示する並列に接続される。
(4)×：排気ガス温度は低圧タービン出口の温度を計測している。

問0785 (3)　　『[7] タービン・エンジン』8-5-5「排気ガス温度指示系統」
(A)(C)(D)：○
(B)×：排気ガス温度は、一般的にタービン出口温度を測定している。

問0786 (3)　　『[7] タービン・エンジン』8-5-5「排気ガス温度指示系統」
(3)：○
(1)×：プローブに熱起電力の原理を応用したサーモカップル（熱電対）が用いられる。
(2)×：プローブを直列に複数接続すると合計温度が指示され、また一つが断線すると指示しなくなるため、常に平均温度を指示する並列に接続される。
(4)×：排気ガス温度は低圧タービン出口の温度を計測している。

問0787 (3)　　『[7] タービン・エンジン』8-5-5「排気ガス温度指示系統」
(3)：○
(1)×：プローブに熱起電力の原理を応用したアルメル・クロメル導線型が用いられている。
(2)×：原理的には機体電源がなくても指示できる。
(4)×：プローブを直列に複数接続すると合計温度が指示され、また一つが断線すると指示しなくなるため、常に平均温度が指示されるよう並列に接続される。

問0788 (3)　　『[7] タービン・エンジン』8-5-5「排気ガス温度指示系統」
(3)○：熱起電力の原理を応用したサーモカップル（熱電対）が使われ排気ガス温度に比例した電圧を発生して指示計へ送るため原理的に機体電源がなくても指示できる。
(1)×：プローブにはサーモカップル（熱電対）が使われる。
(2)×：プローブはタービン出口の温度を計測する。
(4)×：プローブを直列に複数接続すると合計温度が指示され、また一つが断線すると指示しなくなるため、常に平均温度を指示する並列に接続される。

問0789 (3)　　『[7] タービン・エンジン』8-5-5「排気ガス温度指示系統」
(3)○：プローブを直列に複数接続すると合計温度が指示され、また一つが断線すると指示しなくなるため、常に平均温度を指示する並列に接続される。
(1)×：プローブに熱起電力の原理を応用したサーモカップル（熱電対）が用いられる。
(2)×：熱起電力を応用したバイメタルは使用しない。
(4)×：排気ガス温度は低圧タービン出口の温度を計測している。

問0790 (2)　　『[7] タービン・エンジン』8-5-5「排気ガス温度指示系統」
(A)(B)：○
(A)：プローブは一つが断線しても常に平均温度を指示するよう複数のサーモカップルが電気的に並列に接続される。
(B)：プローブに熱起電力の原理を応用したサーモカップル（熱電対）が用いられる。
(C)×：航空機に使用される排気ガス温度指示系統の排気ガス温度は℃で表示される。
(D)×：並列に接続されているため、常に平均温度が指示される。

問0791 (4)　　『[7] タービン・エンジン』8-6-1「エンジン潤滑油系統一般」
(4)×：定圧方式はベアリング・サンプの加圧レベルが低いエンジンに適している。
(1)○：全流量方式では滑油ポンプからの流量・圧力はエンジンの回転数に比例するため、指示される滑油圧力はエンジンの作動状態によって変化する。
(2)○：全流量方式には過度の圧力上昇からコンポーネントを保護するためプレッシャ・リリーフ・バルブが使用されている。
(3)○：定圧方式ではアイドルにおいても一定の供給圧が確保できる。

発動機

問題番号	解　答

問0792 (3)　『[7] タービン・エンジン』8-6-1「エンジン潤滑油系統一般」
(A)(B)(C)：○
(A)：全流量方式では滑油ポンプからの流量・圧力はエンジンの回転数に比例するため、指示される滑油圧力はエンジンの作動状態によって変化する。
(B)：全流量方式には過度の圧力上昇からコンポーネントを保護するためプレッシャ・リリーフ・バルブが使用されている。
(C)：定圧方式ではアイドルにおいても一定の供給圧が確保できる。
(D)×：定圧方式はベアリング・サンプの加圧レベルが低いエンジンに適している。

問0793 (4)　『[7] タービン・エンジン』8-6-1「エンジン滑油系統一般」
(A)(B)(C)(D)：○

問0794 (3)　『[7] タービン・エンジン』8-6-1「エンジン潤滑油系統一般」
(A)(B)(D)：○
(C)×：ベアリング・サンプの加圧レベルが低いエンジンに適している。

問0795 (3)　『[7] タービン・エンジン』8-6-1「エンジン滑油系統一般」
(3)○：潤滑を終えた高温のスカベンジ・オイルを直接滑油タンクへ戻し、タンクおよび滑油ポンプを出て滑油ノズルから潤滑する前に冷却する方式をホット・タンク・システムと呼んでいる。一方、潤滑を終えたオイルを冷却した後滑油タンクへ戻す方式をコールド・タンク・システムと言う。

問0796 (2)　『[7] タービン・エンジン』8-6-1「エンジン滑油系統一般」
(B)(C)：○
(B)：滑油が長時間高温状態で保管されるため滑油劣化を促進する恐れがある。
(C)：滑油タンクからベアリング・サンプまでの供給ラインに冷却器がある。
(A)×：潤滑後の高温のスカベンジ・オイルを直接滑油タンクへ戻し、滑油ノズルから潤滑する前に冷却する方式をいう。
(D)×：燃料・滑油熱交換器が滑油供給側にあり滑油中に含まれる空気は少ないため大容積の熱交換器は必要ではない。

問0797 (2)　『[7] タービン・エンジン』8-6-1「エンジン滑油系統一般」
(B)(C)：○
(A)×：コールド・オイル・タンク・システムは潤滑後の高温の滑油を燃料・滑油熱交換器で冷却した後滑油タンクへ戻す方式をいう。
(D)×：潤滑直後の滑油を冷却するため滑油中に空気が多く含まれており容積の大きな熱交換器が必要となる。

問0798 (3)　『[7] タービン・エンジン』8-6-1「エンジン滑油系統一般」
(3)：○

問0799 (3)　『[7] タービン・エンジン』　8-6-1「エンジン滑油系統の一般」
　　　　　　　　　　　　　　　8-6-5「マグネチック・チップ・ディテクタ（MCD）」
(3)：○
・MCD（マグネチック・チップ・ディテクタ）は、オイル系統内の不具合により発生し潤滑油に含まれた磁性体（ベアリングの材料は磁性体である）の金屑をピックアップして検知するためにベアリングやギヤ・シャフトを潤滑冷却して戻るリターン・ライン（C）に設置される。
・図は高温のスカベンジ・オイルを直接滑油タンクへ戻し、タンクおよび滑油ポンプを出て滑油ノズルから潤滑する前に冷却する方式であるため、ホット・オイル・タンク・システムである。
　したがって、解答は(3)のホット・オイル・タンク・システムの（C）である。
（補足）
・コールド・オイル・タンク・システム：潤滑を終えたオイルを冷却した後滑油タンクへ戻す方式。
・ホット・オイル・タンク・システム：高温のスカベンジ・オイルを直接滑油タンクへ戻し、タンクおよび滑油ポンプを出て滑油ノズルから潤滑する前に冷却する方式。

問0800 (2)　『[7] タービン・エンジン』8-6-1「エンジン滑油系統一般」
(2)○：潤滑油系統において、飛行中の高度（大気圧）変化に対して適切なスカベンジ・ポンプの入口圧力を確保して滑油の循環機能を良好に保つよう、ブリーザ系統によりベアリング・サンプの圧力が大気圧に対して常に一定の差圧となるよう加圧している。

問0801 (3)　『[7] タービン・エンジン』8-6-1「エンジン滑油系統一般」
(3)×：エンジン停止に際し、余分な滑油をオイル・タンクへ戻す機能はない。

問0802 (1)　『[7] タービン・エンジン』8-6-2「滑油タンク」
(1)○：多くの滑油タンクは、滑油ポンプ・インレットへの滑油の流れを確実にし、滑油ポンプのキャビテーションを防ぐためにタンク内が加圧されている。

問0803 (4)　『[7] ジェット・エンジン』8-6-2「滑油タンク」
(A)(B)(C)(D)：○

問0804 (2)　『[7] タービン・エンジン』8-6-3「主滑油ポンプと排油ポンプ」
(2)×：一般にタービン・エンジンに装備されている滑油ポンプには、ベーン・ポンプ、ジロータ・ポンプ、ギア・ポンプが使われる。

－ 196 －

問題番号	解　答

問0805　(4)
『[7] タービン・エンジン』8-6-3「主滑油ポンプと排油ポンプ」
(4)○：排油ポンプは潤滑・冷却を終え油温が高く、空気を含んだ滑油を吸引してタンクへ戻すため、主滑油ポンプより容量が大きくなっている。
（参考）
タービン・エンジンの排油の中に空気が含まれる原因
適切な滑油供給量と完全な排油ポンプ機能を確保するためにベアリング・サンプが加圧されており、この段階で滑油に空気が混入する。

問0806　(1)
『[7] タービン・エンジン』8-6-5「マグネチック・チップ・ディテクタ」
(1)○：オイル系統内の不具合により発生し潤滑油に含まれた磁性体（ベアリングの材料は磁性体である）の金屑をピックアップして検知することにより不具合を検出することを目的とするものである。マグネチック・チップ・ディテクタは、発生した磁性体すべてを取り除くことは出来ず、あくまで検知することが目的であり、潤滑油中に混入した異物を取り除くのは、オイル・フィルタの役目である。

問0807　(2)
『[7] タービン・エンジン』8-7-2「スタータ」
(A)(B)：○
(C)×：スタータの供給するトルクは、エンジンのロータの慣性力、空気抵抗などに打ち勝つトルクより大きくなければならない。
(D)×：電動スタータおよびスタータ・ジェネレータには起動トルクの大きい直流直巻モータが使用される。

問0808　(2)
『[5]ピストン・エンジン』13-1「航空燃料（ガソリン）の具備条件」
(2)×：高い発熱量であること
（補足）
航空燃料（ガソリン）の具備条件はその他、
a.適度の気化性があること、
b.安定性があること、
である。

問0809　(2)
『[5] ピストン・エンジン』13-2-3-b「ベーパ・ロックの発生原因」
(2)×：燃料の粘度の低下はベーパ・ロックの発生原因にならない。

問0810　(4)
『[5]ピストン・エンジン』13-2-3-c「ベーパ・ロックの防止」
(A)(B)(C)(D)：○

問0811　(1)
『[5] ピストン・エンジン』11-1-1「滑油」
(1)：○
(2)×：動物油はある温度以上では脂肪酸をつくるので、航空機用エンジン・オイルには適さない。
(3)×：植物油は化学的に不安定となるので航空機用エンジン・オイルには適さない。
(4)×：一般的に動物、植物ベースの滑油は高温で安定しないため使用されないとともに、しばしば低温での性能も悪いため航空機エンジンの潤滑には適さない。

問0812　(2)
『[5] ピストン・エンジン』11-2-2「滑油の作動条件」
(2)×：油温が適当な限界内になければならない。油温が低過ぎれば、粘度が高くなって自由に流れず潤滑不十分になる。
(1)○：油圧が適当な限界内になければならない。
(3)○：常にきれいな状態で潤滑するエンジン部品に供給されなければならない。
(4)○：運転時の条件下では、油膜切れを生じない機械的強度は十分でなければならない。

問0813　(4)
『[5] ピストン・エンジン』11-1-2「滑油の作用」
(4)×：滑油の作用にはない。
（補足）
エンジン・オイルの作用
a.減摩作用
b.冷却作用
c.気密作用
d.清浄作用
e.防錆作用
f.緩衝作用
g.防塵作用

問0814　(4)
『[5] ピストン・エンジン』11-1-2「滑油の作用」
(A)(B)(C)(D)：○
＊問0813の（補足）を参照

問0815　(2)
『[5] ピストン・エンジン』11-1-3「滑油の具備条件」
(2)×：比熱、熱伝導率とも高くなければいけない。
（補足）
エンジン・オイルの具備条件
a.良好な油性
b.適当な粘度
c.高粘度指数
d.高引火点
e.化学的安定性
f.高比熱、高熱伝導率

発動機

問題番号	解 答

問0816 (4) 『[5]ピストン・エンジン』11-1-3「滑油の具備条件」
(A)(B)(C)(D)：○
＊問0815の（補足）を参照

問0817 (3) 『[5]ピストン・エンジン』11-1-3「滑油の具備条件」
(A)(B)(C)：○
(D)×：高比熱、高熱伝導率であることが求められる。

問0818 (4) 『[5]ピストン・エンジン』11-1-6「滑油の種類」
(4)×：オイルの交換はエンジン製造者が推奨として、使用時間で決めている。

問0819 (1) 『[5] ピストン・エンジン』11-1-6「滑油の種類」
(A)：○
(B)×：適正な粘性を確保するため、交換時期はろ過器、ブランド変更、エンジン交換時である。
(C)×：新製およびオーバーホール後の慣らし運転以外フラッシングなどには、マルチ・ビスコシティ・オイルを使用する。
(D)×：エンジン交換後の初期運転、ならし運転時などには、ストレート・ミネラル・オイルを使用する。

問0820 (4) 『[7] タービン・エンジン』9-1「タービン・エンジン材料一般」
(A)(B)(C)(D)：○

問0821 (1) 『[7] タービン・エンジン』9-2「代表的タービン・エンジン材料の概要」
(1)○：チタニウム合金は比重が鉄の 0.58 倍であり、比強度が大きく耐腐食性に富んでいるが、有効な強度を保持できるのは500℃までで、低圧圧縮機のロータ用部品（コンプレッサ・ブレード、ファン・ブレード等）に多く使用されている。

問0822 (4) 『[7] タービン・エンジン』9-1「材料一般」
(4)×：ファン出口案内翼にはマグネシウム合金は使用されない。マグネシウム合金は、ギア・ボックス・ケーシングに使用されている。
(1)○：ギア・ボックス・ケーシングにはアルミニウム合金またはマグネシュウム合金が使用されている。
(2)○：チタニウム合金は中温領域のディスクに使用される。
(3)○：低合金鋼は炭素鋼に少量の炭素以外の元素を添加して機械的性質を向上させた鋼で、ベアリング、ギア・シャフト、高圧コンプレッサ・ディスクなどに使用されている。

問0823 (4) 『[7] タービン・エンジン』9-1「材料一般」
(A)(B)(C)(D)：○
(A)：ギア・ボックス・ケーシングにはアルミニウム合金やマグネシュウム合金が使用される。
(B)：低合金鋼は強度が要求される高圧コンプレッサ・ディスク等に使用されている。
(C)：チタニウム合金は作動温度の低い低圧コンプレッサ・ディスクに使用されている。
(D)：ファン・ブレードには複合材料が使用されている。

問0824 (4) 『[7] タービン・エンジン』9-1「タービン・エンジン材料一般」
(A)(B)(C)(D)：○
(A)：マグネシウム合金は実用合金の中で最も軽量な材料で、アクセサリ・ギア・ボックス・ケースに使用される。
(B)：アルミニウム合金は比強度の高い材料で、低圧コンプレッサ・ステータに使用される。
(C)：チタニウム合金は比重がアルミ合金より大きいが、引っ張り強度が2倍と大きく、耐熱性にも優れているため、低圧コンプレッサ・ブレードに使用される。
(D)：低合金鋼は炭素鋼に8%以下の炭素以外の金属元素を添加して機械的性質を向上させた鋼で、ベアリングやアクセサリ・ギア・ボックスのギア・シャフトに使用される。

問0825 (4) 『[7] タービン・エンジン』9-1「タービン・エンジン材料一般」
(A)(B)(C)(D)：○
(A)：マグネシウム合金は実用合金の中で最も軽量な材料であり、低応力部品としてアクセサリ・ギア・ボックス・ケースにマグネシウム合金が多く使用されている。
(B)：コンプレッサの動翼にはチタニウム合金が多く使用されている。
(C)：コンプレッサ低圧段静翼にアルミニウム合金が多く使われている。
(D)：ディフューザは高温であり構造部材を兼ねているのでニッケル基耐熱合金が多く使用されている。

問0826 (4) 『[7] タービン・エンジン』9-1「タービン・エンジン材料一般」
(4)○：マグネシウム合金は実用合金の中で最も軽量な合金であり、通常低応力部品としてアクセサリ・ギアボックス・ケースに使われている。

問0827 (2) 『[7] タービン・エンジン』9-2「代表的タービン・エンジン材料の概要」

(2)○：ニッケル基耐熱合金は高温クリープ破断強度および耐酸化性を有するためタービンに多用されている。
(1)×：ステンレス鋼は550℃以上での使用はできない。
(3)×：高張力鋼の使用温度領域は600℃までであるためタービンには使用されない。
(4)×：チタニウム合金は500℃までの耐熱強度しか持っていないためタービンには使用されない。

問0828 (2) 『[7] タービン・エンジン』6-4-4「燃焼室の構成」
(2)○：タービン・エンジンの燃焼室は、通常、ニッケル基耐熱合金の板材を鎧状に成形した溶接構造で、全面に無数の冷却用空気孔が開けられている。

問題番号	解　答

問0829　(2)　　『[7] タービン・エンジン』9-2「代表的タービン・エンジン材料の概要」
(2)○：耐熱合金は鉄を主成分とした鉄基、ニッケルを 含有するニッケル基、コバルトを含有するコバルト基に大別される。
(1)×：チタニウムが有効な強度を保持できるのは500℃までで、耐熱合金には使用されない。
(3)×：ニッケル基耐熱合金はニッケルを50％以上含有している。
(4)×：コバルト基耐熱合金はコバルトを20％から65％以上含有している。

問0830　(1)　　『[7] タービン・エンジン』9-2「代表的タービン・エンジン材料の概要」
(1)×：チタニウムが有効な強度を保持できるのは500℃までで、耐熱合金には使用されない。
(2)○：耐熱合金は鉄を主成分とした鉄基、ニッケルを含有するニッケル基、コバルトを含有するコバルト基に大別される。
(3)○：ニッケル基耐熱合金はニッケルを50％以上含有している。
(4)○：コバルト基耐熱合金はコバルトを20％から65％以上含有している。

問0831　(4)　　『[7] タービン・エンジン』9-1「タービン・エンジン材料一般」
(A)(B)(C)(D)：○
(A)：マグネシウム合金は実用合金の中で最も軽量な材料であり、低応力部品としてアクセサリ・ギア・ボックス・ケースにマグネシウム合金が多く使用されている。
(B)：アルミニウム合金は比強度（強度／比重）の大きい軽合金で、260℃程度までのコールド・セクションに使用される。
(C)：チタニウム合金は500℃程度までの中温領域のディスクに使用される。
(D)：低合金鋼は金属元素の添加により機械的強度を向上した鋼で、アクセサリ・ギア・ボックスのギア・シャフトに使用される。

問0832　(2)　　『[7] タービン・エンジン』9-3「タービン・エンジン材料の特異現象」
(2)×：タービン・ディスクの内径部と外径部の温度差により発生するのは、ローサイクル・ファティーグである。
(1)○：クリープは高温・高応力の条件下で、一定荷重を受けている材料の変形（永久ひずみ）が時間とともに増加する現象である。
(3)○：クリープを発生すると最終的に材料は破断する。
(4)○：クリープはタービン・エンジンでは最も高温・高応力となる条件下にあるタービン・ブレードに発生する。

問0833　(2)　　『[7] タービン・エンジン』9-3-1「クリープ現象の概念と運用上の問題」
(B)(D)：○
(A)×：クリープ現象とは、極端な熱や機械的応力を受けたとき、時間とともに材料の応力方向に塑性変形が増加する現象である。
(C)×：S-N曲線は最大応力と繰返し回数による疲労強度の曲線であり、クリープ現象は時間に対する伸びの曲線（クリープ曲線）で表わされる。

問0834　(3)　　『[7] タービン・エンジン』10-8「エンジン性能試験」
(B)(C)(D)：○
(A)×：図のテスト・セルはU字型テスト・セルである。

問0835　(4)　　『[7] タービン・エンジン』10-2-1「エンジン・モータリング」
(A)(B)(C)(D)：○
(A)：エンジン内部に溜まっている燃料をモータリングで流れる空気流により放出する。
(B)：エンジン内部に発生した火災をモータリングで流れる空気流により吹き消す。
(C)：エンジン・ウォータ・ウォッシュを行うときは、ドライ・モータリングを行いながら水（および洗剤）を散布して行う。
(D)：モータリングで滑油ポンプを回転させることによりエンジン滑油系統を加圧して整備作業後の滑油漏れの点検を行う。

問0836　(2)　　『[7] タービン・エンジン』10-2-1「エンジン・モータリング」
(B)(D)：○
ドライ・モータリングとは、燃料は流さず高圧系ロータをスタータによる回転のみを行うモータリングで、エンジン内部に発生した火災をモータリングで流れる空気流により吹き消したり、残留排気ガス温度を下げるときに実施する。

問0837　(5)　　『[7] タービン・エンジン』10-2-1「エンジン・モータリング」
(5)：無し
ウエット・モータリングは、モータリング中に燃料を流して行うモータリングであり、燃料系統の整備作業後の確認で必要な場合にのみ行うもので、(A)〜(D)の選択肢の作業には適さない。

問0838　(1)　　『[7] タービン・エンジン』10-2-1「エンジン・モータリング」
(D)○：スタータのデューティ・サイクルは、スタータの過熱損傷を防ぐためのものであり、遵守しなければならない。
(A)×：ウエット・モータリングとは、燃料制御装置下流の燃料系統の確認などのために行う実際に燃料を流して行うモータリングである。
(B)×：ドライ・モータリングとは、高圧系ロータをスタータによる回転のみを行うモータリングで燃料は流さない。
(C)×：ウエット・モータリングは実際に燃料を流して行うため、火災の吹き消しには適さない。

発動機

－199－

問題番号	解　答

問0839 (1)　『[7] タービン・エンジン』10-3-1「始動操作」
(C)：○
(A)×：スタータでは定められた回転数の到達するまでコンプレッサを駆動する。
(B)×：点火系統は自立回転速度に到達すると停止する。
(D)×：アイドル回転数到達前後にピーク始動EGTとなりその後、低下安定する。

問0840 (3)　『[7] タービン・エンジン』10-3-2「不完全始動」
(A)(B)(D)：○
(A)：エンジン始動時の燃料流量が通常より多い場合。
(B)：強い背風でエンジンを始動した場合は吸入空気流に対する燃料が多くなりホット・スタートを起こす可能性がある。
(D)：燃焼器内に残留燃料がある場合、始動の過程でこれに着火してホット・スタートを起こす。
(C)×：ブリード・バルブ（抽気弁）は、始動時や低出力時のストール防止のために、通常始動時には開いている。

問0841 (3)　『[7] タービン・エンジン』10-3-2「不完全始動」
(A)(B)(D)：○
(A)：エンジン・エア・インレットの前面を覆うように雪が積もっている状態でエンジンを始動した場合は始動供給燃料に対して十分な吸入空気量が得られないためホット・スタートを生ずる。
(B)：強い背風では始動供給燃料に対する充分な吸入空気量が得られないため、ホット・スタートを起こしやすい。
(D)：エンジン始動時の燃料流量が通常よりも多い場合は、典型的なホット・スタートの原因となる。
(C)×：エンジンがモータリングによる最大回転数に達している状態でエンジンを始動した場合は、充分な空気流が得られているためホット・スタートにはならない。

問0842 (3)　『[7] タービン・エンジン』10-3-2-b「不完全始動」
(3)○：ハング・スタートは所定時間内に回転数がアイドル速度まで加速しない現象で、スターターのトルクが不足している場合に発生する。
(1)×：エンジンの自立運転後のスタータ援護ではハング・スタートは発生しない。
(2)(4)×：ホット・スタートの原因である。

問0843 (3)　『[7] タービン・エンジン』10-3-2-b「不完全始動」
(3)○：ハング・スタートは、エンジンの点火後いつまでたってもアイドル回転まで加速しない現象で、スタータの出力不足や燃料流量の過少などが原因と考えられる。
(1)×：エンジンの自立運転後のスタータ援護ではハング・スタートは発生しない。
(2)×：ノー・スタートの原因である。
(4)×：ホット・スタートの原因である。

問0844 (2)　『[7] タービン・エンジン』10-3-2「不完全始動」
(B)(D)：○
(B)：ハング・スタートはエンジンの点火後アイドル回転まで加速しない現象で、スタータの出力不足や燃料流量の過少、スタータ空気弁の不良などが原因となる。
(D)：ノー・スタートは始動操作により始動できない現象で、スタータが作動しない場合に起こる。
(A)×：ホット・スタートは、始動中EGTが異常上昇してリミットを超える現象で、多量の燃料に着火した場合、強い背風での始動などが原因となる。
(C)×：ウエット・スタートは燃料噴射後、着火しない現象。原因は点火系統の不具合が考えられる。

問0845 (2)　『[7] タービン・エンジン』10-6-2「停止時の注意事項」
(2)×：パート・パワーでの運転は出力が大きすぎてクーリング・ランとはならない。
(1)○：タービン・ホイールはタービン・ケースに比べて質量が大きく温度低下と収縮がタービン・ケースより遅いため、ある程度の時間エンジンを高出力で運転した場合には、タービン・ケースとタービン・ロータの収縮率の違いによる接触を防止するために、停止する前にアイドルで5分程度のクーリング・ランを行うことが必要である。
(3)○：エンジンの燃焼が停止した直後のロータの慣性回転をコースト・ダウンと呼ぶ。
(4)○：コースト・ダウン時には、タービン・ケースとタービン・ロータが擦れていないか音により判断することによりタービン・ブレードに発生しやすいクリープによる塑性変形を検出できるため重要である。

問0846 (4)　『[7] タービン・エンジン』10-6-2「停止時の注意事項」
(A)(B)(C)(D)：○
(C)：エンジンの燃焼が停止した直後のロータの慣性回転をコースト・ダウンと呼ぶ。
(D)：コースト・ダウン時には、タービン・ケースとタービン・ロータが擦れていないか音により判断することによりタービン・ブレードに発生しやすいクリープによる塑性変形を検出できるため重要である。

問0847 (2)　『[7] タービン・エンジン』10-7「異常状態発生時の操作」
(B)(D)：○
(B)：エンジン・ストールが発生した場合には、程度により内部損傷の恐れがあるため、エンジン停止後、状況に応じボア・スコープ点検やチップ・クランクの有無を確認する。チップ・クランクは、隣り合うブレード先端どうしの衝突をいい、ブレード根元に大きな曲げがかかったことを意味する。
(D)：エンジン運転中のオーバー・スピードは、高温と遠心力の大きいホット・セクションの回転部品の遠心応力が増しクリープを促進する。
(A)×：滑油系統のフィルタ・バイパス警報が出た場合には、エンジン出力を上昇させてもバイパス状態は解消できず金屑等が滑油系統に拡散する恐れがある。
(C)×：排気ガス温度の異常上昇が発生すると、燃焼ガス温度に直接さらされるホット・セクションの構成部品に与える影響が大きい。

問題番号	解　答

問0848 (4)　『[7] タービン・エンジン』11章「エンジンの状態監視手法」
(4)×：エンジン使用中のトレンド・モニタリングによりエンジンの状態監視が可能であり、あらためてベ
　　　　ア・エンジンによる定例エンジン試運転を行う必要はない。
(1)○：フライト・データ・モニタリングにより飛行中のエンジン性能の状態監視を行う。
(2)○：エンジンを分解せずにボア・スコープによりエンジン内部の状態監視を行う。
(3)○：マグネチック・チップ・デテクタによる定期点検によりベアリング、ギアシャフトなどの滑油で潤滑
　　　　される領域のスチール部品の不具合を監視する。

問0849 (3)　『[7] タービン・エンジン』11章「エンジンの状態監視手法」
(A)(B)(C)：○
(A)：ボア・スコープによる定期点検によりコンプレッサ/タービン・ブレード、燃焼器内部などの不具合を監
　　　視する。
(B)：マグネチック・チップ・デテクタによる定期点検によりベアリング、ギアシャフトなどの滑油で潤滑さ
　　　れる領域のスチール部品の不具合を監視する。
(C)：滑油の分光分析検査により滑油中に含まれた金属の分析により、摩耗型の不具合を検出する。
(D)×：エンジン使用中のトレンド・モニタリングによりエンジンの状態監視が可能であり、あらためてベ
　　　　ア・エンジンによる定例エンジン試運転を行う必要はない。

問0850 (2)　『[7] タービン・エンジン』11章「エンジンの状態監視手法」
(B)(C)：○
(B)：マグネチック・チップ・デテクタによる定期点検によりベアリング、ギアシャフトなどの滑油で潤滑さ
　　　れる領域のスチール部品の不具合を監視する。
(C)：滑油の分光分析検査により滑油中に含まれた金属の分析により、摩耗型の不具合を検出する。
(A)×：ボア・スコープによる点検を行うことにより分解検査は必要ない。
(D)×：エンジン使用中のトレンド・モニタリングによりエンジンの状態監視が可能であり、あらためてベ
　　　　ア・エンジンによる定例エンジン試運転を行う必要はない。

問0851 (2)　『[7] タービン・エンジン』6-1-4「エンジン状態監視のための構造」
(A)(B)：○
(C)×：高圧コンプレッサの各段は周囲1個所の点検孔からロータを回転させて点検する。
(D)×：タービン・ノズルガイドベーンは回転しないため周囲の数個所の点検口から全周を点検するように
　　　　なっている。

問0852 (2)　『[7] タービン・エンジン』6-1-4「エンジン状態監視のための構造」
(A)(B)：○
(A)：高圧系ロータ部の点検ではロータを回転させるために専用の回転装置をギアボックスに取り付けて行う
　　　こともある。
(B)：プラグには必要に応じ外側ケースと内側ケースの両方を塞いでガスの漏洩を防ぐものがある。
(C)×：高圧コンプレッサの各段は周囲1個所の点検孔からロータを回転させて点検する。
(D)×：タービン・ノズルガイドベーンは回転しないうえ、高温部であり点検を必要とする部品であるため周
　　　　囲の数個所の点検口から全周を点検するようになっている。

問0853 (4)　『[7] タービン・エンジン』11-4「潤滑油の分光分析（SOAP）検査」
(4)×：破壊型の不具合では金属粒子が大きく、オイル中の微細金属が少ないため効果が薄い。
(1)○：エンジンのサンプル・オイルを分光分析して潤滑油中に含まれた微量の金属元素の発生及び種類、含
　　　　有量をモニタする手段である。
(2)○：サンプル・オイルを燃焼発光させ、金属成分の持つ固有の光の波長からサンプル中に含まれる微細な
　　　　金属とその含有量を把握する。
(3)○：磨耗型の不具合はオイル中に含まれる金属が微細であり、初期段階での不具合発見に活用できる。

問0854 (4)　『[7] タービン・エンジン』11-4「潤滑油の分光分析（SOAP）検査」
(4)×：破壊型の不具合では金属粒子が大きく、オイル中の微細金属が少ないため効果が薄い。
(1)○：エンジンのサンプル・オイルを分光分析して潤滑油中に含まれた微量の金属元素の発生及び種類、含
　　　　有量をモニタする手段である。
(2)○：サンプル・オイルを燃焼発光させ、金属成分の持つ固有の光の波長からサンプル中に含まれる微細な
　　　　金属とその含有量を把握する。
(3)○：磨耗型の不具合はオイル中に含まれる金属が微細であり、初期段階での不具合発見に活用できる。

問0855 (4)　『[7] タービン・エンジン』11-4「潤滑の分光分析（SOAP）検査」
(A)(B)(C)(D)：○
(A)：滑油中に含まれる微細な金属の検出とその発生状況をモニタすることにより潤滑油系統の不具合を早期
　　　検出する。
(B)：サンプル・オイルを燃焼発光させ、金属成分の持つ固有の光の波長からサンプル中に含まれる微細な金
　　　属とその含有量を把握するものである。
(C)：磨耗型の不具合では微細な金属が滑油中に多く含まれるため金属の検出とその発生状況をモニタに有効
　　　であり、初期段階での不具合発見に活用できる。
(D)：破壊型の不具合では、発生する金属粒子が大きく、滑油中に含まれる微細金属が少ないため故障発生前
　　　の検出効果が薄い。

問0856 (1)　『[7] タービン・エンジン』11-4「潤滑の分光分析（SOAP）検査」
(A)：○
(B)×：SOAPはサンプル・オイルを燃焼発光させ、金属成分の持つ固有の光の波長からサンプル中に含まれ
　　　　る微細な金属とその含有量を把握するもので、固有振動数からはこのデータは得られない。
(C)×：破壊型の不具合には、採取される金属粒子が粗いため効果が薄い。
(D)×：摩耗型の不具合に最も有効であり、初期段階での不具合発見に活用できる。

発動機

－ 201 －

問題番号	解答

問0857 (2)
『[7] タービン・エンジン』12-1-1「エンジン騒音の発生源」
(2)○：推力は排出される排気の質量と排気速度の積に相当する反力であるが、小型エンジンは空気流量すなわち排気が少なく質量が小さいことから、同じ推力を得るためには排気速度が大きくなければならない。発生する音の強さは排気速度の8乗に比例して増加するため、排気速度の大きい小型エンジンの方が排気騒音が大きくなる。

問0858 (4)
『[7] タービン・エンジン』12-1-3「騒音低減対策」
(A)(B)(C)(D)：○

問0859 (3)
『[7] タービン・エンジン』12-2「排出物規制」
(3)○：航空用タービン・エンジンの有害排気ガス成分は、HC（炭化水素）、CO（一酸化炭素）および NOx（窒素酸化物）である。この内、HC（炭化水素）とCO（一酸化炭素）は不完全燃焼生成物で、アイドル運転時に多く発生する。またNOx（窒素酸化物）は2,000K以上の高温で生成されるもので、燃焼温度が高温となる離陸上昇時に多く発生する。

問0860 (1)
『[7] タービン・エンジン』12-2-1「排出物」
(1)○：HC（炭化水素）とCO（一酸化炭素）は不完全燃焼生成物であるため高出力時には発生が減少するが、NOx（窒素酸化物）は2,000K以上の温度で生成されるため燃焼温度が高温となる離陸出力時等の高出力時に多く発生する。

問0861 (3)
『[7] タービン・エンジン』12-2-1「排出物」
(3)○：エンジンの運転状態により一酸化炭素、窒素酸化物などを排出する。
(1)×：低出力時は二酸化炭素以外に不完全燃焼生成物であるHC（炭化水素）およびCO（一酸化炭素）を発生する。
(2)×：エンジンの各運転領域で不完全燃焼生成物であるHC（炭化水素）、CO（一酸化炭素）および、高温生成物NOx（窒素酸化物）を発生する。
(4)×：一酸化炭素は不完全燃焼生成物であり、高出力時には発生しにくい。

問0862 (4)
『[7] タービン・エンジン』12-2-1「排出物」
(4)○：NOx（窒素酸化物）は2,000K以上の高温で生成されるもので、燃焼温度が高温となる離陸上昇時に多く発生する。
(1)×：HC（炭化水素）は不完全燃焼生成物で、アイドル運転時に多く発生する。
(2)×：CO（一酸化炭素）は不完全燃焼生成物で、アイドル運転時に多く発生する。
(3)×：CO_2は化石燃料が燃焼する際に必然的に発生するもので、完全燃焼した場合には水とCO_2を発生する。

問0863 (1)
『[7] タービン・エンジン』12-2-1「排出物」
(1)：○
(2)×：低出力時は不完全燃焼生成物である未燃焼炭化水素、一酸化炭素の発生が多い。
(3)×：高出力時は高温により発生する窒素酸化物の発生が多い。
(4)×：不完全燃焼生成物である未燃焼炭化水素は高出力時には発生しにくい。

問0864 (2)
『[7] タービン・エンジン』12-2-1「排出物」
(2)○：一酸化炭素は不完全燃焼生成物で、アイドル運転時に多く発生する。
(1)×：未燃焼炭化水素は不完全燃焼生成物で、燃焼温度の低いアイドル運転時に多く発生する。
(3)×：窒素酸化物は2,000K以上の高温で生成されるもので、燃焼温度が高温となる離陸上昇時に多く発生する。
(4)×：一酸化炭素は不完全燃焼生成物で、燃焼温度の低いアイドル運転時に多く発生する。

問0865 (4)
『[7] タービン・エンジン』12-2-1「排出物」
(4)○：一酸化炭素（CO）は不完全燃焼生成物で、アイドル運転時に多く発生する。
(1)×：炭化水素（HC）と一酸化炭素（CO）は不完全燃焼生成物で、アイドル運転時に多く発生する。
(2)×：CO_2は炭化水素燃料が完全燃焼した時に必然的に発生する燃焼生成物である。
(3)×：NOx（窒素酸化物）は2,000K以上の高温で生成されるもので、燃焼温度が高温となる離陸上昇時に多く発生する。

問0866 (3)
『[7] タービン・エンジン』12-2-1「排出物」
(3)○：未燃焼炭化水素は不完全燃焼生成物で、アイドル等の低出力時に多く発生する。
(1)×：一酸化炭素は不完全燃焼生成物で、アイドル等の低出力時に多く発生する。
(2)×：二酸化炭素は化石燃料が燃焼する際に必然的に発生するもので、完全燃焼しても発生する。
(4)×：窒素酸化物は最適空燃比で最大となるため、低減対策として最適空燃比を挟んで希薄化するか濃密化する方法がとられる。

問0867 (4)
『[7] タービン・エンジン』12-2-1「排出物」
(A)(B)(C)(D)：○
(A)：窒素酸化物は2,000K以上の高温と滞留時間が長くなる場合に発生するもので、最適空燃比で窒素酸化物の発生は最大となる。
(B)：最適空燃比より希薄化することにより低減することができる。
(C)：燃焼温度を下げることにより発生が減少する。
(D)：デュアル・アニュラ型燃焼室の採用は、局部的高温部分をなくして発生を抑えるものである。

— 202 —

問題番号	解　答

問0868 (1)　　　『[7] タービン・エンジン』12-2-1「排出物」
(A)：○
(B)×：低出力時は不完全燃焼生成物である未燃焼炭化水素、一酸化炭素の発生が多い。
(C)×：低出力時は一酸化炭素以外に不完全燃焼生成物である未燃焼炭化水素も発生する。
(D)×：高出力時は不完全燃焼生成物である一酸化炭素は発生しにくい。

問0869 (1)　　　『[7] タービン・エンジン』3-1-3「気体の比熱」
(1)○：定圧比熱Cpは温度の上昇とともに外部へ膨張仕事をするので、定容比熱Cvの場合より膨張仕事分だけ余分に熱量を要するため、定圧比熱Cpの方が定容比熱Cvより大きい。すなわちCp＞Cvとなる。

問0870 (3)　　　『[5] ピストン・エンジン』3-3-4「断熱変化」
(3)○：外部との熱の出入りを完全に遮断した状態変化を断熱変化といい、外部との熱のやりとりがないので断熱圧縮では圧縮熱により温度が上がる。

問0871 (4)　　　『[7] タービン・エンジン』3-4-a「熱力学の第1法則」
(4)○：熱量から機械的仕事への交換率を熱の仕事当量とよび、この逆数が機械的仕事から熱量への交換率となり仕事の熱当量とよぶ。
(1)×：熱と仕事はどちらもエネルギの一つの形態であり、相互に変換することが出来る（熱力学の第1法則）。
(2)×：仕事はエネルギの一つの形態であり、相互に変換することが出来る。
(3)×：熱と仕事は固有のエネルギ形態ではなく、どちらもエネルギの一つの形態であり相互に変換することが出来る。

問0872 (1)　　　『[5] ピストン・エンジン』4-3-1-b「圧縮比」
(1)○：シリンダの圧縮比はピストンがBDCにあるときのシリンダ内全体容積を隙間容積で割ったものと定義される。
(2)(3)(4)×：行程容積は1行程の間にTDCからBDCまで通過する容積をいい、隙間容積はピストンがTDCにあるときの燃焼室の容積を言う。
（参考）
TDC：Top Dead Center（上死点）
BDC：Bottom Dead Center（下死点）

問0873 (3)　　　『[5]ピストン・エンジン』4-2-3「4サイクル・エンジンと2サイクル・エンジンの比較」
(A)(B)(C)：○
(D)×：同じ回転数に対して有効行程数が2倍になるため、小型でも高出力が得られる。

問0874 (4)　　　『[5]ピストン・エンジン』4-3-1「行程容積および圧縮比」
(4)：○
行程容積　Vs＝π／D²・S
　　　　　　＝π／8²cm・6cm
　　　　　　＝301.4cm³
総排気量 ： 　301.4×4＝1,205≒1,200cm³

問0875 (4)　　　『[5] ピストン・エンジン』4-3-1-b「圧縮比」
(4)：○
圧縮比εより、行程容積Vs、隙間容積Vc とすると、圧縮比εは1＋Vs／Vc で表わされる。
よって、
Vs＝πD²S／4＝3.14×200×200×100／4＝3,140,000（mm³）
1cm³＝1,000mm³だから、
圧縮比εは1＋Vs／Vc ＝1＋3,140／250≒1＋12.6＝13.6

問0876 (3)　　　『[5] ピストン・エンジン』4-3-1-b「圧縮比」
(3)：○
圧縮比εより、行程容積Vs、隙間容積Vcとすると、

圧縮比ε＝（Vc＋Vs）÷Vc＝1＋Vs／Vcで表わされる。

よって、
Vs＝πD²S／4＝3.14×150×150×150／4≒2,649,000（mm³）
1cm³＝1,000mm³だから、
圧縮比εは1＋Vs／Vc＝1＋2,649／250≒1＋10.6＝11.6

問0877 (3)　　　『[5]ピストン・エンジン』4-3-1-b「圧縮比」
(3)：○
圧縮比ε＝（Vc＋Vs）÷Vc
Vc：隙間容積
Vs：行程容積

Vs＝πD²S／4 ＝3.14×20cm×20cm×10cm÷4＝3,140mm³
　　圧縮比ε ＝（200＋3,140）÷200
　　　　　　＝16.7

発動機

－ 203 －

問題番号	解　答

問0878 (3)　　　　『[5] ピストン・エンジン』4-3-1-b「圧縮比」
(3)○：シリンダの圧縮比(ε)はピストンがBDCにあるときのシリンダ内全体容積を隙間容積で割ったものと定義される。
圧縮比εより、行程容積Vs、隙間容積Vc とすると、

圧縮比ε＝1＋Vs／Vc で表わされる。

よって、
Vs＝πD2S／4＝3.14×120×120×150／4＝1,695,600（mm³）
1cm³＝1,000mm³だから、
圧縮比εは1＋Vs／Vc＝1＋1,695／150≒1＋11.3＝12.3

問0879 (2)　　　　『[5] ピストン・エンジン』4-3-3-b「指示馬力の計算」
(2)○：エンジンの指示馬力Ni（PS）は、指示平均有効圧力Pmi、シリンダ数N 、ピストン頂部面積A（πD²／4）、エンジン回転数n、ストロークSとすると、NiはPmiASNn／2×4,500（PS）で表わされる。
よって、
Ni＝PmiπD²／4SNn／9,000
　＝12×3.14×13×13／4×0.1×6×2,500／9,000≒265（PS）

問0880 (4)　　　　『[5] ピストン・エンジン』5-2-1-h「軸受け」
(4)×：ラジアル荷重が正しい。平軸受け（プレーン・ベアリング）は、軸との接触が面接触。高荷重、低速、ラジアル荷重のかかる所に使用。スラスト荷重は主に玉軸受けで対応する（ワッシャ状の軸受で対応するものもある）。

問0881 (3)　　　　『[5] ピストン・エンジン』5-2-1-h-(1)「平軸受け」
(A)(B)(C)○：平軸受け（プレーン・ベアリング）は、軸との接触が面接触。高荷重、低速、ラジアル荷重のかかる所に使用。スラスト荷重は主に玉軸受けで対応する（ワッシャ状の軸受で対応するものもある）。
(D)×：スラスト荷重でなく、ラジアル荷重を受ける。

問0882 (4)　　　　『[5] ピストン・エンジン』5-2-1-h「軸受け」
(4)：○
(1)×：プレーン・ベアリング（平軸受け）は点接触でなく面接触である。
(2)×：プレーン・ベアリング（平軸受け）は高荷重、低速、ラジアル荷重のかかる所に使用。スラスト荷重は通常受けられない。スラスト荷重はワッシャ状の軸受で対応するものがある。
(3)×：ボール・ベアリング（玉軸受け）は点接触であり、摩擦が少なく高速回転に適するが大きい荷重には適さない。

問0883 (1)　　　　『[5] ピストン・エンジン』5-2-1-h「軸受け」
(D)：○
(A)×：プレーン・ベアリング（平軸受け）は点接触でなく面接触である。
(B)×：プレーン・ベアリング（平軸受け）は高荷重、低速、ラジアル荷重のかかる所に使用。スラスト荷重は通常受けられない。スラスト荷重はワッシャ状の軸受で対応するものがある。
(C)×：ボール・ベアリング（玉軸受け）は点接触であり、摩擦が少なく高速回転に適するが大きい荷重には適さない。

問0884 (4)　　　　『航空機の基本技術』16-4「磁粉探傷検査」
　　　　　　　　　　『ピストン・エンジン』5-2-1「動力発生機構」
(4)×：シリンダ・ヘッドはY 合金製（Al 合金）で磁化できないため検査不可能。

問0885 (2)　　　　『[5] ピストン・エンジン』4-6-2-h「燃焼室の形状」、5-2-1-b-(2)「シリンダ・ヘッド」
(A)(D)：○
(B)×：半球型は、吸・排気弁の直径を小さくでなく（大きく）とれる。
(C)×：円筒型でなく、（半球型）が同一容積に対し表面積が最小となり冷却損失が少ない。

問0886 (3)　　　　『[5] ピストン・エンジン』4-6-2-h「燃焼室の形状」
(A)(C)(D)：○
(B)×：半球型は、吸・排気弁の直径を大きくできるので容積効率が増す。

問0887 (2)　　　　『[5] ピストン・エンジン』4-6-2-h「燃焼室の形状」、5-2-1-b-(2)「シリンダ・ヘッド」
(A)(C)：○
(B)×：半球型は、吸・排気弁の直径を小さくでなく（大きく）とれる。
(D)×：半球型でなく、円筒型がヘッドの工作が容易で弁作動機構も簡単である。同一容積に対し表面積が最小となり冷却損失が少ない。

問0888 (1)　　　　『[5] ピストン・エンジン』4-6-2-h「燃焼室の形状」、5-2-1-b-(2)「シリンダ・ヘッド」
(A)：○
(B)×：半球型は、吸・排気弁の直径を小さくでなく（大きく）とれる。
(C)×：同一容積に対し表面積が最小となる。
(D)×：半球型でなく、円筒型がヘッドの工作が容易で弁作動機構も簡単である。同一容積に対し表面積が最小となり冷却損失が少ない。

問0889 (4)　　　　『[5] ピストン・エンジン』5-2-1「動力発生機構」、5-2-2「吸・排気弁と弁作動機構」
(4)×：シリンダとは直接接する箇所はないので、漏洩箇所には当てはまらない。

問題番号		解　答
問0890	(3)	『[5] ピストン・エンジン』5-2-1「動力発生機構」、5-2-2「吸・排気弁と弁作動機構」 (A)(B)(C)〇：コンプレッション圧が低い原因となり出力も低下する。 (D)×：燃焼室と直接接する箇所ではないので低圧の原因とはならない。
問0891	(1)	『[5] ピストン・エンジン』5-2-1-b-(3)「シリンダ・バレル」 (1)：〇 シリンダ内面で最も摩耗する箇所は、シリンダの上死点位置（第1リングのところ）で、段減りする。
問0892	(3)	『[5] ピストン・エンジン』5-2-1-d「ピストン・リング」 (3)×：ピストンの熱をシリンダに伝えピストン温度を低く保つ。 (1)〇：燃焼室からのガス漏れを防ぎ燃焼室内のガス圧力を高く保つ。 (2)〇：シリンダとの摺動面の滑油を制御する。 (4)〇：ピストンが直接シリンダに接触するのを防ぐ軸受けの役目をする。
問0893	(2)	『[5] ピストン・エンジン』5-2-1-d「ピストン・リング」 (2)×：コンプレッション・リングのプレーン型の主目的は、ガス漏れの防止及びピストン頭部の熱をシリンダに伝えることであり、記述の機能はオイル・リングのものである。
問0894	(3)	『[5] ピストン・エンジン』5-2-1-d「ピストン・リング」 (A)(C)(D)：〇 (B)×：コンプレッション・リングのプレーン型の主目的は、ガス漏れの防止及びピストン頭部の熱をシリンダに伝えることであり、記述の機能はオイル・リングのものである。
問0895	(4)	『[5] ピストン・エンジン』5-2-1-h-(1)「平軸受け」 (4)×：クランク・シャフトにはプレーン・タイプ・ベアリング（平軸受け）が用いられ、このベアリングには一般に三層軸受け（トリメタル）、すなわち薄い軟鋼板の上にケルメット層を溶着させ、その表面にニッケル・メッキし、さらに鉛インジウムまたは鉛錫合金のメッキをしたものである。表面は軟らかくなじみがよく、耐摩耗性、耐食性、異物などの埋没性、熱伝導性が優れ、かつ必要、強度と剛性も持っている。
問0896	(3)	『[5] ピストン・エンジン』5-2-1-h-(1)「軸受け」 (A)(B)(C)：〇 (D)×：プレーン・ベアリングは、通常、スラスト荷重は受けられない。
問0897	(1)	『[5] ピストン・エンジン』6-4-3-b「ダイナミック・ダンパ」 (1)：〇 (2)(3)(4)×：ダイナミック・ダンパの目的は、クランク軸の振り振動を吸収する。
問0898	(2)	『[5] ピストン・エンジン』5-2-1-a「クランク室」 (2)〇：クランク室内は、燃焼ガス、排気ガス、水分、油蒸気などで充満し内圧が高くなるため、ブリザ・パイプによって、内圧を外気に通じさせている。
問0899	(3)	『[5] ピストン・エンジン』5-2-1-a「クランク室」 (3)〇：ブリザはクランク・ケース内の圧力を逃がすためのもので、ピストン・リングやシリンダの摩耗がはなはだしいと常時煙が出る現象となり、シリンダの燃焼室からガスがシリンダ内へ過大に漏れていることを意味する。 (1)×：点火・燃焼システムとは無関係である。 (2)×：燃焼システムとは無関係である。 (4)×：燃焼システムとは直接関係はない。
問0900	(2)	『[5] ピストン・エンジン』5-2-1-a「クランク室」 (2)〇：ブリザはクランク・ケース内の圧力を逃がすためのもので、常時煙が出ている現象はシリンダの燃焼室からのガスがシリンダ内に漏れていることを意味する。 (1)×：基本的には正常燃焼であるから本原因にならない。 (3)×：燃焼には関係するが本原因にはならない。 (4)×：点火系統と潤滑不足に関係するが本原因にはならない。
問0901	(4)	『[5] ピストン・エンジン』5-2-3-c「プロペラ減速装置」 (4)×：減速比は自由に決められない。 (1)〇：入力軸と出力軸を同一線上に揃えることが出来る。 (2)〇：構成部品が多く、構造が複雑であるが全長を短くできる。 (3)〇：歯数が多いため噛合う歯数が多く1歯当りの負荷が小さく小型軽量に出来る。
問0902	(4)	『[5] ピストン・エンジン』6-5-1「振動の原因」 (A)(B)(C)(D)：〇 （参考） 原因： 　　a.往復慣性力と回転慣性力の不釣合い 　　b.トルクの変動 　　c.クランク軸の振り、曲げ振動。 影響： 　　a.各滑動部の磨耗を大きくする 　　b.軸受けに大きな応力を生じる 　　c.飛行機全体の振動を大きくする 　　d.電気系統、その他一般の故障原因になる

発動機

問題番号	解　答

問0903 (3) 　　　　『[5] ピストン・エンジン』4-7-3-e「バルブ・オーバラップ」
(3)○：バルブ・オーバラップの目的は次の通りである。
排気ガスの掃気効果を上げ、流入混合気の量を多くする。
流入混合気により、シリンダの内部冷却をする。

問0904 (1) 　　　　『[5] ピストン・エンジン』4-7-3-e「バルブ・オーバラップ」
(1)：○
(2)×：排気ガスの排気効果を上げるが、流入混合気の温熱効果はなく、冷却効果である。
(3)×：オーバラップ角はBC前後ではなく、TCの20～45°位である。
(4)×：流入混合気の量を多くする。

問0905 (2) 　　　　『[5] ピストン・エンジン』4-7-3-e「バルブ・オーバラップ」
(A)(C)：○
(B)×：排気ガスの排気効果を上げるが、流入混合気の温熱効果はなく、冷却効果である。
(D)×：流入混合気の量を多くする。

問0906 (2) 　　　　『[5] ピストン・エンジン』5-2-2-d「弁バネ」
(A)(C)：○
(B)×：作動機構の間隙を作らない。
(D)×：バルブ・スプリングの固有振動数を同じにするのではなく上げる。

問0907 (4) 　　　　『[5] ピストン・エンジン』5-2-2-f「油圧タペット」
(4)：○
(1)×：弁間隙をゼロに保ち弁開閉時期を正確にするためである。
(3)×：始動時だけでなく、運転中弁開閉時期を正確にしている。
（参考）
油圧タペットの利点
a.熱膨張による変化に対して、弁間隔を常時ゼロに自動調節する。
b.弁開閉時期を正確にする。
c.作動機構の衝撃をなくし、騒音を防止する。
d.弁機構の摩耗が自動的に補正される。
e.弁作動機構の寿命を長くする。

問0908 (4) 　　　　『[5] ピストン・エンジン』5-2-2-f「油圧タペット」
(4)×：弁を弁座に密着させるのは弁ばね（Valve Spring）である。

問0909 (2) 　　　　『[5] ピストン・エンジン』5-2-2-f「油圧タペット」
(A)(C)：○
(B)×：始動時だけでなく、運転中弁開閉時期を正確にしている。
(D)×：弁を便座に密着させ燃焼室の気密を保つのは弁バネの機能である。

問0910 (4) 　　　　『[5] ピストン・エンジン』8-1-2「過給機の型式」
(4)×：過給機を圧縮機の型式で分けると、遠心式過給機（Centrifugal Supercharger）、ルーツ式過給
　　　機（Roots Supercharger）およびベーン式過給機（Vane Supercharger）の三つになり、ジ
　　　ロータ式はない。

問0911 (3) 　　　　『[5] ピストン・エンジン』8-1-3「過給機の二次的影響および利点」
(3)×：排気駆動型では摩擦損失がなくなり機械効率がよい。
(1)○：燃料の気化を促進して混合気が均質となり、各シリンダへの分配も均等となるので燃料消費率は低下
　　　する。
(2)○：吸気圧力を上げて吸入空気流量を増加させている。
(4)○：エンジン重量の2～3%にあたる過給機を装備し馬力あたりの重量を30～40%下げている。

問0912 (3) 　　　　『[5] ピストン・エンジン』8-1-3「過給機の二次的影響および利点」
(A)(B)(D)：○
(A)：燃料の気化を促進して混合気が均質となり、各シリンダへの分配も均等となるので燃料消費率は低下す
　　　る。
(D)：エンジン重量の2～3%にあたる過給機を装備し馬力あたりの重量を30～40%下げている。
(C)×：排気駆動型では摩擦損失がなくなり機械効率がよい。

問0913 (4) 　　　　『[5] ピストン・エンジン』8-3「排気駆動型遠心式過給機」
(A)(B)(C)(D)：○
（参考）
排気駆動型過給機は歯車駆動型に比べ、その他下記の利点がある。
・歯車駆動型のように、駆動馬力の損失がほとんどない。

問0914 (2) 　　　　『[5] ピストン・エンジン』4-6-2-c「排気背圧」、5-2-4-b「排気系統」
(2)×：集合排気管では各シリンダの燃焼状態が判断できない。
(1)○：背圧を高めると排気効率を下げる。
(3)(4)：○

問0915 (2) 　　　　『[5] ピストン・エンジン』4-6-2-c「排気背圧」、5-2-4-b「排気系統」
(C)(D)：○
(A)×：背圧を高めると排気効率は下がる。
(B)×：集合排気管では各シリンダの燃焼状態が判断できない。

問題番号		解　答

問0916 (3)
『[5] ピストン・エンジン』5-2-2-c「弁（Valve）」
(3)○：排気バルブの中に金属ナトリウムを封入するのは冷却効率を上げるためである。
(1)×：振動は吸収しない
(2)×：重量軽減が主目的でない。
(4)×：排気弁は耐熱、耐摩耗、耐食性を考慮するが、本件は冷却が目的である。

問0917 (3)
『[5] ピストン・エンジン』5-2-2-c「弁（Valve）」
(A)(B)(D)：○
(C)×：金属ナトリウムが中で固体化ではなく、液化対流して熱を逃がしている。

問0918 (1)
『[5]ピストン・エンジン』5-2-2「吸・排気弁と弁作動機構」
(1)：○
(2)×：吸気弁はガスの流れを良くするよう弁軸を細くしている。
(3)×：吸・排気弁は耐熱性、耐摩耗性、耐食性に優れた合金鋼で作られている。
(4)×：低速回転ではカムの形状のとおり開閉するが、高速回転では慣性力や弁ばねの振動により、カムの形状のとおり作動しなくなる傾向がある。

問0919 (1)
『[5] ピストン・エンジン』5-2-2-c「弁（Valve）」
(C)○：排気バルブの中に金属ナトリウムを封入するのは冷却効率を上げるためである。
(A)×：吸・排気弁は、耐熱性、耐摩耗性、耐食性に優れた合金鋼で作られている。
(B)×：エンジン効率を上げるため、ガスの流れに対する抵抗が少なく気密性も要求されている。
(D)×：低速回転ではカムの形状のとおりに開閉するが、高速回転ではカムの形状のどおりに作動しなくなる傾向がある。

問0920 (3)
『[5]ピストン・エンジン』10-1-2「マグネト」
(3)×：基本的には交流発電機である。
（補足）
特徴としてその他、
a.エンジンの出力を利用して自ら発電する（自立発電）。
b.高圧マグネトの場合は構成が簡単で部品数も少なく、信頼性が高い。

問0921 (3)
『[5] ピストン・エンジン』10-2-3「マグネトの回転速度」
(3)：○
マグネトとクランク軸との回転速度比は、

$$\frac{シリンダ数}{（2×極数）}$$

従って、6÷（2×2）＝1.5となる。これから、マグネト速度はクランクシャフト速度の1.5となる。
よって、2,000RPMエンジンでは2,000×1.5＝3,000（RPM）のクランク軸回転速度となる。

問0922 (1)
『[5] ピストン・エンジン』10-8「点火ハーネス」
(1)×：マグネトから高電圧エネルギを点火栓にそのまま送電する。

問0923 (3)
『[5] ピストン・エンジン』10-8「点火ハーネス」
(B)(C)(D)：○
(A)×：マグネトで作られた高電圧エネルギを最小の損失で点火栓へ送電する。

問0924 (1)
『[5] ピストン・エンジン』10-9「点火栓」
(A)：○
(B)×：マグネトのタイプはあるが、1次線が分離しても点火オン状態と同じため汚れない。
(C)×：早期着火を起こしても、点火栓は通常汚れない。
(D)×：デトネーションを起こしても、点火栓は汚れない。
（参考）
点火栓の汚れの原因
a.混合気が濃過ぎる。
b.失火、あるいは全く発火していない。
c.含鉛燃料による酸化鉛の鉛汚損による。

問0925 (2)
『[5] ピストン・エンジン』10-9-2「点火栓の分類」
(2)○：リーチはシェルのガスケット・シートからシェルのスレッド端あるいはスカートまでの直線距離と定義され、シリンダ・ヘッド構造に合わせ使い分ける。
(1)×：間隙にはLimitがある。間隙の狭いのを、ショート・リーチ点火栓とは言わない。
(3)×：発火時間の長短は内圧と間隙が主要因であり、発火時間の短いのをショート・リーチ点火栓とは言わない。
(4)×：ショート・リーチでなくショート・ライフ点火栓となる。

問0926 (1)
『[5] ピストン・エンジン』10-9-2「点火栓の分類」
(1)○：リーチはシェルのガスケット・シートからシェルのスレッド端あるいはスカートまでの直線距離と定義され、シリンダ・ヘッド構造に合わせ使い分ける。
(2)×：間隙にはLimitがある。間隙の広いのを、ロング・リーチ点火栓とは言わない。
(3)×：発火時間の長短は内圧と間隙が主要因であり、発火時間の長いのをロング・リーチ点火栓とは言わない。
(4)×：ロング・リーチでなくロング・ライフ点火栓となる。

発動機

問題番号		解　答

問0927 (1)
『[5]ピストン・エンジン』10-6-2-a「インパルス・カップリング」
(1)○：インパルス・カップリングは、エンジン始動時、マグネトを高回転にして強い火花を発生させ、また、点火時期を遅らせてクランク・シャフトの逆回転を防ぐことで、スムースな始動をさせている。

問0928 (4)
『[5] ピストン・エンジン』10-1-1「点火系統の分類」、10-1-3「二重点火方式」
(4)×：早期着火防止にはならない。
(1)○：点火システムが二重になっているため、故障していない方で運転継続可能である。
(2)○：炎速度が2倍になり、デトネーション発生前に正常燃焼炎を通過できる。
(3)○：炎速度が2倍になり圧力上昇が得られ出力も増加する。

問0929 (3)
『[5] ピストン・エンジン』10-1-3「二重点火方式」
(A)(B)(C)：○
(D)×：二重点火方式は早期着火の防止にはならない。
（補足）
二重点火方式の利点としてこのほか、炎の伝播速度が速くなり、燃焼効率が上がる。

問0930 (4)
『[5] ピストン・エンジン』10-2-1「概要」、10-2-2「マグネト作動原理」
　　　　　　　10-2-3「マグネト・スピード」
(A)(B)(C)(D)：○

問0931 (4)
『[5] ピストン・エンジン』10-2-4「高圧点火系統に付随する問題点」
(A)(B)(C)(D)：○
（参考）
a.フラッシュ・オーバの害は低圧系統が少ない。
b.ケーブル・キャパシタンスの問題は高圧系統で発生しやすい。
c.漏電は低圧系統が少ない。

問0932 (4)
『[5]ピストン・エンジン』12-5「冷却系統」
(4)×：カウル・フラップの開閉は、カウル・フラップ・コントロール・レバーにより操作し、冷却空気の排出面積をコントロールすることで適切なシリンダ頭温（CHT：Cylinder Head Temperature）になるよう調整する。

問0933 (4)
『[5] ピストン・エンジン』12-5「冷却系統」、12-7「強制冷却」
(4)×：強制冷却では冷却ファンの駆動に出力の一部が利用され、冷却のための損失馬力が増える。

問0934 (1)
『[5]ピストン・エンジン』7-3-1-c「デトネーションの発生要因」
(1)：○
(2)×：末端ガスが圧力が上昇したときデトネーションを起こしやすい。
(3)×：末端ガスが温度が上昇したときデトネーションを起こしやすい。
(4)×：耐爆性の低い燃料を使用したときデトネーションを起こしやすい。

問0935 (3)
『[5] ピストン・エンジン』7-3-3「デトネーションの防止」
(3)×：混合比を濃くする。
（補足）
デトネーションの発生防止法はそのほか、
a.末端ガスの温度を下げる。
b.炎速度を大きくするか、炎伝搬距離を短くする。
c.アンチノック性のよい燃料にする。

問0936 (2)
『[5] ピストン・エンジン』7-3-5-b-(1)「デトネーション」
(2)×：燃焼過程でデトネーションは異常燃焼であるのに対して、早期着火は正常燃焼である。

問0937 (2)
『[5] ピストン・エンジン』7-3-5-b「デトネーションと早期着火」
(2)×：燃焼過程でデトネーションは異常燃焼であるのに対し、早期着火は正常燃焼である。

問0938 (4)
『[5] ピストン・エンジン』9-1-1「燃料制御系統の目的」
(4)×：最大出力は理論上混合比より濃い混合比で得られ、この混合比を最良出力混合比という。

問0939 (4)
『[5] ピストン・エンジン』9-1-4「燃料の調量と制御」
(4)×：減速調量機能はない。
これらの機能はそれぞれが単独で、あるいは他の一つまたはいくつかの機能と共同してエンジンの運転条件対応し、系統全体としての機能を果たす。
（補足）
燃料量と適正混合比を設定する機能として、下記の6つがある。
a.主調量機能
b.緩速調量機能
c.加速調量機能
d.混合比制御機能
e.燃料遮断機能
f.高出力調量機能

問0940 (2)
『[5]ピストン・エンジン』9-1-4「燃料の調量と制御」
(2)：×
＊問0939の（補足）を参照

― 208 ―

問題番号		解　答

問0941　(4)
『[5] ピストン・エンジン』9-1-4「燃料の調量と制御」
(4)×：高出力調量機能とは、高出力運転時に自動的に混合比を濃くする機能。
スロットル・バルブの開度一定で、エンジン回転速度も一定ならば、混合比は概ね空気密度の平方根に比例して変わる。従って、高空に上昇すると空気密度の減少で混合比はだんだん濃くなる。そこで、高度すなわち空気密度の変化に対し、混合比（空燃比）を適正に保たなければならない。これらの機能はそれぞれが単独で、あるいは他の一つまたはいくつかの機能と共同してエンジンの運転条件に対応し、系統全体としての機能を果たす。
＊問0939の（補足）を参照

問0942　(3)
『[5] ピストン・エンジン』9-1-1「燃料制御系統の目的」
(A)(B)(C)：○
(D)×：最大出力は理論上混合比より濃い混合比で得られ、この混合比を最良出力混合比という。

問0943　(2)
『[5] ピストン・エンジン』16-4-3-a「着氷の種類」
(2)×：吸気系統内に発生する氷に、ベンチュリ・アイスはない。
(1)○：インパクト・アイスは大気中に最初からみぞれなどの形で存在していた水が吸気系統の表面にぶつかってできる氷と、液体状態の水が0℃以下の表面にぶつかって出来る氷をいう。
(3)○：スロットル・アイスは絞り弁が部分開度の時、流路が狭められて断熱膨張する結果温度が降下して 空気流中に発生する氷をいう。
(4)○：エバポレーション・アイスは空気中に噴射される燃料の蒸発により発生する氷をいう。

問0944　(1)
『[5] ピストン・エンジン』16-4-3「着氷、気化器凍結」
(1)○：ベンチュリ部での高速空気と燃料気化により、気化潜熱が奪われ、混合気温度が吸入空気温度より低下する。
(2)×：燃料の品質は保証されていて、この場合の理由にはならない。
(3)×：燃料と滑油とは化学作用は起きない。
(4)×：気圧は沸騰点に関係するが、着氷には温度の影響が大きい。

問0945　(1)
『[5] ピストン・エンジン』9-5「エンジン駆動の燃料ポンプ」
(1)×：ブースタ・ポンプと並列ではなく、直列に入り燃料調量装置に供給している。

問0946　(4)
『[5] ピストン・エンジン』9-5「エンジン駆動の燃料ポンプ」
(A)(B)(C)(D)：○

問0947　(3)
『[5] ピストン・エンジン』9-5「エンジン駆動の燃料ポンプ」
(B)(C)(D)：○
(A)×：ブースタ・ポンプと並列ではなく、直列に入り燃料調量装置に供給している。

問0948　(2)
『[5]ピストン・エンジン』11-2-2「滑油の作動条件」
(2)×：油温が低過ぎれば粘度が高くなり自由に流れにくくなるため、潤滑不足となる。

問0949　(4)
『[5] ピストン・エンジン』11-2-3「潤滑系統」
(4)：○
(1)×：ウイック方式という場合もある。
(2)×：混合油で潤滑系統でなく燃料系統である。
(3)×：これはドライ・サンプ方式という。

問0950　(4)
『[5] ピストン・エンジン』11-2-4-b「油温調節器」
(A)(B)(C)(D)：○

問0951　(2)
『[5] ピストン・エンジン』11-1-3-c「高粘度指数」
(2)：○
(1)×：遅い流れは粘度が高いという。
(3)×：シリンダ壁への粘着性は油性で表す。
(4)×：落下時間が長いオイルはセーボルト・ユニバーサル秒で表す。

問0952　(2)
『[5]ピストン・エンジン』14-1「始動機の種類」
(2)×：スプラグ・クラッチ方式はない。

問0953　(3)
『[5]ピストン・エンジン』6-2-5「トルク線図」
(3)×：シリンダ数が多くなるほどトルク変動は少なくなる。

問0954　(1)
『[5]ピストン・エンジン』6-2-5「トルク線図」
(1)×：トルク比 ＝ 最大トルク／平均トルクである。
(2)(3)(4)○：シリンダ数が多くなるほどトルク比は小さくなることに注意。

問0955　(2)
『[5] ピストン・エンジン』6-2-5「トルク線図」
(2)×：シリンダ数が多くなるほどトルク比は小さくなる。
(1)(3)(4)○：トルク比 ＝ 最大トルク／平均トルクである。

問0956　(4)
『[5]ピストン・エンジン』6-2-5「トルク線図」
(4)×：平均トルクは回転速度に反比例し、出力に比例する。

発動機

問題番号	解　答

問0957 (2)　　　　　『[5] ピストン・エンジン』6-2-5「トルク線図」
(C)(D)：○
(A)×：トルク比 ＝ 最大トルク／平均トルク
(B)×：シリンダ数が多くなるほどトルク比は小さくなることに注意。

問0958 (2)　　　　　『[5] ピストン・エンジン』6-2-5「トルク線図」
(B)(C)：○
(A)×：トルク比 ＝ 最大トルク／平均トルク
(D)×：平均トルクは回転速度に反比例し、出力に比例する。

問0959 (3)　　　　　『[5] ピストン・エンジン』6-2-5「トルク線図」
(B)(C)(D)：○
(A)×：最大トルクと平均トルクの比をトルク比という。

問0960 (3)　　　　　『[5] ピストン・エンジン』7-2-3「炎速度に影響を及ぼす要素」
(3)×：排気温度は「混合比と燃焼温度」を判断する要素ではあるが炎速度に影響を及ぼさない 。
(1)○：混合比により燃焼温度が変わり、炎速度は影響を受ける。
(2)○：炎速度は回転数とともに増加する。
(4)○：排気背圧が増すとシリンダ内の残留ガスが多くなって燃焼温度が下がり炎速度は減少する。
(5)○：空気中の水分が増すと炎速度は減少する。

問0961 (3)　　　　　『[5] ピストン・エンジン』7-2-3「炎速度に影響を及ぼす要素」
(3)×：吸気温度が上がる反応速度は増すが空気粘性も増してシリンダ内の乱れが減るので炎速度は減少する。
(1)○：炎速度は回転数とともに増加する。
(2)○：排気背圧が増すとシリンダ内の残留ガスが多くなって燃焼温度が下がり炎速度は減少する。
(4)○：空気中の水分が増すと炎速度は減少する。

問0962 (3)　　　　　『[5] ピストン・エンジン』7-2-3「炎速度に影響を及ぼす要素」
(A)(B)(D)：○
(A)：炎速度は回転数とともに増加する。
(B)：排気背圧が増すとシリンダ内の残留ガスが多くなって燃焼温度が下がり炎速度は減少する。
(D)：空気中の水分が増すと炎速度は減少する。
(C)×：吸気圧力が上がると炎速度は増加するが、吸気温度が上がると炎速度は減少する。

問0963 (4)　　　　　『[5] ピストン・エンジン』7-2-3「炎速度に影響を及ぼす要素」
(A)(B)(C)(D)：○
(A)：炎速度は回転数とともに増加する。
(B)：排気背圧が増すとシリンダ内の残留ガスが多くなって燃焼温度が下がり炎速度は減少する。
(C)：吸気圧力が上がると炎速度は増加するが、吸気温度が上がると炎速度は減少する。
(D)：空気中の水分が増すと炎速度は減少する。

問0964 (2)　　　　　『[5]ピストン・エンジン』7-2-3「炎速度に影響を及ぼす要素」
(A)(C))：○
(B)×：排気背圧が増すと炎速度は低下する。
(D)×：空気中の水分が増すと炎速度は低下する。

問0965 (2)　　　　　『[5] ピストン・エンジン』4-5-4「熱勘定」
(2)○：正味仕事
(1)×：機械損失、ふく射損失などを表す。
(3)×：排気損失を表す。
(4)×：70％も損失するものは該当なし

問0966 (4)　　　　　『[5] ピストン・エンジン』4-3-1-a「行程容積」
(4)：○
行程容積Vs、隙間容積Vc、シリンダ径D、ストロークS とすると、

$$Vs＝\pi D^2S／4＝3.14×120×120×150／4＝1,696,000（mm^3）$$

よって、総排気量は行程容積xシリンダー数だから、
$1cm^3＝1,000mm^3$から、$1,696×4＝6,784（cm^3）$ となる.

問0967 (4)　　　　　『[5] ピストン・エンジン』4-4-2「出力の測定」
(4)×：振り動力計は、伝達動力計の一種である。
（補足）
ピストン・エンジンの出力測定には、以下の2種類の動力計によってなされる。
a.吸収動力計：動力を消費させることにより出力を測定する。
b.伝達動力計：動力伝達の出力を測定する。

問0968 (2)　　　　　『[5] ピストン・エンジン』16-3-3-b「緩速混合比の点検」、9-1「混合気供給系統一般」
(2)×：全運転範囲ではない。

問0969 (4)　　　　　『[5] ピストン・エンジン』9-1-1「燃料制御系統の目的」、9-1-2-a「最良出力混合比」
(4)×：全出力範囲ではない。

問題番号		解　答

問0970 (3)　　　『[5] ピストン・エンジン』9-1-1「燃料制御系統の目的」、9-1-2a「最良出力混合比」
(A)(B)(C)：○
(D)×：全出力範囲ではない。

問0971 (2)　　　『[5] ピストン・エンジン』4-5-3「正味熱効率および燃料消費率」
(2)：○

問0972 (1)　　　『[5]ピストン・エンジン』16-3-3「緩速混合比の点検」
(1)：○
緩速混合比の点検（ Idle Mixture Check ）は、エンジンが暖かい状態で、ミクスチャ・コントロール・レバーを「アイドル・カットオフ」の方向へ動かし、エンジンが停止する直前のrpmの変化を確認する。通常50rpm程度上昇すれば適正な混合比である。濃過ぎの場合はrpmの上昇が大きく、薄過ぎの場合はrpmが上昇しないでエンジンが停止する。

問0973 (2)　　　『[5]ピストン・エンジン』7-1「ガソリンの燃焼」
(2)×：最高出力は濃い混合比で得られる。

問0974 (4)　　　『[5]ピストン・エンジン』16-3-5-e「混合比の手動制御」
(4)×：混合比を濃くするとEGTは低くなる。
（補足）
EGTと混合比の関係は、混合比13：1位が最大でそれより濃くなっても薄くなってもEGTは下がる。

問0975 (2)　　　『[5] ピストン・エンジン』16-3-5-e「混合比の手動制御」
(B)(C)：○
(B)：高度が下がる（空気密度が増す）と排気温度は上昇する。
(C)：出力を上げると排気温度は高くなる。
(A)×：高度が上がると排気温度は低くなる。
(D)×：混合比13：1位が最大でそれより濃くなっても薄くなっても下がる。
（補足）
圧縮比が高いと爆発圧力が上がり、出力も上がるため排気温度は上昇する。排気温度は、排気弁に伝わり、弁の磨耗やオイルの炭化が起こるとガイドの間に燃焼生成物が入り込み、動きが悪くなる。排気管が長いと背圧が上がり、温度は上昇する。過濃混合気は余剰燃料がガス温度を冷却する働きをするため、排気温度は下がる。

問0976 (4)　　　『[5] ピストン・エンジン』16-3-6「エンジンの停止」
(4)×：カットオフして燃料を遮断しても点火栓は作動しているので、内部の混合気が燃焼しつくされてから停止する必要がある。また、長時間の冷機運転は避ける。
（補足）
冷機運転の目的
a.バルブ焼付き防止
b.エンジン各部表面の油膜欠如による金屑発生防止
c.エンジンの停止のタイミング確認と滑油のコーキング（炭化）防止
d.次の始動時の潤滑を助け金屑発生を予防する

問0977 (3)　　　『[5] ピストン・エンジン』16-3-6「エンジンの停止」
(A)(B)(C)：○
(D)×：シリンダ温度を下げる必要があるので外気温度が低くても冷却運転する。
＊問0976の（補足）を参照

問0978 (2)　　　『[5] ピストン・エンジン』16-4-3-a「着氷の種類」
(2)×：吸気系統内に発生する氷に、ベンチュリ・アイスはない。
(1)○：インパクト・アイスは大気中に最初からみぞれなどの形で存在していた水が吸気系統の表面にぶつかってできる氷と、液体状態の水が0℃以下の表面にぶつかって出来る氷をいう。
(3)○：スロットル・アイスは絞り弁が部分開度の時、流路が狭められて断熱膨張する結果温度が降下して 空気流中に発生する氷をいう。
(4)○：エバポレーション・アイスは空気中に噴射される燃料の蒸発により発生する氷をいう。

問0979 (1)　　　『[5] ピストン・エンジン』4-6-2「出力を支配する要素」
(1)○：エンジン出力はBMEP（正味平均有効圧力）に比例する。吸気圧力が上がればBMEPは大きくなる。
(2)×：気温が上がると空気密度が小さくなってエンジンの流入空気量が減少するため出力は減少する。
(3)×：大気の圧力・温度は標準大気表に示されるように変化するので、通常は高度の上昇により出力は減少する。過給機により高空での出力低下を防止しているエンジンもある。
(4)×：空気密度が上がると単位体積当たりの空気重量が増加してエンジンの流入空気量も増加するため推力は増加する。

問0980 (4)　　　『[5] ピストン・エンジン』4-6-2-e「出力を支配する要素大気条件」
(4)○：空気密度が上がると単位体積当たりの空気重量が増加してエンジンの流入空気量も増加するため出力は増加する。
(1)×：エンジン出力は吸気圧力に比例する。
(2)×：気温が上がると単位体積当たりの空気重量が減少するため空気密度が小さくなってエンジンの流入空気量が減少するため出力は減少する。
(3)×：高度が高くなると気圧が低くなり空気密度が小さくなってエンジンの流入空気量が減少するため出力は減少する。

発
動
機

問題番号		解　答

問0981 (3)　　　　『[5]ピストン・エンジン』4-6-2「出力を支配する要素」
(3)×：排気温度は影響しない。
（補足）
エンジンの出力に影響する要素としては、その他、回転数、大気条件、高度、混合比、燃焼室の形状、シリンダ直径が挙げられる。

問0982 (2)　　　　『[5]ピストン・エンジン』4-6-2「出力を支配する要素」
(2)×：排気背圧の増加は吸気圧力の減少と同じ効果となり、出力は減少する。

問0983 (3)　　　　『[5]ピストン・エンジン』4-6-2「出力を支配する要素」
(A)(C)(D)：○
(B)×：排気背圧の増加は吸気圧力の減少と同じ効果となり、エンジン出力は減少する。

問0984 (4)　　　　『[5] ピストン・エンジン』4-6-2-e「大気条件」
(A)(B)(C)(D)：○
(B)：エンジン出力はBMEPに比例する。他の条件が同じで、排気背圧が上がればBMEPは小さくなる。
(D)：大気の圧力・温度は標準大気表に示されるように変化するので、通常は高度の上昇により出力は減少する。過給機により高空での出力低下を防止しているエンジンもある。

問0985 (2)　　　　『[5] ピストン・エンジン』4-6-2-e「出力を支配する要素大気条件」
(A)○：エンジン出力はBMEP（正味平均有効圧力）に比例する。吸気圧力が上がればBMEPは大きくなる。
(D)○：空気密度が上がると単位体積当たりの空気重量が増加してエンジンの流入空気量も増加するため推力は増加する。
(B)×：気温が上がると空気密度が小さくなってエンジンの流入空気量が減少するため出力は減少する。
(C)×：大気の圧力・温度は標準大気表に示されるように変化するので、通常は高度の上昇により出力は減少する。過給機により高空での出力低下を防止しているエンジンもある。

問0986 (4)　　　　『[5] ピストン・エンジン』4-6-2-e「出力を支配する要素大気条件」
(4)：○
空気密度は大気圧に正比例し、大気温度に反比例するので、大気圧が上がれば吸入空気流量が増加し出力も増加する。一方、大気温度が上がれば出力は減少する。大気中の湿度はその水蒸気分だけ燃焼に与える空気量を減らすので出力を減少させる。

問0987 (4)　　　　『[5] ピストン・エンジン』4-6-1「容積効率」、4-6-2-a「回転数」
(A)(B)(C)(D)：○
(D)：エンジンの指示馬力は空気流量（重量流量）に比例する。従って、吸気行程において実際にシリンダー内に吸い込まれた空気重量がエンジン出力を決定する。回転が増加すると吸・排気弁の開いている時間が次第に短くなり、与えられた時間内に吸入空気量および排気量が制限され容積効率が低下する。

問0988 (4)　　　　『[5] ピストン・エンジン』16-3-2「暖機運転」
(4)×：フラッシュ・オーバはマグネト自体の湿気に起因する不具合である。
(1)○：暖機をしないで高出力を出すと隙間が設計値より小さくなるので潤滑不足になる。また滑油粘度も高く潤滑不足になる。
(2)○：暖機運転を十分に行わないと運転の追従が悪く円滑にいかない。
(3)○：暖機運転を十分に行わないと粘性の関係で高い油圧を指示する。

問0989 (3)　　　　『[5]ピストン・エンジン』16-3-2「暖機運転」
(3)×：滑油は低温では粘度が高いため油圧の指示値は高くなる。
（補足）
エンジン部品は熱膨張の異なる数種類の金属で構成されているため、暖気をしないと設計通りの性能が出ない。

問0990 (2)　　　　『[5] ピストン・エンジン』16-3-2「暖機運転」、10-2-4「高圧点火系統に付随する問題点」
(A)(B)：○
(C)×：油圧指示値は高くなる。
(D)×：マグネトのフラッシュ・オーバは高高度飛行中に発生する「高電圧ジャンプ」現象。

問0991 (2)　　　　『[5] ピストン・エンジン』5-2-4-a「吸気系統」
　　　　　　　　　　『[8] 航空計器』4-7「吸気圧力計」
(2)：○
(1)(3)(4)×：吸気管内の圧力を絶対圧力で指示し、差圧を指示しているのではない。但しラインに漏れがある場合外気圧を指す時がある。

問0992 (3)　　　　『[8] 航空計器』4-2「圧力受感部」
(3)：○
(1)×：油温は、指針の振れには関係しない。
(2)×：油温は、指針の振れには関係しない
(4)×：詰まりの程度は不明であるが圧力が伝わらない。

－ 212 －

問題番号		解 答

問0993 (1)
『[8] 航空計器』5-3「熱起電力」、5-5「シリンダ温度計」
『[5] ピストン・エンジン』12-4「シリンダ頭温の指示と制御」
(1)：○
(2)×：リード線が断線すると指示が高温側でなく低温側に振り切れる。
(3)×：受感部は最高温度となるシリンダ1つのみに接続している。
(4)×：受感部は燃焼室内ではない。

問0994 (2)
『[8] 航空計器』5-3「熱起電力」、 5-5「シリンダ温度計」
『[5] ピストン・エンジン』12-4「シリンダ頭温の指示と制御」
(A)(C)：○
(B)×：リード線が断線すると指示しない（低温側に振り切れる）。
(D)×：受感部は燃焼室内ではなくシリンダ頭部にあり、シリンダ・ヘッドの温度を測定している。受感部は
バヨネット型と点火栓のガスケットを兼ねたガスケット型がある。

問0995 (1)
『[8] 航空計器』4-2「圧力受感部」、4-6「滑油圧力計」
(1)○：滑油圧力など比較的高い圧力を扱う計器ではブルドン管が使われる。

問0996 (1)
『[6] プロペラ』1-1 2「静止推力」
(1)○：プロペラの推力は、通常、前進速度0の場合、すなわち、飛行機が地上に静止している場合に最大と
なり、前進速度が大きくなるほど推力は減少する。したがって、選択肢の中で最も前進速度が遅いの
は(1)の離陸滑走直後であるため、このとき最大推力が得られる。

問0997 (3)
『[6] プロペラ』第1章「プロペラの基礎」（1-5 ～ 1-14）
(A)(B)(D)：○
(C)×：剛率とはプロペラの馬力吸収能力を示す指標で、プロペラ円板面積に対する全羽根面積の占める割合
を示す。すなわち、プロペラの全羽根面積をプロペラ円板面積で割った比と定義される。

問0998 (2)
『[6] プロペラ』1-2「プロペラの羽根と作動状態」1-18「ランキンの運動量理論」
(2)○：プロペラの羽根の断面は翼型をしており航空機の翼と同様に考えることが出来る。揚力を発生するこ
とにより前方へ引張ろうとする推力を発生する。プロペラはこの推力を得るのに比較的多量の空気に
小さな速度を与える。今、プロペラが速度Vで前進しているときブレード通過するときはV（1＋a）
と増加し、ブレードの前面空域圧力が低下し後面空域圧力が増加して空力合成力が働き推力を発生す
る。

問0999 (1)
『[6] プロペラ』1-1「プロペラの推進原理と推力」
(1)：○
プロペラ推進はエンジン出力でプロペラを回転し、空気に（ 加速度 ）を与えて推力を得る。回転中のプロ
ペラのブレードは周囲の空気に作用を与え、作用を受けた空気はプロペラにその（ 反作用 ）を返す。これ
がプロペラの推力となる。プロペラが周囲の空気に及ぼす作用の大きさは、ニュートンの運動の（ 第2 ）
法則により運動量から求めることができる。

問1000 (3)
『[6] プロペラ』1-1「プロペラの推進原理と推力」
(3)：○
プロペラ推進はエンジン出力でプロペラを回転し、空気に（ 加速度 ）を与えて推力を得る。回転中のプ
ロペラの羽根は周囲の空気に（ 作用 ）を与え、これを加速し続け、（ 作用 ）を受けた空気はプロペラ
に、その（ 反作用 ）を返す。これがプロペラの推力となる。
プロペラが周囲の空気に及ぼす作用の大きさは、ニュートンの運動の第（ 2 ）法則により（ 運動量 ）
から求めることができる。

問1001 (3)
『[6] プロペラ』1-1「プロペラの推進原理と推力」
(3)：○
回転中のプロペラの羽根は周囲の空気に（ 作用 ）を与え、これを加速し続ける。（ 作用 ）を受けた空
気はプロペラに、その（ 反作用 ）を返す。これがプロペラの推力である。プロペラが周囲の空気に及ぼす
（ 作用 ）の大きさは、（ ニュートンの運動の第2法則 ）により、（ 運動量 ）から求めることがで
きる。

問1002 (1)
『[6] プロペラ』1-1「プロペラの推進原理と推力」
(1)：○
プロペラ推進はエンジン出力でプロペラを回転し、空気に（ ア：加速度 ）を与えて推力を得る。回転中
のプロペラの羽根は周囲の空気に作用を与え、作用を受けた空気はプロペラに、その（ イ：反作用 ）を返
す。これがプロペラの（ ウ：推力 ）となる。
プロペラが周囲の空気に及ぼす作用の大きさは、ニュートンの運動の第（ エ：2 ）法則により運動量から
求めることができる。

問1003 (2)
『[6] プロペラ』1-1「プロペラの推進原理と推力」
(2)×：プロペラが周囲の空気に作用して発生する反力は推力である。
(1)○：周囲の空気に加速度を与えることにより生ずる反力により推力を発生する。
(3)○：ニュートンの運動の第2法則「物体に作用して生ずる加速度は作用する力の大きさに比例する」によ
り、プロペラの後流の速度からプロペラが及ぼした作用の大きさを求めることができる。
(4)○：プロペラの羽根の断面は翼型をしており、揚力を発生することにより前方へ引張ろうとする推力を発
生する。

発動機

－ 213 －

問題番号	解 答

問1004 (3)
『[6] プロペラ』1-1「プロペラの推進原理と推力」
(3)×：ニュートンの運動の第3法則は「作用・反作用」の法則であり、プロペラが周囲の空気に及ぼす作用の大きさを求めるには、ニュートンの運動の第2法則「物体に作用して生ずる加速度は作用する力の大きさに比例する（f＝m×α）」から求めることが出来る。

問1005 (4)
『[6] プロペラ』1-1「プロペラの推進原理と推力」
(A)(B)(C)(D)：○
プロペラの推進原理は次のように定義されている。
回転中のプロペラの羽根は周囲の空気に（ 作用 ）を与え、これを加速し続け、（ 作用 ）を受けた空気はプロペラに、その（ 反作用 ）を返す。これがプロペラの推力となる。プロペラが周囲の空気に及ぼす作用の大きさは、ニュートンの運動の第（ 2 ）法則により（ 運動量 ）から求めることができる。

問1006 (1)
『[6] プロペラ』1-1「プロペラの推進原理と推力」
(1)○：プロペラの推力は前進速度ゼロの場合に最大となる。
(2)×：巡航時には前進速度は最大となるため、推力は最大とはならない。
(3)×：着陸滑走距離は推力以外の要素に大きく左右される。
(4)×：有効ピッチはプロペラの1回転で実際に進む距離であり、推力と密接な関係はない。

問1007 (4)
『[6] プロペラ』1-2「プロペラの羽根と作動状態」
(4)：○
プロペラの羽根ステーションとは、ハブの中心から指定された距離のところにある羽根上の参考位置である。

問1008 (2)
『[6] プロペラ』1-2「プロペラの羽根と作動状態」
(2)：○
プロペラの羽根ステーションとは、ハブの中心から指定された距離のところにある羽根上の参考位置である。

問1009 (4)
『[6] プロペラ』1-2「プロペラの羽根と作動状態」
(4)○：プロペラが回転すると、ハブに近い断面よりも先端近くの断面の方が長い距離を動くため、迎角が同じであれば先端に行くほど幾何ピッチが大きくなる。プロペラが1回転したときに各断面における幾何ピッチが同じになるようブレードの先端に行くほど羽根角が小さくなるようねじりが付けられている。

問1010 (3)
『[6] プロペラ』1-2「プロペラの羽根と作動状態」
(3)○：羽根角はプロペラ翼弦と回転面のなす角で、迎角と前進角で構成される。

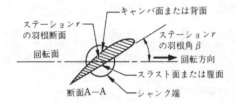

問1011 (2)
『[6] プロペラ』1-2「プロペラの羽根と作動状態」
(2)○：羽根角はプロペラ翼弦と回転面のなす角で、迎角と前進角で構成される。

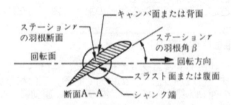

問1012 (1)
『[6] プロペラ』1-2「プロペラの羽根と作動状態」
1-3「いろいろな飛行状態における前進角」
(1)×：前進角は前進速度と回転速度を合成したベクトルの角度で、一定回転では飛行速度によって変化する。
(2)○：迎角が増加するとプロペラの回転負荷が大きくなり、減少すると回転負荷が小さくなるため迎角の変化は回転に影響を与える。
(3)○：迎角は周囲の空気に運動量を与えるために直接作用する角度である。
(4)○：プロペラの羽根角は前進角と迎角で構成される。

問1013 (2)
『[6] プロペラ』1-2「プロペラの羽根と作動状態」
(2)○：羽根角はプロペラ翼弦と回転面のなす角で、迎角と前進角で構成される。βは迎角αと前進角φの和、すなわち羽根角である。
(1)×：αは迎角を示す。
(3)×：φは前進角を示す。

問題番号		解　答

問1014　(1)
『[6] プロペラ』1-2「プロペラの羽根と作動状態」
(1)○：ピッチ角と前進角の差の角度αが実際に空気に作用するプロペラ羽根の迎角となる。
(2)×：プロペラの羽根断面とプロペラ回転面となす角度はプロペラのピッチ角β（羽根角）といい、前進角と迎角で構成される。
(3)×：前進速度ベクトルと回転速度ベクトルの合成ベクトルがプロペラ回転面となす角φを前進角という。

問1015　(3)
『[6] プロペラ』1-2「プロペラの羽根と作動状態」
(3)○：ラセン角は、前進速度ベクトル(V)と回転速度ベクトル（2πrn）を合成したベクトル（Vr）がプロペラ回転面となす角（φ）で、前進角とも呼ばれる。

問1016　(3)
『[6] プロペラ』1-2「プロペラの羽根と作動状態」
(3)○：プロペラが回転する面はプロペラ回転面またはプロペラ円板と呼ばれる。

問1017　(3)
『[6] プロペラ』1-2「プロペラの羽根と作動状態」
(3)○：プロペラが回転することによりできる「面」は、プロペラ回転面またはプロペラ円板（Disk）という。

問1018　(1)
『[6] プロペラ』1-2「プロペラの羽根と作動状態」
(D)：○
プロペラの断面図に関する説明で、
（ア）はキャンバ面または背面
（イ）はステーションの羽根角
（ウ）はスラスト面または腹面
（エ）はシャンク端
とされており、正しい選択肢は(D)である。

問1019　(2)
『[6] プロペラ』1-4「プロペラの迎え角とエンジン出力」
(2)×：ピッチ角を減らせばプロペラの回転数は増加する。

問1020　(3)
『[6] プロペラ』1-3「いろいろな飛行状態における前進角」
(3)×：地上滑走時にはプロペラ回転速度に対し前進速度が特に小さいので、これらの成分から出来る前進角（φ）は小さい。
(1)○：上昇中は離陸時より回転数は小さくなるが、前進速度はさらに増すため前進角は離陸時より大きい。
(2)○：離陸では最大回転数となるので回転数は最大となるが、前進速度はまだ比較的小さく前進角（φ）は普通10～25°くらいである。
(4)○：巡航時には前進速度が最も大きいため、前進角（φ）は最大となる。
（参考）
前進角は機速に応じて決まる。

問1021　(4)
『[6] プロペラ』1-3「いろいろな飛行状態における前進角」
(4)○：前進角は機速に応じて決まる角度、すなわち迎角が飛行速度により相殺される角度であり、プロペラ回転速度と機速に応じて決まることから、飛行状態によって変化する。
(1)×：地上滑走時にはプロペラ回転速度に対し前進速度が特に小さいので、この成分から出来る前進角は小さく、普通、0～10°くらいである。
(2)×：定速プロペラの前進角はプロペラ回転速度と機速に応じて決まる。
(3)×：離陸、上昇時には前進速度はまだ比較的小さく、この成分で出来る前進角は普通10～25°くらいで、前進速度が最も大きい巡航時に前進角は最大となる。
（補足）
前進角は、前進速度ベクトル（V）と回転速度ベクトル（2πrn）を合成したベクトル（Vr）がプロペラ回転面となす角（φ）で、ラセン角とも呼ばれる。

問1022　(1)
『[6] プロペラ』1-3「いろいろな飛行状態における前進角」
(1)○：前進角（φ）は前進速度の大きさによって迎角が相殺される角度であり、前進速度は巡航中が最も大きいため前進角も最も大きく25～45°くらいとなる。
(2)×：降下時には回転数・前進速度とも減り、前進角は小さくなる。
(3)×：離陸回転数を少し絞った上昇回転数にするので離陸時より大きくなる。
(4)×：離陸時には最大回転数となるが、前進速度はまだ比較的小さく前進角は普通10～25°くらいである。

問1023　(4)
『[6] プロペラ』1-2「プロペラの羽根と作動状態」、1-3「いろいろな飛行状態における前進角」
(A)(B)(C)(D)：○
(A)：前進角は機速に比例し、巡航時の機速が最も速いため巡航時に最大となる。
(B)：前進角は、前進速度ベクトル（V）と回転速度ベクトル（2πrn）を合成したベクトル（Vr）がプロペラ回転面となす角（φ）である。
(C)：前進角は、らせん角とも呼ばれる。
(D)：前進角は機速に比例し、上昇中の機速は離陸滑走中よりも速いため前進角は大きくなる。

問1024　(4)
『[6] プロペラ』1-5「プロペラのピッチ」
(4)○：プロペラのピッチはプロペラが1回転する間に進む前進距離で、プロペラの幾何ピッチ、または有効ピッチが該当する。
(1)×：プロペラのラセン角は合成ベクトルとプロペラ回転面との成す角で前進角ともいう。
(2)(3)×：プロペラのピッチ・アングルまたはブレード・アングルは、プロペラ・ブレードの取付角である。

発動機

問題番号	解答

問1025 (3)
『[6] プロペラ』1-5「プロペラのピッチ」
(3)○：プロペラのピッチは、ねじのピッチと同じように、プロペラが1回転する間に進む前進距離（mまたはft）で、幾何ピッチに相当する。

問1026 (3)
『[6] プロペラ』1-5「プロペラのピッチ」
(3)○：プロペラのピッチは、ねじのピッチと同じように、プロペラが1回転する間に進む前進距離（mまたはft）である。
(1)×：プロペラのピッチ角は、羽根の翼弦とプロペラ回転面との成す角である。
(2)×：プロペラの取り付け角は、ハブに対するプロペラ・ブレードの取付角である。
(4)×：プロペラ・ブレード先端の回転軌跡はトラックである。

問1027 (2)
『[6] プロペラ』1-5「プロペラのピッチ」
(2)○：プロペラが1回転する間に前進角のラセン路に沿って進む前進距離は実際に進む距離であり、有効ピッチである。

問1028 (4)
『[6] プロペラ』1-5「プロペラのピッチ」
(4)：○
有効ピッチおよび幾何ピッチは次式で表わされる。
有効ピッチ＝$2\pi r \tan\phi$　　ϕ：前進角
幾何ピッチ＝$2\pi r \tan\beta$　　β：羽根角
これに与えられた数値を代入すると、
有効ピッチ＝2×3.14×1.5×tan（45°−15°）＝2×3.14×1.5×0.5774＝5.44m
幾何ピッチ＝2×3.14×1.5×tan45°＝2×3.14×1.5×1＝9.42m
よって、有効ピッチ＝5.44 m、幾何ピッチ＝9.42mとなり(4)が最も近い解答となる。

問1029 (3)
『[6] プロペラ』1-5「プロペラのピッチ」
(3)：○
有効ピッチおよび幾何ピッチは次式で表わされる。
有効ピッチ＝$2\pi r \tan\phi$　　ϕ：前進角
幾何ピッチ＝$2\pi r \tan\beta$　　β：羽根角
これに与えられた数値から前進角（羽根角−迎角）および羽根角を代入すると、
有効ピッチ＝2×3.14×1×tan（45°−15°）＝2×3.14×1×0.5774＝3.63m
幾何ピッチ＝2×3.14×1×tan45°＝2×3.14×1×1＝6.28m
よって有効ピッチ＝3.63m、幾何ピッチ＝6.28mとなり(3)が解答となる。

問1030 (2)
『[6] プロペラ』1-6「風車ブレーキと動力ブレーキ」
(2)×：風車ブレーキ状態は、前進角がブレード角より大きくなって発生する現象で あり、羽根角が前進角より大きい場合は、羽根角と前進角の差が迎え角となって通常の作動状態であり、風車ブレーキ状態ではない。
(1)○：風車ブレーキ状態は急降下時の機速が大きくなる場合に発生する。
(3)○：風車ブレーキ状態とは、羽根の前進角が羽根角より大きい負の迎角で、プロペラに負推力と負のトルクが発生する。
(4)○：動力ブレーキ状態はリバースとも呼ばれ、羽根角を負の迎角に設定することにより負の推力を発生させ、プロペラには正のトルクが発生するため回転を維持するよう動力増加が必要となる。

問1031 (2)
『[6] プロペラ』1-6「風車ブレーキと動力ブレーキ」
(2)○：風車ブレーキ状態ではプロペラに負のトルクが発生し、プロペラ回転数が増加して著しく危険な高回転速度に達する恐れがある。
(1)×：風車ブレーキ状態とは、羽根の前進角がピッチ角より大きい負の迎角の場合をいう。
(3)×：動力ブレーキ状態は羽根角を負の迎角に設定することにより発生させる。
(4)×：動力ブレーキ状態はリバースとも呼ばれ、プロペラに正のトルクを発生するため回転を維持するために動力を必要とする。

問1032 (1)
『[6] プロペラ』1-6「風車ブレーキと動力ブレーキ」
(1)：○
飛行機の着陸後パイロットがプロペラを負の羽根角にセットすると迎角がピッチ角より大きくなって空気流はプロペラの背面から当たるようになり、プロペラの揚力は後方に向かって発生する。
プロペラ揚力の飛行方向の分力は大きな負の推力となるが、回転方向の分力は風車ブレーキの場合とは逆に正のトルク（回転を抑制するトルク）を発生する。したがって回転を維持するためには出力を増す必要があることから動力ブレーキと呼ぶ。
動力ブレーキは着陸後の機速抑制（リバース）の手段として使われる。

問1033 (2)
『[6] プロペラ』1-6「風車ブレーキと動力ブレーキ」
(2)：○
飛行機の着陸後パイロットがプロペラを負の羽根角にセットすると空気流はプロペラの背面から当たるようになり、迎角がピッチ角より大きくなってプロペラの揚力は後方に向かって発生する。
プロペラ揚力の飛行方向の分力は大きな負の推力となるが、回転方向の分力は風車ブレーキの場合とは逆に正のトルク（回転を抑制するトルク）を発生する。したがって回転を維持するためには出力を増す必要があることから動力ブレーキと呼ぶ。
動力ブレーキは着陸後の機速抑制（リバース）の手段として使われる。
(ア)流れてくる気流と回転面のなす螺旋角である。
(イ)回転面に対してパイロットが設定するピッチ角である。
(ウ)流れてくる気流と羽根がなす迎角である。
(エ)回転方向の分力は風車ブレーキの場合とは逆に正のトルク（回転を抑制するトルク）を発生する。

問題番号		解　答

問1034　(5)
　　　　　　『[6] プロペラ』1-6「風車ブレーキと動力ブレーキ」
(5)：無し
(A)×：風車ブレーキ状態とは、羽根の前進角がピッチ角より大きい負の迎角の場合をいう。
(B)×：風車ブレーキ状態ではプロペラに負のトルクが発生し、プロペラ回転数が増加して著しく危険な高回転速度に達する恐れがある。
(C)×：動力ブレーキ状態は羽根角を負の迎角に設定することにより発生させる。
(D)×：動力ブレーキ状態はリバースとも呼ばれ、プロペラに正のトルクを発生するため回転を維持するために動力を必要とする。

問1035　(1)
　　　　　　『[6] プロペラ』1-6「風車ブレーキと動力ブレーキ」
(B)○：風車ブレーキ状態ではプロペラに負のトルクが発生し、プロペラ回転数が増加して著しく危険な高回転速度に達する恐れがある。
(A)×：風車ブレーキ状態とは、前進角が羽根角より大きい負の迎角になる場合をいう。
(C)×：動力ブレーキ状態は羽根角を負の迎角に設定することにより発生させる。
(D)×：動力ブレーキ状態はリバースとも呼ばれ、着陸低速時に飛行機のブレーキとして有効に働き、プロペラに正のトルクが発生するため回転を維持するために動力を必要とする。

問1036　(3)
　　　　　　『[6] プロペラ』1-6「風車ブレーキと動力ブレーキ」
(A)(C)(D)：○
(A)：風車ブレーキ状態は急降下時の機速が大きくなる場合に発生する。
(C)：風車ブレーキ状態とは、羽根の前進角が羽根角より大きい負の迎角で、プロペラに負推力と負のトルクが発生する。
(D)：動力ブレーキ状態はリバースとも呼ばれ、羽根角を負の迎角に設定することにより負の推力を発生させ、プロペラには正のトルクが発生するため回転を維持するよう動力増加が必要となる。
(B)×：風車ブレーキ状態は、前進角がブレード角より大きくなって発生する現象で あり、羽根角が前進角より大きい場合は、羽根角と前進角の差が迎え角となって通常の作動状態であり、風車ブレーキ状態ではない。

問1037　(1)
　　　　　　『[6] プロペラ』3-3-3「リバース・ピッチ・プロペラ」
(1)○：リバース・ピッチ・プロペラの第一の目的は、着陸時にエンジン出力を利用して高い負推力を得ることである。地上滑走距離を短縮するため空気ブレーキとしてリバース・ピッチ・プロペラが使われる。
(2)×：風車ブレーキではない。
(3)×：着陸進入時ではなく、着陸滑走時にリバース・ピッチ・プロペラを使用するのが第一の目的である。
(4)×：リバース・ピッチ・プロペラの第一の目的ではない。

問1038　(4)
　　　　　　『[6] プロペラ』3-3-3「リバース・ピッチ・プロペラ」
(4)○：リバース・ピッチ・プロペラの第一の目的は、着陸時にエンジン出力を利用して高い負推力を得ることである。地上滑走距離を短縮するため空気ブレーキとしてリバース・ピッチ・プロペラが使われる。
(1)×：フェザリングにすることではない。
(2)×：プロペラの抗力を最小にすることではない。
(3)×：風車ブレーキではない。

問1039　(3)
　　　　　　『[6]プロペラ』1-7「プロペラの効率」
(3)：○
プロペラの効率は、プロペラが行った有効仕事とプロペラがエンジンから受け取った全入力との比である。

問1040　(3)
　　　　　　『[6] プロペラ』1-7「プロペラの効率」
(3)○：プロペラの効率とは、プロペラがエンジンから受け取った全入力に対するプロペラが行った有効仕事の比をいう。

問1041　(3)
　　　　　　『[6] プロペラ』1-7「プロペラの効率」
(3)○：プロペラの効率とは、プロペラがエンジンから受け取った全入力に対するプロペラが行った有効仕事の比をいい、飛行時間の長い巡航時に効率が最大となるように設定されている。

問1042　(4)
　　　　　　『[6] プロペラ』1-7「プロペラの効率」
(4)：○
プロペラ効率はプロペラがエンジンから受取る軸馬力に対する飛行機の行う有効推進仕事の比であり、次式で表わされる：
プロペラ効率＝飛行機が行う有効推進仕事／プロペラがエンジンから受取る軸馬力
　　　　　　＝（推力×飛行速度）／プロペラ軸馬力
　　　　　　＝推力馬力／トルク馬力

問1043　(3)
　　　　　　『[6] プロペラ』1-7「プロペラの効率」
(A)(B)(C)：○
(A)：プロペラの効率とは、プロペラがエンジンから受け取った全入力に対するプロペラが行った有効仕事の比をいう。
(B)：プロペラ軸上で測定したエンジン発生馬力をブレーキ馬力とよび、プロペラを回転するトルクとプロペラの角速度との積で表すことができる。
(C)：飛行機が行う有効仕事（プロペラが発生する推力と飛行速度の積）を馬力単位であらわしたものを推力馬力という。
(D)×：プロペラの推進効率は「（単位時間に空気が得た速度）×（飛行機の速度）」で得られる値が大きいほど高い効率が得られる。

発
動
機

問題番号	解　答

問1044　(4)　　『[6] プロペラ』1-7「プロペラの効率」

(4)：○
プロペラ効率はプロペラがエンジンから受取る軸馬力に対する飛行機の行う有効推進仕事の比であり、次式で表わされる：
プロペラ効率＝飛行機が行う有効推進仕事／プロペラがエンジンから受取る軸馬力
　　　　　　＝（推力×飛行速度）／プロペラ軸馬力
これに与えられた数値を代入すると、
プロペラ効率＝573lb×275mph×5,280ft/hr／525hp×550ft・lb/sec×60×60＝0.80
したがって、プロペラ効率は80％となり、最も近い値は(4)となる。

問1045　(3)　　『[6] プロペラ』1-7「プロペラの効率」

(3)：○
プロペラ効率はプロペラがエンジンから受取る軸馬力に対する飛行機の行う有効推進仕事の比であり、次式で表わされる：
プロペラ効率＝ ｛飛行機が行う有効推進仕事／プロペラがエンジンから受取る軸馬力｝ ×100
　　　　　　＝ ｛（推力×飛行速度）／プロペラ軸馬力｝ ×100
これに与えられた数値を代入すると、
プロペラ効率＝ ｛（540lb×250mph×5,280ft/hr）／（500hp×550ft・lb/sec×60×60）｝
　　　　　　＝0.72
したがって、プロペラ効率は72％となり、(3)の70が最も近い値となる。

問1046　(3)　　『[6] プロペラ』1-8「すべり」

(3)○：すべりは幾何ピッチと有効ピッチの差で、距離の比である。（「すべり」は幾何平均ピッチに対する％または直線距離で表される。）
(1)×：すべりはプロペラ効率の損失部分ではなく、プロペラ効率とは無関係である。
(2)×：迎え角は実際に空気流を加速するための角度であり、すべりではない。
(4)×：全てのブレード面積をプロペラ円板面積で割った比は剛率である。

問1047　(3)　　『[6] プロペラ』1-8「すべり」

(A)(B)(C)：○
(A)：すべりとはプロペラの幾何ピッチと有効ピッチの差である。
(B)：すべりは幾何平均ピッチに対する％または直線距離で表される。
(C)：プロペラ効率とは、プロペラがエンジンから受け取った全入力に対するプロペラが行った有効仕事の比をいう。
(D)×：すべりは直線距離の比であり、プロペラ効率の損失部分ではない。

問1048　(2)　　『[6] プロペラ』1-10「羽根に沿う推力とトルク」

(2)○：プロペラの羽根付根は強度上太くて空力性能の悪い円形であり、また後方のエンジンの影響からも損失が多い。一方、羽根先端は渦と誘導抗力があり、また圧縮性の影響もあって損失が多く、羽根の先端も効率が悪い。プロペラで実際に大きな推力を発生する効率のよい部分は、羽根の中央から少し外側に偏った部分（3／4R）付近であり、一般にプロペラのブレードのいろいろな値の代表として、3／4Rまたは0.7Rのところの値が使われる。

問1049　(2)　　『[6] プロペラ』1-10「羽根に沿う推力とトルク」

(2)○：プロペラの羽根付根は強度上太くて空力性能の悪い円形であり、また後方のエンジンの影響からも損失が多い。一方、羽根先端は渦と誘導抗力があり、また圧縮性の影響もあって損失が多く、羽根の先端も効率が悪い。プロペラで実際に大きな推力を発生する効率のよい部分は、羽根の中央から少し外側に偏った部分（3／4R）付近であり、一般にプロペラのブレードのいろいろな値の代表として、3／4Rまたは0.7Rのところの値が使われる。

問1050　(1)　　『[6] プロペラ』1-11「ラセン先端速度」

(1)：○
ラセン先端速度は次式で表わされる。

$$ラセン先端速度＝\sqrt{（前進速度）^2＋（\pi×プロペラ回転数×プロペラ径）^2}$$

飛行機は静止しているため前進速度を0とし、回転数を秒速として与えられた数値を代入すると、

$$プロペラ直径ラセン先端速度 ＝\sqrt{\{\pi×（850／60）×4.1\}^2}＝182.2$$

すなわち、(1)180が最も近い値となる。

問題番号		解　答

問1051 （2）　　　『[6] プロペラ』1-11「ラセン先端速度」

（2）：○

ラセン先端速度は次式で表わされる。

ラセン先端速度＝$\sqrt{(\text{前進速度})^2+(\pi\times\text{プロペラ回転数}\times\text{プロペラ径})^2}$

単位を揃えるため巡航速度および回転数を秒速に換算すると巡航速度＝180m/s、

プロペラ回転数＝毎秒14.3となるため、上記の式にこれらの数値を代入すると、

ラセン先端速度＝$\sqrt{(180)^2+(\pi\times4\times143)^2}$＝254.6m/sとなり、

（2）250が最も近い値となる。

問1052 （3）　　　『[6]プロペラ』1-11「ラセン先端速度」

（A）（B）（D）：○
プロペラの先端速度はプロペラの回転数、飛行機の前進速度、およびプロペラ直径の関数であるため、（A）（B）（D）が正しい。
（C）×：プロペラの剛率は全羽根面積をプロペラ円板面積で割った値で馬力吸収能力に関連するが、プロペラの先端速度とは直接の関係はない。

問1053 （3）　　　『[6] プロペラ』1-11「ラセン先端速度」

（A）（B）（D）：○
（A）：先端速度が音速に接近すると衝撃波を発生してC_L（揚力係数）が急激に変化し、またC_D（抗力係数）が急増するためプロペラ効率は急激に低下する。
（B）：衝撃波の発生によるC_L（揚力係数）の急激な変化およびC_D（抗力係数）の急増により飛行に大きな障害となるフラッタや振動を発生する。
（D）：先端速度と飛行機の前進速度との関係で相対速度も音速を超える可能性があるため。
（C）×：減速歯車の強度には直接の関係はない。

問1054 （1）　　　『[6] プロペラ』1-16「プロペラの諸係数」

（1）：○
プロペラの推力は、単位時間当たりの回転数、直径および空気密度の関数として次の式で表わされる。
T＝推力係数（Ct）×（空気密度）×（プロペラ回転数）^{2}×（プロペラ直径）^{4}

問1055 （2）　　　『[6] プロペラ』1-16「プロペラの諸係数」

（2）○：プロペラの推力、トルク、パワーは、単位時間当たりの回転数、直径および空気密度の関数として次の式で表わされる。
T＝推力係数（Ct）　　×（空気密度）×（プロペラ回転数）^{2}×（プロペラ直径）^{4}
Q＝トルク計数（Ca）×（空気密度）×（プロペラ回転数）^{2}×（プロペラ直径）^{5}
P＝パワー係数（Cp）×（空気密度）×（プロペラ回転数）^{3}×（プロペラ直径）^{5}

問1056 （5）　　　『[6] プロペラ』1-20-2「トルク反作用と安定板効果」

（5）：無し
（A）×：トルク反作用とは、プロペラを回転させる場合、機体側に作用する回転力のことである。
（B）×：トルク反作用を打ち消すには、翼端に向けてねじり下げをつけているものや補助翼にトリム・タブが使用されているものがある。
（C）×：安定板効果とは、飛行機をプロペラの回転方向と同方向に回転させることをいう。
（D）×：プロペラが操縦席から見て右回りに回転する飛行機では、安定板効果により機体も同じ方向に回転する。

問1057 （2）　　　『[6] プロペラ』1-15「進行率」

（2）：○
進行率（J）は飛行速度とプロペラ先端回転速度との比であり、
J＝V/nD（V：飛行速度、n：回転数、D：プロペラ直径）で表わされる。
V＝522×1,000/60＝8,700m/min（単位km/hをm/minに換算）
D＝11×0.3048＝3.3528m（プロペラ直径ftをmに換算）
n＝1,384rpm

これを上記の式に代入すると
J＝（522×1,000/60）／（1,384×11×0.3048）＝1.875
となり、（2）2.0に最も近い値となる。

問1058 （4）　　　『[6] プロペラ』1-14「トラック」

（4）：○
（参考）
プロペラ・トラックとは、プロペラ・ブレード先端の回転軌跡であり、各ブレードの相対位置を示すものである。ある1つのブレードを基準にして他のブレードの先端が同じ円周上を移動するかの点検をトラッキングと言う。トラックの差が基準値を外れる場合は、ブレードの曲がりまたはプロペラの装着状態が適当でない疑いがある。

発
動
機

問題番号		解　答

問1059 (2)　　『[6] プロペラ』1-14「トラック」
(2)○：一つの羽根のトラックを基準として他の羽根の先端が同じ円周上を回転するかを点検することをトラッキングという。
(1)×：プロペラ羽根の先端の回転軌跡のことをトラックという。
(3)×：ねじのピッチと同じように、プロペラが1回転する間に進む前進距離（mまたはft）を、ピッチという。
(4)×：1回転する間に実際に進む距離を有効ピッチという。

問1060 (3)　　『[6] プロペラ』3-2-1「固定ピッチ・プロペラ」
(3)○：固定ピッチ・プロペラは、ピッチ角を変更できないため、飛行時間の長い巡航時の飛行状態に対して最大効率が得られるよう製造されている。

問1061 (3)　　『[6] プロペラ』3-2-1「固定ピッチ・プロペラ」
(3)：○
（参考）
プロペラ・トラックとは、プロペラ・ブレード先端の回転軌跡であり、各ブレードの相対位置を示すものである。ある1つのブレードを基準にして他のブレードの先端が同じ円周上を移動するかの点検をトラッキングと言う。トラックの差が基準値を外れる場合は、ブレードの曲がりまたはプロペラの装着状態が適当でない疑いがある。

問1062 (4)　　『[6] プロペラ』3-2「ピッチによる種類」
(4)×：調整ピッチ型はプロペラが回転しているときはピッチ角を変更できず固定ピッチで作動するが、プロペラが地上で静止しているときにピッチ角を変えることが出来るものである。
(1)○：プロペラのピッチによる種類には、固定ピッチ型、調整ピッチ型、可変ピッチ型がある。
(2)○：可変ピッチ型には機械式、油圧式、電気式、組合せ式がある。
(3)○：定速型にはガバナによりピッチ角を変えることにより一定回転数にする方式や、プロペラの回転数の変化に応じてエンジン出力を変えて一定回転数にするβ方式がある。

問1063 (3)　　『[6] プロペラ』3-2「ピッチによる種類」
(3)×：調整ピッチ型はプロペラが回転しているときはピッチ角を変更できず固定ピッチで作動し、プロペラが地上で静止しているときにピッチ角を変えることが出来るプロペラで機械式や油圧式のものはない。
(1)○：プロペラのピッチによる種類には、固定ピッチ型、調整ピッチ型、可変ピッチ型がある。
(2)○：可変ピッチ型には機械式、油圧式、電気式、組合せ式の自動型がある。
(4)○：定速型にはガバナによりピッチ角を変えることにより一定回転数にする方式や、プロペラの回転数の変化に応じてエンジン出力を変えて一定回転数にするβ方式がある。

問1064 (1)　　『[6] プロペラ』3-3-1「定速プロペラ」
(1)○：定速プロペラはガバナの作動によって、エンジンの出力に応じプロペラのピッチ角を変えることにより、エンジンの出力変化および飛行姿勢変化に対して一定の回転数を保つように働く。

問1065 (4)　　『[6] プロペラ』3-3-1「定速プロペラ」
(4)○：プロペラ・ガバナ方式では、エンジン出力が一定のとき機速の減少による回転数の減少をガバナが感知して回転負荷を減らして回転を一定に保つようピッチ角を減少させる。
(1)×：ベータ方式とは、変化した負荷に見合うようエンジン出力を変える方式をいう。
(2)×：プロペラ・ピッチ角を構成する前進角は機速に応じて決まるが、離陸出力時はまだ機速が小さいためプロペラ・ピッチ角は最大とはならない。
(3)×：出力の変化による回転数の変化をガバナが感知して回転数を一定に保つようプロペラのピッチ角は変動する。

問1066 (1)　　『[6] プロペラ』3-3-1「定速プロペラ」
(1)○：巡航中はエンジン出力が急に変化しても、回転数の変化をガバナが感知してプロペラの羽根角を変えることにより回転速度は一定に保たれる。
(2)×：前進角は飛行速度により決まるもので、エンジンの出力を変化させても前進角は変わらない。
(3)×：多発プロペラ機で、他のプロペラ回転速度に同調させる機構は同調装置である。
(4)×：アイドルから離陸出力まで、全ての範囲において一定のすべりとはならない。

問1067 (2)　　『[6]プロペラ』3-3-1「定速プロペラ」
(B)(D)：○
(A)×：プロペラ・ガバナ方式おはエンジンの出力に見合うようにプロペラの負荷を変える方式。
(C)×：ベータ方式とは変化した負荷に見合うようエンジンの出力を変える方式。

問1068 (1)　　『[6] プロペラ』3-3-1「定速プロペラ」
(1)×：代替フェザ・システムは使用されていない。
(2)○：自動フェザ・システムでは同時に全ての動力装置がフェザにならないように制御される。
(3)○：同調制御システムは各プロペラの回転数を同調させてうなりなどの客室騒音を減らすためのシステムである。
(4)○：ベータ方式とは変化した負荷に見合うようエンジン出力を変える方式である。

問1069 (2)　　『[6] プロペラ』3-3-1「定速プロペラ」
(2)○：出力を増加すると回転数が増加するが、回転数の増加をガバナが感知して羽根角を増加させることによって迎角を増加してプロペラの回転負荷を増し回転数を一定に保つ。

問1070 (3)　　『[6] プロペラ』3-3-2「フェザ・プロペラ」
(3)○：不作動エンジンのプロペラ抗力が最小になる位置へピッチを変えることを（フェザリング）という。逆にフェザリングから正常飛行位置へピッチをもどすことを（アン・フェザ）という。

問題番号	解 答

問1071 (1)
『[6] プロペラ』3-3-2「フェザ・プロペラ」
(1)○：双発以上の航空機でエンジンに故障を生じた場合、不作動エンジンのプロペラが風車ブレーキ状態となって相当の抗力を生じるため、不作動エンジンのプロペラの羽根の角度を飛行機の進行方向に流す位置に変えてプロペラ抗力を最小にする。これをプロペラのフェザリングという。フェザ位置から正常飛行位置へ戻すことをアンフェザという。

問1072 (3)
『[6] プロペラ』3-3-2「フェザ・プロペラ」
(B)(C)(D)：○
(B)：不作動エンジンのプロペラの羽根の角度を飛行機の進行方向に流す位置に変えてプロペラ抗力を最小にすることをフェザという。
(C)：プロペラの回転を止めるための簡便な方法である。
(D)：プロペラを高ピッチとしフェザにすれば抗力は数分の1に減少する。
(A)×：不作動エンジンのプロペラが風車ブレーキ状態とならないようフェザにするもので、風車ブレーキ状態にはならない。

問1073 (3)
『[6] プロペラ』3-3-2「フェザ・プロペラ」
(A)(C)(D)：○
(A)：双発以上の航空機でエンジンに故障を生じた場合、不作動エンジンのプロペラが風車ブレーキ状態となって相当の抗力を生じる。
(C)：フェザはプロペラの回転を止めるための簡便な方法である。
(D)：不作動エンジンのプロペラをフェザにすることで抗力が減少し上昇率や上昇限度が向上する。
(B)×：不作動エンジンのプロペラの羽根の角度を飛行機の進行方向に流す位置に変えてプロペラ抗力を最大でなく最小にする。

問1074 (1)
『[6] プロペラ』3-3-3「リバース・ピッチ・プロペラ」
(1)○：リバース・ピッチ・プロペラの第一の目的は、着陸時にエンジン出力を利用して高い負推力を得ることである。高速、重量の飛行機ほど着陸後の地上滑走距離が長いので、これを短縮するための空気ブレーキとしてリバース・プロペラが使われる。

問1075 (4)
『[6] プロペラ』3-3-3「リバース・ピッチ・プロペラ」
(4)○：リバース・ピッチ・プロペラの第一の目的は、着陸時にエンジン出力を利用して高い負推力を得ることである。高速、重量の飛行機ほど着陸後の地上滑走距離が長いので、これを短縮するための空気ブレーキとしてリバース・プロペラが使われる。

問1076 (4)
『[6] プロペラ』5-1-3「プロペラの取り付け」
(4)×：プロペラをプロペラ軸に取り付ける方法として、スプライン付鋼製ハブにスプライン軸が噛合うスプライン式、テーパ付鍛造鋼製ハブをテーパ付軸に取り付けるテーパ式、プロペラ軸の鍛造製フランジにプロペラをボルト止めするフランジ式がある。スクリュー式はない。

問1077 (1)
『[6] プロペラ』5-1-3「プロペラの取り付け」
(1)×：プロペラをプロペラ軸に取り付ける方法として、スプライン付鋼製ハブにスプライン軸が噛合うスプライン式、テーパ付鍛造鋼製ハブをテーパ付軸に取り付けるテーパ式、プロペラ軸の鍛造製フランジにプロペラをボルト止めするフランジ式があるが、フェルール式はない。

問1078 (4)
『[6] プロペラ』2-1「定常応力」
(4)○：遠心力が各翼素に働くとプロペラの羽根を低ピッチ方向へ回そうとする分力が発生し、遠心ねじりモーメントを発生する。
(1)×：プロペラにより作用を受けた空気はプロペラに反作用を返し、羽根を飛行機の前進方向へ曲げようとする曲げ応力を生じる。
(2)×：プロペラの回転による遠心力によって羽根内には引っ張り応力を生じる。
(3)×：プロペラの羽根に働くねじり応力の大きさは、回転数の2乗に比例する。

問1079 (1)
『[6]プロペラ』1-3「いろいろな飛行状態における前進角」
(1)：○
前進角 ：地上滑走時：0～10°ぐらい
　　　　離陸時　　：10～25°ぐらい
　　　　巡航時　　：25～45°ぐらい

問1080 (1)
『[6]プロペラ』2-1「定常応力」
(1)×：圧縮応力は受けない。

問1081 (1)
『[6] プロペラ』2-1「定常応力」
(1)×：飛行中のプロペラには、外力として空力荷重と遠心力が作用し、その結果羽根の内部に次のような3つの応力が働き、圧縮応力は働かない。
・空力荷重によって羽根を飛行機の前進方向に曲げようとする曲げ応力。
・回転によって生ずる引っ張り応力。
・ピッチ変更軸に対して翼型の空力中心に働く揚力によるねじり応力。

問1082 (3)
『[6] プロペラ』2-1「定常応力」
(3)○：飛行中のプロペラには、外力として空力荷重と遠心力が作用し、その結果羽根の内部に次のような3つの応力が働き、圧縮は働かない。
・空力荷重によって羽根を飛行機の前進方向に曲げようとする曲げ応力。
・回転による遠心力で生ずる引っ張り応力および遠心ねじりモーメント。
・ピッチ変更軸に対して翼型の空力中心に働く揚力によるねじり応力。

発
動
機

問題番号		解　答

問1083　(2)　　　『[6] プロペラ』2-1「定常応力」
(A)(B)：○
(C)×：遠心ねじりモーメントはブレードを低ピッチ方向へ回そうとする。
(D)×：巡航中は空力ねじりモーメントによりブレードを高ピッチ方向へ回そうとする。

問1084　(5)　　　『[6] プロペラ』2-1「定常応力」
(5)：無し
(A)×：プロペラにより作用を受けた空気はプロペラに反作用を返し、羽根を飛行機の前進方向へ曲げようと
　　　する曲げ応力を生じる。
(B)×：プロペラの回転による遠心力によって羽根内には引っ張り応力を生じる。
(C)×：プロペラの羽根に働くねじり応力の大きさは、回転数の2乗に比例する。
(D)×：遠心力が各翼素に働くとプロペラの羽根を低ピッチ方向へ回そうとする分力が発生し、遠心ねじり
　　　モーメントを発生する。

問1085　(1)　　　『[6] プロペラ』2-1-3-a「遠心ねじりモーメント」
(1)○：遠心ねじりモーメントは、遠心力によってピッチ変更軸のまわりに羽根を低ピッチ方向に回そうとす
　　　るモーメントが働く。一方、空力心ねじりモーメントは状況により逆の動きをする場合もあるので注
　　　意が必要である。

問1086　(1)　　　『[6] プロペラ』2-1-3「ねじり応力」
(1)○：巡航状態では、プロペラの羽根に働く空気の合成力（揚力）は、ピッチ変更軸より前縁側に上方に働
　　　くためピッチ変更軸を中心に羽根を高ピッチ方向に回そうとするモーメントが働く。
(2)×：巡航状態では飛行速度の変化にかかわらず、プロペラの羽根に働く空気の合成力（揚力）および方向
　　　は変わらず、ねじられる方向は変わらない。
(3)(4)×：風車状態では、羽根の迎角が反対になって羽根にかかる空気の合成力（揚力）が下方に働くた
　　　め、ピッチ変更軸を中心に低ピッチ方向に回そうとするモーメントが働く。

問1087　(4)　　　『[6] プロペラ』2-1-3「ねじり応力」
(4)○：プロペラに働く遠心力により、翼型のプロペラ回転軸から離れている各翼素に、図のようにブレード
　　　を低ピッチ方向に回そうとする遠心力の分力が発生するが、これを遠心ねじりモーメントという。

問1088　(2)　　　『[6] プロペラ』2-2「プロペラの振動」
(C)(D)：○
（参考）
空力不釣合とは、各羽根に働く空気力に差があるために生ずる不釣合いのことである。
(A)(B)は振動の原因となるが、空力不釣合の原因ではない。

問1089　(3)　　　『[6] プロペラ』2-3-1「プロペラの疲れの原因と特徴」
(A)(B)(C)：○
(D)×：プロペラ円板を通る空気流の分布が均等であれば振動は発生しない。

問1090　(4)　　　『[6] プロペラ』2-3-1「プロペラの疲れの原因と特徴」
(A)(B)(C)(D)：○
（補足）
プロペラの疲れ破壊が発生する原因
a.エンジンの運転不調によりプロペラに大きな振動が伝えられたとき
b.ブレード先端と胴体との間隙が不十分なとき

問1091　(3)　　　『[6] プロペラ』4-1-2「カウンタ・ウエイト」
(3)○：プロペラが回転している時には、ガバナからの油圧の反対方向の力としてカウンタ・ウエイトに遠心
　　　力が働いてブレード・ピッチを高ピッチ方向へ回そうとする。

問1092　(4)　　　『[6] プロペラ』4-1-2「カウンタ・ウエイト」、　4-1-3「リターン・スプリング」
(4)：○
次の説明から両方とも高ピッチ方向へ働く。
・カウンタ・ウエイト：ブレードを高ピッチ方向へ回そうと働かせる。
・リターン・スプリング：プロペラの羽根を高ピッチに回すためにはかなりの力を必要とし、高ピッチにする
　　　　　　　　　　　　ほど大きな力を要するため、カウンタ・ウエイトを利用するプロペラのうち、羽根
　　　　　　　　　　　　角の変更範囲の大きなものでは、羽根を高ピッチ方向に回すのを助けるために、ピ
　　　　　　　　　　　　ストン・シリンダ内にリターン・スプリングを加えたものがある。

問1093　(2)　　　『[6] プロペラ』4-1-2「カウンタ・ウエイト」
(2)○：プロペラが回転している時には、カウンタ・ウエイトにブレード・ピッチを高ピッチ方向（ピッチ角
　　　を増加）へ回そうとする遠心力が働く。

問1094　(2)　　　『[6] プロペラ』4-1-2「カウンタ・ウェイト」
(2)○：プロペラが回転している時には、カウンタ・ウエイトにブレード・ピッチを高ピッチ方向へ回そうと
　　　する遠心力が働く。

問1095　(3)　　　『[6] プロペラ』4-1-1「プロペラ・ガバナ」
(3)○：可変ピッチ・プロペラでは、出力の変化や機体速度の増減による回転角の変化をプロペラ・ガバナが
　　　感知して、プロペラ・ブレードの迎え角を変えることにより回転負荷を変えて回転数を一定に保つ。

問1096　(3)　　　『[6] プロペラ』4-1-1「プロペラ・ガバナ」
(3)：○
＊問1095の解説を参照

－ 222 －

問題番号		解　答

問1097 (3)　『[6] プロペラ』4-1-1「プロペラ・ガバナ」5-3-1-c「単動型ガバナの作動」
(A)(B)(D)：○
(D)○：操縦席のプロペラ操作装置を動かすことによってスピーダ・スプリングの張力とつりあいが変わる。
(C)×：エンジン・オイルはパイロット弁のまわりを通って油路へと流れる。

問1098 (2)　『[6] プロペラ』4-1-1「プロペラ・ガバナ」
(2)○：急に機首を上げると飛行速度が低下して前進角が減少することにより迎角が増えプロペラの回転負荷
　　　が増加してプロペラの回転数が低下するが、ガバナが回転数の低下を感知して羽根角を減少すること
　　　により迎角が元の値に戻るためプロペラの回転数は一定に保持される。

問1099 (2)　『[6] プロペラ』6-6「同調装置」
(2)×：同調系統は離陸、着陸時を除く出力において使用される。

問1100 (3)　『[6] プロペラ』6-6「同調装置」5-3-4-b-(11)「プロペラ同調系統」
(A)(B)(D)：○
(A)(B)：プロペラの同調装置は、左右のプロペラの回転数を自動的に一致させるとともに、左右のプロペラ
　　　　の相対位置または位相差を合わせる。これによって、プロペラのうなり音を減らし、ひいては客室
　　　　騒音を減らすのが目的である。
(D)：基準として1個の同調モータを用いる方式をマスター・モータ式という。
(C)×：プロペラの風きり音はプロペラ同調装置で無くすことは出来ない。

問1101 (4)　『[6] プロペラ』6-6「同調装置」
(A)(B)(C)(D)：○
(A)：プロペラの同調装置は全てのプロペラの回転数を自動的に一致させるとともに、すべてのプロペラの相
　　　対位置または位相差を合わせて、プロペラのうなり音を減らし客室騒音を減らすのが目的である。
(B)：同調させるための回転速度の基準として1個の同調モータを用いる方式をマスタ・モータ式という。
(C)：同調させるための回転速度の基準として1個のエンジンを用いる方式を1エンジン・マスタ式という。
(D)：マスター・オシレータを用いる方式を電子式という。

問1102 (1)　『[6] プロペラ』6-3-1「役目」
(1)○：スピナは、プロペラの付け根およびハブを覆う流線型のカバーで、主として複雑な形状のハブ部分の
　　　空気の流れを整流すると共に、ピッチ変換機構を砂埃から保護する。
(2)×：スピナは単なる流線型のカバーで、プロペラをエンジン・シャフトに取り付けているのではない。
(3)×：特に流入空気に含まれる砂、小石がエンジンに入らないようにしている機能は持っていない。
(4)×：ハブ部の抵抗を減らすが振動減少を目的にはしていない。

問1103 (4)　『[6] プロペラ』6-3-1「役目」
(4)×：スピナは、プロペラの付け根およびハブを覆う流線型のカバーで、プロペラの振動減少の機能は持っ
　　　ていない。

問1104 (3)　『[6] プロペラ』6-2「無線雑音抑圧器」
(A)(B)(C)：○
(A)：無線雑音の発生源となるものは、ピッチ変更モータ、ピッチ変更ソレノイド、スリップリング、同期発
　　　電機などがある。
(B)：電気雑音を発生する恐れのあるプロペラ装備品は、すべての電気配線を適正にシールドしなければなら
　　　ない。
(C)：無線雑音の防止法としては、非電気方式、フィルタ方式、シールド方式がある。
(D)×：コンデンサ、誘導子（チョーク・コイル）などはフィルタ方式に使用される。

問1105 (4)　『[6] プロペラ』6-5-1「一般」
(4)×：機体の失速速度や騒音との直接の関係はない。
(1)(2)：○
(3)○：防氷や飛散しても機体側に影響が出ない対策が必要である。

問1106 (3)　『[6] プロペラ』6-5-1「一般」
(A)(B)(C)：○
(A)：羽根の翼型がくずれてプロペラ効率の低下により推力が低下する。
(B)：プロペラに不釣合いを生じて振動を起こす。
(C)：防氷や飛散しても機体側に影響が出ない対策が必要である。
(D)×：機体の失速速度や騒音との直接の関係はない。

問1107 (4)　『[6] プロペラ』6-5-1「プロペラの防除氷一般」
(A)(B)(C)(D)：○
(A)：アルコール式は液体式除氷系統として使われている。
(B)：コンパウンドやワニスが使われている。
(C)：電熱式はスリップ・リングとブラシにより電力が供給され、多くのプロペラで使用されている。
(D)：加熱空気や排気を使用し、ラバー・ブーツのような機械式はプロペラには使われない。

問1108 (2)　『[6] プロペラ』6-5-4-a「電熱式防氷系統」
(2)○：エンジンからプロペラ・ハブに供給される防氷用の電流は、スリップ・リングおよびブラシを介して
　　　非回転体のエンジンから回転体のプロペラへと伝えられる。

問1109 (2)　『[6] プロペラ』6-5-4-a「電熱式防氷系統」
(2)：○
＊問1108の（解説）を参照

発動機

問題番号		解　答

問1110　(4)　　　『[6]プロペラ』6-5-4「電熱式防氷系統」
(4)×：電流は回転部分をスリップ・リングおよびブラシを介して発熱体へと伝えられる。

問1111　(3)　　　(3)：○
ブレードのスラスト面におけるコード方向のクラックは、曲げ応力、ねじれおよび遠心力によりブレードが破断する恐れがあるため、どんな大きさのものでも廃棄処分の対象となる。

問1112　(1)　　　(1)：○
ブレード付け根部にコード方向に発生したクラックは、曲げ応力、ねじれおよび遠心力により進展して破断する恐れがあるため、どのような長さのものでも廃棄処分の対象となる。

問1113　(2)　　　『[6] プロペラ』7-5「プロペラのオーバーホール」
(B)(D)：○
(B)：アルミ合金製ブレードには陽極処理検査が優れている。
(D)：アルミ合金製ブレードには苛性ソーダを用いてエッチング検査が出来る。
(A)×：アルミ合金製ブレードであるため磁粉探傷検査はできない。
(C)×：アルミ合金製ブレードにはコイン検査は向かない。

問1114　(2)　　　『[6] プロペラ』7-5-3「羽根角の測定」
(B)(D)：○
(B)：機体装着時には、万能分度器を用いて羽根角の測定を行う。
(D)：オーバーホール時には、羽根角の測定はヘッドストックに取り付けて行う。

電子装備品等

問題番号	解　答

問0001 (5)　『[9] 航空電子・電気の基礎』1-4「組立単位」
(5)：○
(1)×：圧力、応力　　　　　　　　　パスカル　　Pa
(2)×：電荷、電気量　　　　　　　　クーロン　　C
(3)×：静電容量、キャパシタンス　　ファラッド　F
(4)×：インダクタンス　　　　　　　ヘンリー　　H

問0002 (1)　『[9] 航空電子・電気の基礎』1-4「組立単位」
(1)：○
(2)×：圧力、応力　　　　　　　　　パスカル　　Pa
(3)×：電荷、電気量　　　　　　　　クーロン　　C
(4)×：静電容量、キャパシタンス　　ファラッド　F
(5)×：インダクタンス　　　　　　　ヘンリー　　H

問0003 (3)　『[9] 航空電子・電気の基礎』1-5「接頭語」
(3)：○
　　　　接頭語の名称　　記号　　倍数
(1)×：　マイクロ　　　　μ　　　10^{-6}
(2)×：　　ミリ　　　　　m　　　10^{-3}
(4)×：　　ピコ　　　　　p　　　10^{-12}

問0004 (3)　『[9] 航空電子・電気の基礎』1-4「組立単位」
(3)○：ワットは仕事率、有効電力の単位である。
(1)×：ボルトは電圧、電位、電位差、起電力の単位である。
(2)×：バールは1アンペアの正弦波電流が流れる場合の無効電力である。
(4)×：ボルト・アンペアは、電気回路に1ボルトの正弦波電圧を加えたときに、1アンペアの正弦波電流が流れる場合の皮相電力である。

問0005 (3)　『[9] 航空電子・電気の基礎』1-4「組立単位」
(3)：○
(1)×：ボルトは電圧、電位、電位差、起電力の単位である。
(2)×：ワットは仕事率、有効電力の単位である。
(4)×：バールは無効電力の単位である。

問0006 (4)　『[9] 航空電子・電気の基礎』1-4「組立単位」
(4)：○
(1)×：電気量の単位
(2)×：静電容量の単位
(3)×：インダクタンスの単位

問0007 (2)　『[9] 航空電子・電気の基礎』1-4「組立単位」
(2)×：クーロン（C）は電荷の単位で、1クーロンは1アンペアの電流が1秒間に運ぶ電気量である。

問0008 (2)　『[9] 航空電子・電気の基礎』1-4「組立単位」
(A)(E)：○
(B)×：クーロン：電気量の単位
(C)×：ファラッド：静電容量の単位
(D)×：ヘンリー：インダクタンスの単位

問0009 (4)　『[9] 航空電子・電気の基礎』1-4「組立単位」
(A)(B)(C)(D)：○

問0010 (3)　『[9] 航空電子・電気の基礎』1-4「組立単位」
(A)(C)(D)：○
(B)×：静電容量の単位

問0011 (1)　『[9] 航空電子・電気の基礎』1-4「組立単位」
(D)：○
(A)×：電気量の単位
(B)×：静電容量の単位
(C)×：インダクタンスの単位

問0012 (3)　『[9] 航空電子・電気の基礎』1-4「組立単位」2-4「電位」
(3)：○
電位差1ボルトとは、1クーロンの電荷が移動して、（1ジュール）の仕事をする2点間の（電圧）である。また、1アンペアの電流とは、電荷の移動の割合が毎秒（1クーロン）の場合をいう。

問0013 (3)　『[9] 航空電子・電気の基礎』1-4「組立単位」2-4「電位」3-1「電流」
(3)：○
電位差1ボルトとは、（1クーロン）の電荷が移動して、（1ジュール）の仕事をする2点間の電圧である。また、1アンペアの電流とは、（電荷）の移動の割合が毎秒（1クーロン）の場合をいう。

電子装備品等

問題番号		解　答

問0014 (3)　　『[9] 航空電子・電気の基礎』1-4「組立単位」2-4「電位」3-1「電流」
(3)：〇
電位差1ボルトとは、（1クーロン）の電荷が移動して、（1ジュール）の仕事をする2点間の電圧である。また、1アンペアの電流とは、（電荷）の移動の割合が毎秒（1クーロン）の場合をいう。

問0015 (2)　　『[9] 航空電子・電気の基礎』1-5「接頭語」
(A)(D)：〇

	接頭語の名称	記　号	倍　数
(B)×：	ギガ	G	10^9
(C)×：	キロ	k	10^3

問0016 (3)　　『[9] 航空電子・電気の基礎』3-7-2「電気抵抗」
(3)〇：導体の抵抗Rは、その長さl（m）に比例し、断面積S（m²）に反比例し、導体の抵抗率 ρ に比例する。これを式で表すとR＝ρ×l／Sになる。
従って、
$\qquad$ R＝2.62×10⁻²Ω・mm²/m×100m／｛3.14×（2mm×1／2）²｝
$\qquad$ ＝0.834Ω

問0017 (1)　　『[9] 航空電子・電気の基礎』2-3「電界」2-7-3「電気力線」
(1)×：電気力線は正電荷から出て負電荷に入る。

問0018 (4)　　『[9] 航空電子・電気の基礎』2-3「電界」2-7-3「電気力線｝
(A)(B)(C)(D)：〇

問0019 (4)　　『[9] 航空電子・電気の基礎』2-2「静電気」
(A)(B)(C)(D)：〇

問0020 (3)　　『[9] 航空電子・電気の基礎』3-7-4「キルヒホッフの法則」
(3)〇：キルヒホッフの第1法則は、「回路網の任意の分岐点に流入する電流の総和はゼロである」、または
$\qquad$「流れ込む電流の和と流れ出る電流の和の大きさは等しい。」
　（参考）
キルヒホッフの第2法則は、「回路網の任意の閉回路で、各部分の抵抗と電流の積の総和は、その閉回路の起電力の総和に等しい。

問0021 (3)　　『[9] 航空電子・電気の基礎』3-7-4「キルヒホッフの法則」
(3)〇：キルヒホッフの第1法則は、「回路網の任意の分岐点で流入する電流の総和はゼロである。」または
$\qquad$「流れ込む電流の和と流れ出る電流の和の大きさは等しい。」
＊問0020の（参考）を参照

問0022 (2)　　『[9] 航空電子・電気の基礎』3-2「電気抵抗」
(2)：〇
電線の抵抗値は材質が同じであればその長さに比例し、その断面積に反比例する。
従って、電線を短くすることと太くすることが抵抗値を減らすことになる。

問0023 (1)　　『[9] 航空電子・電気の基礎』3-2「電気抵抗」
(1)：〇
(2)×：導体の断面積が2倍になると抵抗は半分に減少する。
(3)×：導体の長さが半分になると抵抗も半分に減少する。
(4)×：大量の自由電子を持っている銀、銅、金、アルミニウムなどが抵抗の小さい材質である。

問0024 (1)　　『[9] 航空電子・電気の基礎』3-2「電気抵抗」
(1)：〇
(2)×：導体の断面積が2倍にすると抵抗は半分に減少する。
(3)×：導体の長さが半分になると抵抗も半分になる。
(4)×：大量の自由電子を持っている銀、銅、金、アルミニウムなどが抵抗の小さい材質で

問0025 (4)　　『[9] 航空電子・電気の基礎』3-2「電気抵抗」
(A)(B)(C)(D)：〇

問0026 (2)　　『[9] 航空電子・電気の基礎』3-2「電気抵抗」
(A)(D)：〇
(B)×：導体の断面積を倍にすると抵抗は半分となる。
(C)×：同じ太さの導体でも、長さが2倍になると抵抗も2倍となる。

問0027 (2)　　『[9] 航空電子・電気の基礎』3-7-2「電気抵抗」
(2)：〇
導体の抵抗R（Ω）は、その長さℓ（m）に比例し、断面積S（m²）に反比例し、導体の抵抗率ρ（Ωm）に比例する。
従ってR＝ρ×（ℓ／S）＝1.8×10⁻⁸×（15／（3.14×0.005²））≒34.4×10⁻⁴（Ω）

問題番号	解　答

問0028　(3)　『[9] 航空電子・電気の基礎』3-5-3「直並列接続」
(3)：○
図でA部の合成抵抗をRAとすると、RAは5Ωの抵抗2個が直列になっているので
　　RA＝5＋5＝10Ω
B部は5Ωの抵抗とRAが並列になっているので、B部の合成抵抗をRBとすると、
　　1／RB＝1／5＋1／RA＝1／5＋1／10＝15／50
従って　RB＝50／15＝10／3（Ω）
C部は5Ωの抵抗とRBが直列になっているので、C部の合成抵抗をRcとすると、
　　Rc＝5＋RB＝5＋10／3＝25／3（Ω）
D部は5Ωの抵抗とRcが並列になっているので、D部の合成抵抗をRDとすると、
　　1／RD＝1／5＋1／Rc＝1／5＋3／25＝8／25
従って　RD＝25／8（Ω）
A－B間の合成抵抗をRとすると、A－B間は5Ωの抵抗とRDが直列になっているので
　　R＝5＋RD＝5＋25／8＝65／8＝8.125（Ω）

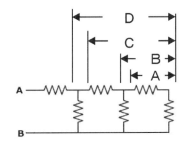

問0029　(1)　『[9] 航空電子・電気の基礎』3-5-2「並列接続」
　　　『航空電気入門』4-2「抵抗の接続」
(1)：○
抵抗を並列につないだときの合成抵抗値は、各抵抗値の逆数どうしを加えたものの逆数であるから

$$\frac{1}{R} = \frac{1}{12} + \frac{1}{12} + \frac{1}{6}$$

R＝3Ωとなる。

問0030　(3)　『[9] 航空電子・電気の基礎』3-6「電力と電力量」
(3)：○
電力(P)は電圧の2乗（V^2）に比例し、抵抗（R）に反比例するので、
関係式が成り立つ。

これを変形して、$R = \frac{V^2}{P} + \frac{100^2}{500} + 20$（Ω）が得られる。

問0031　(1)　『[9] 航空電子・電気の基礎』3-6「電力と電力量」　3-7-3「ジュールの法則」
(1)：○
「ジュール（J）とは仕事量、エネルギの量で、毎秒1ジュールのエネルギ仕事率を表す単位は1ワットである」よってP（ワット）の電力をt秒使用した時のエネルギをW（ジュール）とするとW＝Pt（J）である。
熱量1cal＝4.186Jなので1J＝1／4.186cal≒0.24calになる。
これを1時間あたりの熱量にすると0.24×60×60≒860calになる。
よって、1時間2,000Kcalの熱量を発するストーブの消費電力（KW）は
2,000×103cal／860cal≒2,300W≒2.3KWとなる。
（参考）
1KWh＝3600K（J）＝860Kcal

問0032　(2)　『[9] 航空電子・電気の基礎』3-4「オームの法則」
(2)：○
　　R＝V／I＝6／5＝1.2Ω

問0033　(4)　『[9] 航空電子・電気の基礎』3-4「オームの法則」、3-5-2「並列接続」
(4)：○
並列接続時の合成抵抗値（R）は、1／R＝1／R₁＋1／R₂＋1／R₃
1／R＝1／12＋1／12＋1／6＝4／12
　　R＝12／4＝3となる。
従って、回路に流れる全電流値は、I＝V／R＝28／3＝9.33Aが得られる。

電子装備品等

| 問題番号 | 解　答 |

問0034　(4)　　　『[9] 航空電子・電気の基礎』3-6「電力と電力量」
(4)：○
電力（P）は電圧の2乗（V^2）に比例し、抵抗（R）に反比例するので、
関係式 $P=V^2／R$（W）が成り立つ。
これを変形して、
$R=V^2／P=100×100／400=25$（Ω）が得られる。

問0035　(2)　　　『[9] 航空電子・電気の基礎』2-7-7「コンデンサーに蓄えられるエネルギ」
(2)：○
C（F）のコンデンサーに電荷を与え、Q（C）の電荷を蓄積したときに、V（V）になったとすれば、
$V=Q／C$（V）である。
このとき蓄えられるエネルギは

$$W = \frac{1}{2C}Q^2 = \frac{1}{2}CV^2\text{(J)} = \frac{1}{2} × 10 × 10^{-6} × 3^2 = \frac{9}{2} × 10^{-5} = 4.5 × 10^{-5}\text{(J)}$$

が得られる。

問0036　(3)　　　『[9] 航空電子・電気の基礎』3-3「電池の直列接続と並列接続」
(3)：○
バッテリ2個を直列に接続したときの電圧は2倍になるが、容量（Ah）は同じでそのままである。

問0037　(4)　　　『[9] 航空電子・電気の基礎』3-3「電池の直列接続と並列接続」
(4)：○
バッテリ3個を並列に接続したときの電圧は同じで、容量は3倍になる。

問0038　(2)　　　『[9] 航空電子・電気の基礎』3-3「電池の直列接続と並列接続」
(2)○：蓄電池2個を直列に接続したときの電圧は2倍になる。よって、蓄電池の電圧は10Vである。
　　　　容量（Ah）は同じでそのままである。

問0039　(2)　　　『[9] 航空電子・電気の基礎』3-3「電池の直列接続と並列接続」
(2)○：バッテリ2個を直列に接続したときの電圧は2倍になるが、容量は同じでそのままである。

問0040　(1)　　　『[9] 航空電子・電気の基礎』3-7-4「キルヒホッフの法則」
(1)：○
a.点Aに第一法則を適用すると、
$I_1+I_2-I_3=0$ ----- ①

b.閉回路Bに第二法則を適用すると、
　$I_2R_2+I_3R_3=V_2→0.4I_2+4I_3=8$
　従って$I_3=2-0.1I_2$ ----- ②

c.閉回路Cに第二法則を適用すると、
　$I_1R_1-I_2R_2=V_1-V_2→0.8I_1-0.4I_2=16-8$
　　従って$I_1=10+0.5I_2$ ----- ③
　これを(1)に代入すると、
　　　　$10+0.5I_2+I_2=2-0.1I_2$
　　　　$8=-1.6I_2$
　従って$I_2=-5$（A）
　これを(2)と(3)に代入すると、
　$I_1=7.5$（A）、$I_3=2.5$（A）となる。

　従って、求める値は
　　　　$I_1=7.5$（A）
　　　　$I_2=-5$（A）
　　　　$I_3=2.5$（A）

問0041　(2)　　　『[9] 航空電子・電気の基礎』3-7-4「キルヒホッフの法則」
(A)(C)：○
(B)×：閉回路Bにキルヒホッフの第2法則を適用すると、$I_2R_2+I_3R_3=V_2$となる。
(D)×：第1法則は任意の分岐点に流入する電流に関する法則であり、(D)は明らかに誤りである。

問0042　(3)　　　『[9] 航空電子・電気の基礎』3-7-4「キルヒホッフの法則」
(A)(B)(C)：○

問題番号		解　答

問0043 (2)　　　『[9] 航空電子・電気の基礎』3-4「オームの法則」　3-5-3「直・並列接続」
(A)(D)：○
(B)×：2（Ω）の抵抗を流れる電流は6（A）である。
(C)×：2（Ω）の抵抗両端の電圧は12（V）である。

10Ωの抵抗の両端電圧をVaとすると、Va＝10Ω×2A＝20V
従って、5Ωの抵抗に流れる電流をIaとすると、Ia＝Va／5Ω＝20V／5Ω＝4A
　　--- (A)は正しい。
2Ωの抵抗に流れる電流をIbとすると、Ib＝Ia＋2A＝4A＋2A＝6A
　　--- (B)は誤り
2Ωの両端電圧をVbとすると、Vb＝2Ω×6A＝12V
　　--- (C)は誤り
a、b間の端子電圧をVとすると、V＝Va＋Vb＝20V＋12V＝32V
　　--- (D)は正しい。

問0044 (2)　　　『[9] 航空電子・電気の基礎』3-5-2「並列接続」
(2)：○
並列回路の合成抵抗をRとすると、
1／R＝1／R₁＋1／R₂＋1／R₃
　　　＝1／48＋1／24＋1／12
　　　＝7／48
　R　＝48／7≒6.86Ω

問0045 (4)　　　『[9] 航空電子・電気の基礎』3-5-2「並列接続」
(4)：○
並列抵抗の合成抵抗Rは、
　　1／R＝1／R₁＋1／R₂＋1／R₃
　　1／R＝1／48＋1／24＋1／12
　　∴R＝48／（1＋2＋4）＝6.86≒6.8Ω

問0046 (4)　　　『[9] 航空電子・電気の基礎』3-7-4「キルヒホッフの法則」
(4)：○
A電池を流れる電流をI_A、B電池を流れる電流をI_B、負荷抵抗を流れる電流をIとすると、キルヒホッフの第1法則により
I_A＋I_B＝I--①
キルヒホッフの第2法則により、
A電池の閉回路に対し、12＝2I_A＋5I-----②
B電池の閉回路に対し、12＝3I_B＋5I-----③
①、②、③の式を解くと
I_A≒1.16（A）、I_B≒0.77（A）が得られる。
5Ωの負荷抵抗に流れる電流I≒1.93（A）

問0047 (3)　　　『[9] 航空電子・電気の基礎』4-3-2「磁気ヒステリシス現象」
(A)(B)(C)：○
(D)×：永久磁石の材料としては残留磁気が大きく、保磁力は大きいことが望ましい。

問0048 (3)　　　『[9] 航空電子・電気の基礎』5-7「うず電流」
(A)(C)(D)：○
(B)×：うず電流損は金属板の厚さの2乗に比例するので、変圧器の鉄心などはなるべく薄くし、かつ表面を絶縁してうず電流損を減らす工夫をしている。また、うず電流損は交流電源の周波数の2乗に比例するので、商用周波数に比べ周波数が高い航空機に用いる変圧器には、特にうず電流損の少ない鉄心を用いる。

問0049 (2)　　　『[9] 航空電子・電気の基礎』　5-3「磁界中の電流に働く力」、
　　　　　　　　　　　　　　　　　　　　　　　　　　　5-5「磁界中を運動する導体の起電力」
(B)(C)：○
(A)×：モータの作動原理はフレミングの左手の法則で人さし指は磁界の方向を示す。
(D)×：発電機の原理はフレミングの右手の法則で人さし指は磁界の方向を示す。

問0050 (5)　　　『[9] 航空電子・電気の基礎』　5-3「磁界中の電流に働く力」、
　　　　　　　　　　　　　　　　　　　　　　　　　　　5-5「磁界中を運動する導体の起電力」
(5)：無し
(A)×：発電機の原理はフレミングの右手の法則で親指は運動の方向を示す。
(B)×：モータの作動原理はフレミングの左手の法則で親指は電磁力の方向を示す。
(C)×：発電機の原理はフレミングの右手の法則で人さし指は磁界の方向を示す。
(D)×：モータの作動原理はフレミングの左手の法則で人さし指は磁界の方向を示す。

問0051 (4)　　　『[9] 航空電子・電気の基礎』　5-3「磁界中の電流に働く力」、
　　　　　　　　　　　　　　　　　　　　　　　　　　　5-5「磁界中を運動する胴体の起電力」
(A)(B)(C)(D)：○

電子装備品等

－ 233 －

問題番号	解　答

問0052 (1)　　　　『[9] 航空電子・電気の基礎』5-7「うず電流（Eddy Current）」
(1)：○
(2)×：電磁石の磁界の強さは、電磁石の巻線の数、導体を流れる電流、鉄心の透磁率に比例する。
(3)×：金属板を永久磁石の間にはさみ、この板を回転させると、うず電流により回転速度に比例した制動力が働くことをうず電流制動という。
(4)×：磁界中にある導体に電流を流し、導体に働く電磁力を利用した機械がモータである。

問0053 (1)　　　　『[9] 航空電子・電気の基礎』2-7-6「静電容量」、5-4「電磁誘導現象とレンツの法則」
　　　　　　　　　　　　　　　6-2-3「実効値」、6-6「交流回路の電力」
(1)×：力率とは、有効電力と皮相電力の比を表し、交流回路の能率を示す数値である。

問0054 (3)　　　　『[9] 航空電子・電気の基礎』6-3「インダクタンス回路」
(3)：○
コイルに交流を加えるとコイルの周囲に（磁界）が発生し、（交流）の変化を妨げる方向に（電圧）が誘起される。誘起される（電圧）を逆起電力といい、このようなコイルの特性は（インダクタンス）と言われる。

問0055 (1)　　　　『[9] 航空電子・電気の基礎』6-4「キャパシタンス回路」
(1)：○
直列接続の合成容量は、$1/C＝1/C_1＋1/C_2＋1/C_3$から
　　$1/C＝1/12＋1/12＋1/6$
　　　　＝$1/12＋1/12＋2/12$
　　　　＝$4/12$
　　$C＝12/4＝3\mu F$となる。

問0056 (3)　　　　『[9] 航空電子・電気の基礎』6-4「キャパシタンス回路」
(3)：○
直列接続の合成容量は、$1/C＝1/C_1＋1/C_2＋1/C_3$から
　　$1/C＝1/12＋1/6＋1/6$
　　　　＝$1/12＋2/12＋2/12$
　　　　＝$5/12$
　　∴　$C＝12/5＝2.4\mu F$となる。

問0057 (4)　　　　『[9] 航空電子・電気の基礎』6-4「キャパシタンス回路」
(4)：○
　　コンデンサを並列にした場合の容量Cは、
　　　$C＝C_1＋C_2＋C_3$より、
　　　　＝$6＋6＋6＝18\mu F$

問0058 (2)　　　　『[9] 航空電子・電気の基礎』6-4「キャパシタンス回路」
(2)：○
コンデンサを直列にした場合の容量Cは、
$1/C ＝1/C_1＋1/C_2$より、
　　　＝$1/6＋1/6＝1/3\mu F$
　$C＝3\mu F$
求める総容量は$3\mu F$である。

問0059 (4)　　　　『[9] 航空電子・電気の基礎』6-4「キャパシタンス回路」
(4)：○
コンデンサを並列にした場合の容量Cは、
　$C＝C_1＋C_2$より、
　　　＝$6＋6＝12\mu F$

問0060 (1)　　　　『[9] 航空電子・電気の基礎』6-4「キャパシタンス回路」
(1)：○
静電容量がC_1、C_2、C_3の3つのコンデンサを直列接続した場合、合成容量Cは
$1/C＝1/C_1＋1/C_2＋1/C_3$から　$C＝1/（1/C_1＋1/C_2＋1/C_3）$となり、
これを変形すると、$C＝C_1/（1＋C_1/C_2＋C_1/C_3）$となる。
C_1を一番小さい容量とすると、分母は1より大きいので合成容量は常にC_1より小さくなる。
C_2、C_3が一番小さくても同じであり、必ず各コンデンサの容量より小さくなる。

問0061 (3)　　　　『[9] 航空電子・電気の基礎』6-9-1「発電機のY結線とΔ結線」
(3)：○
Y結線における相電圧と線間電圧の関係は、
線間電圧＝$\sqrt{3}$×相電圧＝$1.73×115＝198.9≒200V$

問0062 (2)　　　　『[9] 航空電子・電気の基礎』6-9「3相交流」
(2)：○
各相で消費される皮相電力は相電圧と相電流の積であり、三相の全電力はその3倍である。
Y結線においては線間電流は相電流に等しい。最大負荷時の全電力は60KVAであるから、
最大負荷時の線間電流（＝相電流）をI（A）とすると、
$3×115×I＝60×10^3$
$I＝（60×10^3）/（3×115）≒173$（A）

問0063 (3)　　　　『[9] 航空電子・電気の基礎』6-2「交流の性質」
(3)×：実効値は最大値を0.707倍した値である。

－ 234 －

問題番号	解　答

問0064 (3)
『[9] 航空電子・電気の基礎』6-2「交流の性質」
(3)×：実効値は最大値を0.707倍した値である。

問0065 (3)
『[9] 航空電子・電気の基礎』6-2-3「実効値」
(3)：○
実効値とは通常の電圧、電流の大きさの表示に用いられる値であり、最大値の0.707倍である。

問0066 (2)
『[9] 航空電子・電気の基礎』6-2-3「実効値」
(A)(C)：○
(B)×：実効値は瞬時値の最大値を0.707倍した値である。
(D)×：電圧計は実効値を指示する

問0067 (2)
『[9] 航空電子・電気の基礎』6-2-3「実効値」
(C)(D)：○
(A)×：実効値は瞬時値の最大値を0.707倍した値であり、最大値より小さくなる。
(B)×：実効値は瞬時値の平均を表わすものではない。

問0068 (2)
『[9] 航空電子・電気の基礎』 6-2「交流の性質」、6-4「キャパシタンス回路」
(A)(B)：○
(C)×：コンデンサを並列接続すると、すべてのコンデンサの端子電圧は、電源電圧に等しい。
(D)×：コンデンサを直列接続すると、各コンデンサの端子電圧の総和は電源電圧に等しい。

問0069 (5)
『[9] 航空電子・電気の基礎』 6-2「交流の性質」、6-3「インダクタンス回路」、
　　　　　　　　　　　　　　　6-4「キャパシタンス回路」
(5)：無し
(A)×：6極の発電機が毎分8,000回転している場合の周波数は
　　　　f＝（P／2）×（N／60）＝（6／2）×（8,000／60）＝400より、400Hzである。
(B)×：インダクタンスの成分のみを含む回路では、電流は電圧より90°又は1／4周期遅れる
(C)×：コンデンサを直列接続すると、各コンデンサの端子電圧の総和は電源電圧に等しい。
(D)×：コンデンサを並列接続すると、すべてのコンデンサの端子電圧は、電源電圧に等しい。

問0070 (3)
『[9] 航空電子・電気の基礎』6-2「交流の性質」、6-3「インダクタンス回路」、
　　　　　　　　　　　　　　　6-4「キャパシタンス回路」
(A)(C)(D)：○
(B)×：インダクタンスの成分のみを含む回路では、電流は電圧より90°又は1／4周期遅れる。
（参考）
(D)の場合では、F＝p／2×N／60＝6／2×8,000／60＝400（Hz）

問0071 (4)
『[9] 航空電子・電気の基礎』 6-2「交流の性質」、6-3「インダクタンス回路」、
　　　　　　　　　　　　　　　6-4「キャパシタンス回路」
(A)(B)(C)(D)：○

問0072 (3)
『[9] 航空電子・電気の基礎』6-5「インピーダンス回路」
(3)○：回路が抵抗のほかにインダクタンスまたはキャパシタンス成分を含むとき、これらの合成成分をインピーダンスといい、Zで表す。回路のインピーダンスは、電流の総合的な通りにくさを表しているものである。

問0073 (6)
『[9] 航空電子・電気の基礎』6-6「交流回路の電力」
(6)：○
無効電力を電力ベクトルから計算すると、
三角形の関数定義により
皮相電力Ps＝VI＝150V×60A＝9,000VA
力率＝有効電力／皮相電力＝7,650W／9,000VA＝0.85＝85%

問0074 (5)
『[9] 航空電子・電気の基礎』6-6「交流回路の電力」
(5)：無し
三角形の関数定義により
・力率＝有効電力/皮相電力＝600W/750VA＝0.8　∴80%
・皮相電力Ps＝VI＝150V×5A＝750VA
・有効電力＝600（W）　　（電力計の指示は有効電力を示す）
(A)×：皮相電力Ps＝VI＝150V×5A＝750VA
(B)×：有効電力は600（W）である。
(C)×：無効電力＝450var
　（無効電力）²＝（皮相電力）²－（有効電力）²
　　　　　　　＝562,500－360,000
　　　　　　　＝202,500∴無効電力＝√202,500 ＝450var
(D)×：力率＝有効電力／皮相電力＝600W/750VA＝0.8　∴80%

電子装備品等

問題番号	解　答

問0075　(2)　　　『[9] 航空電子・電気の基礎』6-6「交流回路の電力」
(C)(D)：○
有効電力は電力計の指示である。従って有効電力は600Wである---(A)は誤り。
皮相電力は電圧計の指示と電流計の指示を掛け合わせたものである。従って
　　　100×10＝1,000VA----(C)は正しい。
皮相電力と有効電力が解れば、（無効電力）^{2}＝（皮相電力）^{2}－（有効電力）^{2}の関係から
　　　無効電力＝$\sqrt{(1,000^2-600^2)}$＝$\sqrt{640,000}$＝800Var------(B)は誤り。
有効電力と皮相電力の比を力率と呼ぶ。従って
　　　力率＝有効電力／皮相電力＝600／1,000＝0.6＝60%----(D)は正しい。

問0076　(4)　　　『[9] 航空電子・電気の基礎』6-6「交流回路の電力」例題6-4
(A)(B)(C)(D)：○
回路のインピーダンスはZ＝$\sqrt{(6^2+8^2)}$＝$\sqrt{(36+64)}$＝10Ω
従って回路に流れる電流はI＝100／10＝10A
有効電力は　　I^{2}R＝10^2×6＝600W
無効電力は　　I^{2}X$_L$＝10^2×8＝800Var
皮相電力は　　VI＝100×10＝1,000VA
力率は　　　　600／1,000＝60%
従って、すべて正しい。

問0077　(1)　　　『[9] 航空電子・電気の基礎』6-6「交流回路の電力」例題6-4
(C)：○
抵抗をR、リアクタンスをX$_L$とするとRL直列回路のインピーダンスZ、電流Iは、下記となる。

$$Z＝(R^2+X_L{}^2)＝\sqrt{(6^2+8^2)}＝10 （Ω）$$

$$I＝\frac{V}{Z}＝\frac{100}{10}＝10 （A）$$

有効電力：電力計の指示である。P＝I^{2}R＝10^2×6＝600 （W）
無効電力：交流回路のリアクタンス分に生じる電力である。
　　　　　Pq＝I^{2}X$_L$＝10^2×8＝800 （var）
皮相電力：実効電圧と、実効電流の積である。
　　　　　PS＝VI＝100×10＝1,000 （VA）
　力率　：有効電力と皮相電力の比
　　　　　（有効電力／皮相電力）×100＝600／1,000×100＝60 （%）

問0078　(5)　　　『[9] 航空電子・電気の基礎』6-9「3相交流」
　　　　　　　　　　『航空電気入門』9-4-2「三相交流」
(5)：無し
(A)×：△結線において線間電圧は相電圧に等しい。

(B)×：△結線において線間電流は相電流の$\sqrt{3}$倍に等しい。

(C)×：Y結線において線間電圧は相電圧の$\sqrt{3}$倍に等しい。

(D)×：Y結線において相電流は線間電流に等しい。

問0079　(2)　　　『[9] 航空電子・電気の基礎』6-9-1「発電機のY結線と△結線」
(2)：○

問0080　(3)　　　『[9] 航空電子・電気の基礎』6-9「3相交流」「練習問題8－5」
(A)(B)(C)：○
△結線不平衡3相負荷の場合は、A相とB相の電流の和とA相とC相間の電圧の積で全電力が求められる。
従って、2個の電力計で測定できる。Y結線不平衡3相負荷で中性点がある場合は、各相の電力の和で全電力
が求められる。従って、3個の電力計で測定できる。平衡3相負荷の場合、各層を流れる電流は等しいので、
代表する相の電流と中性点からの電圧の積で1相の電力が求められる。この電力を3倍すれば全電力が求められ
る。従って、1個の電力計で測定できる。

問0081　(2)　　　『[9] 航空電子・電気の基礎』6-2-3「実効値」
(2)：○
実効値＝最大値×0.707
最大値＝実効値／0.707＝115／0.707≒162.7

問題番号	解　答

問0082 (2)　　　　『[9] 航空電子・電気の基礎』6-5「インピーダンス回路」
(A)(B)：○
(A)：コイルの誘導リアクタンスをX_Lとすれば、
　　　$X_L = 2\pi fL = 2 \times 3.14 \times 60 \times 0.021 \fallingdotseq 8\Omega$

(B)：RL直列回路のインピーダンスZは、

$$Z = \sqrt{(R^2 + X_L{}^2)} = \sqrt{(6^2 + 8^2)} \fallingdotseq 10\Omega$$

(C)×：回路に流れる電流Iは、
　　　$I = V/Z = 120/10 \fallingdotseq 12$ A

問0083 (4)　　　　『[9] 航空電子・電気の基礎』6-5「インピーダンス回路」
(A)(B)(C)(D)：○
(A)コイルの誘導リアクタンスをX_Lとすれば、
$X_L = 2\pi fL = 2 \times 3.14 \times 60 \times 0.021 \fallingdotseq 8\Omega$
(B)RL直列回路のインピーダンスZは、

$$Z = \sqrt{(R^2 + X_L{}^2)} = \sqrt{(6^2 + 8^2)} \fallingdotseq 10\Omega$$

(C)回路に流れる電流Iは、
$I = V/Z \fallingdotseq 110/10 \fallingdotseq 11A$
(D)抵抗で生じる電圧降下V_Rは、
$V_R = R \times I \fallingdotseq 6 \times 11 \fallingdotseq 66V$

問0084 (5)　　　　『[9] 航空電子・電気の基礎』5-6「相互インダクタンスと自己インダクタンス」　　例題5-3
(5)：○
自己誘導起電力 $E = -L \times (dI/dt)$
　　　　　　　　$= -20 \times (0.15 - 0.10) / (1/50)$
　　　　　　　　$= -50V$

問0085 (3)　　　　『[9] 航空電子・電気の基礎』6-4「キャパシタンス回路」
(A)(B)(C)：○
(D)×：キャパシタンスは交流電流に対し抵抗を示し、この抵抗を容量リアクタンスという

問0086 (4)　　　　『[9] 航空電子・電気の基礎』6-3「インダクタンス回路」、6-4「キャパシタンス回路」
(4)×：キャパシタンス成分のみを含む回路では、電流は電圧より90°又は1/4周期進む。

問0087 (2)　　　　『[9] 航空電子・電気の基礎』6-3「インダクタンス回路」、6-4「キャパシタンス回路」
(2)×：キャパシタンス成分のみを含む回路では、電流は電圧より90°又は1/4周期進む。

問0088 (4)　　　　『[9] 航空電子・電気の基礎』6-3「インダクタンス回路」、6-4「キャパシタンス回路」
(A)(B)(C)(D)：○

問0089 (3)　　　　『[9] 航空電子・電気の基礎』6-8「変圧器」
(3)：○
一次巻線の巻数をn_1、二次巻線の巻数をn_2、一次巻線電圧をV_1、二次巻線電圧をV_2としたとき、
巻線比$N = n_1/n_2 = V_1/V_2$なので
$2,400/n_2 = 6,000/100$
$2,400/n_2 = 60$
　　　　$n_2 = 2,400/60$
　　　　　　$= 40$回となる。

問0090 (2)　　　　『[9] 航空電子・電気の基礎』6-8-3「電圧変動率」
(A)(D)：○
(B)×：無負荷2次電圧が増加すると電圧変動率は大きくなる。
(C)×：定格2次電圧が増加すると電圧変動率は小さくなる。

電子装備品等

問題番号	解 答

問0091 (2)　　　　『[9] 航空電子・電気の基礎』6-8「変圧器」
(B)(D)：○
(A)×：巻線比が1より大きいなら2次電圧は1次電圧より低くなり、降圧変圧器という。
(C)×：鉄損にはヒステリシス損、うず電流損の2種類がある。銅損は、巻き線で熱となってしまう電力損失である。
　（参考）
巻線比（n）＝一次巻線数（n1）／二次巻線数（n2）

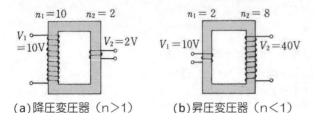

(a)降圧変圧器（n＞1）　　　　(b)昇圧変圧器（n＜1）

問0092 (2)　　　　『[9] 航空電子・電気の基礎』6-8-1「変圧比と定格容量」
(2)：○
1次巻線数をn_1、2次巻線数をn_2とすると、巻線比nは、n＝n_1／n_2で表わされる。1次電圧をV_1、2次電圧をV_2とすると変圧比V_1／V_2は巻線比nに等しい。n＞1なら2次電圧は1次電圧より低くなり、降圧変圧器と呼ばれる。n＜1なら2次電圧は1次電圧より高くなり、昇圧変圧器と呼ばれる。本問の場合、n＝n_1／n_2＝2／8であり、n＜1となり、昇圧変圧器である

問0093 (3)　　　　『[9] 航空電子・電気の基礎』6-8「変圧器」
(B)(C)(D)：○
(A)×：交流を直流に変換する機器は整流器である

問0094 (2)　　　　『[9] 航空電子・電気の基礎』6-8-1「変圧比と定格容量」
(2)○：巻線比が1より小さいと2次電圧は1次電圧より高くなり昇圧変圧器という。
　（参考）
巻線比が1より大きいなら2次電圧は1次電圧より低くなり、降圧変圧器という。

問0095 (3)　　　　『[9] 航空電子・電気の基礎』5-8-5「相互インダクタンスと自己インダクタンス」
(3)：○
コイル自身の電流変化によって生じる磁束が、コイル自身と鎖交するとき、コイルに誘導起電力を生じる。コイルの自己インダクタンスをL（H：ヘンリー）、電流変化をdI（A：アンペア）、時間変化をdt（秒）、誘導起電力をE（V：ボルト）とすると
E＝−L（dI／dt）で表わされる。
従って、
−50V＝−L×（0.15−0.1）／（1／50）
　　L＝20（H）

問0096 (6)　　　　『[9] 航空電子・電気の基礎』6-5「インピーダンス回路」
(6)：○
直列回路のインピーダンスZはZ＝$\sqrt{R^2+(X_L X_C)^2}$

代入するとZは、$\sqrt{60^2+(300-220)^2}=\sqrt{60^2+80^2}=\sqrt{10,000}$＝100Ω

電流はI＝E／Z＝200／100＝2Aとなる。

問0097 (4)　　　　『[9] 航空電子・電気の基礎』6-4「キャパシタンス回路」
(4)○：
コンデンサの容量リアクタンスは　$X_C=1/2\pi fC$
コンデンサに流れる電流は　$I_C=V/X_C=2\pi fCV$
　　　　　　　　　　　　　＝2×3.14×60×2×10^{-6}×110≒0.0829（A）

問0098 (2)　　　　『[9] 航空電子・電気の基礎』6-6「交流回路の電力」
(2)：○
皮相電力Ps＝VI＝110V×60A＝6,600VA
有効電力は電力計に指示される値であり、5,400W
力率＝有効電力／皮相電力
　　＝5,400／6,600
　　＝0.818
　　＝82％

問0099 (1)　　　　『[9] 航空電子・電気の基礎』10-6-1「npn接合トランジスタ」
(1)：○
NPNトランジスタではベースからエミッタに小さな電流が流れたときにコレクタとエミッタ間の導通ができる。ベースからエミッタに電流を流すためには、ベースの電位がエミッタより高くなければならない

問題番号	解　答

問0100 （2）　　『[9] 航空電子・電気の基礎』10-5「ダイオード」、10-11「サーミスタ」
（2）×：ダイオードは、整流素子で交流から直流への整流器や検波器に使用される。

問0101 （3）　　『[9] 航空電子・電気の基礎』 10-5「ダイオード」、10-6「トランジスタ」、
　　　　　　　　　　　　　　　　　　　　　　　10-11「サーミスタ」
（3）×：ツェナー・ダイオード（定電圧素子）----定電圧電源回路に使用される。
（補足）
ツェナー・ダイオードの特性：ツェナー・ダイオードは逆方向にも電流を流せるようにした特殊なダイオード
である。逆方向電流はある値以上の逆方向電圧がカソードとアノード間にかかったときに突然流れ出す。この
電圧は常に一定のため、定電圧装置の基準として使用できる。

問0102 （2）　　『[9] 航空電子・電気の基礎』 10-5「ダイオード」、10-6-2「pnpトランジスタ」、
　　　　　　　　　　　　　　　　　　　　　　　10-11「サーミスタ」、10-5-1「定電圧ダイオード」
（A）（C）：〇
（B）×：PNPトランジスタは増幅素子で 増幅回路、発信回路に使用される。
（D）×：ツェナー・ダイオードは定電圧素子で、定電圧電源回路に使用される。

問0103 （3）　　『[9] 航空電子・電気の基礎』10-5「ダイオード」
（A）（B）（D）：〇
（C）×：半導体ダイオードにおいて、ある値を超えて逆方向電圧をかけると逆方向電流が急激に増大する現象
　　　　を降伏またはブレークダウンという。

問0104 （3）　　『[9] 航空電子・電気の基礎』10-5「ダイオード」
（A）（C）（D）：〇
（B）×：ツェナー降伏の説明である。

問0105 （1）　　『[9] 航空電子・電気の基礎』10-5-1「定電圧ダイオード」
（1）〇：ツェナー・ダイオードは逆方向にも電流を流せるようにした特殊なダイオードである。
　　　　逆方向電流はある値以上の逆方向電圧がカソードとアノード間にかかったときに突然流れ出す。
　　　　この電圧は常に一定のため、定電圧装置の基準として使用できる。

問0106 （2）　　『[9] 航空電子・電気の基礎』10-5-1「定電圧ダイオード」
（2）×：定電圧素子で定電圧電源回路に使用するもので、電気を一時的に蓄えるものではない。

問0107 （2）　　『[9] 航空電子・電気の基礎』10-5-1「定電圧ダイオード」
（2）×：定電圧素子で定電圧電源回路に使用するもので、電気を一時的に蓄えるものではない。

問0108 （2）　　『[9] 航空電子・電気の基礎』11-2-5「接地方式」
（A）（B）：〇
（C）×：普通の増幅回路としては、エミッタ接地回路がもっとも適している。
（D）×：周波数特性が良いことを利用して高周波増幅回路にベース接地回路が使用される。

問0109 （2）　　『[9] 航空電子・電気の基礎』10-14「ブラウン管」
（A）（B）：〇
（C）×：静電偏向は、測定器の観測用ブラウン管に用いられる方式である。
（D）×：電磁偏向は、テレビや航空機のカラー・ディスプレイなどに用いられる。

問0110 （5）　　『[9] 航空電子・電気の基礎』10-6-1「npnトランジスタ」11-2-5「接地方式」
（5）〇：本問のトランジスタはnpnトランジスタであり、シンボルは以下のように表わされる。
（参考）pnpトランジスターのシンボルは下の右図の様に表される。

npn接合トランジスタ　　　　　pnp接合トランジスタ

問0111 （4）　　『[9] 航空電子・電気の基礎』11-1「電源回路」
（4）×：リップル百分率の値が小さいほど完全な直流に近い。
（参考）
リップル百分率　：交流を整流しても電池のように完全な直流とはならず、少し交流分が残る。これをリップ
　　　　　　　　　ルと呼ぶ。整流された交流にどれだけのリップルが含まれているかをリップル百分率で示
　　　　　　　　　し、どれだけ直流に近いかを示す。
整流効率　　　　：交流入力電力に他する直流出力電力の比を整流効率とい、損失なく交流が直流に交換され
　　　　　　　　　たことを示す。

問0112 （3）　　『[9] 航空電子・電気の基礎』11-1「電源回路」
（A）（B）（D）：〇
（C）×：交流を直流に変換することを整流という。
＊問0111の（参考）を参照

電子装備品等

問題番号	解 答

問0113 (4) 『[9] 航空電子・電気の基礎』11-9「ノイズ対策」
(A)(B)(C)(D)：○

問0114 (2) 『[9] 航空電子・電気の基礎』11-2「増幅回路」
『[9] 航空電子・電気の基礎』練習問題 11-3
(C)(D)：○
(C)：入力インピーダンス $Z_i = V_i / I_i = 4／2×10^{-3} = 2×10^3$ （Ω）
(D)：出力インピーダンス $Z_o = V_o / I_o = 20／50×10^{-3} = 400$ （Ω）
(A)×：電圧増幅度 $A_V = V_o／V_i = 20／4 = 5$
(B)×：電流増幅度 $A_I = I_o／I_i = 50／2 = 25$

問0115 (4) 『[9] 航空電子・電気の基礎』13-1-1「10進数から2進数への変換」
(4)：○

```
2) 31    余り
2) 15     1  ← 最下位数字(LSD)
2)  7     1
2)  3     1
    1     1
       → 1  ← 最上位数字(MSD)
```

問0116 (4) 『[9] 航空電子・電気の基礎』13-1-2「2進数から10進数への変換」
(4)：○
$(1010110)_2 =$（下位から順に 2^n をかけて整理する）
最下位数字（LSD）→ $0×2^0 = 0$
$1×2^1 = 2$
$1×2^2 = 4$
$0×2^3 = 0$
$1×2^4 = 16$
$0×2^5 = 0$
$1×2^6 = 64$

上から下に小計を合計すると、
$0+2+4+0+16+0+64 = 86$

問0117 (4) 『[9] 航空電子・電気の基礎』13-1-2「2進数から10進数への変換」
(4)：○
$(1100)_2 =$（下位から順に 2^n をかけて整理する）
最下位数字（LSD） → $0×2^0 = 0$
$0×2^1 = 0$
$1×2^2 = 4$
$1×2^3 = 8$
上から下に小計を合計すると、
$0+0+4+8 = 12$

問0118 (3) 『[9] 航空電子・電気の基礎』13-1-4「2進数の乗除算」
(3)：○
110×1101の乗算

```
        2進数

        100
   ×   1101
        110
       000
       110
       110
     (1001110)₂
```

問0119 (2) 『[9] 航空電子・電気の基礎』13-2「論理回路」
(2)：○
(1)×：NOT回路の説明である。
(3)×：AND回路の説明である。
(4)×：NAND回路の説明である。
(5)×：OR回路の説明である。

NOR回路

問題番号	解　答

問0120　(2)
　　　『[9] 航空電子・電気の基礎』13-2-1「基本論理回路」
(2)○：OR回路とNOT回路を接続した回路で入力全部が0のときのみ出力が1になる回路である。
(1)×：NOT回路
(3)×：排他的OR回路
(4)×：NAND回路であり、入力が全部1のときのみ出力が0になる回路である。

問0121　(3)
　　　『[9] 航空電子・電気の基礎』13-2「論理回路」
(3)：○
(1)×：NOT回路の説明である。
(2)×：OR回路の説明である。
(4)×：AND回路の説明である。
(5)×：排他的OR回路の説明である。

問0122　(4)
　　　『[9] 航空電子・電気の基礎』13-2「論理回路」
(4)：○
（参考）
AND回路　　　：入力が全部1の時のみ出力が1になる回路
OR回路　　　　：入力が全部0の時のみ出力が0になる回路
排他的OR回路　：多数の入力のうち1つだけが1の時1になる回路

問0123　(3)
　　　『[9] 航空電子・電気の基礎』13-2「論理回路」
(3)：○

問0124　(4)
　　　『[9] 航空電子・電気の基礎』13-2-2「論理式」
(4)：○
（参考）
4種類の論理回路は下記のようになる。

NAND回路　　　NOT回路　　　AND回路　　　NOR回路

問0125　(3)
　　　『[9] 航空電子・電気の基礎』13-2「論理回路」
(A)(B)(C)：○

問0126　(3)
　　　『[9] 航空電子・電気の基礎』13-2「論理回路」
(A)(D)(E)：○
(B)×：NAND回路：入力が全部1のときのみ出力が0になる回路
(C)×：NOR回路：入力が全部0のときのみ出力が1になる回路

問0127　(5)
　　　『[9] 航空電子・電気の基礎』13-2「論理回路」
(A)(B)(C)(D)(E)：○

問0128　(3)
　　　『[9] 航空電子・電気の基礎』13-2「論理回路」
(3)：○

二つのAND回路と一つのOR回路出力の回路図である。

AND回路入力A,Bの片方がNOT（否定）のときの論理式はX＝$\overline{A}$・BとX＝A・$\overline{B}$である。

出力を出すOR回路の論理式はX＝A＋Bであるから

この回路の式はX＝($\overline{A}$・B)＋(A・$\overline{B}$)となる。

問0129　(4)
　　　『[9] 航空電子・電気の基礎』13-5-1「デジタル機器の登場」
(4)×：データ・バスの通信方向は単方向通信や双方向通信が用いられている。
（参考）
デジタル機器の利点は、次のものがある。
a.故障が少なく信頼性が高い。
b.重量が軽くなり、価格も安い。
c.自己診断機能があり、故障の判定が容易にできる。
d.修理や改造が簡単である。

問0130　(4)
　　　『[9] 航空電子・電気の基礎』13-5-1「デジタル機器の登場」
(A)(B)(C)(D)：○

電子装備品等

問題番号	解　答

問0131 (4) 　　　『[9] 航空電子・電気の基礎』13-5-2「データの表現」
(A)(B)(C)(D)：○
（参考）
ARINC429は機器相互間を単方向データ・バスで接続する。データ伝送速度は低速（12〜14.5kbps）と高速（100kbps）の2つの規格がある。
ARINC629は伝送されるデータ量が多くなると、ARINC429では対応できないため作られた規格の双方向バスで、1つの双方向バスを共有する方式であり、LAN（Local Area Network）の一種であ

問0132 (4) 　　　『[9] 航空電子・電気の基礎』7-11「光ファイバー」
(A)(B)(C)(D)：○

問0133 (3) 　　　『[9] 航空電子・電気の基礎』7-11「光ファイバー」
(A)(B)(D)：○
(C)×：光ファイバーの外側はクラッドで覆われており、信号はその中を全反射しながら進む。従って、他のファイバーへの干渉はなく、また他のファイバーからの干渉による妨害は受けない。

問0134 (4) 　　　『[9] 航空電子・電気の基礎』13-5-3「単方向バス方式」
(A)(B)(C)(D)：○
（参考）
ARINC429は機器相互間を単方向データ・バスで接続する。データ伝送速度は低速（12〜14.5kbps）と高速（100kbps）の2つの規格がある。
「誤り検出符号について」
ARINC429では奇数パリティー方式を使用している。これは、1ワード32ビットの中に含まれるビット1の数が常に奇数になるように32ビット目の誤り符号用ビット（パリティ・ビットという）をビット1かビット0にセットしてデータを送る方式である。受信側ではビット1の数が奇数であればデータのあやまりは無いと判断する。

問0135 (4) 　　　『[9] 航空電子・電気の基礎』13-5-4「双方向バス方式」
(A)(B)(C)(D)：○

問0136 (2) 　　　『[9] 航空電子・電気の基礎』12-2「フィードバック制御の基礎」
(A)(D)：○
(B)×：目標値が一定で外乱の影響がないようにする制御を定値制御という。
(C)×：目標値が任意に変化し、制御量を目標値に正確に従わせ、かつ外乱の影響がないようにする制御を追従制御という。

問0137 (2) 　　　『[10] 航空電子・電気装備』2-13「地上波の性質」
(2)○：海上伝搬と陸上伝搬では、海上伝搬の方が減衰が少ない。
(1)×：周波数が高いほど減衰が大きい。
(3)×：垂直偏波の方が水平偏波より減衰が小さい。

問0138 (2) 　　　『[10] 航空電子・電気装備』第2章「アンテナと電波伝搬」
(2)×：周波数が高い電波は波長が短い。

問0139 (4) 　　　『[10] 航空電子・電気装備』2「アンテナと電波伝搬」
(A)(B)(C)(D)：○

問0140 (3) 　　　『[10] 航空電子・電気装備』2-3「電波の性質」
(3)：○
(1)×：長波、中波の主な用途はADFやAMラジオ放送などである。
(2)×：短波の主な用途はHF通信や国際ラジオ放送などであり、主に電離層反射波により伝搬する。
(4)×：フェージングは短波受信のときに電離層の影響で発生する現象で

問0141 (4) 　　　『[10] 航空電子・電気装備』2-3「電波の性質」
(4)：○
(1)×：高周波電流によって生じた電波は、その高周波電流の周波数と同じ速さで、強さが変わる。
(2)×：波長は波の進行速度を周波数で割ったものに等しい。
(3)×：電波の波長は周波数が低いと長く、周波数が高い電波は波長が短い。

問0142 (3) 　　　『[10] 航空電子・電気装備』2-3「電波の性質」
(3)：×周波数が低い電波は波長が長い、周波数が高い電波は波長が短い。

問0143 (1) 　　　『[10] 航空電子・電気装備』2-16「電波伝搬の実際」
(B)：○
(A)×：長波・中波の伝搬：地上波伝搬
(C)×：超短波の伝搬：主に直接波による見通し距離内伝搬

問0144 (3) 　　　『[10] 航空電子・電気装備』2-3「電波の性質」
(A)(B)(C)：○

問題番号		解　答

問0145 (2)　　『[10] 航空電子・電気装備』2-3「電波の性質」
(A)(B)：○

電波の種類	主な用途	伝搬特性
(C)×：超短波	VHF通信、TV、FM放送	見通し内伝搬
(D)×：極超短波	G／S、DME、TCAS	見通し内伝搬

問0146 (1)　　『[10] 航空電子・電気装備』2-3「電波の性質」
(D)：○
(A)×：高周波電流によって生じた電波は、その高周波電流の周波数と同じ速さで、強さが変わる。
(B)×：波長は波の進行速度を周波数で割ったものに等しい。
(C)×：電波の波長は周波数が低いと長く、周波数が高い電波は波長が短い。

問0147 (4)　　『[10] 航空電子・電気装備』2-3「電波の性質」
(A)(B)(C)(D)：○

問0148 (2)　　『[10] 航空電子・電気装備』2-16-3「VHFおよびマイクロ波の伝搬」
(C)(D)：○
(A)×：対流圏大気による影響のほかに、雨、霧、雲による減衰を受ける。
(B)×：雨、霧、雲による減衰は、周波数が高くなるほど大きい。

問0149 (2)　　『[10] 航空電子・電気装備』2-16-2b「フェージング」
(A)(C)：○
(B)×：デリンジャ現象の説明
(D)×：対流圏散乱伝搬の説明

問0150 (4)　　『航空電気入門』10-1-4「特殊な配線」
　　　　　　　『[9] 航空電子・電気の基礎』7-1-2「特殊電線およびケーブル」
(4)○：同軸ケーブルは中心線が磁界などの影響を全く受けないので無線機器のアンテナ回路、燃料油量計のタンク・センサ回路に用いられる。

問0151 (3)　　『[10] 航空電子・電気装備』1-2-7「整流型直流発電機」
(3)○：エンジン駆動のオルタネータ（交流発電機）の出力を6個のダイオードで全波整流し、直流として取り出す発電機である。

問0152 (1)　　『[9] 航空電子・電気の基礎』9-2「直流発電機」
(1)：○
直流発電機の起電力は、回転数が一定であれば界磁コイルの磁界の強さ、即ち、界磁電流に比例する。なお、界磁電流を切った場合は、残留磁気があるため、わずかに発電する。航空機の直流電源に使用される自励式直流分巻発電機ではフィールド・コア（鉄芯）の残留磁気により微弱な電流が発生し、その電流によってフィールド（界磁）が励磁されて、電圧はわずかに発生する。

問0153 (2)　　『[9] 航空電子・電気の基礎』9-2「直流発電機」
(2)：○
＊問0152の解説を参照

問0154 (2)　　『[9] 航空電子・電気の基礎』9-2「直流発電機」
(2)：(A)分巻発電機　(B)他励発電機　(C)直巻発電機　(D)複巻発電機

(A)分巻発電機　　　　　(B)他励発電機

(C)直巻発電機　　　　　(D)複巻発電機

問0155 (3)　　『[9] 航空電子・電気の基礎』9-2「直流発電機」
(A)(B)(C)：○

電子装備品等

－ 243 －

問題番号	解　答

問0156 (3)　　　『[9] 航空電子・電気の基礎』9-2「直流発電機」
(A)(C)(D)：○
(B)×：回転速度を高めれば起電力は大きくなる。
直流発電機の起電力は、磁極前面の有効磁束φ（Wb）、コイルの数と巻き方、磁極の数P、および回転速度
N（rpm）によって定まり、

$$E = \frac{1}{120} \varepsilon P \phi N \text{ (V)} \text{ で表わされる。} \quad \varepsilon：コイルの数と巻き方などで決まる定数。$$

すなわち、磁極を電磁石にして強い励磁をすると起電力は大きくなる。また、起電力は回転速度にも比例する。直流発電機は電機子コイルに発生した交流を整流子を使って直流に変換することにより直流を得ている。

問0157 (4)　　　『[9] 航空電子・電気の基礎』9-2「直流発電機」
(A)(B)(C)(D)：○

問0158 (1)　　　『[9] 航空電子・電気の基礎』5-3「磁界中の電流に働く力」9-2「直流発電機」
(C)：○
(A)×：直流発電機では固定側に磁極をおき、回転子側に電機子コイルがおかれている。
(B)×：磁界中にある導体に電流を流し、導体に働く電磁力を利用した機械が電動機である。
(D)×：直流発電機を並列運転する場合は、各機の極性と出力電圧を一致する必要がある。

問0159 (2)　　　『航空工学入門』4-1-2「交流電源系統」
(2)×：電圧を高くすれば細い電線で多量の電力を送ることができる。
（補足）
交流発電機は直流発電機と比較すると、次のような利点がある。
a.ブラシの寿命が長い。
b.無線機への雑音が少ない。
c.エンジンの低速から高速にかけて広範囲の回転数でも電圧の変化は少ない。
d.逆流遮断器が不要。
e.同一の出力を発生させるのに発電機を小型軽量にできる。
f.電圧変更が容易にできる。
g.電圧を高くすれば細い電線で多量の電力を送ることができる。

問0160 (2)　　　『航空工学入門』4-1-2「交流電源系統」
(2)×：無線機への雑音が少ない。
＊問0159の（補足）を参照

問0161 (4)　　　『[9] 航空電子・電気の基礎』9-4「交流発電機」
(4)：○
交流発電機の極数 Pと周波数 F（Hz）と回転数 N（RPM）との関係は

$$F = \frac{P}{2} \times \frac{N}{60} = PN/120 \text{ で表される。}$$

回転数Nは、式を変形させ
⇒ N＝120F／Pで求められる。
周波数：50Hz、極数：4極を代入して発電機の回転数Nを求める。
120×50／4＝1,500　設問はエンジンのN₂ロータの回転速度を求めるの問題であるから、
発電機は1／10に減速されているのでさらに10倍にする。

問0162 (2)　　　『[9] 航空電子・電気の基礎』9-4「交流発電機」
(A)(B)：○
交流発電機の極数Pと周波数F（Hz）と回転数N（RPM）との関係は

$$F = \frac{P}{2} \times \frac{N}{60} \text{ で表される。}$$

(C)×：周波数Fは極数P又は回転数Nに影響

問0163 (4)　　　『[10] 航空電子・電気装備』　1-3-1「交流発電機」
(A)(B)(C)(D)：○

問0164 (4)　　　『[9] 航空電子・電気の基礎』9-3「直流電動機」
(A)(B)(C)(D)：○

問0165 (3)　　　『航空機の基本技術』7-2「メガー（絶縁抵抗計）」
『航空電子・電気の基礎』8-6「比率型計器」
(3)○：メガーは電気機器、電気配線等の絶縁抵抗を測定する計測器である。

問0166 (2)　　　『[9] 航空電子・電気の基礎』8-1「可動コイル形計器」
『航空機の基本技術』7-4-4「テスターの目盛板および測定法」
(2)○：回路中の2点の電位差を測る電圧計は負荷に並列に、回路を流れる電流を測る電流計は負荷に直列に
接続する。

問題番号	解　答

問0167 (2)　　　『[9] 航空電子・電気の基礎』8-1「可動コイル形計器」

(2)：○
電流計の最大目盛以上の電流を測定する場合、図のような分流器を使用する。
図で分流器と電流計を流れる全電流をI（A）、電流計を流れる電流をi（A）、
分流器の抵抗をR（Ω）、電流計の内部抵抗を(r)とすると、
　　(I−i) R＝ir
ここで、I＝30mA、i＝10mA、r＝5Ωであるから
分流器の抵抗は、
　　R＝ir／(I−i) ＝10mA×5Ω／(30mA−10mA) ＝2.5Ω
図のように分流器は電流計に対して並列に接続する。

問0168 (2)　　　『[9] 航空電子・電気の基礎』8-1「可動コイル形計器」
　　　　　　　　　『航空機の基本技術』7-4-4「テスターの目盛板および測定法」

(2)○：回路中の2点の電位差を測る電圧計は負荷に並列に、回路を流れる電流を測る電流計は負荷に直列に
　　接続する。また、電圧計、電流計の測定端子（＋）、（−）は、電源のプラス、マイナス、電流の流
　　れる向きに合わせて接続すること。

問0169 (3)　　　『[9] 航空電子・電気の基礎』8-1「可動コイル形計器」

(3)：○
全電流I（A）で、電流計に流れる電流をi（A）、分流器の抵抗をR（Ω）電流計の内部抵抗をr（Ω）とする
と、
　　(I−i) ×R＝i×r（V）が成り立ち、I＝30（mA）、i＝10（mA）、r＝5（Ω）であるから、
　　R＝i／(I−i) ×r ＝10×10-3／(30−10) ×10-3×5＝2.5（Ω）

問0170 (4)　　　『[9] 航空電子・電気の基礎』8-11「ブリッジ回路」

(4)：○
ブリッジ回路の平衡の条件より、Rx×R₁＝R₂×R₃であるため、
Rx＝(R₂×R₃) ／R₁＝(300×1,000) ／500＝600Ωとなる。

問0171 (1)　　　『[9] 航空電子・電気の基礎』8-11「ブリッジ回路」

(1)○：ホイートストン・ブリッジ回路が平衡している時は、Q×Rx＝P×Rsの関係式が成り立つ。
　　　従って、
　　　Rx＝P×Rs／Q＝10×150／50＝30Ωとなる。

問0172 (2)　　　『[9] 航空電子・電気の基礎』7-1「航空機用電線」

(2)○：銅線の特徴は柔軟性と電気抵抗率が低く、非常に優れた導体であるが、比重が大きいため重くなる。
　　　その他の材質としては、アルミニウム、高張力銅合金などが用いられている。

問0173 (2)　　　『[9] 航空電子・電気の基礎』7-1-2「特殊電線およびケーブル」

(B)(D)：○
(A)×：火災警報装置のセンサ（受感部）出力の伝送には、耐火電線が用いられる。
(C)×：音声信号や微弱な信号の伝送には、シールド・ケーブルが用いられる。

問0174 (5)　　　『[9] 航空電子・電気の基礎』7-1-2「特殊電線およびケーブル」

(5)：無し
(A)×：同軸ケーブルは機内テレビ映像信号や無線信号の伝送である。
(B)×：シールド・ケーブルは音声信号や微弱な信号の伝送用である。
(C)×：耐火電線は火災警報装置のセンサー（受感部）周囲に使用。
(D)×：高温用電線はエンジンや補助動力装置の周辺など高温となる所に使用。

問0175 (2)　　　『[9] 航空電子・電気の基礎』7-7「コネクタ」

(C)(D)：○
(A)×：一般用丸型コネクタ（MIL-C-26500）には、ネジ・カップリング式とバイオネット・カップリン
　　　グ式の2種類がある。
(B)×：機器用角型コネクタ（ARINC規格DPX型）には、ハンダ付けと圧着方式の2種類がある。

問0176 (4)　　　『[10] 航空電子・電気装備』7-7「コネクタ」

(A)(B)(C)(D)：○
（参考）
・一般用丸型コネクタ：[9] 航空電子・電気の基礎 7-7-1
・機器用角型コネクタ：　　　　同　　　　　7-7-2

電子装備品等

－245－

問題番号	解 答

問0177　(4)　『[9] 航空電子・電気の基礎』7-7-3「同軸コネクタ」
　　　　　　(A)(B)(C)(D)：○

BNC型コネクタ　RG-58C/U, RG-59/U, RG-142/U, RG-223/U

N型コネクタ

C型コネクタ　　RG-8A/U, RG-213/U, RG-214/U

UHF型コネクタ　適合する同軸ケーブル

問0178　(1)　『[9] 航空電子・電気の基礎』7-4-1「トグル・スイッチ」、7-4-2「ロータリ・スイッチ」
　　　　　　　　　　　　　　　　　　　　7-4-3「マイクロ・スイッチ」、7-4-4「プロキシミティ・スイッチ」
　　　　　　(A)：○
　　　　　　(B)×：モーメンタリ・スイッチの説明になっている。
　　　　　　(C)×：ロータリ・スイッチの説明になっている。
　　　　　　(D)×：プロキシミティ・スイッチの説明になっている。

問0179　(3)　『[9] 航空電子・電気の基礎』7-4-4「プロキシミティ・スイッチ」
　　　　　　(3)：○
　　　　　　(1)×：ターゲットには金属片である。
　　　　　　(2)×：スイッチとセンサとの間に機械的な接触がない。
　　　　　　(4)×：検出部にはコイルが用いられているが、金属のターゲットが検出部に近づくと、金属片にはコイルからの誘導により、うず電流が生じる。これがコイルの負荷になり、ある距離まで近づくと、検出器内部の発振器が発振を停止し、検出器内のセンサがこれを検知してトランジスタを制御する。

問0180　(1)　『[9] 航空電子・電気の基礎』7-4-4「プロキシミティ・スイッチ」
　　　　　　(1)：○
　　　　　　プロキシミリティ・スイッチはマイクロ・スイッチのような機械的な作動部分がなく、電気的な働きを利用しているので作動回数の多いところに利用される。
　　　　　　検出部に発振回路が内蔵され、検出部分への金属片の遠近により金属片に渦電流を作ろうとして負荷が増え発振が止まる。これを感知してオンとオフが出来る。

問0181　(2)　『[9] 航空電子・電気の基礎』7-4-4「プロキシミティ・スイッチ」
　　　　　　(B)(D)：○
　　　　　　(A)×：スイッチ内の検出コイルに金属片が近づくと、コイルからの誘導により金属片にうず電流が生じ、これがコイルの負荷となり発振が停止し、センサがこれを検知してトランジスタを制御する。
　　　　　　(C)×：感知する部分はコイルのみであるため信頼度が高い

問0182　(1)　『[9] 航空電子・電気の基礎』7-4-4「プロキシミティ・スイッチ」
　　　　　　(A)：○
　　　　　　(B)×：スイッチとターゲットとの間には機械的な接触はない。
　　　　　　(C)×：ターゲットには金属材料を用いている。
　　　　　　(D)×：スイッチに金属片が近づくとコイルの交流は金属片にうず電流を検出し、トランジスタを制御している。

問0183　(1)　『[9] 航空電子・電気の基礎』7-4-4「プロキシミティ・スイッチ」
　　　　　　『航空電気入門』10-2-5
　　　　　　(D)：○
　　　　　　(A)(B)(C)×：ターゲットには金属片を用い、スイッチに接近することにより（約0.8cm）スイッチ内部にある発信回路のコイルからの誘導により金属片にうず電流が生じ、これがコイルの負荷となり発信が止まり、出力トランジスターをオン状態にする。この変化はマイクロ・スイッチの作動のように極めて短時間でオフ/オンを行う。
　　　　　　（参考）
　　　　　　プロキシミティ・スイッチには、構造及び作動の異なる2種類のタイプがある。
　　　　　　a．上記の説明の様に、センサ内部には発信器、コイル、トランジスターが組み込まれており、ターゲットの金属片が接近すると作動するタイプ。
　　　　　　b．マグネチック・タイプと言われ、ターゲットがマグネットになっており、スイッチ・ユニットに接近すると、磁気力によってユニット内部の接点（リード片）が作動しオン状態にするタイプがある

問0184　(4)　『[9] 航空電子・電気の基礎』7-4-4「プロキシミティ・スイッチ」
　　　　　　(4)×：検出部に交流発振回路が内蔵され、検出部分への金属片の遠近により金属片に渦電流を作ろうとして負荷が増え発振が止まる。これを感知してオンとオフが出来る。

— 246 —

問題番号		解　答

問0185 (3)　　『[9] 航空電子・電気の基礎』7-4-4「プロキシミティ・スイッチ」
(3)×：検出部に交流発振回路が内蔵され、検出部分への金属片の遠近により金属片に渦電流を作ろうとして負荷が増え発振が止まる。これを感知してオンとオフが出来る。
（補足）
プロキシミティ・スイッチは開閉回数が多いため故障が発生する不具合を改善するために開発されたスイッチで、スイッチと被検出物との機械的接触をなくした構造のものであり、内部には発信機が組み込まれており、通常は発信している。センサはこれを検出し、出力トランジスタをオフ状態に保っている。金属のターゲットが発信機の検出部であるコイルに接近すると、金属片にはコイルからの誘導によりうず電流が生じる。これがコイルの負荷になり、金属片が0.8cmまで近付くと発信を停止する。センサーはこれを検知して出力トランジスタをオン状態にする。この変化はマイクロ・スイッチの作動のように極めて短時間で生じる。

問0186 (3)　　『[9] 航空電子・電気の基礎』7-4-4「プロキシミティ・スイッチ」
(3)×：回路には通常28VDC電源を必要とする。検出部に交流発振回路が内蔵され、検出部分への金属片の遠近により金属片に渦電流を作ろうとして負荷が増え発振が止まる。これを感知してオンとオフが出来る。
＊問0185の（補足）を参照

問0187 (4)　　『[9] 航空電子・電気の基礎』7-4-1「トグル・スイッチ」
(A)(B)(C)(D)：○

問0188 (2)　　『[9] 航空電子・電気の基礎』7-2「抵抗器」、7-3「コンデンサ」
(2)×：マイカ・コンデンサ、プラスチック・フィルム・コンデンサ：高周波回路

問0189 (1)　　『[9] 航空電子・電気の基礎』7-4-6「サーキット・ブレーカとヒューズ」
(1)○：機器に設定値を超えて過電流が流れた場合、バイメタルが熱を感知して回路を遮断する機構の部品で、機体配線を保護するために装備されている。

問0190 (1)　　『[9] 航空電子・電気の基礎』7-4-6「サーキット・ブレーカとヒューズ」
(D)：○
(A)×：サーキット・ブレーカは過電流が流れるとバイメタルが変形して回路を遮断する。
(B)×：ヒューズは鉛や錫などの合金で過電流が流れるとジュール熱で溶解して遮断する。
(C)×：ヒューズは定格値以上の電流が流れると、ジュール熱により溶解し回路を遮断する。すなわち、定格値を超えるものを使用すると、回路保護装置としての目的を達し得ない。

問0191 (2)　　『[9] 航空電子・電気の基礎』7-4-6「サーキット・ブレーカとヒューズ」
(2)×：ヒューズは溶けやすい鉛や錫などの合金で負荷に直列に接続して使用する。

問0192 (3)　　『[9] 航空電子・電気の基礎』7-4-6「サーキット・ブレーカとヒューズ」
(A)(C)(D)：○
(B)×：ヒューズは溶けやすい鉛や錫などの合金で負荷に直列に接続して使用する。

問0193 (4)　　『[9] 航空電子・電気の基礎』7-4-6「サーキット・ブレーカとヒューズ」
(4)×：サーキット・ブレーカは過電流が流れるとバイメタルが作動し、トリップしてノブが飛び出し回路を遮断する。

問0194 (2)　　『[9] 航空電子・電気の基礎』7-4-6「サーキット・ブレーカとヒューズ」
(2)×：ヒューズは溶けやすい鉛や錫などの合金で負荷に直列に接続して使用する。

問0195 (2)　　『[9] 航空電子・電気の基礎』7-4-6「サーキット・ブレーカとヒューズ」
(2)：○
トリップ・フリー型サーキット・ブレーカの作動原理は内蔵されているバイメタルに電流が流れており過電流が流れるとバイメタルが熱により膨張することでロックが外れて通電回路が遮断される。

問0196 (5)　　『[9] 航空電子・電気の基礎』7-2「抵抗器」
(5)：無し
(A)×：ソリッド抵抗器の説明
(B)×：炭素皮膜抵抗器の説明
(C)×：金属巻線抵抗器の説明
(D)×：金属皮膜抵抗器の説明

問0197 (4)　　『[9] 航空電子・電気の基礎』、7-3「コンデンサ」
(A)(B)(C)(D)：○

問0198 (4)　　『[9] 航空電子・電気の基礎』7-8-4「けい光管」
(A)(B)(C)(D)：○

問0199 (4)　　『[9] 航空電子・電気の基礎』7-8-3「シールド・ビーム電球」
(A)(B)(C)(D)：○

問0200 (4)　　『[9] 航空電子・電気の基礎』7-8-2「ハロゲン電球」
(A)(B)(C)(D)：○

電子装備品等

問題番号	解　答

問0201 (4)　　　『航空電気入門』10-1-7「ボンディング」
『[8] 航空計器』2-5-2「ボンディング」
(A)(B)(C)(D)：○
（補足）
(D)：異種金属のボンディングを行う場合は、電食を起こすので、材料の組み合わせに注意が必要で

問0202 (3)　　　『航空電気入門』10-1-7「ボンディング」
(3)×：ボンディング・ワイヤに異種金属間の電解腐食を防止する機能はないので、異種金属間のボンディングを行う場合は、材料の組み合わせに注意が必要である。

問0203 (4)　　　『航空電気入門』10-1-7「ボンディング」
(4)×：ボンディング・ワイヤに異種金属間の電解腐食を防止する機能はないので、異種金属間のボンディングを行う場合は、材料の組み合わせに注意が必要である。

問0204 (1)　　　『航空機の基本技術』15-1-4「航空機の電気配線方法」
(1)×：電線グループまたは電線束では支持点間で1／2in以上たるんではならない。

問0205 (2)　　　『航空機の基本技術』15-1-4「航空機の電気配線方法」
(2)×：コネクターを端末とする配線はコネクター交換ができるよう1inのたるみを設けること．

問0206 (3)　　　『航空機の基本技術』15-1-4-7「電気帰路の取り方」
(3)：○
(1)×：同一箇所のグラウンドは4個までである。
(2)×：一次構造部材の金属に直接グラウンドしなければならない。
(4)×：直流と交流では各々分けて取り付ける。

問0207 (5)　　　『[9] 航空電子・電気の基礎』14-1「シンボル」
(5)：無し
(A)×：サーキット・ブレーカー
(B)×：ダイオード
(C)×：コンデンサ
(D)×：増幅回路

問0208 (4)　　　『[9] 航空電子・電気の基礎』14-1「シンボル」
(A)(B)(C)(D)：○

問0209 (4)　　　『[9] 航空電子・電気の基礎』第14章「電気回路図」
(A)(B)(C)(D)：○

問0210 (3)　　　『航空電子入門』5-2-1-b(1)「マック・トリム・コンペンセータ（MTC）」
『[1] 航空力学』7-2-1「タックアンダ」
(3)○：ジェット機固有の大きな後退角のために、高速になるに伴い機首下げ傾向が強くなる為、マック・トリム・コンペンセータがこれを自動的に補正する。
（参考）
タックアンダとは、遷音速域まで加速していくとあるマッハ数以上で急に機首下げ傾向が強くなる現象をいう。この現象は、衝撃波の発生によって主翼の風圧中心が後退して空力中心周りに前縁下げモーメントが生ずること、更に翼上面の気流が乱れて水平尾翼に対する吹き下ろし気流の角度（洗流角）が小さくなり、水平尾翼に生じている下向きの空気力が小さくなることが重なって発生する。

問0211 (3)　　　『[11] ヘリコプタ』9-3「自動操縦装置」
(3)：×
外乱に対して自動的に修正操作がとられる。
（参考）
安定増大装置の実用化に伴いヘリコプタにもオートパイロット装置が搭載されるようになった。オートパイロットは設定された速度、機体姿勢及び高度等をパイロットに代わり保持する機能であり、安定増大装置を内蔵していて、単独で働かせることもできる。オートパイロットを切り離す場合は操縦桿上のスイッチで電磁クラッチを外しオートパイロットを切り離すことができる。

問0212 (3)　　　『[11] ヘリコプタ』9-3「自動操縦装置」
(3)×：オートパイロットは設定された速度、機体姿勢、及び高度等をパイロットに代わって保持する機能であり、オートパイロットのアクチュエータにより自動操縦を行う。
（参考）
SASアクチェータは安定増大装置のことであり、SASはレート・ジャイロによりヘリコプタのピッチ、ロール、ヨーの角速度を検出し角速度に比例した動きを操縦系統に加えることでヘリコプタの運動にダンピングを与えるものである。

－ 248 －

問題番号		解　答

問0213 (3)　　　　『[11] ヘリコプタ』9-3-1「安定増大装置」
(3)：○
安定増大装置とは、レート・ジャイロによってヘリコプタの（3軸まわり）の（角速度）を検出し、操縦系統に（直列）に配置された電動モータとスクュー・ジャッキ式のアクチュエータを作動させて外乱に対して自動的に修正操作がとられ、（3軸まわり）の運動が安定化されるようになっている。

問0214 (1)　　　　『[11] ヘリコプタ』9-3-1「安定増大装置」
(1)：○
(2)×：外乱に対して自動的に修正操作が行われる。
(3)×：アクチュエータは操縦系統に直列に配置されている。

問0215 (2)　　　　『[11] ヘリコプタ』9-3-1「安定増大装置」
(A)(B)：○
(C)×：操縦系統に直列に配置された電動モータとスクリュ・ジャッキ式のアクチュエータが使用されている。

問0216 (3)　　　　『[11] ヘリコプタ』9-3-1「安定増大装置」
(3)×：操縦系統に直列に配置された電動モータとスクリュ・ジャッキ式のアクチュエータが使用されている。

問0217 (4)　　　　『[10] 航空電子・電気装備』5-5「オートパイロットの機能」
(A)(B)(C)(D)：○

問0218 (4)　　　　『[10] 航空電子・電気装備』5-5「オートパイロットの機能」
(A)(B)(C)(D)：○

問0219 (1)　　　　『[10] 航空電子・電気装備』5-5「オートパイロットの機能」
(1)：○
(2)×：一定の気圧高度を保って飛行するモードは高度保持モード
(3)×：水平位置指示計に設定した機首方位を保つモードは機首方位設定モード
(4)×：ピッチ姿勢はエンゲージした時の姿勢を、ロール姿勢は翼を水平位置に戻し、その時の機首方位を保つモードは姿勢保持モード。
なお、姿勢制御モードではピッチ・ノブも姿勢の変化に使用される。

問0220 (1)　　　　『[10] 航空電子・電気装備』5-5「オートパイロットの機能」
(1)：○
(2)×：一定の気圧高度を保って飛行するモードは高度保持モード
(3)×：水平位置指示計に設定した機首方位を保つモードは機首方位設定モード
(4)×：ピッチ姿勢はエンゲージした時の姿勢を、ロール姿勢は翼を水平位置に戻し、その時の機首方位を保つモードは姿勢保持モード。
なお、姿勢制御モードではピッチ・ノブも姿勢の変化に使用される。

問0221 (4)　　　　『[10] 航空電子・電気装備』5-5「オートパイロットの機能」
　　　　　　　　　　『[11]ヘリコプタ』9-3-2「オートパイロット」
(A)(B)(C)(D)：○

問0222 (1)　　　　『[10] 航空電子・電気装備』5-3-1「センサ」、4-3-3「マーカ・ビーコン」
(B)：○
(A)：×：ディレクショナル・ジャイロは機首方位を検出する。
(C)：×：バーチカル・ジャイロはピッチ角、ロール角の検出する。
(D)：×：マーカ受信機は着陸降下中、滑走路帯までの距離を検出する。

問0223 (3)　　　　『[10] 航空電子・電気装備』5-7「フライト・ディレクタ」
(3)：○
フライト・ディレクタは、あらかじめ設定した飛行姿勢を保つためのロール軸とピッチ軸の操縦指令を、姿勢指令計に表示するシステムである。

問0224 (3)　　　　『[10] 航空電子・電気装備』5-7「フライト・ディレクタ」
(3)○：フライト・ディレクタは、あらかじめ設定した飛行姿勢を保つためのロール軸とピッチ軸の操縦指令を、姿勢指令計に表示するシステムである。

問0225 (3)　　　　『[10] 航空電子・電気装備』5-7「フライト・ディレクタ」
(3)○：あらかじめ設定した飛行姿勢を保つためのロール軸とピッチ軸の操縦指令をADI（姿勢指令計）に指示するシステムであり、パイロットはADIのピッチ・バーとロール・バーを見ながら手動で操作する。

問0226 (1)　　　　『[10] 航空電子・電気装備』5-7「フライト・ディレクタ」
(C)：○
フライト・ディレクタは、あらかじめ設定した飛行姿勢を保つためのロール軸とピッチ軸の操縦指令を、ADI（姿勢指示計）に表示するシステムである。

問0227 (4)　　　　『[10] 航空電子・電気装備』5-7「フライト・ディレクタ」
(A)(B)(C)(D)：○

電子装備品等

問題番号		解　答

問0228 (2)　　　『[10] 航空電子・電気装備』5「自動操縦装置」、　5-3-5「ヨー・ダンパ・システム」
(2)×：タックアンダとは「ある速度を超えるとそれまでの機首上げの傾向から逆に機首下げの傾向を示す現
象をいい、これを受動的に補正する機能を「マック・トリム・コンペンセータ」という。

問0229 (2)　　　『[10] 航空電子・電気装備』5-3-5「ヨー・ダンパ・システム」
(B)(C)：○
（参考）
ジェット機では、垂直安定版による方向安定性よりも、上反角の付いた後退翼の横揺れ復元性が強いためダッ
チ・ロールが起きやすくなっている。ダッチ・ロールは横揺れと偏揺れを伴った不安定な運動で、偏揺れを
止めると自然におさまる。偏揺れはヨー軸の動きであるから、旋回計やヨー・レート・ジャイロで検出した
ヨー・レート信号からダッチ・ロールの成分を取り出し、それを基に方向舵サーボで制御する。また、補助翼
を動かして旋回に入ると、横揺れにともなって偏揺れが生じるが、これを検出して偏揺れを修正し続けると機
体は釣合い旋回を始める。

問0230 (1)　　　『[10] 航空電子・電気装備』5-8「オートスロットル・システム」
(1)×：オートスロットル・システムは、主に航空機が降下、進入、着陸を行う際に機速をあらかじめ設定
した速度に保つ装置であり、機体姿勢の制御は行わない。

問0231 (1)　　　『[10] 航空電子・電気装備』5-8「オートスロットル・システム」
(1)×：オートスロットル・システムは、単独でも働く。

問0232 (3)　　　『[10] 航空電子・電気装備』5-8「オートスロットル・システム」
(B)(C)(D)：○
(A)×：オートスロットル・システムは、単独でも働く。

問0233 (4)　　　『[10] 航空電子・電気装備』　3-1「VHF通信システム」
(A)(B)(C)(D)：○

問0234 (2)　　　『[10] 航空電子・電気装備』3-3「セルコール・システム」
(2)×：VHFやHF通信システムが用いられている。

問0235 (2)　　　『[10] 航空電子・電気装備』3-3「セルコール・システム」
(A)(C)：○
(B)×：VHFやHF通信システムが用いられている。
(D)×：SELCALにより地上局から機上を呼び出す。

問0236 (2)　　　『[10] 航空電子・電気装備』3-4-4「拡声放送システム」
(B)(D)：○
(A)×：娯楽番組を提供するシステムは、PES（Passenger Entertainment System）である。
(C)×：放送は客室のスピーカーおよび座席のヘッドホンで聞くことができる。

問0237 (3)　　　『[10] 航空電子・電気装備』6-6「航空機用救命無線機」
(A)(B)(C)：○
（参考）
ELT（航空機用救命無線機）は、航空法施行規則　第151条に条件として「百二十一・五メガヘルツの周波数
の電波及び四百六メガヘルツの周波数の電波を同時に送ることができるものでなければならない。」とある。

問0238 (3)　　　『[10] 航空電子・電気装備』6-6「航空機用救命無線機」
(A)(B)(C)：○
＊問0237の（参考）を参照

問0239 (4)　　　『[10] 航空電子・電気装備』6-6「航空機用救命無線機」
(A)(B)(C)(D)：○
＊問0237の（参考）を参照

問0240 (4)　　　『[10] 航空電子・電気装備』6-6「航空機用救命無線機」
(A)(B)(C)(D)：○
＊問0237の（参考）を参照

問0241 (4)　　　『[10] 航空電子・電気装備』7-6「データ・リンク・システム」
(A)(B)(C)(D)：○

問0242 (2)　　　『[10] 航空電子・電気装備』7-6「データ・リンク・システム」
(C)(D)：○
(A)×：専用の無線通信機器ではなく、VHF通信システムや、衛星通信システムを使用して地上とデータのや
りとりを行う。
(B)×：音声入力の以外のデータで、離着陸時刻や、到着予定時刻、CDUを用いての文字入力、機体システ
ム状態などのデジタル・データをACARS コンピューター（マネージメント・ユニット）を介して、
地上へ送信する。

問0243 (3)　　　『[10] 航空電子・電気装備』3-5「衛星通信システム」
(3)×：（データ）通信には単素子の低利得アンテナ、音声通信には複数の単素子アンテナを組合わせた指向
性のある高利得アンテナが使われている。

問題番号	解　答

問0244 (4)
『[10] 航空電子・電気装備』6-4「操縦室音声記録装置」
(4)×：CVRは操縦室内の私語まで録音されるので、目的地に着きパーキング・ブレーキをセットした後、消去スイッチを押すと消去できる。
（参考）
CVR（CockpitVoice Recorder）について
CVRは記録装置（Recorder）とマイクロホン／モニタ装置で構成されている。
記録装置の原理は通常のテープレコーダと同じであるが同時に4チャンネルの録音ができる。
テストスイッチを離しエリア・マイクに向かって話しかけると、1秒後に自身の声が聞こえ、CVRが正常に作動していることが確認できる。

問0245 (3)
『[10] 航空電子・電気装備』6-4「操縦室音声記録装置」
(3)×：記録内容は、地上においてパーキング・ブレーキをセットした状態で、消去スイッチ（Erase Switch）により記録を消去することができる。

問0246 (4)
『[10] 航空電子・電気装備』6-4「操縦室音声記録装置」
(A)(B)(C)(D)：○

問0247 (3)
『[9] 航空電子・電気の基礎』2-3「電界」
『航空電気入門』10-1-8「スタティック・ディスチャージャ」
(3)○：機体に静電気が帯電すると無線通信の障害となるコロナ放電が生じるためスタティック・ディスチャージャによって帯電した静電気を放電する。

問0248 (4)
『[10] 航空電子・電気装備』1-1「電源の種類」1-2「直流電源方式」
(A)(B)(C)(D)：○

問0249 (2)
『[9] 航空電子・電気の基礎』7-5「鉛蓄電池」
(2)○：鉛バッテリは希硫酸を電解液とした2次電池である。

問0250 (1)
『[9] 航空電子・電気の基礎』7-5「鉛蓄電池」
(1)×：電解液は希硫酸で、放電すると比重は容量に比例して低下する。

問0251 (3)
『[9] 航空電子・電気の基礎』7-5「鉛蓄電池」
(3)×：鉛バッテリにおいて熱暴走現象は起きない。ニッケル・カドミウム蓄電池おいて、電解液温度が57℃以上では起電圧が低下するため、充電電流が大きくなりますます発熱する熱暴走現象を起こす。

問0252 (4)
『[9] 航空電子・電気の基礎』7-5「鉛蓄電池」
(A)(B)(C)(D)：○

問0253 (3)
『[9] 航空電子・電気の基礎』7-5「鉛蓄電池」
(B)(C)(D)：○
(A)×：電解液は希硫酸で、放電するにつれ比重は低下する。

問0254 (2)
『[9] 航空電子・電気の基礎』7-5「鉛蓄電池」
『航空整備士ハンドブック』2-7「電池の取り扱い」
(2)○：充放電によって電解液（希硫酸）の比重が変化するので比重計が必要。充電完了後の比重は、1.28〜1.30である。

問0255 (2)
『[9] 航空電子・電気の基礎』7-5「鉛蓄電池」
『航空整備士ハンドブック』2-7「電池の取り扱い」
(2)：○
＊問0254の解説を参照

問0256 (2)
『[9] 航空電子・電気の基礎』7-5「鉛蓄電池」
(2)○：鉛バッテリの電解液の比重は、充放電によって変化する。従って充電完了後の比重測定で充電状態を知ることができる。通常比重1.28〜1.30ならば完全充電状態である。

問0257 (2)
『[9] 航空電子・電気の基礎』7-5「鉛蓄電池」
(2)○：鉛バッテリの充電状態は電解液の比重を点検することにより確認できる。
完全充電するとバッテリ液の比重が1.28〜1.30になる。

問0258 (1)
『[9] 航空電子・電気の基礎』7-5「鉛蓄電池」
(1)：○

問0259 (3)
『[9] 航空電子・電気の基礎』7-5「鉛蓄電池」
(3)：○
60Aの電流を20分間放電すると、使用容量は
60A×1／3Hr＝20Ah
従って、残容量は
36−20＝16Ah

問0260 (2)
『[9] 航空電子・電気の基礎』7-5「鉛蓄電池」
(2)：○
36Ahの蓄電池の残容量が16Ahになるまでの使用容量は、
36A−16＝20Ah
求める放電時間は
（20Ah÷60A）×60分＝20分

電子装備品等

問題番号		解　答

問0261 (1)
『[9] 航空電子・電気の基礎』7-6「ニッケル・カドミウム蓄電池」
(1)：○
(2)×：低温特性は優れている。電解液温度が57℃以上では熱暴走現象を起こす。
(3)×：電解液は充放電時の化学反応に介入せず、比重は変化しない。
(4)×：振動の激しい場所でも使用でき、腐食性ガスをほとんど出さない。

問0262 (1)
『[9] 航空電子・電気の基礎』7-6「ニッケル・カドミウム蓄電池」
(1)：○
(2)×：低温特性は優れている。電解液温度が57℃以上では熱暴走現象を起こす。
(3)×：電解液は充放電時の化学反応に介入せず、比重は変化しない。
(4)×：腐食性ガスをほとんど出さない。

問0263 (4)
『[9] 航空電子・電気の基礎』7-6「ニッケル・カドミウム蓄電池」
(4)×：1セルの起電力は1.2Vである。電解液温度が57℃以上では起電力が低下し、充電電流が大きくなり
　　　ますます発熱する熱暴走現象を起こすので、充電による温度上昇に配慮する必要がある。

問0264 (4)
『[9] 航空電子・電気の基礎』7-6「ニッケル・カドミウム蓄電池」
(4)×：1セルの起電力は1.2Vである。電解液温度が57℃以上では起電力が低下し、充電電流が大きくなり
　　　ますます発熱する熱暴走現象を起こすので、充電による温度上昇に配慮する必要がある。

問0265 (2)
『[9] 航空電子・電気の基礎』7-6「ニッケル・カドミウム蓄電池」
(A)(C)：○
(B)×：重負荷特性がよく、大電流放電には安定した電圧を保つ。
(D)×：電解液の比重が充電と放電では変化しない

問0266 (2)
『[9] 航空電子・電気の基礎』7-6-2「ニッケル・カドミウム蓄電池の保守」
『航空電気入門』9-3-2「ニッケル・カドミウム二次電池」
(2)○：Ni-Cdバッテリの電解液には水酸化カリウム（KOH）が使われているので、中和剤としてホウ酸を
　　　用いる。皮膚に電解液がかかった場合はホウ酸水で洗浄するとよい。

問0267 (3)
『[9] 航空電子・電気の基礎』7-6-2「ニッケル・カドミウム蓄電池の保守」
(3)○：Ni-Cdバッテリの電解液には水酸化カリウム（KOH）が使われているので、中和剤としてホウ酸を
　　　用いる。皮膚に電解液がかかった場合はホウ酸水で洗浄するとよい。

問0268 (3)
『[9] 航空電子・電気の基礎』7-6-2「ニッケル・カドミウム蓄電池の保守」
(3)○：Ni-Cdバッテリの電解液には水酸化カリウム（KOH）が使われているので、中和剤としてホウ酸
　　　を用いる。皮膚に電解液がかかった場合はホウ酸水で洗浄するとよい。

問0269 (3)
『[10] 航空電子・電気装備』1-2-3「直流発電機」
(3)×：励磁電流を調整するため電圧調整器が必要である。

問0270 (4)
『[10] 航空電子・電気装備』1-2「直流電源方式」
(4)×：主母線には直流発電機と蓄電池が並列に接続されている。

問0271 (3)
『[10] 航空電子・電気装備』1-2「直流電源方式」
(A)(C)(D)：○
(B)×：主母線には発電機と蓄電池が並列に接続されている。

問0272 (2)
『[10] 航空電子・電気装備』1-3-5「交流電源方式機の直流電源系統」
(2)×：トランスの一次側はスター結線、二次側はスター結線およびデルタ結線の二次巻線からなる。

問0273 (2)
『[10] 航空電子・電気装備』1-3-5「交流電源方式機の直流電源系統」
『航空電気入門』9-7-2.c「TRU」
(A)(B)：○
(C)×：トランスの一次側はスター結線、二次側はスター結線およびデルタ結線された3相変圧器である。

問0274 (2)
『[10] 航空電子・電気装備』1-3-5「交流電源方式機の直流電源系統」
『航空電気入門』9-7-2-c「TRU」
(C)(D)：○
(A)×：トランスと整流器を組み合わせたユニットを TRU と呼ぶ。
　　　トランスの一次側はスター結線。二次側はスター結線とデルタ結線の二組の二次巻線があり、各々、
　　　6個のシリコン・ダイオードの全波整流回路を持っている。ユニットの温度が150～200℃になる
　　　と、警報等（Warning Light）を点灯するサーマル・スイッチ（Thermal Switch）を内蔵してい
　　　る。
(B)×：トランスの一次側はスター結線、二次側はスター結線およびデルタ結線された3相変圧器である。

問0275 (3)
『航空電気入門』10-1-1「母線」
(A)(B)(C)：○
（参考）
母線は通常、ジャンクション・ボックスや配電盤の中にある低抵抗の銅板で、ここからサーキットブレーカー
を経由して負荷に配電する。負荷の種類（重要度）と電源の種類（AC115V、AC28V、DC28V）によっ
て分類される。

— 252 —

問題番号		解　答
問0276	(2)	『[10] 航空電子・電気装備』1-3-6「静止型インバータ」 (2)○：インバータは直流から交流を作る装置である。初期の機種には直流モータで交流発電機を駆動するものが使われていたが、現在では可動部分のないスタティック・インバータが使われている。
問0277	(2)	『[10] 航空電子・電気装備』1-3-6「静止型インバータ」 (2)×：交流電源方式の航空機で万が一すべての発電機が故障すると交流システムが不作動となり非常に危険な状態となる。このような緊急時に蓄電池から直流電力の供給を受け、これを交流に変換して交流緊急母線に交流電力を供給する。この目的のために静止型インバータが装備されている。
問0278	(3)	『[10] 航空電子・電気装備』1-3-6「静止型インバータ」 (A)(C)(D)：○ (B)×：交流電源方式の航空機には必要なため装備される。
問0279	(2)	『[10] 航空電子・電気装備』1-3-6「静止型インバータ」 (A)(D)：○ (B)×：駆動回路からの入力の負の半サイクルでは電流はトランジスタQ_3、変圧器1次巻線及びQ_4を通って接地する。 (C)×：駆動回路からの入力の正の半サイクルでは電流はトランジスタQ_1、変圧器1次巻線及びQ_2を通って接地する。
問0280	(2)	『[9] 航空電子・電気の基礎』8-8「変流器付電流計」 (B)(C)：○ (A)×：良質の環状鉄心に二次コイルを巻いたもの。 (D)×：交流母線の電流を測定するときに使用する。
問0281	(2)	『[8] 航空計器』第3章「空盒計器」 (2)×：バイメタルとは、熱膨張率が異なる2枚の金属片を貼り合わせ、温度の変化によって曲がり方が変化する性質を利用したもので温度計に使用されている。 （補足） 空ごう計器において圧力を機械的変位に変換するものは： a.ダイヤフラム b.バイメタル c.ブルドン管
問0282	(4)	『[8] 航空計器』3-3「空盒」 (4)○：昇降計は開放空盒との組合わせである。尚、気圧高度計は密閉空盒、対気速度計は開放空盒との組合わせである。
問0283	(2)	『[8] 航空計器』第3章「空盒計器」 (2)×：同じマッハ数でも高度が高くなると対気速度の値は小さくなる。
問0284	(4)	『[8] 航空計器』第3章「空盒計器」 (4)×：14,000ft以上の高高度飛行やQNH適用区域境界外の洋上飛行中はQNE規正を行う。
問0285	(4)	『[8] 航空計器』第3章「空盒計器」 (A)(B)(C)(D)：○
問0286	(4)	『[8] 航空計器』3-8「まとめ」 (A)(B)(C)(D)：○
問0287	(3)	『[8] 航空計器』第3章「空盒計器」 (A)(C)(D)：○ (B)×：同じマッハ数でも高度が高くなると対気速度の値は小さくなる。
問0288	(3)	『[8] 航空計器』第3章「空盒計器」 (A)(B)(C)：○ (B)：温度により音速は変化する、高度（温度）によって補正をしている。 (C)：高度が高くなると空気密度が小さくなり、対気速度の値も小さくなる。 (D)×：標準大気状態の海面上においてCASはTASは等しい。
問0289	(4)	『[8] 航空計器』 3-4-5「機能を追加、変更した高度計」、3-5-1「静圧と全圧」 　　　　　　　　3-5-3「対気速度計のまとめ」 (A)(B)(C)(D)：○
問0290	(1)	『[8] 航空計器』3-3「空盒」、3-4「高度計」 (1)○：気圧高度計は密閉（真空）空盒を持っている。なお、対気速度計は開放空盒、昇降計は開放空盒を持っている。
問0291	(4)	『[8] 航空計器』3-3「空盒」 (4)○：旋回計はジャイロ計器であり、静圧を利用していない。
問0292	(4)	『[8] 航空計器』3-4「高度計」 (4)○：与圧部の圧力は外気圧（静圧）より高いため、静圧が高くなり高度計は低高度を指示する。

電子装備品等

問題番号		解　答

問0293 (4)　　『[8] 航空計器』3-4「高度計」
(4)○：与圧部の圧力は外気圧（静圧）より高いため、静圧が高くなり高度計は低高度を指示する。

問0294 (3)　　『[8] 航空計器』3-4-3「高度計の規正」
(3)○：航空機が地上にあるとき、高度計の指示を0ftに合わせるとその場所の気圧を知ることができる
　　　　（QFEセッティング）。その場所の気圧を知ることができるので、エンジン停止時に吸気圧力計の指
　　　　示も点検できる。
（参考）
QNH：高度14,000ft未満で飛行する場合に広く用いられる。滑走路上にある航空機の高度計の指示がその滑
　　　走路の標高（海抜）を示すようなセッティングで、指針は飛行中も海面からの高度を示し、真高度に
　　　近い値を表示する。
QNE：QNHを通報してくれる所がない洋上飛行、または14,000ft以上の高高度飛行を行なう場合に航空機
　　　間の高度差を保持するために使用する。常に気圧セットを29.92とし、すべての航空機が標準大気の
　　　気圧と高度の関係に基づき高度を定める。

問0295 (4)　　『[8] 航空計器』3-4-3「高度計の規正」
(4)：○
(1)×：使用滑走路の標高（海抜）を知りたいときはQNHセッティング。
(2)×：滑走路上で高度計の指示が“0”ftを指示させたいときはQFEセッティング。
(3)×：密度高度とは標準大気の気温と実際の気温との誤差を修正した高度であり、大気の密度を高度に換算
　　　したもの。気圧高度計と外気温度計を読み取って図表を使って算出する。

問0296 (2)　　『[8] 航空計器』3-4-3「高度計の規正」
(2)○：QNEセッティングでは常に気圧セットを29.92in・Hgとし、すべての航空機が標準大気の気圧と
　　　高度の関係に基づいて高度を定めることにしている。この高度を気圧高度という。

問0297 (2)　　『[8] 航空計器』3-4-3「高度計の規正」
(2)○：QNEセッティングでは常に気圧セットを29.92in・Hgとし、すべての航空機が標準大気の気圧と
　　　高度の関係に基づいて高度を定めることにしている。この高度を気圧高度という。

問0298 (1)　　『[8] 航空計器』3-4-3「高度計の規正」
(1)：○
密度高度とは標準大気の気温と実際の気温との誤差を修正した高度であり、大気の密度を高度に換算したも
の。気圧高度計と外気温度計を読み取って図表を使って算出する。大気の温度が標準大気から少しでも変化す
ると気圧高度と密度高度に差が出る。低温では空気の粒の動きが小さく粒の間隔が狭くなり密度が上昇する。
従って、密度高度は低くなる。

問0299 (2)　　『[8] 航空計器』3-4-3「高度計の規正」
(2)：○
(1)×：高度計を0ftに合わせる。
(3)×：気圧補正目盛を29.92in・Hgに合わせる。
(4)×：セット方法は無い。

問0300 (1)　　『[8] 航空計器』3-4-3「高度計の規正」
(1)○：航空機が地上にあるとき、高度計の指示を“0”ftに合わせるとその場所の気圧を知ることができ
　　　る。これをQFEセッティングという。

問0301 (2)　　『[8] 航空計器』3-4-3「高度計の規正」
(A)(B)：○
(C)×：標準大気温度より温度が高い区域に入ると、真高度は気圧高度より高くなる。
(D)×：QNH適用区域境界外の洋上飛行、または14,000ft以上の高高度飛行ではQNE規正を行う。
（参考）
QNE規制（セッティング）＝29.92in・Hgに気圧セットする。

問0302 (2)　　『[8] 航空計器』3-4-3「高度計の規正」
(A)(B)：○
(C)×：標準大気温度より温度が高い区域に入ると、真高度は気圧高度より高くなる。
(D)×：QNH適用区域境界外の洋上飛行、または14,000ft以上の高高度飛行ではQNE規正を行う。

問0303 (4)　　『[8] 航空計器』3-5「対気速度計」
(4)○：対気速度計は、全圧と静圧を計測し、その差から動圧を求めて速度を得る。

問0304 (2)　　『[8] 航空計器』3-7-2「ピトー圧系統」
(2)○：全圧が減少し、静圧が変化しなければ動圧は小さくなる。すなわち、対気速度計は低い指示となる。

問0305 (1)　　『[8] 航空計器』3-5「対気速度計」
(1)○：EASとはCASに対し各飛行高度での圧縮誤差を修正したもの。
(2)×：IASは誤差の修正を行っていない対気速度。
(3)×：GSは対気速度ではなく、対地速度。
(4)×：TASとは標準大気状態の海面上での正確な大気速度であり、EASに対して空気密度（高度）の補正
　　　をおこなったもの。
（補足）
CASとはIASに位置誤差及び器差を修正したもの

— 254 —

問題番号		解　答

問0306 (3)
　　　　　『[8] 航空計器』3-5-3「対気速度計のまとめ」
　　(3)○：速度計は、ピトー管からの全圧と静圧孔からの静圧を計測して動圧の平方根に比例するように表示させたものである。空気密度は標準大気、海面上の空気密度の値を用いるため、同一のIASで飛行した場合、高空（空気密度小）同一の動圧を得るには、空気との相対速度（真対気速度）は大きくなる。

問0307 (3)
　　　　　『[8] 航空計器』3-5-3「対気速度計のまとめ」
　　(3)×：IAS（Indicated Air Speed）：速度計系統の誤差を修正していないピトー静圧式対気速度計の示す航空機の速度
　　（参考）
　　・IAS：ピトー静圧系統の誤差を修正していない対気速度計の示す速度。
　　・CAS：IASに位置誤差及び器差を修正したもの。
　　・TAS：空気密度が変わったために生じる指示の変化を修正したもの。
　　・EAS：CASに対し各飛行高度での圧縮性の影響による誤差を修正したもの。
　　　CAS、EAS、TASは海面上標準大気においては等しくなる。
　＊TASの定義
　耐空性審査要領 第Ⅰ部 定義 2-3-4
　TASはかく乱されない大気に相対的な航空機の速度をいう。

問0308 (4)
　　　　　『[8] 航空計器』3-5-3「対気速度計のまとめ」
　　(A)(B)(C)(D)：○
　　（参考）
　　・IAS（Indicated Air Speed）：速度計系統の誤差を修正していないピトー静圧式対気速度計の示す航空機の速度のことで、IAS（指示対気速度）という。
　　・TAS（True Air Speed）：対気速度計の目盛は標準大気の高度0の空気密度を用いて作られているため、上空に行き空気の密度が小さくなると、速度が同じであっても、対気速度計の指示は小さくなる。そこで、密度が変わったために生じる指示の変化を修正したもの、すなわち空気に対する真の速度がTAS（真対気速度）である。

問0309 (3)
　　　　　『[8] 航空計器』 3-5-3「対気速度計のまとめ」、 3-5-5「最大運用限界速度計」
　　(B)(C)(D)：○
　　(A)×：対地速度は地上に対する速度で、対気速度は空気に対する速度である。

問0310 (3)
　　　　　『[8] 航空計器』1-8「計器の色標識」
　　(3)○：対気速度計の赤色放射線は超過禁止速度V_{NE} および最小操縦速度（1発不作動時）V_{MC} を表す。
　　（参考）
　　・V_{NE}：「耐空性審査要領」第Ⅰ部 定義 2-3-18
　　・V_{MC}：　　　　　同　　　　　　　2-3-16（臨界発動機不作動時の最小操縦速度）

問0311 (4)
　　　　　『[8] 航空計器』3-5-4「マッハ計」
　　(A)(B)(C)(D)：○
　　（参考）
　　(C)について、
　　$M=v/c$　　　M：マッハ数、v：対気速度、c：音速の関係がある。
　　高度が高くなると音速が小さくなるので、Mが一定であれば対気速度も小さくなる。

問0312 (4)
　　　　　『[8] 航空計器』3-5-4「マッハ計」
　　(A)(B)(C)(D)：○

問0313 (2)
　　　　　『[8] 航空計器』3-6「昇降計」
　　(2)×：赤白の斜縞に塗られた指針（バーバー・ポール）は通常対気速度計に組み込まれており、最大運用限界速度を示している。

問0314 (2)
　　　　　『[8] 航空計器』3-6「昇降計」
　　(2)○：計器内部にある毛細管が詰まると、ダイヤフラムの内外圧差が生じたままとなる。したがって、指示が"0"に戻らない原因となる。
　　(1)×：昇降計は動圧を利用していない。
　　(3)×：静圧が漏れていれば指示はしない。
　　(4)×：静圧が詰まっていれば指示はしない。

問0315 (3)
　　　　　『[8] 航空計器』3-6「昇降計」
　　(A)(C)(D)：○
　　(B)×：対気速度計には、最大運用限界速度を超えないために赤白の斜縞に塗られた指針（バーバー・ポール）が組込まれている。

問0316 (1)
　　　　　『[8] 航空計器』3-7-3「静圧系統」
　　(1)○：飛行中に機体が横風を受けたり、旋回・横滑り、気流の乱れで左右の静圧に差を生じたとき、その誤差を軽減するために左右が接続されている。

問0317 (2)
　　　　　『[8] 航空計器』3-7-3「静圧系統」
　　(2)○：航空機が旋回した場合、あるいは横風、横滑り、気流の乱れ等で左右の静圧に差が生じたときは、その誤差を軽減するためにお互いに接続されている。

電子装備品等

問題番号		解 答

問0318 (2)
『[8] 航空計器』3-7-3「静圧系統」
(2)○：飛行中に機体が横風を受けたり、旋回・横滑り、気流の乱れで左右の静圧に差を生じたとき、その誤差を軽減するために左右が接続されている。

問0319 (4)
『[8] 航空計器』3-7-4「ピトー圧、静圧系統の点検」
(4)○：静圧孔には負圧をかけ、正圧をかけてはならない。また全圧孔（ピトー管）には必ず正圧をかけ、負圧をかけてはならない。両圧力のかけ方が逆になると計器を損傷することになるので注意が必要。

問0320 (3)
『[8] 航空計器』3-7-4「ピトー圧、静圧系統の点検」
(3)○：全圧孔（ピトー管）には必ず正圧をかけ、負圧をかけてはならない。また静圧孔には負圧をかけ、正圧をかけてはならない。両圧力のかけ方が逆になると計器を損傷することになるので注意が必要。

問0321 (3)
『[8] 航空計器』4-2「圧力受感部」
(3)×：サーミスタは電気抵抗の変化を利用した温度センサである。

問0322 (1)
『[8] 航空計器』4-2「圧力受感部」
(B)：×
(A)×：ダイヤフラムは対気速度計、昇降計、吸引圧力計など低い圧力の測定
(C)×：ブルドン管は油圧計、作動油圧力計など高い圧力の測定

問0323 (1)
『[8] 航空計器』4-4「ブルドン管」
『航空工学入門』4-3-2「圧力計器」
(1)○：ブルドン管は圧力がかかると直線に近づくように伸長し、自由端は内外の差圧に比例して変位する。中圧、高圧の計器の受感部に使われる。作動油圧計には使用圧4,000psi程度まで使用が可能である。

問0324 (4)
『[8] 航空計器』4-5「絶対値とゲージ圧」
(4)：○
圧縮空気タンクの圧力を測定し、圧力計の指示が5kgf/cm²であったとすると、外部の大気圧1kgf/cm²で、タンク内は、それより5kgf/cm²だけ圧力が高いことを示し、タンク内の圧力は6kgf/cm²である。

問0325 (1)
『[8] 航空計器』4-9「EPR計」
(1)○：ガスタービン・エンジンから排出する燃焼ガスの全圧を流入する空気の全圧で割った値である。

$$EPR = \frac{P_{t7}（タービン出口全圧）}{P_{t2}（コンプレッサ入口全圧）}$$

問0326 (3)
『[8] 航空計器』4-10「その他の圧力計」
(3)×：吸気圧力計：ベロー式圧力計で絶対圧力を指示する。
(1)(2)(4)○：滑油圧力計、酸素圧力計はブルドン管式圧力計、燃料圧力計はブルドン管またはベロー式圧力計でゲージ圧を指示する。

問0327 (1)
『[8] 航空計器』4-10「その他の圧力計」
(1)×：ベロー式圧力計で絶対圧力を指示。

問0328 (3)
『[8] 航空計器』4-10「その他の圧力計」
(B)(C)(D)：○
(A)×：ベロー式圧力計で絶対圧力を指示。

問0329 (1)
『[8] 航空計器』4-10「その他の圧力計」
(C)○：ベロー式圧力計で絶対圧力を指示。
(A)×：ブルドン管式圧力計でゲージ圧を指示。
(B)×：ブルドン管式圧力計でゲージ圧指示、直接指示方式である。

問0330 (1)
『[8] 航空計器』第3章「空盒計器」、第4章「圧力計」
(A)×：アネロイドは密閉空盒であり、低い圧力を測定するのに適している。

問0331 (3)
『[8] 航空計器』4-2「圧力受感部」、4-3「ベロー」、4-6「滑油圧力計」、4-7「吸気圧力計」、4-8「吸引圧力計」、4-9「EPR圧力計」、「その他の圧力計」
(3)×：ダイヤフラムは薄い太鼓状をしており、ベローは蛇腹形をしている。
(1)(2)(4)：○
(2)：滑油圧力計、作動油圧力計、燃料圧力計はブルドン管式でゲージ圧を指示し、吸引圧力計はダイヤフラム式で2か所の圧力差を指示する。いずれも差圧計である。

問0332 (4)
『[8] 航空計器』4-11「まとめ」（第4章「圧力計」）
(4)×：タービン・エンジンの排気圧と流入圧の比を指示する計器としてEPR計がある。

問0333 (3)
『[8] 航空計器』第4章「圧力計」
(B)(C)(D)：○
(A)×：アネロイドは密閉空盒であり、低い圧力を測定するのに適している。
なお、(D)について、ダイヤフラムは空盒全般を指しており、従って、対気速度計、昇降計の他に気圧高度計、マッハ計などにも使用されている。

問題番号	解　答

問0334 (4)　　　　『[8] 航空計器』11-4「トルク計」、11-6「まとめ」
(A)(B)(C)(D)：○
（参考）
ヘリコプタまたは大きいプロペラを使用した飛行機の場合には、回転翼またはプロペラを駆動する回転力を監視して動力系統の調節と異常の有無の発見に役立てている。トルク計システムには検出方法には二通りあり、(C)の様に軸方向に変化する軸の力を油圧でバランスをとりその圧力からトルク量を知る油圧式と、(D)の様に動力を伝える軸のねじれ量を電気的に検知する方法とがある。

問0335 (4)　　　　『[8] 航空計器』11-4「トルク計」、11-6「まとめ」
(A)(B)(C)(D)：○
＊問0334の（参考）を参照

問0336 (4)　　　　『[8] 航空計器』5-1「温度計一般」
(A)(B)(C)(D)：○
（参考）
温度測定の方法としては、
a.液体の膨張を利用したもの
b.個体の膨張を利用したもの
c.気体の膨張を利用したもの
d.熱起電力を利用したもの
e.電気抵抗の変化を利用したもの
f.輻射の強さを利用したもの
g.液体の膨張を利用したもの
などがあるが、そのうち航空機用として用いられているのは、a.b.d.e.の方法である。

問0337 (2)　　　　『[8] 航空計器』5-3「熱起電力」
(2)○：両端を接続した異種金属の両端に温度差を与えて時に発生する熱起電力（電圧）を利用して、温度の測定に熱電対式温度計として広く用いられている。

問0338 (3)　　　　『[8] 航空計器』5-3「熱起電力」
(B)(C)(D)：○
(A)×：鉄-コンスタンタン熱電対は、温度と熱起電力の比例関係がやや悪く、高温まで使用できないが、熱起電力は大きい。

問0339 (4)　　　　『[8] 航空計器』5-4「滑油温度計」
(A)(B)(C)(D)：○
（参考）
比率型計器（交差線輪型の温度計）は電源の電圧が変動しても、H、L両コイルが作る磁場がともに変動するため合成磁場の方向は変わらないてめ、電源電圧が変動しても指示値はほとんど変わらない。

問0340 (4)　　　　『[8] 航空計器』5-5「シリンダ温度計」、5-6「ガス温度計」、5-7「外気温度計」
(A)(B)(C)(D)：○

問0341 (5)　　　　『[8] 航空計器』5-8「まとめ」
(5)：無し
(A)×：温度計の受感部には、液体の膨張、固体の膨張、熱電対、電気抵抗の変化を利用したものが用いられている。
(B)×：電気抵抗の変化を利用した温度計の指示器には比率型計器が用いられているため、指示値が電源電圧の変動に影響されない。
(C)×：熱電対を用いた温度計の場合には、冷接点温度を機械的または電気的に求め、冷接点と高温接点との温度差による熱電対の熱起電力を測って、高温接点の温度を知るように作られている。
(D)×：ガスタービン・エンジンの場合には複数個の熱電対を用いて、それらが感知した平均値を指示するようにしている。

問0342 (3)　　　　『[8] 航空計器』5「温度計」
(A)(C)(D)：○
(B)×：鉄-コンスタンタン熱電対は、温度と熱起電力の比例関係がやや悪く、高温まで使用できないが、熱起電力は大きい。最も用いられているのは、クロメル-アルメル熱電対で温度と熱電力との関係が直線に近く、また高温まで使用できるためである。

問0343 (4)　　　　『[8] 航空計器』5-2「電気抵抗の温度による変化」、5-3「熱起電力」、5-4「滑油温度計」
(A)(B)(C)(D)：○

問0344 (1)　　　　『[8] 航空計器』5-7「外気温度計」、12-11「SAT 計算部」
(1)：○
（参考）
TATとSATの関係は、
$SAT＝TAT／1＋0.2KM^2$
M　：マッハ数
K　：受感部特有の係数（0.80〜0.99）
TATは速度によって変化する。

－ 257 －

問題番号	解　答

問0345 (3)　　　　『[8] 航空計器』5-7「外気温度計」
(A)(B)(C)：○
(D)×：飛行しているとき、TATはSATよりも高い。
＊問0344の（参考）を参照

問0346 (2)　　　　『[8] 航空計器』5-7「外気温度計」、12-11「SAT 計算部」
(C)(D)：○
(A)×：飛行している限り、TATは常にSATより高い。
(B)×：TATは速度が変化すると変化する。
＊問0344の（参考）を参照

問0347 (1)　　　　『[8] 航空計器』第6章「回転計」
(1)×：作動原理で分類すると電気式、電子式の2種類に分けることが出来る。

問0348 (1)　　　　『[8] 航空計器』第6章「回転計」
(1)×：作動原理で分類すると電気式、電子式の2種類に分けることが出来る。

問0349 (1)　　　　『[8] 航空計器』第6章「回転計」
(1)×：作動原理で分類すると電気式、電子式の2種類に分けることが出来る。

問0350 (3)　　　　『[8] 航空計器』第6章「回転計」
(B)(C)(D)：○
(A)×：作動原理で分類すると電気式、電子式の2種類に分けることが出来る。

問0351 (2)　　　　『[8] 航空計器』6-1「回転計一般」、6-3「電気式回転計」
(C)(D)：○
(A)×：ピストン・エンジンは、回転速度は1分間の回転数（rpm）で表わされるものが多い。
(B)×：タービン・エンジンは、回転速度は定格回転速度に対する百分率（％）で表わされるものが多い。

問0352 (2)　　　　『[8] 航空計器』7-1「流量計一般」
(2)：×
燃料流量方法には、差圧式流量計、容積式流量計および質量流量計が用いられている。

問0353 (3)　　　　『[8] 航空計器』7-1「流量計一般」
(A)(B)(D)：○
(C)×：航空機で用いられる燃料流量方法には、差圧式流量計、容積式流量計および質量流量計がある。

問0354 (2)　　　　『[8] 航空計器』7-2「流量計一般」
(A)(C)：○
(B)×：質量流量計の表示単位はポンド/時（lb/h）となる。

問0355 (1)　　　　『[8] 航空計器』7-1-3「蓄電器」
(1)○：コンデンサの静電容量は誘電率 ε に比例する。$\varepsilon = \varepsilon r \cdot \varepsilon_0$ なので静電容量は比誘電率にも比例する。比誘電率はコンデンサの2枚の極板間が真空である場合を1として、これに対して物質の誘電率の大きさを比較したもので、比誘電率を ε_r、物質の誘電率を ε、真空の誘電率を ε_0 とすると、$\varepsilon_r = \varepsilon / \varepsilon_0$ で表わされ、空気の場合は約1、石油系燃料は約2である。
従って、タンク・ユニットが燃料で充たされると、静電容量は空気中においた場合の約2倍となる。

問0356 (2)　　　　『[8] 航空計器』7-1-3「蓄電器」、7-1-4「静電容量式液量計」
(2)：○
(1)×：温度が上昇すると燃料が膨張して容積が増し誘電率が小さくなる。
(3)×：密度が小さいほど誘電率は小さくなる。
(4)×：誘電率は密度の影響を受ける。

問0357 (3)　　　　『[8] 航空計器』7-1-3「蓄電器」、7-1-4「静電容量式液量計」
(3)×：誘電率は密度が大きいほど大きくなる。

問0358 (2)　　　　『[8] 航空計器』7-1-3「蓄電器」、7-1-4「静電容量式液量計」
(2)：○
(1)×：密度が小さいほど小さくなる。
(3)×：誘電率は密度の影響を受ける。
(4)×：燃料と空気の比誘電率は約2：1で燃料の方が大

問0359 (2)　　　　『[8] 航空計器』7-1-3「蓄電器」、7-1-4「静電容量式液量計」
(B)(D)：○
(A)×：誘電率は密度が大きいほど大きくなる。
(C)×：誘電率は密度の影響を受ける。

問0360 (3)　　　　『[8] 航空計器』7-1-3「蓄電器」、7-1-4「静電容量式液量計」
(A)(B)(C)：○
誘電率は密度が大きいほど大きくなる。温度が上昇すると燃料が膨張して容積が増すが、密度が小さくなるので誘電率は小さくなる。実際のタンク・ユニットは、タンク内では燃料に浸っている部分と空気中に出ている部分があるが、誘電率は2：1で、燃料の方が空気よりも大きい。

－ 258 －

問題番号	解 答

問0361 (3)　　『[8] 航空計器』7-1-3「蓄電器」、7-1-4「静電容量式液量計」
(3)○：密度が小さくなると誘電率は小さくなる。

問0362 (3)　　『[8] 航空計器』7-1-3「蓄電器」、7-1-4「静電容量式液量計」
(3)○：密度が小さくなると誘電率は小さくなる。

問0363 (1)　　『[8] 航空計器』7-1-3「蓄電器」
(1)○：比誘電率はコンデンサの2枚の極板間が真空である場合を1として、これに対して物質の誘電率の大き
さを比較したもので、比誘電率をε_r、物質の誘電率をε、真空の誘電率をε_0とすると、$\varepsilon = \varepsilon / \varepsilon_0$
で表わされ、空気の場合は約1、石油系燃料は約2である。コンデンサの静電容量は誘電率εに比例す
る。$\varepsilon = \varepsilon_r \cdot \varepsilon_0$なので静電容量は比誘電率にも比例する。
従って、タンク・ユニットが燃料で充たされると、静電容量は空気中においた場合の約2倍となる。

問0364 (4)　　『[8] 航空計器』7-2-3「質量流量計（Ⅰ）」
(4)：○
PSは定周波数電源、MはPSで駆動される定速モータ、Rはモータに直結されたリング、Ⅰはトルク・スプリ
ングを介してモータに直結されたインペラ、m1、m1'、m2、m2'は永久磁石、P_1、P_2は永久磁石が通過し
たことを検出するコイルである。

問0365 (4)　　『[8] 航空計器』8-2「ジャイロの性質」
(4)：○

問0366 (1)　　『[8] 航空計器』8-2-1「機械式ジャイロの剛性」
(1)○：高速回転しているコマは、コマ軸に外力が加わらない限り、空間に対してそのままの姿勢を保持しよ
うとする性質がある。これをジャイロの剛性と呼んでいる。

問0367 (3)　　『[8] 航空計器』8-2-2「プリセッション」
(3)：○
外力を加えない限り一定の姿勢を維持する特性を剛性という。回転しているジャイロ・ロータの軸を傾けよ
うとして、ある点に外力を加えるとジャイロ・ロータは外力の作用点から、回転方向に90度進んだ位置に同
じ力がかかったように傾く。この特性をジャイロの摂動（プリセッション）と呼ぶ。

問0368 (3)　　『[8] 航空計器』8-2-2「プリセッション」
(3)：○
＊問0367の解説を参照

問0369 (2)　　『[8] 航空計器』第8章「ジャイロ計器」
(B)(D)：○
(A)×：旋回計（自由度１ジャイロ）
(C)×：一般によく使用されるAHRSは、台の上に自由度1のジャイロを3個、その入力軸が互いに直交する
ように配置されたもので、これは自由度3のジャイロに相当する。

問0370 (3)　　『[8] 航空計器』8-2「ジャイロの性質」8-4「ジャイロのドリフト」
(3)×：回転速度が速ければ速いほど、同じ変位を与えるのに必要な力は大きくなる。

問0371 (2)　　『[8] 航空計器』8-2「ジャイロの性質」
(A)(D)：○
(B)×：ジャイロのドリフトには、ランダム・ドリフト、地球の自転によるドリフト及び移動によるドリフト
の3つに分類できる。
(C)×：DGはロータ軸が水平になるように、VGはロータ軸が垂直になりように制御された自由度2のジャイ
ロである。

問0372 (1)　　『[8] 航空計器』8-4「ジャイロのドリフト」
(B)：○
(A)×：ランダム・ドリフトは、ジンバル・ベアリング、ジンバルの重量的不平衡、角度情報を感知するため
のシンクロによる電磁的結合などによって生じるトルクのために、ロータ軸が時間の経過とともに傾
いていくもの。
(C)×：移動によるドリフトは、見かけ上のドリフトであり、ロータ軸は空間に対して一定の方向を保ってい
る。

問0373 (3)　　『[8] 航空計器』8-2「ジャイロの性質」8-4「ジャイロのドリフト」
(B)(C)(D)：○
(A)×：回転速度が速ければ速いほど、同じ変位を与えるのに必要な力は大きくなる

問0374 (4)　　『[8] 航空計器』8-6「定針儀（Directional Gyro）」
(A)(B)(C)(D)：○

問0375 (2)　　『[8] 航空計器』8-2「ジャイロの性質」、8-7「旋回計」
(B)(C)：○
(A)×：ジャイロの摂動とは、外力を加えると90度回転した方向に姿勢を変える特性をいう。
(D)×：水平儀のジャイロ軸は常に垂直で機軸と直角方向である。

電子装備品等

問題番号	解　答

問0376 (2)

『[8] 航空計器』8-8-2「レーザ・ジャイロの原理」
(2)×：レーザ・ジャイロは、レーザ光源、反射鏡、プリズム、光検出器などから構成されている。

問0377 (3)

『[8] 航空計器』8-8「レーザ・ジャイロ」
『[10] 航空電子・電気装備』7-1「慣性基準装置」
(3)×：プリセッションは機械式ジャイロの性質のひとつである。

問0378 (2)

『[8] 航空計器』8-8-2「レーザ・ジャイロの原理」
(2)×：ストラップダウン方式は　ジンバル・プラットホームを使用せず、加速度計、とレートジャイロを機
　　体に直付けしている。

問0379 (3)

『[8] 航空計器』8-8「レーザ・ジャイロ」
『[10] 航空電子・電気装備』7-1「慣性基準装置」
(A)(B)(D)：○
(C)×：プリセッションは機械式ジャイロの性質のひとつである。

問0380 (3)

『[8] 航空計器』8-8-2「レーザ・ジャイロの原理」
(A)(C)(D)：○
(B)×：ストラップダウン方式はX、Y、Z軸を固定するため、自由に回転できない。

問0381 (3)

『[8] 航空計器』8-8-2「レーザ・ジャイロの原理」
(B)(C)(D)：○
(A)×：ストラップダウン方式は、機体に直付けしておりX、Y、Z軸を固定するため、自由に回転できない。

問0382 (4)

『[10] 航空電子・電気装備』7-1-2b「光ファイバ・レーザ・ジャイロ」
(A)(B)(C)(D)：○

問0383 (4)

『[8] 航空計器』8-9「まとめ」（第8章「ジャイロ計器」）
(4)×：DGでは内ジンバル面が水平、外ジンバル軸が機体のヨー軸と平行になるように取り付けられてい
　　る。

問0384 (3)

『[8] 航空計器』第8章「ジャイロ計器」
(3)：○
(1)×：VGはロータ軸が重力方向を向くように制御された自由度2のジャイロである。
(2)×：VGのロータ軸が重力方向を向くように制御することを自立制御と呼んでいる。
(4)×：DGのロータ軸が一定の方向を保つように制御することをスレービングと呼んでいる。

問0385 (2)

『[8] 航空計器』8-9「まとめ」
(C)(D)：○
(A)×：VGのロータ軸が重力方向を向くように制御することを自立制御と呼んでいる。
(B)×：DGのロータ軸が一定の方向を保つように制御することをスレービングと呼んでいる。

問0386 (1)

『[8] 航空計器』8-9「まとめ」
(A)：○
(B)×：VGのロータ軸が重力方向を向くように制御することを自立制御と呼んでいる。
(C)×：DGはロータ軸が水平になるように制御された自由度2のジャイロである。
(D)×：DGのロータ軸が一定の方向を保つように制御することをスレービングと呼んでいる。

問0387 (3)

『[8] 航空計器』第9章「磁気コンパスと遠隔指示コンパス」
(3)○：地上で自差修正を行う場合は、できるだけ飛行状態に近づけるため、機体の姿勢は水平状態、操縦系
　　統は中立位置、エンジン・無線機器等は作動状態で行う。
(1)×：コンパス・ケース内の液はケロシン。
(2)×：自差カードには機体の各方位に対して測定した自差を記入してある。
(4)×：常に観測者が向いている磁方位を指示するように調整する。

問0388 (3)

『[8] 航空計器』9-2「地磁気」、9-4「磁気コンパスの誤差」
(3)：○
(1)×：偏角・伏角・水平分力を地磁気の三要素という。
(2)×：静的誤差及び動的誤差は、磁気コンパス自体の誤差ではなく、機体に取り付けた場合の航空機という
　　システムの誤差である。
(4)×：静的誤差は修正できるが、動的誤差は修正できない。

問0389 (3)

『[8] 航空計器』9-2「地磁気」、9-4「磁気コンパスの誤差」
(3)：○
(1)×：偏角・伏角・水平分力を地磁気の三要素という。
(2)×：静的誤差及び動的誤差は、磁気コンパス自体の誤差ではなく、機体に取り付けた場合の航空機という
　　システムの誤差である。
(4)×：静的誤差は修正できるが、動的誤差は修正できない。

問0390 (1)

『[8] 航空計器』9-3「磁気コンパス」
(1)×：コンパスの内部がコンパス液で充たされている理由は、可動部分の不要な振動を抑制すること、また
　　フロートによる浮力によってピボット軸受部の荷重を軽減し、摩擦誤差と軸受の摩擦を軽減すること
　　である。

問題番号	解　答

問0391 (2)　　　『[8] 航空計器』9-3「磁気コンパス」
(C)(D)：○

問0392 (2)　　　『[8] 航空計器』9-3「磁気コンパス」
(C)(D)：○
(A)×：コンパス・ケース内には温度変化によるコンパス液の膨張、収縮のために生じる不具合をなくすため、膨張室が設けられている。
(B)×：コンパス・カードにはフロートが設けられており、その浮力によってピボットにかかる重量が軽減され、ピボットの磨耗及び摩擦による誤差が軽減されている。

問0393 (2)　　　『[8] 航空計器』9-4「磁気コンパスの誤差」
(A)(C)：○
(B)×：半円差は航空機が自ら発生する磁気（磁化されて磁石になった鋼材および電流によって発生する磁力線を含む）によって生じる誤差。
(D)×：不易差はすべての磁方位で、一定の大きさで現れる誤差で、磁気コンパスを機体に装着した場合の取付誤差により生じるものである。

問0394 (3)　　　『[8] 航空計器』9-5「自差の修正」
(3)○：磁気コンパスの自差修正装置にある2つのねじ（N-S、E-W）をまわして半円差を修正する。
(1)×：磁気コンパスの静的誤差には、半円差、四分円差および不易差の三つがあり、これらの和を自差と呼ぶ。北旋誤差は動的誤差であり含まれない。
(2)×：磁気コンパスの取り付けが決まった後は、不易差の修正を必要とすることはほとんどない。
(4)×：北旋誤差は北向きまたは南向きの旋回時に現れる。なお、北旋誤差は動的誤差である。
（参考）
半円差　：近くの永久磁石や設置されている電線の作る磁力線による誤差。
四分円差：近くの軟鉄材料による誤差。
不易差　：磁気コンパスの取り付けが機軸線と一致していないこと による誤差。

問0395 (3)　　　『[8] 航空計器』9-5「自差の修正」
(3)○：取付誤差（不易差）は磁気コンパスを取り付けているねじをゆるめ、軸線が一致するように改め、取り付けねじをしめることにより修正する。
(1)(4)×：ともに動的誤差であり、修正できない。
(2)×：磁気コンパス内のフロートにより軽減されるピボットの摩擦による誤差であり、修正できない。

問0396 (1)　　　『[8] 航空計器』9-5「自差の修正」
(1)：○
(2)×：動的誤差で修正できない。
(3)×：動的誤差で修正できない。
(4)×：動的誤差で修正できない。
（補足）
地上で自差の修正を行う場合には、できるだけ飛行状態に近づけるため、機体の姿勢はできるだけ水平飛行姿勢に近づけ、操縦系統は中立位置にし、エンジンそのほか電気機器は作動させながら行う。

問0397 (3)　　　『[8] 航空計器』9-5「自差の修正」
(A)(B)(C)：○

問0398 (1)　　　『[8] 航空計器』9-5「自差の修正」
(A)：○
(B)×：動的誤差で修正できない。
(C)×：動的誤差で修正できない。
(D)×：動的誤差で修正できない。
＊問0396の（補足）を参照

問0399 (1)　　　『[8] 航空計器』9-6「遠隔指示コンパス」
(1)×：フラックス・バルブは半円差、四分円差の少ない翼端、胴体後部などに取り付け、地磁気の水平分力を検出するものである。

問0400 (3)　　　『[8] 航空計器』9-6「遠隔指示コンパス」
(3)○：フラックス・バルブは地磁気を検出し、コンパスの指示を正確にする。機体の磁気の影響が少ない場所に取り付けられているが、フラックス・バルブ自体に機体の磁気の影響を取り除く機能はない。

問0401 (4)　　　『[8] 航空計器』9-6「遠隔指示コンパス」
(4)×：フラックス・バルブは機体の磁気の影響（半円差、四分円差）の少ない翼端、胴体後部などに取り付けられる。

問0402 (3)　　　『[8] 航空計器』9-6「遠隔指示コンパス」
(3)：○
(1)×：地磁気の水平分力を検出し、電気信号として磁方位が出力される。
(2)×：磁方位信号はDGなどによって安定化され、旋回誤差、加速度誤差などは取り除かれる。
(4)×：フラックス・バルブの一次コイルは400Hzで励磁されており、二次コイルには地磁気の強さに比例した800Hzの交流が発生される。

問0403 (1)　　　『[8] 航空計器』9-6「遠隔指示コンパス」
(1)×：フラックス・バルブは地磁気を検出するものであり、コンパスの指示をより正確にするため、機体による地磁気への影響が少ない翼端、胴体後部などに取りつける。

電子装備品等

問題番号		解 答

問0404 (3)　　『[8] 航空計器』9-6「遠隔指示コンパス」
(3)：○
(1)×：テール・ブームなどに取り付けるのは半円差、四分円差の影響が少ないためである。
(2)×：磁方位信号はDGなどによって安定化され、旋回誤差、加速度誤差などは取り除かれる。
(4)×：地磁気の水平分力を検出し、電気信号として磁方位が出力される。

問0405 (1)　　『[8] 航空計器』9-6「遠隔指示コンパス」
(C)：○
(A)×：地磁気の水平分力を検出し、電気信号として磁方位が出力される。
(B)×：磁方位信号はDGなどによって安定化され、旋回誤差、加速度誤差などは取り除かれる。
(D)×：フラックス・バルブの一次コイルは400Hzで励磁されており、二次コイルには地磁気の強さに比例
　　　した800Hzの交流が発生される。

問0406 (2)　　『[8] 航空計器』9-6「遠隔指示コンパス」
(A)(C)：○
(B)×：機体の磁気の影響の少ない翼端、胴体後部などになどを取りつけ、コンパスの指示を正確にする。
(D)×：フラックス・バルブからの磁方位信号はDGなどによって安定化され旋回誤差、加速度誤差などは
　　　取り除かれる。

問0407 (2)　　『[8] 航空計器』9-6「遠隔指示コンパス」
(C)(D)：○
(A)×：地磁気の水平分力を検出し、電気信号として磁方位が出力される。
(B)×：磁方位信号はDGなどによって安定化され、旋回誤差、加速度誤差などは取り除かれる。

問0408 (3)　　『[8] 航空計器』9-6「遠隔指示コンパス」
(B)(C)(D)：○
(A)×：フラックス・バルブは地磁気を検出するものであり、コンパスの指示をより正確にするため、機体に
　　　よる地磁気への影響が少ない翼端、胴体後部などに取りつける。

問0409 (5)　　『[8] 航空計器』9-6「遠隔指示コンパス」
(5)：無し
(A)×：テール・ブームなどに取り付けるのは半円差、四分円差の影響が少ないためである。
(B)×：磁方位信号はDGなどによって安定化され、旋回誤差、加速度誤差などは取り除かれる。
(C)×：フラックス・バルブの一次コイルは400Hzで励磁されており、二次コイルには地磁気の強さに比例
　　　した800Hzの交流が発生される。
(D)×：地磁気の水平分力を検出し、電気信号として磁方位が出力される。

問0410 (4)　　『[9] 航空電子・電気の基礎』8-13「シンクロ計器」
(A)(B)(C)(D)：○

問0411 (4)　　『[8] 航空計器』10-2-7「シンクロの接続変更」
　　　　　　　　『[9] 航空電子・電気の基礎』8-13「シンクロ計器」
(A)(B)(C)(D)：○
シンクロ発信機とシンクロ受信機の接続方法を変えると逆転、60°、120°、180°などの差を持った指示をさ
せることもできる。

問0412 (2)　　『[8] 航空計器』13-3「HSI」、13-4「ADI」
(2)：○
(1)×：HSIは現在の飛行コースおよび機首方位を表示する。
(3)×：ADIはフライト・ディレクタ・コンピュータの表示部の機能を持つ。
(4)×：ADIの姿勢情報はVGから得ている。

問0413 (1)　　『[8] 航空計器』13-3「HSI」、13-4「ADI」
(B)：○
(A)×：ADIはフライト・ディレクタ・コンピュータの表示部の機能を持つ。
(C)×：HSIは現在の飛行コースおよび機首方位を表示する。
(D)×：ADIの姿勢情報はVGから得ている。

問0414 (3)　　『[8] 航空計器』13-2「RMI」
　(3)×：ADFとして使われている指針はNDB局の方位を示しており、飛行コースとは異なる

問0415 (3)　　『[8] 航空計器』13-2「RMI」
(A)(C)(D)：○
(B)×：ADFとして使われている指針はNDB局の方位を示しており、飛行コースとは異なる

問0416 (2)　　『[8] 航空計器』13-2「RMI」
(A)(D)：○
(B)×：飛行コースはVORを基準にしたものであり、コース偏位計に表示される。
(C)×：二針の一方をADF、もう一方をVORとして表示させることができる。

問0417 (4)　　『[8] 航空計器』13-5-1「PFD」、13-5-2「ND」
(A)(B)(C)(D)：○

問題番号	解　答

問0418 (3)
『[8] 航空計器』13-5「統合電子計器」
(3)×：PFDやNDは重要な計器であり、重要負荷を受け持つ交流母線、すなわちバックアップを持つ交流母線から他の重要機器とともにAC電源を得ていて、表示用の専用バッテリは内蔵していない。

問0419 (3)
『[8] 航空計器』13-5-1「PFD」、13-5-3「EICAS」
(A)(B)(C)：○
(D)×：PFDは初期の電子式統合計器であるEADIに、さらに他の計器の表示機能を付加し性能向上したものである。EICASの表示機能は主にエンジン・パラメータや各システム系統をモニタ表示する機能で別の電子式統合計器である。

問0420 (4)
『[8] 航空計器』13-5「統合電子計器」
(A)(B)(C)(D)：○

問0421 (2)
『[8] 航空計器』13-5「統合電子計器」
(A)(D)：○
(B)×：文字、数字およびシンボル部分の表示方式はストローク・スキャニング方式を採用し読み取りやすくしている。
(C)×：地面、空などの空間部分の表示方式はラスター・スキャニング方式を採用し見やすくしている。

問0422 (2)
『[10] 航空電子・電気装備』6-1「高度警報装置」
(2)：○
（参考）
高度警報装置（Altitude Alert System）は、ATC（航空交通管制）から指定された飛行高度を忠実に維持するように開発された装置で、管制から飛行高度を指定される度に、手動で高度警報コンピュータに高度を設定し、その高度に近づいたとき、またはその高度から逸脱したとき、警報灯や警報音によってパイロットに注意を促す装置である。

問0423 (1)
『[10] 航空電子・電気装備』6-1「高度警報装置」
『[3] 航空機システム』4-9「与圧系統」
(A)：○

問0424 (3)
『[10] 航空電子・電気装備』6-2「失速警報装置」
(3)×：スロットル・ポジション・センサは失速警報装置を構成する部品ではない。
（参考）
失速警報装置の構成例：
a.迎え角センサ（Angle of Attack Sensor）
b.フラップ角度センサ（Flap Position Sensor）
c.失速警報コンピュータ（Stall Warning Computer）
d.振動モータ（Stick Shaker）

問0425 (4)
『[10] 航空電子・電気装備』6-5「デジタル飛行記録装置」
(4)：○
(1)×：通常事故時の衝撃や火災などに比較的安全な胴体後部に装着されている。
(2)×：FDRより記録できるパラメータの数は多い。
(3)×：航空法で規定されたパラメータ、および各社が独自に選んだパラメータが記録されている。
（参考）
「航空機の運航の状況を記録するための装置」として、航空法 第61条及び航空法施行規則 第149条に定められている。

問0426 (4)
『[9] 航空電子・電気の基礎』7-8-4「キセノン電球」
(A)(B)(C)(D)：○

問0427 (2)
『[10] 航空電子・電気装備』1-4-2f「非常灯」1-4-3「機外照明」
(A)(B)：○
(C)×：衝突防止灯の説明である。
(D)×：航空灯の説明である。
（参考）
非常用照明は、非常用照明専用の蓄電池による緊急避難照明であり、航空機の全電源が断たれたときに自動的に点灯し、少なくとも10分間は次の場所を照明する。
a.客室全体と脱出口に至る通路の照明。
b.脱出口の位置を示し、脱出口内外の照明。
c.脱出スライドを使って脱出した後、着地する付近の照明。

問0428 (4)
『[10] 航空電子・電気装備』1-4-3「機外照明」
(A)(B)(C)(D)：○

問0429 (2)
『[10] 航空電子・電気装備』1-4-2「非常灯」、1-4-3「機外照明」、
　　　　　　　　　　　　　　　6-6「航空機用救命無線機」
(A)(C)：○
(B)×：衝突防止灯の働き
(D)×：航空機用救命無線機（ELT）の働き
＊問0427の（参考）を参照

電子装備品等

－ 263 －

問題番号		解　答

問0430 (1)　『[10] 航空電子・電気装備』1-4「航空機照明」
(A)：○
(B)×：非常脱出口の位置を示し、非常脱出口内外に照明が取り付けられている。
(C)×：航空機の交流電源が断たれた時に、機体電源システムから独立したバッテリにより自動的に点灯する。
(D)×：照明は客室全体と脱出口に至る通路に取り付けられている。
（補足）
(C)は機種により直流と交流がある。

問0431 (2)　『[10] 航空電子・電気装備』4-1-3「ADFの誤差」
(C)(D)：○
(A)×：ADFの指示誤差はビーコン局が機首や機尾方向、真横に位置した時が最も小さく、機首、機尾の斜め方向（45°、135°、225°、315°）に位置した時が最も大きい。
(B)×：ADFの誤差には四分円誤差、海岸線誤差、ティルト誤差、夜間誤差がある。

問0432 (1)　『[10] 航空電子・電気装備』4-2「超短波全方位式無線標識」
(1)×：VOR局から見た航空機の磁方位を知ることができる。

問0433 (1)　『[10] 航空電子・電気装備』4-2「超短波全方位式無線標識」
(1)○：局上では信号間の位相差の検出が不定となる為。

問0434 (1)　『[10] 航空電子・電気装備』4-2-3「VOR局方位の表示方法」
(1)×：VORに関するデータは真方位ではなく、磁方位で表示される。

問0435 (2)　『[10] 航空電子・電気装備』2-3「電波の性質」
(2)○：DMEは1,000MHz帯を使うUHFである。

問0436 (3)　『[10] 航空電子・電気装備』4-2-3「VOR局方位の表示方法」
(B)(C)(D)：○
(A)×：VORに関するデータは真方位ではなく、磁方位で表示される。

問0437 (4)　『[10] 航空電子・電気装備』4-2「超短波全方位式無線標識」
(A)(B)(C)(D)：○

問0438 (2)　『[10] 航空電子・電気装備』4-2「超短波全方位式無線標識」
(B)(C)：○
(A)×：VORの方位指示は磁方位で表示される。
(D)×：機上VORアンテナは無指向性である。機上アンテナとしてループ・アンテナとセンス・アンテナを用いるのはADFである。

問0439 (2)　『[10] 航空電子・電気装備』4-2「超短波全方位式無線標識」
(C)(D)：○
(A)×：周波数は超短波なので、到達距離は短いが安定した指示が得られる。
(B)×：VOR局は受信方位によって位相の変化する可変位相信号と全方位にわたって位相の一定な基準位相信号を含んだ電波を発射している。

問0440 (2)　『[10] 航空電子・電気装備』4-2「超短波全方位式無線標識」
(B)(C)：○
(A)×：VORに関するデータは真方位ではなく、磁方位で表示される。
(D)×：ADFの説明である。

問0441 (4)　『[10] 航空電子・電気装備』4-3-3「マーカ・ビーコンの原理」
(4)：○
（参考）
インナ・マーカ　：白色・3,000Hz
ミドル・マーカ　：橙色・1,300Hz
アウタ・マーカ　：青色・　400Hz

問0442 (3)　『[10] 航空電子・電気装備』4-3-3「マーカ・ビーコンの原理」
(3)：○
＊問0441の（参考）を参照

問0443 (4)　『[10] 航空電子・電気装備』4-4「距離測定装置」
(4)×：航空機が搭載しているDMEインタロゲータと地上装置のDMEトランスポンダの組合せで作動する2次レーダーである。

問0444 (3)　『[10] 航空電子・電気装備』4-4「距離測定装置」
(A)(B)(C)：○

問0445 (4)　『[10] 航空電子・電気装備』4-4「距離測定装置」
(A)(B)(C)(D)：○

問題番号		解　答

問0446 (3)　　『[10] 航空電子・電気装備』4-4「距離測定装置」
(A)(B)(C)：○
(D)×：航空機が搭載しているDMEインタロゲータと地上装置のDMEトランスポンダの組合せで作動する2次レーダである。

問0447 (4)　　『[10] 航空電子・電気装備』4-4「距離測定装置」
(A)(B)(C)(D)：○

問0448 (4)　　『[10] 航空電子・電気装備』4-4「距離測定装置」
(A)(B)(C)(D)：○

問0449 (4)　　『[10] 航空電子・電気装備』4-7「気象レーダー」
(4)×：気象レーダーはCバンド・レーダーとXバンド・レーダーがあり、Cバンド・レーダーは降雨によるレーダー波の減衰が少なく、Xバンド・レーダーは降雨による減衰が多いので雨域や密雲の切れ目がはっきり映し出せる。また陸地と水面では電波の反射の強さが異なるので海岸線、河川をなどを地図のように画像化することが出来る。

問0450 (2)　　『[10] 航空電子・電気装備』4-7「気象レーダ」
(A)(D)：○
(B)(C)×：アンテナ・スタビライゼーションは、機体の姿勢が変わってもアンテナのスキャンする面が水平面と一定の関係を保つシステムである。

問0451 (4)　　『[10] 航空電子・電気装備』4-7「気象レーダ」
(A)(B)(C)(D)：○

問0452 (4)　　『[10] 航空電子・電気装備』4-5「ATCトランスポンダ」
(4)○：ATCトランスポンダは、地上管制官が航空機の位置、識別、高度などを確認するために、レーダから発する質問に対して自動的に応答する機上装置である。

問0453 (3)　　『[10] 航空電子・電気装備』4-5「ATCトランスポンダ」
(3)：○
＊問0452の解説を参照

問0454 (4)　　『[10] 航空電子・電気装備』4-5「ATCトランスポンダ」
(4)：○
＊問0452の解説を参照

問0455 (4)　　『[10] 航空電子・電気装備』4-5「ATCトランスポンダ」
(4)：○
(1)×：モードAトランスポンダはATCコードを送信する。
(2)×：モードCトランスポンダはATCコードおよび高度情報を送信する。個別識別トランスポンダはモードSトランスポンダである。
(3)×：使用周波数帯はDMEと同じである。
（参考）
ATCコード：その飛行において管制官より自機に与えられた4ケタの数字。
（例：0000〜7777）

問0456 (3)　　『[10] 航空電子・電気装備』4-5「ATCトランスポンダ」
(3)×：使用周波数帯は DME と同じである。

問0457 (4)　　『[10] 航空電子・電気装備』4-5「ATCトランスポンダ」
(4)：×
応答する飛行高度は気圧高度計の気圧高度規正にかかわりなく、標準大気圧（29.92in・Hg）で気圧規正した気圧高度を応答する。

問0458 (4)　　『[10] 航空電子・電気装備』4-5「ATCトランスポンダ」
(A)(B)(C)(D)：○

問0459 (3)　　『[10] 航空電子・電気装備』4-5「ATCトランスポンダ」
(A)(B)(C)：○
(D)×：応答する飛行高度は気圧高度計の気圧高度規正（気圧セット・ノブ又は、Barometric Settingノブによる気圧セッティング）にかかわりなく、標準大気圧（29.92in・Hg）で気圧規正した気圧高度を応答する。

問0460 (4)　　『[10] 航空電子・電気装備』4-5「ATCトランスポンダ」
(A)(B)(C)(D)：○

問0461 (4)　　『[10] 航空電子・電気装備』4-6「個別識別ATCトランスポンダ」
(A)(B)(C)(D)：○
（参考）
従来のATCトランスポンダをより発展させた個別識別トランスポンダが、ICAOの標準方式となった。また衝突防止システム（TCAS）はモードSトランスポンダを用いている。

電子装備品等

問題番号	解　答

問0462 (2)　　　　『[10] 航空電子・電気装備』4-5「ATCトランスポンダ」
(A)(D)：○
(B)×：モードAの質問パルスには自機の識別符号を符号化して応答する。
(C)×：モードCの質問パルスには自機の高度情報を符号化して応答する。
（参考）
トランスポンダはATC地上局からの質問信号に対して、航空機の高度や識別信号を自動応答する。質問、応
答いずれもパルス符号化して送っている。

問0463 (4)　　　　『[10] 航空電子・電気装備』4-3「計器着陸装置」
(4)：○
（参考）
計器着陸装置（ILS）の設備は、次のものから成り立っている。
a.滑走路の中心線の延長面を示すVHF帯の電波を利用したローカライザ装置
b.降下路をつくりだすUHF帯の電波を利用したグライド・パス装置
c.滑走路末端までの距離を示すマーカ・ビーコン装置

問0464 (2)　　　　『[10] 航空電子・電気装備』4-3「計器着陸装置」
(2)：○
＊問0463の（参考）を参照

問0465 (3)　　　　『[10] 航空電子・電気装備』4-3「計器着陸装置」
(3)：○
(1)×：滑走路への進入の正しい水平面を指示
(2)×：滑走路への進入の正しい垂直面内の降下路を指示

問0466 (1)　　　　『[10] 航空電子・電気装備』4-3「計器着陸装置」
(1)×：地上設備において、ローカライザ装置は滑走路の中心線の延長を示し、グライド・パス装置は降下路
　　　を示す。

問0467 (1)　　　　『[10] 航空電子・電気装備』4-3「計器着陸装置」
(1)×：ローカライザ装置はVHF帯、グライド・パス装置はUHF帯の電波を利用している。

問0468 (1)　　　　『[10] 航空電子・電気装備』4-3「計器着陸装置」
(C)：○
(A)×：滑走路への進入の正しい水平面を指示
(B)×：滑走路への進入の正しい垂直面内の降下路を指示

問0469 (3)　　　　『[10] 航空電子・電気装備』4-3「計器着陸装置」
　　　　『航空電子入門』3-5「ILS システム」
(B)(C)(D)：○
(A)×：地上設備において、ローカライザ装置は滑走路の中心線の延長を示し、グライド・パス装置は降下路
　　　を示す。

問0470 (3)　　　　『[10] 航空電子・電気装備』4-3「計器着陸装置」
(3)：○
（参考）
降下路に対して自機がどちら方向にどのくらい離れているかを計器上に指示するためのILS偏位計がある。
ILS偏位計の垂直バーがローカライザの中心位置を表し、左右へのズレが判る。また水平バーはグライド・パ
スの降下路の中心を表し、上下へのズレが視覚的に分る。すなわち両者のバーが十字に重なった位置が降下路
の目標コースである。
計器着陸装置（ILS）の設備は、次のものから成り立っている。
a.滑走路の中心線の延長面を示すVHF帯の電波を利用したローカライザ装置
b.降下路をつくりだすUHF帯の電波を利用したグライド・パス装置
c.滑走路末端までの距離を示すマーカ・ビーコン装置

問0471 (3)　　　　『[10] 航空電子・電気装備』7-1「慣性基準装置」
(3)：○
(1)×：座標軸変換のためアライメントが必要である。航空機への取付けはジンバル・プラットホームを使用
　　　せず、加速度計とレート・ジャイロを機体に直付けするストラップ・ダウン方式を採用している。
(2)×：加速度計で検出した加速度を積分して現在位置を算出することが慣性航法の基本であり、INSもIRS
　　　も同様である。角速度は機体姿勢を求める。
(4)×：レート・ジャイロ（レーザー・ジャイロ）は加速度計と共にIRUの中に組み込まれている。

問0472 (3)　　　　『[10] 航空電子・電気装備』7-1「慣性基準装置」
(B)(C)(D)：○
(A)×：アライメントに要する時間は、高緯度となるほど長くなる。

問題番号		解　答

問0473 (2)　　　『[10] 航空電子・電気装備』4-10「慣性航法システム」7-1「慣性基準装置」
(C)(D)：○
(A)×：アティチュード（ATT）・モードとは、慣性計測装置（IRU）を姿勢および方位基準としてのみ使用するモードである。
(B)×：IRUで算出する機首方位は真方位であるため、真方位で表した機首方位に磁気偏角を加え磁方位に変換している。
（補足）
風向・風速の計算にはIRUのデータに加え、エア・データ・コンピュータからの真対気速度の入力が必要である。

問0474 (2)　　　『[10] 航空電子・電気装備』4-10「慣性航法システム」7-1「慣性基準装置」
(C)(D)：○
(A)×：アティチュード（ATT）・モードとは、慣性計測装置（IRU）を姿勢および方位基準としてのみ使用するモードである。
(B)×：IRUで算出する機首方位は真方位であるため、真方位で表した機首方位に磁気偏角を加え磁方位に変換している。
＊問0473の（補足）を参照

問0475 (3)　　　『[10] 航空電子・電気装備』7-1「慣性基準装置　4-10「慣性航法システム」
(A)(C)(D)：○
(B)×：重力加速度は計測していない。地球の回転角速度とは地球の自転率のことであり、地球の回転方向とは地球の自転の回転方向のことである。INS、IRSともにジャイロはこれを検出し、アライメントや地球の自転率の補正に利用している。

問0476 (1)　　　『[10] 航空電子・電気装備』7-2-2「エア・データの算出」
(1)：○

問0477 (1)　　　『[10] 航空電子・電気装備』7-2-2「エア・データの算出」
(1)：○
真対気速度Vtは、静温度Tsとマッハ数Mを使用して、エア・データ・コンピュータで以下のように計算される。
$Vt = 38.942 M Ts^{0.5}$

問0478 (3)　　　『[8] 航空計器』12-2「CADCの概要」
　　　　　　　　　　『[10] 航空電子・電気装備』7-2「エア・データ・コンピュータ」
(3)○：エア・データ・コンピュータは、静圧、全圧と外気温度を入力として正確な高度、真対気速度、ATCトランスポンダへのデジタル化した高度などを出力する。

問0479 (4)　　　『[8] 航空計器』12-2「CADCの概要」
(4)×：マッハ数はADCからの出力情報の一つである。

問0480 (3)　　　『[10] 航空電子・電気装備』7-2「エア・データ・コンピュータ」
(3)×：真対気速度：静温度とマッハ数から計算なお、静温度は全温度とマッハ数から計算している。

問0481 (1)　　　『[10] 航空電子・電気装備』7-2-2「エア・データの算出」
(1)×：SAT（静温度）はTAT（全温度）とマッハ数から計算する。
（補足）
エア・データの算出について
真対気速度はSAT（静温度）とマッハ数から計算する。
気圧高度は静圧孔が検出した静圧を基に計算する。
指示対気速度は全圧と静圧の差（動圧）から計算する。
SAT（静温度）はTAT（全温度）とマッハ数から計算する。

問0482 (2)　　　『[10] 航空電子・電気装備』7-2-2「エア・データの算出」
(A)(B)：○
(C)×：TASはSATとマッハ数から計算
(D)×：SATはTATとマッハ数から計算

問0483 (2)　　　『[10] 航空電子・電気装備』7-2-2「エア・データの算出」
(A)(E)：○
(B)×：マッハ数：ピトー圧と静圧の比から計算
(C)×：指示対気速度：ピトー圧と静圧の差（動圧）から計算
(D)×：静温度：全温度とマッハ数から計算

電子装備品等

問題番号	解　答

問0484 (1)　　　　　　　『[8] 航空計器』12-2「CADCの概要」
(E)○
(A)×：指示対気速度：全圧と静圧の差から計算
(B)×：真対気速度：静温度（SAT）とマッハ数から計算
(C)×：マッハ数：全圧と静圧の比から計算
(D)×：SAT：TATとマッハ数から計算
（参考）
全圧：Pt（ピトー圧）
静圧：Ps
全温度：TAT
静温度（真大気温度）：SAT
真対気速度：TAS
指示対気速度：IAS
M：マッハ数
外気温度：OAT
較正対気速度：CAS
等価対気速度：EAS
対地速度：GS
気圧高度：Pressure Altitude（標準大気の気圧と高度の関係を基準にして、その位置のおける大気圧の値を、標準大気と照らし合わせて得られる高度）

問0485 (2)　　　　　　　『[8] 航空計器』第12章「エアー・データー・コンピューター」12-2「CADCの概要」
　　　　　　　　　　　　　　　　　　　　　　　　　　　　　　　12-4「気圧高度計算部」
(B)(C)：○
(A)(D)：×
静圧孔からの圧力は、マッハ数や機体姿勢の影響を受けるため、CADC内のSSEC（高度補正修正部）でマッハ数を基準に静圧補正を行う。また静圧孔に生じる誤差補正に、SSECジャンパー（コンピュータの外部取り付け補正ジャンパー・ワイヤー）からも 静圧補正信号を送っている。

問0486 (1)　　　　　　　『[10] 航空電子・電気装備』7-2-2「エア・データの算出」
(1)：○

問0487 (3)　　　　　　　『[8] 航空計器』 3-5-6「ADCの表示器としての速度計」、 12-2「CADCの概要」、
　　　　　　　　　　　　　　　　　　　　　　　　　　　　　12-5「高度応答信号発生部」
(3)：○
ADC（エア・データ・コンピュータ）は全圧、静圧、気圧規正値、外気温度などの情報を受け、静圧の誤差修正を行って、高度、較正対気速度（CAS）、真対気速度（TAS）、外気全温度（TAT）、真大気温度（SAT）、昇降速度などを、電気信号として送り出している。
TCASには気圧高度を送り、慣性基準装置（IRU）にはAltitude、Altitude Rate と True Air Speed（TAS）を送っている。

問0488 (1)　　　　　　　『[8] 航空計器』 3-5-6「ADCの表示器としての速度計」、 12-2「CADC の概要」、
　　　　　　　　　　　　　　　　　　　　　　　　　　　　　12-5「高度応答信号発生部」
(C)○：ADC（エア・データ・コンピュータ）は全圧、静圧、気圧規正値、外気温度などの情報を受け、
　　　　静圧の誤差修正を行って、高度、較正対気速度（CAS）、真対気速度（TAS）、外気全温度
　　　　（TAT）、真大気温度（SAT）、昇降速度などを、電気信号として送り出している。
　　　　慣性基準装置（IRU）にAltitude、Altitude Rate とTrue Air Speed（TAS）を送っている。
　　　　衝突防止装置（TCAS）には気圧高度を送っている。またAOAセンサーから機体迎角データを受け
　　　　取り静圧の補正に使用する。

問0489 (4)　　　　　　　『[10] 航空電子・電気装備』6-3-1「GPWSのモード」、 6-3-2「EGPWS」
(A)(B)(C)(D)○：EGPWSはGPWSの機能を強化したシステムであり、GPWSのモード1から7までの機
　　　　　　　　　　能はすべて含まれている。なお、(A)の降下率とは気圧高度の降下率を指している。

問0490 (2)　　　　　　　『[10] 航空電子・電気装備』4-9「衝突防止装置」
(A)(C)：○
(B)×：地形への過度な接近警報を出すシステムはGPWSである。
(D)×：TCAS-ⅠはTAのみを出す。TA（接近警報）とRA（回避情報）の両方を出すのはTCAS-Ⅱである。

問0491 (4)　　　　　　　『[10] 航空電子・電気装備』7-8「航行管理システム」
(4)○：FMSにより飛行する場合、IRUの出している位置が基本であるが、DME、GPSの検出した位置で補正をする。

問0492 (3)　　　　　　　『[10] 航空電子・電気装備』7-8「航行管理システム」
(3)×：FMSはウエザー・レーダのコントロールする機能を有していない。

— 268 —

問題番号	解　答

問0493 (4)　　　『[10] 航空電気・電子装備』7-8-1「飛行管理コンピュータ（FMC）」
(A)(B)(C)(D)：○
（参考）
飛行管理コンピュータの持つ機能は大きく次の5つである。
a.航法機能
b.性能管理機能
c.誘導機能
d.推力管理機能
e.EFISディスプレ機能

問0494 (3)　　　『[10] 航空電子・電気装備』8-1「RNAVによる飛行原理」
(A)(B)(C)：○

問0495 (4)　　　『[10] 航空電子・電気装備』4-8「電波高度計」
(4)×：電波高度計の電波は気象レーダのようなペンシルビームではなく、機体が傾いても常に最短距離で地面をヒットするようなパターンの電波が連続的に発射されている。従ってアンテナ（電波）の向きを調整する必要はない。

問0496 (2)　　　『[10] 航空電子・電気装備』4-8「電波高度計」
(2)：○
(1)×：航空機の姿勢に関わらずアンテナを水平に保つ機構を備えているのは気象レーダである。
(3)×：小型機では機体が滑走路に静止しているときにゼロ（ft）を指すように調整されている。
(4)×：気圧補正が行われるのは気圧高度計である。

問0497 (1)　　　『[10] 航空電子・電気装備』4-8「電波高度計」
(1)：○
(2)×：機体の主車輪の底面から地表までを指すように調整されている。
(3)×：機体が傾いた場合でも、電波が地表面に垂直にあたる部分があり、電波高度計のアンテナが常に地表面に向くようにする必要はない。
(4)×：対地高度を表示するため、必要がない。

問0498 (2)　　　『[10] 航空電子・電気装備』4-8「電波高度計」
(A)(D)：○
(B)×：電波高度計の電波は気象レーダのようなペンシルビームではなく、機体が傾いても常に最短距離で地面をヒットするようなパターンの電波が連続的に発射されている。従ってアンテナ（電波）の向きを調整する必要はない。
(C)×：気圧高度計は常に気圧の補正が必要であるが、電波高度計は電波により対地高度を測るので不要である。

問0499 (1)　　　『[10] 航空電子・電気装備』4-8「電波高度計」
(A)：○
(B)×：機体の主車輪の底面から地表までを指すように調整されている。
(C)×：機体が傾いた場合でも、電波が地表面に垂直にあたる部分があり、電波高度計のアンテナが常に地表面に向くようにする必要はない。
(D)×：対地高度を表示するため、必要がない。

問0500 (1)　　　『[10] 航空電子・電気装備』4-8「電波高度計」
(B)：○
(A)×：機体が傾いた場合でも、地表面に垂直にあたる部分があり、電波高度計のアンテナが常に地表面に向くようにする必要はない。
(C)×：大型機では機体が地上にあるときマイナスの高度を指示してしまう。
(D)×：対地高度を表示するため、必要がない。
（参考）
大型機がマイナスを示す理由は小型機にしろ大型機にしろ、"0"ft（フィート）を示すのは主脚が接地した時である。送受信機、アンテナ位置、アンテナケーブルのに長さにより、機種ごとに調整して"0"ftになるようにしている。接地時、大型機は機首上げ状態なので電波高度計のアンテナ位置は主脚より高いところにある。その後前輪が接地すると、機体は大きく水平方向になり、アンテナはさらに地面に近づくことになり、結果電波高度計の指示はマイナスを指示する。

問0501 (3)　　　『[10] 航空電子・電気装備』7-3「全地球測位システム」
(3)×：通常地球上どこでも6〜9個の衛星を観測できる。

問0502 (3)　　　『[10] 航空電子・電気装備』7-3「全地球測位システム」
(3)：○
(1)(2)×：GPSは周回衛星を使用して測位している。
(4)×：現在位置の入力は必要ない。

電子装備品等

問題番号		解　答

問0503　(1)　　　　　『[10] 航空電子・電気装備』7-3「全地球測位システム」
(1)×：位置情報はＦＭＳのポジション・イニシャライゼイションに使用されている。
　(参考)
GPS（Global Positioning System）の測位原理
地球を回っている人工衛星から発射された電波が航空機に届くまでの時間を測定して、その衛星までの距離を測る。同じようにして2番目、3番目の衛星までの距離を測ると現在の位置がわかる。衛星から衛星の位置を知らせる軌道情報と正確な時間が送られている。高度を考えた3次元の位置を決めるためにはもう1つ、つまり4つ以上の衛星が電波の届く範囲にあることが必要である。アンテナは上空の衛星からの電波を受信するため、胴体上面に取り付けられている。

問0504　(3)　　　　　『[10] 航空電子・電気装備』7-3「全地球測位システム」
(A)(B)(C)：○

問0505　(3)　　　　　『[10] 航空電子・電気装備』7-3「全地球測位システム」
(A)(B)(C)：○

問0506　(2)　　　　　『[10] 航空電子・電気装備』7-7-3「機上整備コンピュータ・システム」
(A)(C)：○
(B)×：航空機器単体のセルフテストを起動する。
(D)×：CMCが記録したデータはプリンタで打ち出せるし、CDUで読み取りができる。

本書の記載内容についての御質問やお問合せは、公益社団法人日本航空技術協会　教育出版部まで、文書、電話、eメールなどにてご連絡ください。

2018年1月31日第1版第1刷発行

航空整備士

学科試験問題集・解答編（2018年版）

2018ⓒ　　編　者　　公益社団法人　日本航空技術協会
　　　　　　発行所　　公益社団法人　日本航空技術協会
　　　　　　　　　　　〒144-0041　東京都大田区羽田空港1-6-6
　　　　　　　　　　　電話　東京　(03)3747-7602
　　　　　　　　　　　FAX　東京　(03)3747-7570
　　　　　　　　　　　振替口座　00110-7-43414
　　　　　　　　　　　URL http://www.jaea.or.jp
　　　　　　　　　　　E-mail jaea@jaea.or.jp
　　　　　　印刷所　　株式会社　ディグ

Printed in Japan

無断複写・複製を禁じます

ISBN978-4-902151-98-5